全国高等职业教育规划教材

工厂供配电技术及技能训练

第2版

主编　田淑珍

机 械 工 业 出 版 社

本书将工厂供配电技术与实用的技能训练相结合，理论教学与工程实践相结合，传统的供配电技术与变电站综合自动化技术、智能化技术相结合，曾经普遍使用的设备和正在逐步推广的设备相结合，是一本突出工学结合的教材。在内容上基本包含了工厂供配电的重点内容，并结合了电力行业运行、设备维护和管理的实际。本书内容新颖、实用，图文并茂，便于教学和自学。

本书内容主要包括电力系统及变电站简介、电力负荷的计算、电力线路及运行维护、变电站电气设备及运行维护、电力变压器、电气主接线与倒闸操作、变电站的防雷保护与接地、微机型继电保护与自动装置、变电站二次回路和识图、变电站综合自动化系统及智能化变电站。

本书可以作为高等职业教育工厂自动化专业、电气自动化专业和机电一体化专业的理论教学和实训教学用书。

本书配套授课电子课件，需要的教师可登录 www. cmpedu. com 免费注册、审核通过后下载，或联系编辑索取（QQ：1239258369，电话：010-88379739）。

图书在版编目（CIP）数据

工厂供配电技术及技能训练/田淑珍主编．—2 版．—北京：机械工业出版社，2015. 2（2017.2 重印）

全国高等职业教育规划教材

ISBN 978-7-111-48362-5

Ⅰ．①工…　Ⅱ．①田…　Ⅲ．①工厂—供电—高等职业教育—教材②工厂—配电系统—高等职业教育—教材　Ⅳ．①TM727. 3

中国版本图书馆 CIP 数据核字（2014）第 246675 号

机械工业出版社（北京市百万庄大街 22 号　邮政编码 100037）

责任编辑：王　颖　版式设计：霍永明

责任校对：肖　琳　责任印制：常天培

涿州市京南印刷厂印刷

2017 年 2 月第 2 版第 2 次印刷

184mm×260mm · 18.75 印张 · 456 千字

3001 — 4500册

标准书号：ISBN 978-7-111-48362-5

定价：39.90 元

凡购本书，如有缺页、倒页、脱页，由本社发行部调换

电话服务

服务咨询热线：（010）88379833

读者购书热线：（010）88379649

网络服务

机 工 官 网：www. cmpbook. com

机 工 官 博：weibo. com/cmp1952

教育服务网：www. cmpedu. com

金 书 网：www. golden-book. com

前　言

高职教育要以就业为导向，因此在教学中应根据专业的要求将理论与实践、知识与能力有机地结合起来，专业教学必须结合生产实际，学生的技术训练必须结合工业现场的实际。本书正是这样一本工学结合的教材。在内容上将工厂供配电技术与实用的技能训练相结合，理论教学与工程实践相结合，传统的供配电技术与变电站综合自动化技术、智能化技术相结合，曾经普遍使用的设备和正在逐步推广的设备相结合，在各个知识点上有机地融入了行业运行和管理的规则和规范。

本书将学校教学与现场实际有机地结合起来，优化、精简理论教学内容，以实用、够用为主，对复杂的计算推导进行了简化，在传统的供配电技术的基础上，加入了新设备及其运行经验、新技术及其使用方法。

本书共分为11章，主要内容有：电力系统及变电站简介、电力负荷的计算、电力线路及运行维护、变电站电气设备及运行维护、电力变压器、电气主接线与倒闸操作、变电站的防雷保护与接地、微机型继电保护与自动装置、变电站二次回路和识图、变电站综合自动化系统、智能化变电站。本书根据从事变配电工作的要求，强化了技能训练，突出了职业教育的特点。

本书由田淑珍主编，并编写了第4、5、7、9章，第6、10章由张洪星编写，第2章由戴春芳编写，第1、3章由张良国编写，第11章由王延忠编写，第8章由张天然编写，附录由所有编者共同编写。全书由田淑珍整理定稿。本书配套的教学课件中的大量的实物照片由在现场从事工作多年，有着丰富现场工作经验和培训经验的工程师张洪星提供，教学课件由王延忠制作。全书由李丽主审，在此表示感谢！

由于编者水平有限，书中难免存在一些缺点、疏漏及不足之处，恳请读者批评指正。

编　者

目　　录

第1章 电力系统及变电站简介

1.1 电力系统的基本知识

1.1.1 电力系统的基本概念

1. 电力系统的组成

电力的特点：电能是发电厂的产品，和其他产品不同的是它不能储存，电能的产生(电厂)和消耗(用户)是随时平衡的，也就是电力生产、输送、分配和使用的全过程，是由发电厂、变配电站、送电线路和用户紧密联系起来的一个整体，在同一瞬间实现的。

电力系统是通过各级电压的电力线路，将发电厂、变配电站和电力用户连接起来的一个发电、输电、变电、配电和用电的整体。发电厂与电力用户之间的输电、变电和配电的整体，包括所有变配电站和各级电压的线路，称为电力网，如图1-1所示。

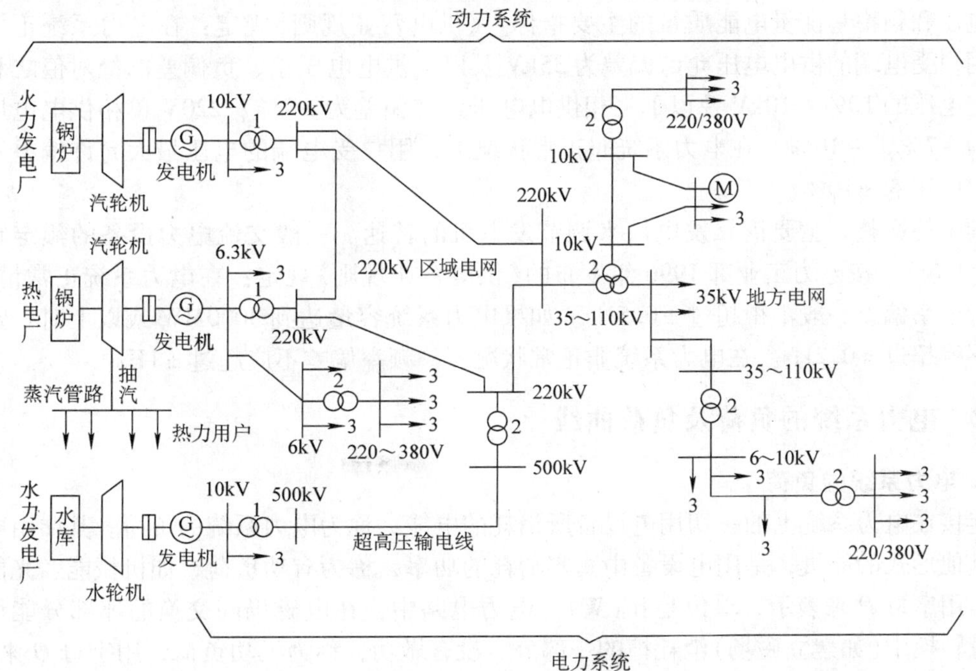

图1-1 电力系统示意图

1—升压变压器 2—降压变压器 3—电力负荷

电力系统加上热能、水能及其他能源动力装置，称为动力系统。

电力网包括输电网和配电网。输电网是由35kV及以上的输电线路和变电站组成的，是电力系统的主要网络，也是电力系统中电压最高的网络，它的作用是将电能输送到各个地区的配电网或直接送给大型工业企业用户。配电网是由10kV及以下的配电线路和变电站组成的。它的作用是将电力分配到各类用户。

2. 对电力系统的基本要求

（1）保证供电的可靠性

衡量供电可靠性的指标，一般以全部用户平均供电时间占全年时间(8760h)的百分数表示。电力系统的供电可靠性与发、供电设备和线路的可靠性、电力系统的结构和接线(包括发电厂和变电站的电气主接线)形式、备用容量、运行方式以及防止事故连锁发展的能力有关。为此，欲提高供电的可靠性，应采取以下措施：①采用高度可靠的发供电设备，做好这些设备的维护保养工作，并防止各种可能的误操作；②提高送电线路的可靠性，系统中重要线路采用双回路，或采用双电源(两个不同的系统电源)供电；③选择合理的电力系统结构和接线，电力系统的结构和接线以及发电厂和变电站的主接线对供电可靠性影响很大，在设计阶段就应保证有高度的可靠性，对重要的用户应采用双电源供电；④保证适当的备用容量，为使电力系统在发电设备定期检修及机组发生事故时均不对用户停电，为满足国民经济发展的需要，应使电力系统的装机容量比最高负荷大15%~20%；⑤制定合理的运行方式，电力系统的运行方式必须满足系统稳定性和可靠性的要求；⑥采用自动装置，对高压输电线路采用自动重合闸装置，变电站装设按频率自动减负荷装置等；⑦采用快速继电保护装置；⑧采用以计算机为中心的自动安全监视和控制系统。

（2）保证良好的电能质量

电压和频率是衡量电能质量的主要指标。《供电营业规则》规定：在电力系统正常状况下，用户受电端的供电电压允许偏差为35kV及以上供电电压正、负偏差的绝对值之和不超过额定电压的10%；10kV及以下三相供电电压允许偏差为±7%；220V单相供电电压允许偏差为+7%、-10%。在电力系统非正常状况下，用户受电端的电压最大允许偏差不应超过额定电压的±10%。

频率的调整，主要依靠发电厂来调节发电机的转速。一般交流电力设备的额定频率为50Hz(工频)。按电力工业部1996年发布的《供电营业规则》规定：在电力系统正常情况下，工频的频率偏差一般不得超过±0.5Hz。如果电力系统容量达到3000MW或以上时，频率偏差则不得超过±0.2Hz。在电力系统非正常状况下，频率偏差不应超过±1Hz。

1.1.2 电力系统的负荷及负荷曲线

1. 电力系统的负荷

连接在电力系统上的一切用电设备所消耗的电能，称为电力系统的负荷。其中由电能转换成其他形式的能量，是用电设备中真实消耗的功率，称为有功负荷，如机械能、光能和热能等。用字母 P 来表示，单位是瓦(W)。电力电路中，在电磁场间交换的那部分能量，即在能量转换中(如建立磁场)消耗掉的一部分，没有做功，称为无功负荷，用字母 Q 来表示，单位是乏(Var)。发电机既产生有功功率，又产生无功功率，发电机的额定电压 U_N 和额定电流 I_N 的乘积，定义为视在功率 S_N，单位是V·A，对于三相交流发电机的视在功率是

$$S_N = \sqrt{3} U_N I_N \tag{1-1}$$

按供电可靠性要求将负荷分为三级，每级负荷对供电电源的要求也不同。

第一级负荷是指对它中断供电将造成人身事故、设备损坏，除会产生废品外，还将使生

产秩序长期不能恢复，人民生活发生混乱等。由于一级负荷属重要负荷，中断供电所造成的后果十分严重，因此要求由两路独立的电源供电，当其中一路电源发生故障时，另一路电源应不致同时受到损坏。一级负荷中特别重要的负荷，除采用两路电源供电外，还必须增设应急电源。为保证对特别重要负荷的供电，严禁将其他负荷接入应急供电系统。常用的应急电源包括：①独立于正常电源的发电机组。②供电网络中独立于正常电源的专用馈电线路。③蓄电池。④干电池。

第二级负荷是指对它中断供电将造成大量减产，将使人民生活受到影响等。二级负荷也属于重要负荷，要求由两回路供电，供电变压器也应有两台(这两台变压器不一定在同一变配电站)。在其中一回路或一台变压器发生常见故障时，二级负荷应不致中断供电，或中断后能迅速恢复供电。只有当负荷较小或者当地供电条件困难时，二级负荷可由一回路6kV及以上的专用架空线路供电。这是考虑架空线路发生故障较电缆线路发生故障易于发现且易于检查和修复。当采用电缆线路时，必须采用两根电缆并列供电，每根电缆应能承受全部二级负荷。

第三级负荷是指所有不属于第一级、第二级负荷之外的负荷，如工厂的附属车间、城镇和农村等。三级负荷为不重要的一般负荷，因此它对供电电源无特殊要求。

2. 负荷曲线及其用途

负荷曲线是指某一时间段内负荷随时间而变化的规律。按负荷种类，负荷曲线可分为有功负荷曲线和无功负荷曲线；按时间段长短，可分为日负荷曲线、周负荷曲线、月负荷曲线、季负荷曲线和年负荷曲线；因负荷变化的随机性，很难确切预计负荷变化的情况，一般是通过以往仪表的测量记录，来研究负荷变化的规律性，并用曲线来描述它。

（1）日负荷曲线的意义及用途

日负荷曲线表示负荷在0～24h内的变化情况，其表示方法如图1-2所示。在日负荷曲线上，平均负荷P_{av}以上部分称为尖峰负荷，最大的负荷叫日最大负荷P_{max}，又称为尖荷、峰值等，最小的负荷叫日最小负荷P_{min}，又称为谷荷，由于它们代表了一日之内负荷变化的两个极限，对电力系统的运行有很大的影响。最小负荷P_{min}以下的部分称为基荷，平均负荷与最小负荷之间的部分称为中间负荷或腰荷。电力系统每日最大负荷与每日最小负荷之差，称为日负荷峰谷差。积累电力系统峰谷差的资料主要用来研究调峰措施、调整负荷及规划电源。影响峰谷差的主要因素是负荷组成、季节变化和节假日等。表示日负荷曲线的特性指标有电力系统日负荷率，常以γ表示；以及日最小负荷率，常以β表示。γ是电力系统一昼夜内平均负荷与最大负荷的比值，其平均负荷由日电量除以24h后得出。日负荷率越高，说明负荷在一天内的变化越小。较高的负荷率有利于电力系统的经济运行。所以，各国都很注重提高日负荷率的工作。β是日最小负荷与同日最大负荷的比值，表示一天内负荷变化的幅度。β的大小与用电结构关系密切。连续性生产的工业用电比重越大，β值也越高。若将电力系统负荷进行削峰填谷，则β值也较高。若系统中市政生活、商业及照明用电比重很大，则β值较低。

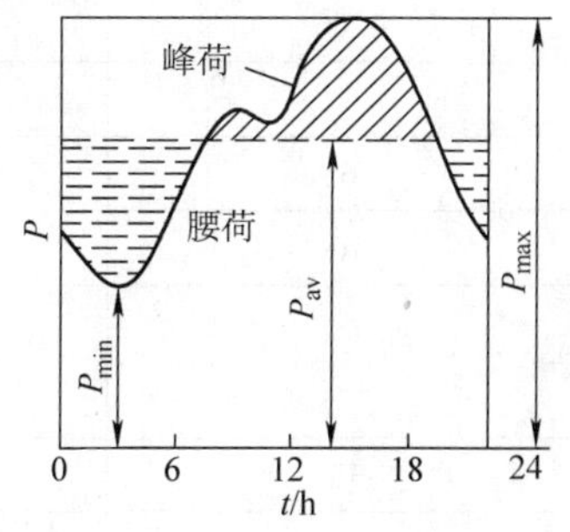

图1-2　日负荷曲线

日负荷曲线的横坐标一般按半小时分格，以便确定“半小时最大负荷”。利用日负荷曲线可以估算用户一天消耗的电能。

（2）年最大负荷曲线及用途

年最大负荷曲线反映一年内各月最大负荷的变化状况，是以每月(30 天)中的日负荷最大值逐月绘制全年的最大负荷曲线，如图 1-3 所示。利用年最大负荷曲线可以安排整个系统的机组检修计划、决定整个系统的装机容量而有计划的兴建机组。

(3) 年持续负荷曲线

把全年的负荷值由大到小排队，并统计出各个负荷值累计持续运行的小时数，这样绘制的曲线为年持续负荷曲线，如图 1-4 所示。年持续负荷曲线可以用来估算全年消耗的电能。年持续负荷曲线下面以 0 ~8760h 所包围的面积就等于该工厂在一年时间内消耗的有功电能，如果将此面积用与其相等的矩形(P_{max}-C-T_{max}-0)的面积来表示，则矩形的高代表最大负荷，矩形的底代表年最大负荷利用小时数 T_{max}。年最大负荷利用小时数 T_{max} 是一个假想的时间，他的意义是如果电力负荷按年最大负荷 P_{max} 持续运行 T_{max} 小时所消耗的电能，恰好等于该电力负荷全年实际消耗的电能。

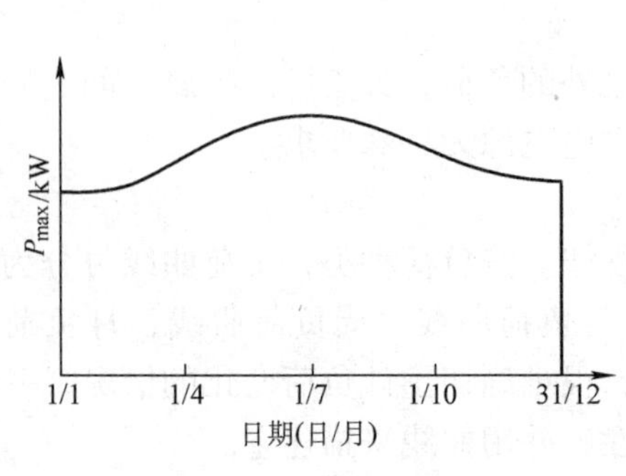

图 1-3　年最大负荷曲线

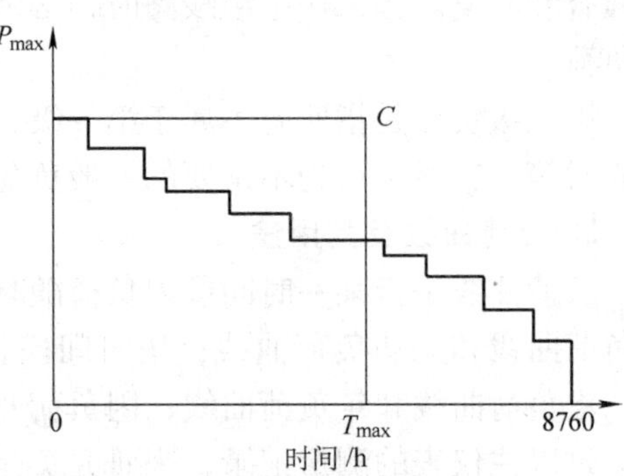

图 1-4　年持续负荷曲线

1.1.3　电力系统的电压等级

按 GB 156—2003《标准电压》规定，我国三相交流电网和发电机的额定电压如表 1-1 所示。表 1-1 中变压器一、二次绕组的额定电压是依据我国电力变压器标准产品规格确定的。

表 1-1　我国三相交流电网和电力设备的额定电压

电网和用电设备额定电压 /kV	发电机额定电压 /kV	电力变压器额定电压/kV	
		一 次 绕 组	二 次 绕 组
0.38	0.40	0.38	0.4
0.66	0.69	0.66	0.69
3	3.15	3，3.15①	3.15，3.3②
6	6.3	6，6.3①	6.3，6.6②
10	10.5	10，10.5①	10.5，11②
	13.8，15.75，18，20，22，24，26	13.8，15.75，18，20，22，24，26	
35		35	38.5
66		66	72.5

（续）

电网和用电设备额定电压/kV	发电机额定电压/kV	电力变压器额定电压/kV	
		一 次 绕 组	二 次 绕 组
110		110	121
220		220	242
330		330	363
750		750	825

① 变压器一次绕组档内 3.15、6.3、10.5kV 的电压适合于和发电机端直接连接的变压器。

② 变压器的二次绕组档内 3.3、6.6、11kV 电压适用于阻抗值在 7.5% 及以上的降压变压器。

1. 电网(线路)的额定电压

电网的额定电压等级是国家根据国民经济发展的需要和电力工业的水平，经全面的技术经济分析后确定的。它是确定各类电力设备额定电压的基本依据。

2. 用电设备的额定电压

用电设备的额定电压规定与同级电网的额定电压相同。通常用线路首端与末端的算术平均值作为用电设备的额定电压，这个电压也是电网的额定电压。由于线路运行时(有电流通过时)要产生电压降，所以线路上各点的电压都略有不同，如图 1-5 所示。所以用电设备的额定电压只能取首端与末端的平均电压。

3. 发电机的额定电压

由于电力线路允许的电压偏差一般为 ±5%，即整个线路允许有 10% 的电压损耗。为了维持线路的平均电压为额定值，线路首端(电源端)的电压应较线路额定电压高 5%，而线路末端则可较线路额定电压低 5%，如图 1-5 所示。所以发电机额定电压规定应高于同级电网(线路)额定电压的 5%。

图 1-5 用电设备额定电压的规定

4. 电力变压器的额定电压

电力变压器一次绕组是接受电能的，相当于用电设备；其二次绕组是送出电能的，相当于发电机。因此对其额定电压的规定有所不同。

1）电力变压器一次绕组的额定电压分两种情况：①当变压器直接与发电机相联时，如图 1-6 中的变压器 T1，其一次绕组额定电压应与发电机额定电压相同，即高于同级电网额定电压的 5%。②当变压器不与发电机相联而是连接在线路上时，如图 1-6 中的变压器 T2，则可看做是线路的用电设备，因此其一次绕组额定电压应与电网额定电压相同。

2）电力变压器二次绕组的额定电压也分为两种情况：①如图 1-6 中的变压器 T1，变压器二次侧供电线路较长，其二次绕组额定电压应比相联电网额定电压高 10%，其中有 5% 是用于补偿变压器满负荷运行时绕组内部的约 5% 的电压降，另外变压器满负荷时输出的二次电压相当于发电机，还要高于电网额定电压 5%，以补偿线路上的电压损耗。②变压器二次侧供电线路不长，如为低压(1000V 以下)电网或直接供电给高低压用电设备时，如图 1-6 中的变压器 T2，

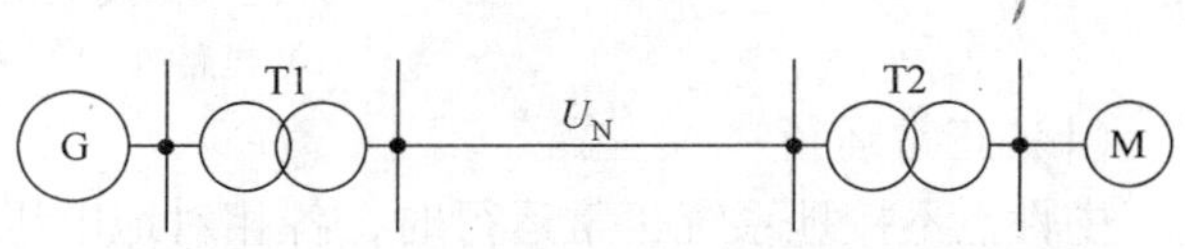

图 1-6 电力变压器的额定电压的规定

其二次绕组额定电压只需高于所联电网额定电压5%，仅考虑补偿变压器满负荷运行时绕组内部5%的电压降。

1.1.4 电力系统中性点的运行方式

电力系统中性点即是发电机和变压器的中性点。电力系统中性点运行方式分为两大类：一类称为大接地电流系统，另一类称为小接地电流系统。中性点直接接地或经过低阻抗接地的系统称为大接地电流系统；中性点绝缘或经过消弧线圈以及其他高阻抗接地的系统称为小接地电流系统。从运行的可靠性、安全性和人身安全考虑，目前采用最广泛的有中性点直接接地，中性点经消弧线圈接地和中性点不接地3种运行方式。中性点直接接地运行方式的主要缺点是供电可靠性低。当系统中发生一相接地故障时，通过故障点和变压器的中性点与大地形成短路回路，出现很大的短路电流，引起线路跳闸。为了减少供电线路事故的停电次数，采用中性点不接地的运行方式是有利的。中性点不直接接地系统，当一相故障时，不构成短路回路，故障线路可以继续带故障点运行两小时，这时其他两个非故障相对地电压变为线电压。因此，中性点不接地系统的电气设备对地绝缘应按线电压考虑。对于电压等级较高的系统，电气设备的绝缘投资对总投资影响较大，降低绝缘水平的要求会带来显著的经济效益。在我国，110kV及以上的系统，一般都采用中性点直接接地的大电流接地方式。对于电压为6~10kV的系统，单相接地电流$I_0 \leqslant 30\text{A}$，20kV及以上系统，$I_0 \leqslant 10\text{A}$时，才采用中性点不接地方式。35~60kV的高压电网多采用中性点经消弧线圈接地方式。对于低压用电系统，为了获得380/220V两种供电电压，习惯上采用中性点直接接地，构成三相四线制供电方式。

1. 中性点不接地系统

电力系统的三相导线之间和各相导线对地之间，沿导线全长都有电容分布，这些电容引起了附加电流。为了讨论方便，认为三相系统是对称的，则各相均匀分布的电容由一个集中电容来表示，中性点不接地系统正常运行时如图1-7所示。线间电容电流数值较小，故可不考虑。

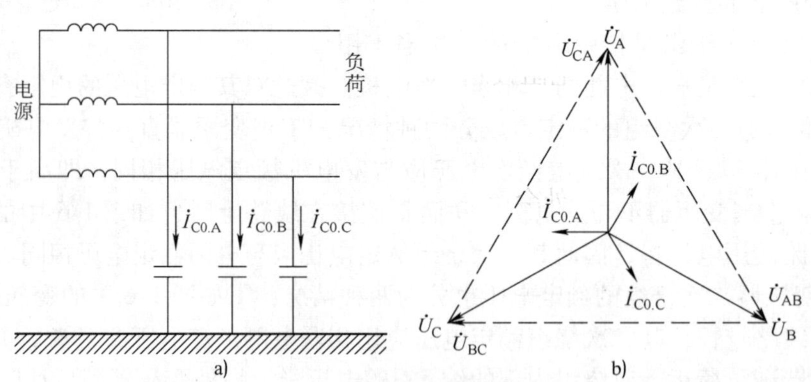

图1-7 中性点不接地系统正常运行时

a）电路图 b）相量图

（1）正常运行

中性点不接地系统正常运行时，各相对地电压$\dot{U}_A$、$\dot{U}_B$、$\dot{U}_C$是对称的，三相对地电容也是对称的，三个相的对地电容电流$\dot{I}_{C0}$也是平衡的，如图1-7所示。因此三个相的电容电流的相量和为零，地中没有电流流过。各相的对地电压，就是各相的相电压。

（2）系统发生单相接地故障

假设是C相接地，中性点不接地系统发光单相接地短路如图1-8所示。这时C相对地电压为零，中性点对地的电压 $\dot{U}_0$ 的大小等于 $\dot{U}_C$，方向与C相正常时的相电压相反，即 $\dot{U}_0=-\dot{U}_C$。而A相对地电压和B相对地电压升高 $\sqrt{3}$ 倍变为线电压。当C相接地时，系统的接地电流（电容电流）$\dot{I}_C$ 应为A、B两相对地电容电流之和，即 $\dot{I}_C=-(\dot{I}_{CA}+\dot{I}_{CB})$，由图1-8的相量图可知，$\dot{I}_C$ 在相位上超前 $\dot{U}_C 90°$，而在量值上，由于 $I_C=\sqrt{3}I_{CA}$，而 $I_{CA}=U'_A/X_C=\sqrt{3}U_A/X_C=\sqrt{3}I_{C0}$，因此 $I_C=3I_{C0}$，即单相接地电容电流为正常运行时一相对地电容电流的3倍。中性点不接地系统中的单相接地电流通常采用下面的经验公式计算：

$$I_C=\frac{U_N(l_{oh}+35l_{cab})}{350} \tag{1-2}$$

式(1-2)中，I_C 为系统的单相接地电容电流（单位为A）；U_N 为系统额定电压(kV)；l_{oh} 为同一电压 U_N 的具有电联系的架空线路总长度(km)；l_{cab} 为同一电压 U_N 的具有电联系的电缆线路总长度(km)。

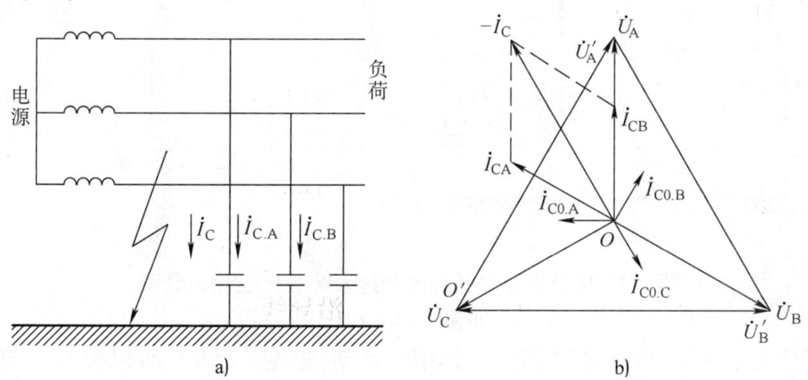

图1-8 中性点不接地系统发生单相接地短路

a）电路图 b）相量图

若中性点不完全接地（经一定电阻接地），“接地相”对地电压大于零小于相电压，而“非故障相”对地电压大于相电压小于线电压，则接地电流也比完全接地时小些。

对于中性点不接地系统的单相接地故障，一般继电保护不会起作用。如果接地故障不是瞬间发生后立即消失，则在故障点处会产生电弧。有稳定的电弧是比较危险的，电弧可能烧坏设备，或者从单相接地电弧扩大为两相或三相弧光短路。

单相接地可能形成周期性熄灭和重燃的间歇性电弧。间歇性电弧可能引起相对地谐振过压，其值可达到2.5~3倍以上相电压。这种过电压会危及到与接地点有直接电气连接的整个电网上，可能在某一绝缘较为薄弱的部位引起另一相对地击穿，造成两相短路。

综上所述，中性点不接地系统发生单相接地时，三相线电压的数值和相位关系并未改变，除了发电机和高压电动机等特殊设备外，一般可以继续带故障运行。为了防止单相接地扩大为两相或三相弧光短路，规定单相接地后带故障运行时间最多不超过2h，这就要求在发生单相接地后，必须尽快查清故障部位，迅速将故障消除。为此，在中性点不接地电网中，应装设监视装置，监察单相接地的绝缘情况。

2. 中性点经消弧线圈接地

在中性点不接地系统中，当单相接地电流超过规定的数值，电弧将不能自行熄灭，为了减小接地电流，一般采用中性点经消弧线圈接地。

目前35~60kV的高压电网多采用此运行方式。如果消弧线圈能正常运行，则是消除因雷击等原因而发生瞬时单相接地故障的有效措施之一。

（1）消弧线圈的结构

消弧线圈是一个具有铁心的电感线圈，其线圈的电阻很小，电抗很大，可以有效地消弧。国产消弧线圈的铁心和线圈浸在油箱里，铁心柱有很多间隙，间隙中填着绝缘纸板，目的是为了避免铁心磁饱和，可以得到一个稳定的电抗值，使补偿电流 I_L 与中性点对地电压成线性关系，使线圈保持有效的消弧作用。

（2）消弧线圈的工作原理

图1-9为中性点经消弧线圈接地系统的接线和相量图。

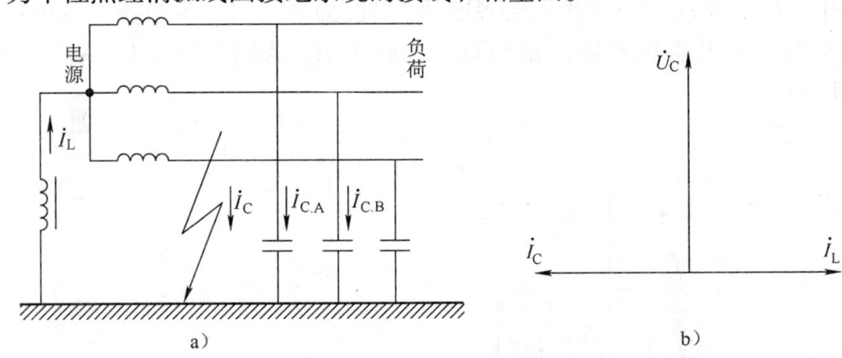

图1-9　中性点经消弧线圈接地系统的接线和相量图

a）电路图　b）相量图

在正常工作时，三相系统是对称的，其中性点对地电压为0，所以没有电流通过消弧线圈，线圈上也没有电压。当C相接地时，地对中性点电压为 U_C，加在消弧线圈上，此时有一电感电流 I_L，通过消弧线圈和接地点，滞后 U_C90°。其值为 $I_L=U_C/X_L$。接地点通过的电流是对地总电容电流 I_C，并超前 U_C90°，由此可见 I_L 与 I_C 在相位上相反，实现了对单相接地时电容电流的补偿。随着接地电流的减小，电弧自行熄灭，故障消失。

（3）补偿方式

根据消弧线圈中电感电流对电容电流的补偿程度不同，可以分为全补偿、欠补偿和过补偿3种补偿方式。

当感抗等于容抗（$I_L=I_C$）时，接地点电流为0时称为全补偿。因为在正常运行时，各相对地电压不完全对称，在未发生故障时，中性点对地之间出现一定电压（称为中性点位移电压）。此电压将引起串联谐振过电压，危及电网的绝缘。因此，实际上不采用此种补偿方式。

当感抗大于容抗（$I_L<I_C$）时，接地点尚有未补偿的电容电流时称为欠补偿，这种方式也很少采用。因为在欠补偿运行时，切除部分线路（对地电容减少），系统频率降低，线路发生一相断线（送电端一相断线，该相电容为0）等，均可能造成系统全补偿，出现串联谐振过电压。

当感抗小于容抗（$I_L>I_C$）时，即接地处具有多余的电感性电流时称为过补偿。这种补偿方式可以避免上述出现的过电压，因此得到广泛的应用。因为当 $I_L>I_C$ 时，消弧线圈留有一定的裕度。将来，电网发展，对地电容增加后，原来的消弧线圈还可以使用。但应指出在过补偿方式下，接地点将流过电流，这个电流不能超过某一规定值，否则故障点的电弧不能自动熄灭。一般采用过补偿方式时，补偿后的残余电流不得超过 5～10A。运行经验表明，各种电压等级的电网，只要残余电流不超过表 1-2 规定的允许值，接地电弧就会自动熄灭。

表 1-2 过补偿或欠补偿时残余电流允许值

电网额定电压/kV	6	10	35	60	110
残余电流允许值/A	30	20	10	5	3

如果系统中性点位移电压过高，则单相接地时采用消弧线圈也难以灭弧。因此，要求中性点经消弧线圈接地的系统，在正常运行时，中性点的位移电压不得超过额定相电压的 15%。这样采用消弧线圈易于灭弧。中性点经消弧线圈接地的系统，当发生单相接地时，允许连续运行 2h，这段时间内运行人员应尽快采取措施，查出故障并消除。

3. 中性点直接接地方式或经低阻抗接地

为了防止单相接地时产生间歇电弧过电压，可以使中性点直接接地，其系统如图 1-10 所示。

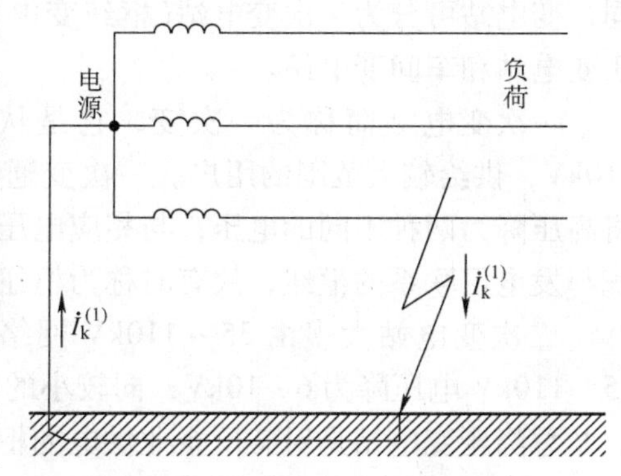

图 1-10 中性点直接接地的系统

在中性点直接接地的电网中，当发生单相接地时，故障相直接经过大地形成单相短路，继电器保护立即动作，开关跳闸，因此不会产生间歇性电弧。此外，由于中性点直接接地后，中性点电位为接地体所固定，不会产生中性点位移。因此发生单相接地时，其他两相也不会出现对地电压升高的现象，因此中性点直接接地的系统中的供、用电设备绝缘只需按相电压考虑，而无需按线电压考虑。这对 110kV 及以上的超高压系统是很有经济技术价值的。因为高压电器的绝缘问题是影响电器设计和制造的关键。电器绝缘要求的降低，不仅降低了电器的造价，而且改善了电器的性能。因此我国 110kV 及以上超高压系统的电源中性点通常都采取直接接地的运行方式。直接接地的运行方式有以下特点：

1）发生单相接地时，形成单相对地短路，开关跳闸，中断供电、影响供电的可靠性。

2）为了弥补上述不足，广泛采用自动重合闸装置。实践经验表明，在高压架空电网中，大多数的一相接地故障都具有瞬时的性质。在故障部分断开后，接地处的绝缘可能迅速恢复，开关自动合闸，系统恢复正常运行，从而确保供电的可靠性。

3）中性点直接接地系统，单相接地时，短路电流很大，因此开关设备容量要选择大些。同时由于单相短路电流较大，引起电压降低，影响系统的稳定性。另外当大短路电流在导体中流过时，周围形成强大的磁场，会干扰附近通信线路。针对上述缺点，在大容量的电力系统中，为减小接地电流常采用中性点经电抗器接地的方式。

在现代化城市电网中，由于广泛采用电缆取代架空线路，而电缆线路的单相接地电容电流远比架空线路的大，因此采取中性点经消弧线圈接地的方式往往也无法完全消除接地故障点的电弧，从而无法抑制由此引起危险的谐振过电压。因此我国部分城市的 10kV 电网中性点采取低电阻接地的运行方式。它接近于中性点直接接地的运行方式，必须装设单相接地故障保护。在系统发生单相接地故障时，开关跳闸，迅速切除故障线路，同时系统的备用电源投入装置动作，投入备用电源，恢复对重要负荷的供电。由于这类城市电网，通常采用环网供电方式，而且保护装置完善，因此供电可靠性是相当高的。

1.1.5 变电站电气设备简介

1. 变电站的分类及作用

发电厂的发电机和用户的用电设备额定电压较低，因此为了把电能送到较远的地区，减少送电过程中的电能损耗，需要把发电厂内的电压升高，而后经线路输送到用电地区，经降压变压器降压，再分配给用户。这就是变电站的主要作用，即变压、接受和分配电能。

变电站由电力变压器和室内、外配电装置以及继电保护、自动装置及监控系统构成。如果仅有配电装置用以接受和分配电能，无需变压器改变电压时，则称为配电站。

变电站分为升压变电站和降压变电站。升压变电站通常与大型发电厂结合在一起，在发电厂电气部分中装有升压变压器，把发电厂的电压升高，通过高压输电网将电能送向远方。降压变电站设在用电中心，将高压的电能适当降压后，向该地区用户供电。因供电范围不同，变电站可分为一次变电站(枢纽变电站)和二次变电站。工厂企业的变电站可分为总降压变电站和车间变电站。

一次变电站简称为一次变，它是从 220kV 及以上的输电网受电，将电压降到 35 ~ 110kV，供给较大范围的用户。一次变通常采用双绕组变压器，也有些装设三绕组变压器，将高压降为两种不同的电压，与相应电压级的网络联系起来。一次变的供电范围较大，是系统与发电厂联系的枢纽，故有时称为枢纽变电站。

二次变电站大多由 35 ~ 110kV 网络一次变受电，有些也由地方发电厂直接受电。将 35 ~ 110kV 电压降为 6 ~ 10kV，向较小的范围(一般约为数公里)进行供电。

总降压变电站是对工厂企业供电的枢纽，故又称为中央变电站。它与二次变电站的情况基本相同，也是从一次变单独引出的 35 ~ 110kV 网络直接受电，经电力变压器降压至 6 ~ 10kV，对工厂企业内部供电。一个大型企业可能要建设多个总降压变电站，分别对各分厂和车间供电。对于小型企业，可几个企业共用同一个总降压变电站。

车间变电站从总降压变电站引出的 6 ~ 10kV 厂区高压配电线路受电，将电压降至低压 380/220V 对各用电设备直接供电。

变电站的规模一般用电压等级，变压器容量和各级电压的出线回路数表示。

2. 变电站电气系统的主要内容

变电站的电气系统，按其作用的不同分为一次系统和二次系统。一次系统是直接生产、输送和分配电能的设备(如电力变压器、电力母线、高压输电线路、高压断路器等)及其相互间的连接电路；对一次系统的设备起控制、保护，调节、测量等作用的设备称为二次设备，如控制与信号器具、继电保护及安全自动装置，电气测量仪表、操作电源等。二次设备及其相互间的连接电路称为二次系统或二次回路。二次系统是电力系统安全、经济、稳定运行的重要保障，是发电厂及变电站电气系统的重要组成部分。二次回路设备通常为低压设备，二次系统是通过电压互感器与电流互感器与一次系统相联系的。

(1) 变电站中主要的一次设备及作用

下面将结合图 1-11 变电站的接线图介绍变电站的一次设备。GB 4728—2000 常用电气符号表如表 1-3 所示。

表 1-3　GB 4728—2000 常用电气符号表

名　　称	GB 4728—2000 图形符号	名　　称	GB 4728—2000 图形符号
断路器		电抗器	
手车式断路器		熔断器	
熔断器式开关		双绕组变压器	或
熔断器式负荷开关		三绕组变压器	或
高压隔离开关		避雷器	
高压负荷开关		电流互感器	或
三角形连接的绕组	△	电容器	
星形连接的绕组	Y	三个电压互感器接成 Y_0/Y_0	Y_0 Y_0
中性点引出的星形连接的三相绕组		两个单相电压互感器接成V/V	
三根导线	3	三相五柱式电压互感器接成Y_0/Y_0/开口三角形	Y0 Y0 △
导线连接		电缆	
接地		带铁心的电感、线圈、绕组	

变压器：文字符号为 T(电力变压器为 TM)，其作用是将电压升高或降低，以利于电能的合理输送、分配和使用。

高压断路器：文字符号为 QF，其作用是使电压在 1000V 以上的高压线路在正常的负荷下，接通和断开正常的负荷电流；在线路发生故障时，通过继电保护装置将故障线路自动断开。

高压负荷开关：文字符号为 QL，其作用是接通和断开正常的负荷电流和过负荷电流，但不能断开短路电流。实际上高压负荷开关往往和高压熔断器串联使用，借助熔断器进行短路保护。

高压隔离开关：文字符号为 QS，主要是用来隔离高压电源。其断开后有明显的断口，使要检修的设备和电网可靠地隔离，以保证设备和线路的安全检修。隔离开关没有专门的灭弧装置，不允许带负荷操作隔离开关。但是可以用来通断一定的小电流，如分、合电压互感器和避雷器及系统无接地的消弧线圈；接通或断开电容电流不超过 5A 的空载线路；可接通或断开 110kV 及以下，空载电流不超过 2A 的空载变压器。

高压熔断器：文字符号为 FU，主要用来对电路及其设备进行短路保护和过载保护，是当通过的电流超过规定值并经过一定的时间后，其熔体熔断而分断电流、断开电路的保护电器。

避雷器：文字符号 F，用来保护变电站的电气设备免受大气过电压及操作过电压危害的保护设备。

母线：文字符号 W，又称为汇流排，是用来汇集和分配电能的导体。高压配电站的母线，通常采用单母线制。如果是两路或以上电源进线时，则采用高压隔离开关或高压断路器(其两侧装隔离开关)分段的单母线制。

并联电容器：文字符号 C，主要用于产生无功功率，进行无功补偿，提高电力网的功率因数。

互感器：包括电流互感器(文字符号 TA)和电压互感器(文字符号 TV)，其作用是使仪表、继电器等二次设备与主电路的一次设备绝缘，这既可避免主电路的高电压直接引入仪表、继电器等二次设备，又可防止仪表、继电器等二次设备的故障影响主电路，提高一、二次电路的安全性和可靠性，并有利于人身安全。同时，互感器可以将大电流变成小电流，高电压变成低电压，供给测量仪表、继电器等二次设备。

成套设备：成套设备是按一次电路接线方案的要求，将有关一次设备及控制、指示、监测和保护一次设备的二次设备组合为一体的电气装置，例如高压开关柜、低压配电屏等。

（2）变电站二次系统

变电站二次系统是一个具有多种功能的复杂网络，包括以下子系统：

1）控制系统。控制系统由各种控制开关和控制对象的操动机构组成，其主要作用是对发电厂、变电站的开关设备进行远方跳、合闸操作，以满足改变一次系统运行方式及处理故障的要求。

2）信号系统。信号系统由信号发送机构、接收显示元器件及其网络构成，其作用是准确、及时地显示出相应一次设备的工作状态，为运行人员提供操作、调节和处理故障的可靠依据。

3）测量与监测系统。测量与监测系统由各种电气测量仪表、监测装置、切换开关及其网络构成，其作用是指示或记录主要电气设备和输电线路的运行状态和参数，作为生产调度和值班人员掌握主系统的运行情况、进行经济核算和故障处理的主要依据。

4）继电保护与自动装置系统。继电保护与自动装置系统由互感器、变换器，各种继电保护及自动装置、选择开关及其网络构成，其作用是监视一次系统的运行状况，一旦出现故障或异常便自动进行处理，并发出信号。

5）调节系统。调节系统由测量机构、传送设备、执行元器件及其网络构成，其作用是调节某些主设备的工作参数，以保证主设备和电力系统的安全、经济、稳定运行。

6）操作电源系统。操作电源系统由直流电源设备和供电网络构成，其作用是供给上述各二次系统的工作电源。

7）综合自动化系统。变电站综合自动化系统是利用先进的计算机技术、现代电子技术、通信技术和信息处理技术等实现对变电站二次系统（包括控制、测量、信号、故障录波、继电保护、自动装置及运动系统等）的功能进行重新组合、优化设计，对变电站全部设备的运行情况执行监视、测量、控制和协调的一种综合性的自动化系统。通过变电站综合自动化系统内各设备间相互交换信息，数据共享，完成变电站运行监视和控制的任务。变电站综合自动化替代了变电站常规二次系统，简化了变电站二次接线。变电站综合自动化是提高变电站安全稳定运行水平、降低运行维护成本、提高经济效益、向用户提供高质量电能的一项重要技术措施。

1.2 技能训练：变电站识图

1. 训练目的

1）初步尝试看变电站图样资料。

2）通过看图建立对变电站的初步认识。

2. 训练内容

主接线图即主电路图，是表示系统中电能输送和分配线路的电路图，亦称为一次电路图。而用来控制、指示、监测和保护一次电路及其设备运行的电路图，则称为二次电路图，或二次接线图，通称为二次回路图。

主接线图有两种绘制形式：

1）系统式主接线图，是按照电力输送的顺序依次安排其中的设备和线路相互连接关系而绘制的一种简图，如图1-11所示。它全面系统地反映了主接线中电力的传输过程，但是它并不反映其中各成套配电装置之间相互排列的位置。这种主接线图多用于变电站的运行中。通常应用的变电站主接线图均为这一形式。由于三相电路中元器件基本上是对称的，所以，主接线图一般以单线图表示。而对于有的元器件例如互感器，不一定三相全都装设，故表示互感器的局部电路图，用三线图表示。对于有零线的在图上用虚线表示。图中电气设备符号按“常态”画出。所谓“常态”，是指电气设备处于无电压的状态，隔离开关和断路器均处于断开位置，主接线图如图1-11所示。

2）装置式主接线图这是按照主接线中高压或低压成套配电装置之间相互连接关系和排列位置而绘制的一种简图，通常按不同电压等级分别绘制。从这种主接线图上可以一目了然地看出某一电压级的成套配电装置的内部设备连接关系及装置之间相互排列位置。这种主接线图多在变电站施工图中使用。

（1）变电站一次接线图识图

图1-11是某高压配电站及附设2号车间变电站一次（进线）系统图。下面以此图为例说明一次电路图识图步骤与方法。识图要点：

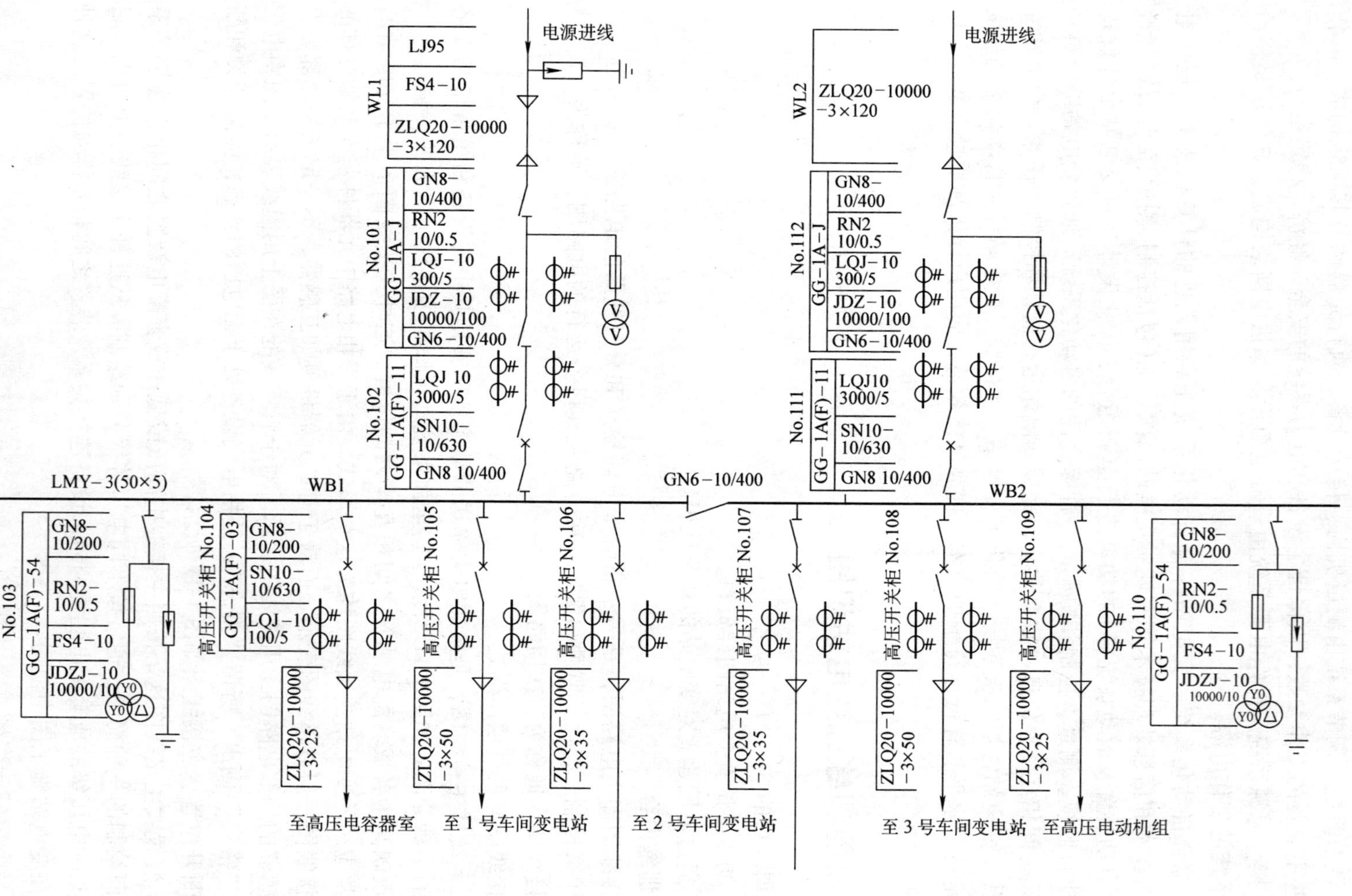

图 1-11 变电站的接线图

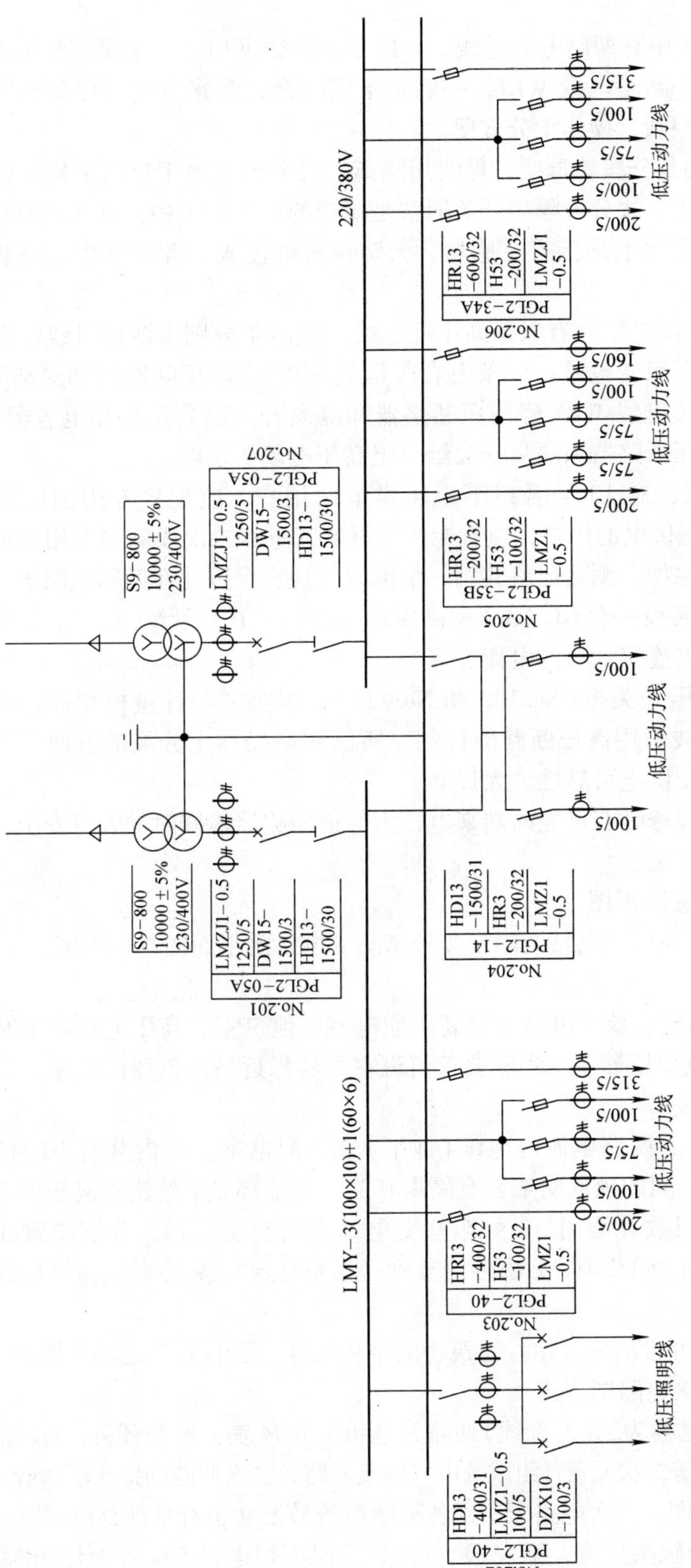

图 1-11 变电站的接线图(续)

1）电源进线。图 1-11 中有两路电源进线，一路是架空线 WL1，一般是工作电源，来自发电厂或上级变电站；另一路是电缆 WL2，一般是备用电源，多来自附近单位的高压联络线。电源采用高压断路器控制，操作十分方便。

2）母线。这里采用的是分段单母线，母线用隔离开关分段。由于该所采用一路电源工作，另一路备用的运行方式，故分段隔离开关通常是闭合的(图 1-11 中 GN6-10/400)。为了测量、保护等需要，每段母线上均接有互感器。为防止雷电侵入，各段母线上都装设有避雷器。

3）高压配电出线。该配电站共有六条高压配电线。有两条分别由两段母线经高压断路器与隔离开关配电给 2 号车间变电站；一条由右段母线 WB2 经高压断路器和隔离开关供 3 号车间变电站；一条由左段母线 WB1 经高压断路器和隔离开关给高压移相电容器组供电；另一条是由右段母线经高压断路器和隔离开关给一组高压电动机供电。

《供电营业规则》规定：对 10kV 及以下电压供电的用户，应配置专用的电能计量柜(箱)；对 35kV 及以上电压供电的用户，应有专用的电流互感器二次线圈和专用的电压互感器二次连接线，并不得与保护、测量回路共用。根据以上规定，因此在两路电路进线的主开关(高压断路器)柜之前各装设一台 GG-1A-J 型高压计量柜(No. 101 和 No. 112)，其中的电流互感器和电压互感器只用来连接计费的电能表。

装设进线断路器的高压开关柜(No. 102 和 No. 111)，因为需与计量柜相连，因此采用 GG-1A(F)-11 型。由于进线采用高压断路器控制，所以切换操作十分灵活方便，而且可配以继电保护和自动装置，使供电可靠性大大提高。

考虑到进线断路器在检修时有可能两端来电，为保证断路器检修时的人身安全，断路器两侧都必须装设高压隔离开关。

(2）变配电站平面布置图识图

图 1-12 是图 1-11 所示高压配电站及附设 2 号车间变电站的平面图与剖面图。

识图要点：

1）变电站总体建筑结构。该变电站设有高压配电室、值班室、高压电容器室和附设的 2 号变电站的低压配电室及变压器室。一般要求值班室尽量靠近高、低压配电室，且要有门直通，以便于维护和检修。

2）各电气设备的位置。两路电源经电缆(地下)进入配电室，室内共有 10 台高压柜，柜上是母线，两排高压柜之间的顶部支架上有隔离开关。柜下部是电缆沟。高压电容器室内有 6 台电容器柜，供功率因数补偿用。2 号车间变电站有两台变压器，分别布置在两个房间。6kV 高压经变压器降为 380/220V 后由母线分别送至低压配电室的母线，然后通过低压配电柜分配到现场。

另外，从图 1-12 中还可看出变电站各建筑物的结构尺寸、及各设备之间的距离。

(3）变配电站简单二次电路图识图

变配电站的二次接线也称为二次(配线)回路，是由测量仪表、控制开关、自动装置、继电器、信号装置和控制电缆等二次元器件组成的电气连接回路。二次回路的接线图一般分为原理接线图、展开图和安装接线图。二次电路图所用各种图形符号及文字符号都是由国家标准规定的。二次回路中所有设备的触头位置，都表示“常态”，即不带电、不受外力作用时的状态。图 1-13为 6 ~ 10kV 高压线路电气测量仪表电路。下面以此图为例讨论二次回路的读图要点。

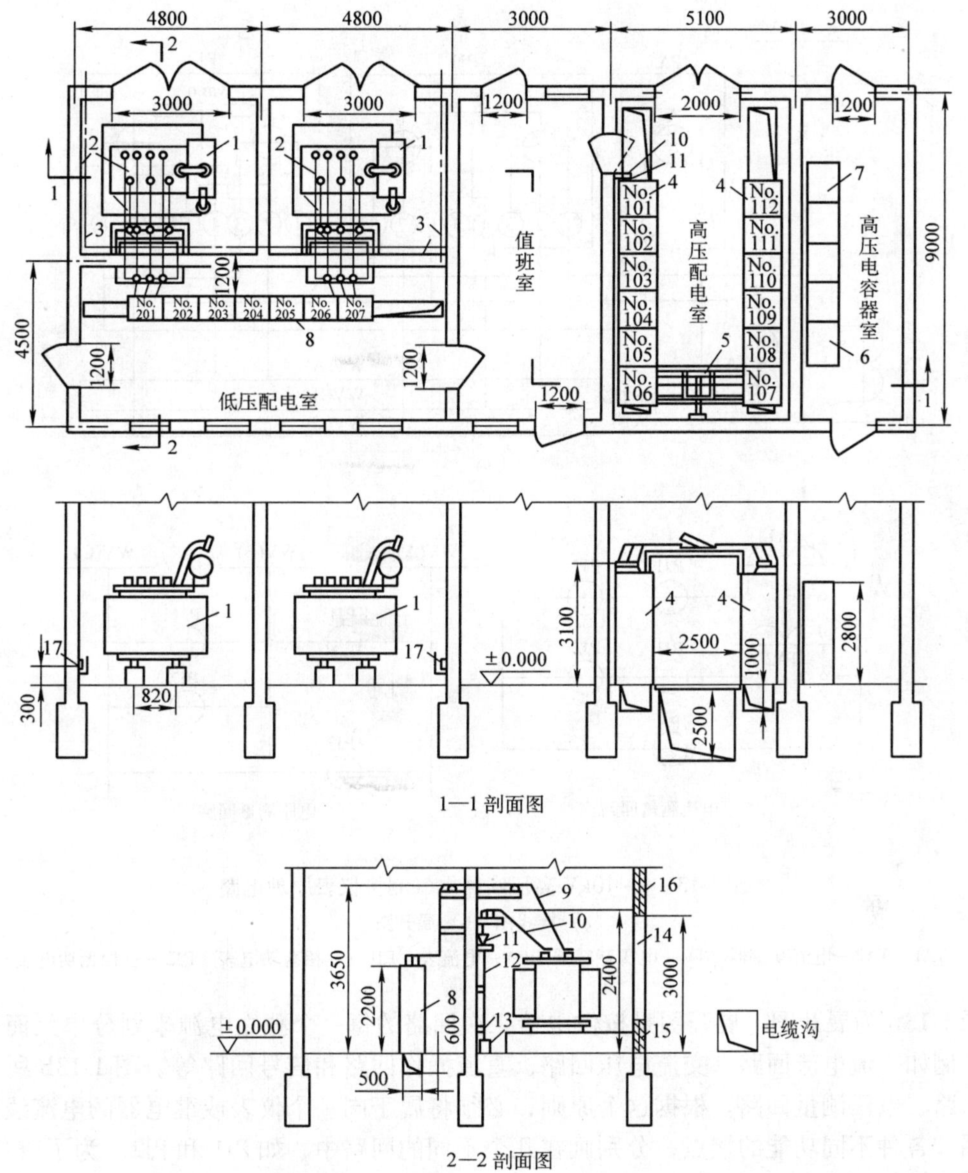

图 1-12　图 1-11 所示高压配电站及其附设 2 号车间变电站的平面图和剖面图

1—SL7-630/6 型电力变压器　2—PEN 线　3—PE 线　4—GG-1A(F)型高压开关柜　5—分段隔离开关及母线桥　6—GR-1 型高压电容器柜　7—GR-1 高压电容器的放电互感器柜　8—PGL2 型低压配电屏　9—低压母线及支架　10—高压母线及支架　11—电缆头　12—电缆　13—电缆保护管　14—大门　15—进风口(百叶窗)　16—出风口(百叶窗)　17—PE 线及其固定钩

图 1-13a 为原理接线图。原理接线图体现的是二次回路的工作原理，并且是绘制展开图和安装接线图的基础。在原理接线图中，与二次回路有关的一次设备和一次回路是同二次回路画在一起的。所有一次和二次设备(如断路器、继电器、仪表和其他电气元器件等)都是以整体的形式表示，其相互连接的电流回路、电压回路和直流回路，也是综合在一起的。因此，这种接线图的特点是能够使看图者对整个二次回路的构成有一个明确的整体概念。

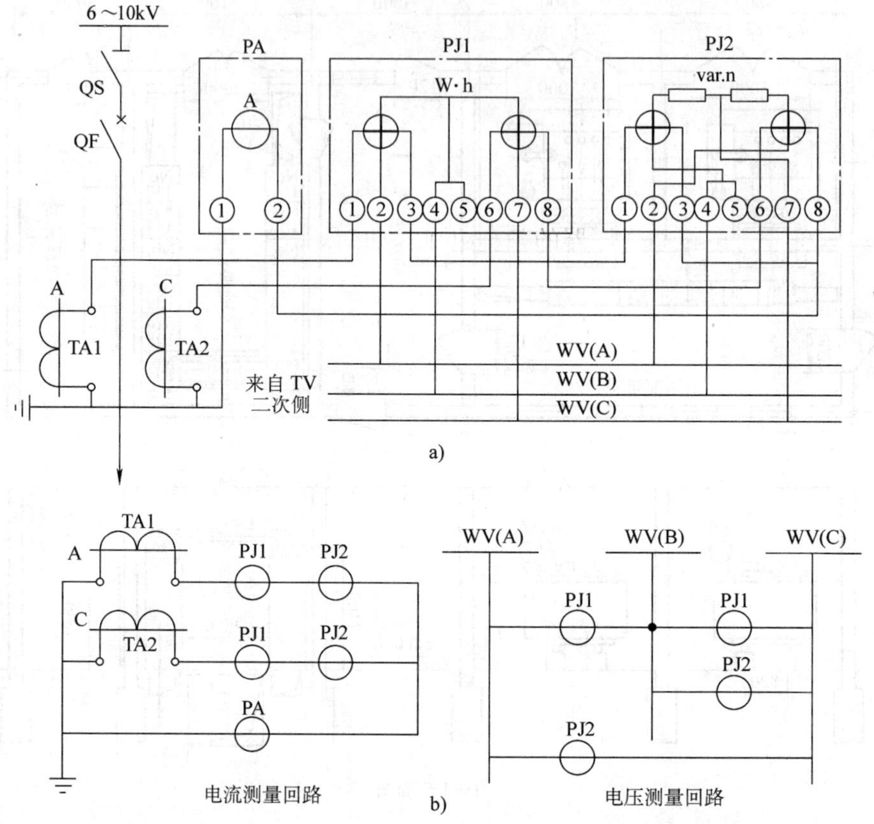

图 1-13　6～10kV 高压线路电气测量仪表原理电路

a）接线图　b）展开图

TA1，TA2—电流互感器　TV—电压互感器　PA—电流表　PJ1—三相有功电表　PJ2—三相无功电表

图 1-13b 为展开图。展开图是按供电给二次回路的每一个独立电源来划分单元而进行编制的，例如交流电流回路，交流电压回路，直流操作回路和信号回路等。图 1-13b 所示电流测量回路、电压测量回路。根据这个原则，必须将属于同一个仪表或继电器的电流线圈、电压线圈和各种不同功能的接点，分别画在几个不同的回路中，如 PJ1 和 PJ2。为了避免混淆，属于同一个仪表或继电器的各个元器件(例如线圈和接点等)采用相同的文字标号。

1.3　习题

1. 叙述电力的特点。
2. 什么叫电力系统？什么叫电力网？
3. 系统中电压、频率波动范围是如何规定的？
4. 何谓电力系统的负荷？
5. 负荷是怎么分类的？对供电电源有何要求？
6. 负荷曲线有几种？各有何特点？
7. 什么是最大负荷年利用小时数？

8. 什么是大接地电流系统？什么是小接地电源系统？

9. 在中点不接地方式中，发生单相完全接地故障时，各相对地电压如何变化？能否运行？

10. 消弧线圈的补偿方式有几种？最常采用哪种？为什么？

11. 中性点直接接地运行方式的特点有哪些？

12. 简述变电站中主要的一次设备及作用。

13. 用电设备、发电机和变压器的额定电压是如何规定的？试确定图 1-14 所示供电系统中变压器和线路的额定电压。

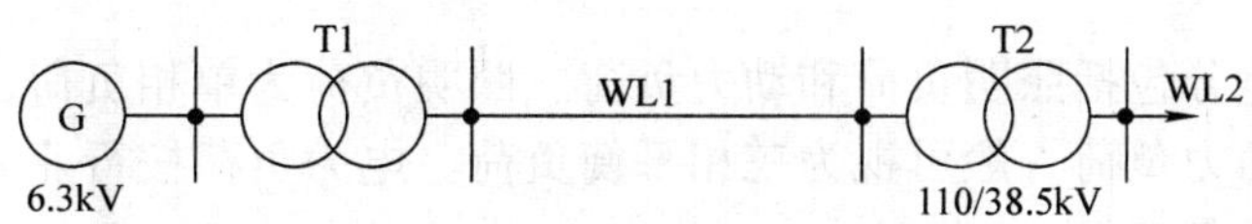

图 1-14　习题 13 的图

第 2 章　电力负荷的计算

2.1　工厂的电力负荷

电力负荷按用途分包括照明负荷和动力负荷。照明负荷为单相负荷，在三相系统中很难达到三相平衡；而动力负荷一般可视为三相平衡负荷。电力负荷按行业分包括工业负荷、非工业负荷和居民生活负荷等。

电力负荷(设备)按工作制可分为以下 3 类。

1）长期连续工作制：这类设备长期连续运行，负荷比较稳定，例如通风机、空气压缩机、电动发电机组、电炉和照明灯等。机床电动机的负荷虽然变动一般较大，但大多也是长期连续工作的。

2）短时工作制：这类设备的工作时间较短，而停歇时间相对较长，例如机床上的某些辅助电动机(如进给电动机、升降电动机等)。

3）断续周期工作制：这类设备周期性地工作—停歇—工作，而工作周期一般不超过 10min，例如电焊机和起重机。

负荷持续率，又称为暂载率或相对工作时间，符号为 ε，其定义为一个工作周期 T 内工作时间 t 与工作周期 T 的百分比，即

$$\varepsilon = \frac{t}{T} \times 100\% = \frac{t}{t + t_0} \times 100\% \tag{2-1}$$

式中，t_0 为工作周期 T 内的停歇时间；T、t 和 t_0 的单位均为秒(s)。

2.2　三相用电设备组计算负荷的确定

2.2.1　用电设备容量的计算

（1）一般用电设备的额定容量

用电设备的额定容量是指用电设备在额定电压下、在规定的使用寿命内能连续输出或耗用的最大功率。

1）电动机的额定容量是指其轴上正常输出的最大功率。因此其耗用的功率即从电网吸取的功率，应为其额定容量除以其本身的效率。设备容量就是其铭牌上的额定功率，用有功功率 P_N 表示，单位为瓦(W)或千瓦(kW)。

2）电炉的额定容量是指在额定电压下耗用的功率，而不是指其输出的功率。设备的额定容量按其铭牌容量来计算。

3）变压器、互感器和电焊机等设备的额定容量按其铭牌容量来计算。一般用视在功率 S_N 表示，单位为伏安(V · A)或千伏安(kV · A)。

4）电容器类设备的额定容量，则用无功功率 Q_c 表示，单位为乏(var)或千乏(kvar)。

5）照明灯具设备容量。

白炽灯和碘钨灯等的容量按其铭牌容量计算，即为

$$P_e = P_N \tag{2-2}$$

荧光灯的容量按其铭牌容量乘 1.2 来计算，即为

$$P_e = 1.2P_N \tag{2-3}$$

高压汞灯、钠灯的容量按其铭牌容量乘 1.1 来计算，即为

$$P_e = 1.1P_N \tag{2-4}$$

(2) 断续周期工作制设备的额定容量

断续周期工作制的用电设备组，其设备容量为各设备在不同负荷持续率下的铭牌容量换算到统一的负荷持续率下的容量之和。

断续周期工作制的用电设备常用的有电焊机和起重机的电动机(电葫芦、起重机、行车等)，其容量换算要求如下：

1）电焊机组的容量换算。要求统一换算到 $\varepsilon = 100\%$，因此可得换算后的设备容量为

$$P_e = P_N\sqrt{\frac{\varepsilon_N}{\varepsilon_{100}}} = S_N\cos\phi\sqrt{\frac{\varepsilon_N}{\varepsilon_{100}}} = S_N\cos\phi\sqrt{\varepsilon_N} \tag{2-5}$$

式中，P_N、S_N 为电焊机的铭牌容量(P_N 为有功容量，S_N 为视在容量)；ε_N 为与 P_N、S_N 对应的负荷持续率(计算中用小数)；ε_{100} 为 $\varepsilon = 100\%$ 的负荷持续率(计算中用 1)；$\cos\phi$ 为铭牌规定的功率因数。

2）起重机的电动机组的容量要求统一换算到 $\varepsilon = 25\%$ 的负荷持续率，因此可得换算后的设备容量为

$$P_e = P_N\sqrt{\frac{\varepsilon_N}{\varepsilon_{25}}} = 2P_N\sqrt{\varepsilon_N} \tag{2-6}$$

式中，P_N 为起重机的电动机的铭牌容量；ε_N 为与 P_N 对应的负荷持续率(铭牌数据)；ε_{25} 为 25% 的负荷持续率(计算中用 0.25)。

【例 2-1】 某装配车间 380V 线路，供电给 3 台起重机的电动机，其中 1 台 7.5kW($\varepsilon = 60\%$)，2 台 3kW($\varepsilon = 15\%$)。试求起重机的电动机总容量。

解： 按规定，起重机的电动机容量要统一换算到 $\varepsilon = 25\%$，由式(2-6)可得 3 台起重机的电动机总容量为

$$P_e = (7.5\times2\sqrt{0.6} + 2\times3\times2\sqrt{0.15})\text{kW} = 16.3\text{kW}$$

2.2.2 需要系数法确定计算负荷

1. 计算负荷的意义

计算负荷是指如果导体中通过一个假想不变负荷时所产生的最高温升正好与它通过实际负荷时产生的最高温升相等，那么该假想不变负荷就称为实际负荷的“计算负荷”，计算负荷实际上是一个虚设的负荷。

由于导体通过电流达到稳定温升的时间大约需(3～4)τ，τ 为发热时间常数，而截面面积在 16mm^2 以上的导体的 τ 均大于 10min，也就是载流导体大约经 30min 后可达到稳定的温

升值。因此通常取30min平均最大负荷P_{30}(即最大负荷P_{max})作为“计算负荷”。

计算负荷是供配电设计计算的基本依据。如果计算负荷确定过大，将使设备和导线电缆选择偏大，造成投资和有色金属的浪费。如果计算负荷确定过小，又将使设备和导线电缆选择偏小，造成设备和导线电缆运行时过热，增加电能损耗和电压损耗，甚至使设备和导线电缆烧毁，造成事故。

目前普遍采用的确定用电设备组计算负荷的方法，有需要系数法和二项式法。

2. 需要系数法

用电设备组的计算负荷是指用电设备组从供电系统中取用的30min最大负荷P_{30}。

在所计算的范围内，将用电设备按其设备性质不同分成若干组，对每一组选用合适的需要系数，算出每组用电的计算负荷，然后由各组计算负荷求总的计算负荷，这种方法称为需要系数法。需要系数法一般用来求多台三相用电设备的计算负荷。

用电设备组的设备容量P_e，是指用电设备组所有设备(不含备用)的额定容量P_{Ni}之和，即$P_e = \sum P_{Ni}$。而设备的额定容量，是设备在额定条件下的最大输出功率。但实际上，用电设备组的设备不一定都同时运行，运行的设备也不太可能都是满负荷，同时设备和线路在运行中都有功率损耗，因此用电设备组进线上的有功计算负荷应为

$$P_{30} = \frac{K_{\Sigma} K_L}{\eta_e \eta_{WL}} P_e \tag{2-7}$$

式中，K_{Σ}为设备组的同时系数，即设备组在最大负荷时运行的设备容量与全部(不含备用)设备容量之比；K_L为设备组的负荷系数，即设备组在最大负荷时的输出功率与运行的设备容量之比；η_e为设备组的平均效率，即设备组在最大负荷的输出功率与其取用功率之比；η_{WL}为配电线路的平均效率，即配电线路在最大负荷时的末端功率(也即设备组的取用功率)与其首端功率(也即计算负荷P_{30})之比。

令式(2-7)中的$K_{\Sigma} K_L / \eta_e \eta_{WL} = K_d$，这里的$K_d$即“需要系数”。由此可得需要系数的定义式为

$$K_d = \frac{P_{30}}{P_e} \tag{2-8}$$

即用电设备组的需要系数K_d，是用电设备组在最大负荷时需要的有功功率与其设备容量的比值。

实际上，用电设备组的需要系数K_d与其工作性质、设备台数、设备效率及线路损耗等因素有关，附录表A-1分别列出了工业和民用建筑用电设备组的需要系数值，供计算参考。

(1) 单台设备的计算负荷

当只有一台用电设备时，不能直接按附录表A-1取需要系数。这是因为影响需要系数的几个因素除用电设备本身的效率外均可能为1，此时的需要系数只包含了效率，因此

$$P_{30} = \frac{P_e}{\eta} \tag{2-9}$$

无功计算负荷

$$Q_{30} = P_{30} \tan\phi \tag{2-10}$$

视在计算负荷

$$S_{30} = \frac{P_{30}}{\cos\phi} \tag{2-11}$$

计算电流 $$I_{30}=\frac{S_{30}}{\sqrt{3}U_{\rm N}} \tag{2-12}$$

（2）单组用电设备的计算负荷

$$P_{30}=K_{\rm d}P_{\rm e\Sigma} \tag{2-13}$$

式中，$P_{\rm e\Sigma}$为单组用电设备的设备容量总和。

在求出有功计算负荷之后，可按下列各式分别求其余的计算负荷：

无功计算负荷 $$Q_{30}=P_{30}\tan\phi \tag{2-14}$$

视在计算负荷 $$S_{30}=\frac{P_{30}}{\cos\phi} \tag{2-15}$$

计算电流 $$I_{30}=\frac{S_{30}}{\sqrt{3}U_{\rm N}} \tag{2-16}$$

以上各式中，$\cos\phi$ 为用电设备组的平均功率因数；$\tan\phi$ 为对应于 $\cos\phi$ 的正切值；$U_{\rm N}$ 为用电设备组的额定电压；负荷计算中常用的单位：有功功率的单位为“千瓦”（kW）；无功功率的单位为“千乏”（kvar）；视在功率的单位为“千伏安”（kV·A）；电流的单位为“安”（A）；电压的单位为“千伏”（kV）。

由于需要系数值与用电设备的类别和工作状态有很大关系，因此采用需要系数法计算时，首先要正确判别用电设备的类别和工作状态，否则将造成错误。例如机修车间的金属切削机床电动机，应属小批生产的冷加工机床电动机，因为金属切削就是冷加工，而机修车间不可能是大批生产。又如压塑机、拉丝机和锻锤机等，应属热加工机床。

【例 2-2】 已知某机修车间的金属切削机床组，拥有电压为 380V 的三相电动机 11kW 1 台，7.5kW 3 台，4kW 12 台，1.5kW 8 台，0.75kW 10 台。试求其计算负荷。

解：此机床组电动机的总容量 $P_{\rm e\Sigma}$ 为

$$P_{\rm e\Sigma}=11{\rm kW}\times1+7.5{\rm kW}\times3+4{\rm kW}\times12+1.5{\rm kW}\times8+0.75{\rm kW}\times10=101{\rm kW}$$

查附录表 A-1 中“小批生产的金属冷加工机床电动机”项，得 $K_{\rm d}=0.16\sim0.2$（取 0.2），$\cos\phi=0.5$，$\tan\phi=1.73$，因此可求得：

有功计算负荷 $$P_{30}=0.2\times101{\rm kW}=20.2{\rm kW}$$

无功计算负荷 $$Q_{30}=20.2{\rm kW}\times1.73=34.95{\rm kvar}$$

视在计算负荷 $$S_{30}=\frac{20.2{\rm kW}}{0.5}=40.4{\rm kV\cdot A}$$

计算电流 $$I_{30}=\frac{40.4{\rm kV\cdot A}}{\sqrt{3}\times0.38{\rm kV}}=61.4{\rm A}$$

（3）多组用电设备的计算负荷

确定有多组用电设备的干线上或车间变电站低压母线上的计算负荷时，应考虑各组用电设备的最大负荷不同时出现的因素。因此在确定多组用电设备的计算负荷时，应结合具体情况对其有功负荷和无功负荷分别计入一个综合系数（又称为同时系数或参差系数）：$K_{\Sigma\rm p}$和$K_{\Sigma\rm q}$。

对车间干线可取 $K_{\Sigma\rm p}=0.85\sim0.95$，$K_{\Sigma\rm q}=0.90\sim0.97$

对低压母线，由用电设备组计算负荷直接相加来计算时，可取 $K_{\Sigma\rm p}=0.80\sim0.90$，$K_{\Sigma\rm q}=0.85\sim0.95$；由车间干线计算负荷直接相加来计算时，可取 $K_{\Sigma\rm p}=0.90\sim0.95$，$K_{\Sigma\rm q}=0.93\sim0.97$。总的有功计算负荷为

$$P_{30} = K_{\sum p} \sum P_{30.i} \tag{2-17}$$

总的无功计算负荷为

$$Q_{30} = K_{\sum q} \sum Q_{30.i} \tag{2-18}$$

以上两式中$\sum P_{30.i}$和$\sum Q_{30.i}$，分别为各组设备的有功和无功计算负荷之和。

总的视在计算负荷为
$$S_{30} = \sqrt{P_{30}^2 + Q_{30}^2} \tag{2-19}$$

总的计算电流为
$$I_{30} = \frac{S_{30}}{\sqrt{3}U_N} \tag{2-20}$$

【例2-3】 有一机修车间，拥有冷加工机床52台，共200kW；桥式起重机1台，共5.1kW($\varepsilon=15\%$)，通风机4台，共5kW；点焊机3台，共10.5kW($\varepsilon=65\%$)。车间采用380/220V三相四线制供电，试确定车间的计算负荷P_{30}、Q_{30}、S_{30}和I_{30}。

解： 先求各组的计算负荷。

（1）冷加工机床。查附录表A-1：取$K_d=0.2$，$\cos\phi=0.5$，$\tan\phi=1.73$

$$P_{30.1} = K_d \cdot P_{e.1} = 0.2 \times 200\text{kW} = 40\text{kW}$$

$$Q_{30.1} = P_{30.1}\tan\phi = 40 \times 1.73\text{kvar} = 69.2\text{kvar}$$

（2）桥式起重机。查附录表A-1：取$K_d=0.15$，$\cos\phi=0.5$，$\tan\phi=1.73$

$$P_{e.2} = 2\sqrt{\varepsilon_e}P_N = 2 \times \sqrt{0.15} \times 5.1\text{kW} = 3.95\text{kW}$$

$$P_{30.2} = K_d \cdot P_{e.2} = 0.15 \times 3.95\text{kW} = 0.59\text{kW}$$

$$Q_{30.2} = P_{30.2}\tan\phi = 0.59 \times 1.73\text{kvar} = 1.03\text{kvar}$$

（3）通风机。查附录表A-1：取$K_d=0.8$，$\cos\phi=0.8$，$\tan\phi=0.75$

$$P_{30.3} = K_d \cdot P_{e.3} = 0.8 \times 5\text{kW} = 4\text{kW}$$

$$Q_{30.3} = P_{30.3}\tan\phi = 4 \times 0.75\text{kvar} = 3\text{kvar}$$

（4）点焊机。查附录表A-1：取$K_d=0.35$，$\cos\phi=0.6$，$\tan\phi=1.33$

$$P_{e.4} = \sqrt{\varepsilon_e} \cdot P_N = \sqrt{0.65} \times 10.5\text{kW} = 8.47\text{kW}$$

$$P_{30.4} = K_d \cdot P_{e.4} = 0.35 \times 8.47\text{kW} = 2.97\text{kW}$$

$$Q_{30.4} = P_{30.4}\tan\phi = 2.97 \times 1.33\text{kvar} = 3.94\text{kvar}$$

（5）车间计算负荷取$K_{\sum p}=0.95$，$K_{\sum q}=0.97$

$$P_{30} = K_{\sum p}\sum P_{30.i} = 0.95(40 + 0.59 + 4 + 2.97)\text{kW} = 45.2\text{kW}$$

$$Q_{30} = K_{\sum q}\sum Q_{30.i} = 0.97(69.2 + 1.03 + 3 + 3.94)\text{kvar} = 74.9\text{kvar}$$

$$S_{30} = \sqrt{P_{30}^2 + Q_{30}^2} = \sqrt{45.2^2 + 74.9^2}\text{kV} \cdot \text{A} = 87.5\text{kV} \cdot \text{A}$$

$$I_{30} = \frac{S_{30}}{\sqrt{3}U_N} = \frac{87.5}{1.732 \times 0.38}\text{A} = 132.9\text{A}$$

2.2.3 二项式法确定计算负荷

二项式法应用的局限性较大，但在确定设备台数较少而设备容量差别悬殊的分支干线的计算负荷时，采用二项式法较之采用需要系数法更为合理，且计算也较简便。

1. 单组用电设备的计算负荷

二项式法确定有功计算负荷的基本公式为

$$P_{30} = bP_e + cP_x \tag{2-21}$$

式中，bP_e 为用电设备组的平均负荷，其中 P_e 为用电设备组的设备总容量，其计算方法与需要系数法相同；cP_x 为用电设备组中 x 台容量最大的设备投入运行时增加的附加负荷，其中 P_x 是 x 台容量最大设备的设备容量；按二项式法确定计算负荷时，如果设备总台数 $n < 2x$ 时，则 x 宜取小一些，建议取为 $x = n/2$，且按“四舍五入”的规则取为整数。b、c 为二项式系数。二项式系数 b、c 及最大容量的设备台数 x 和 $\cos\phi$、$\tan\phi$ 等值，可查附录表 A-1。其余的计算负荷 Q_{30}、S_{30} 和 I_{30} 的计算公式与前述需要系数法相同。

如果用电设备组只有 1～2 台设备时，就可认为 $P_{30} = P_e$，即 $b = 1$、$c = 0$。对于单台电动机，则 $P_{30} = P_N/\eta$，这里 η 为电动机效率。当设备台数较少时，$\cos\varphi$ 宜取大一些。

由于二项式法确定的计算负荷，不仅考虑了用电设备组的平均最大负荷，而且考虑了少数大容量设备投入运行时对总计算负荷的附加影响。因此，二项式法较需要系数法更适于确定设备台数较少而容量差别较大的低压分支干线的计算负荷。

【例 2-4】 试用二项式法确定例 2-2 所述机修车间金属切削机床组的计算负荷。

解： 由附录表 A-1 查得 $b = 0.14$，$c = 0.4$，$x = 5$，$\cos\varphi = 0.5$，$\tan\varphi = 1.73$。

而设备总容量为 $P_{e\Sigma} = 101\text{kW}$（见例 2-2）

x 台最大容量设备的容量为 $P_x = P_5 = 11\text{kW} \times 1 + 7.5\text{kW} \times 3 + 4\text{kW} \times 1 = 37.5\text{kW}$

因此按式(2-21)可求得其有功计算负荷为 $P_{30} = 0.14 \times 101\text{kW} + 0.4 \times 37.5\text{kW} = 29.14\text{kW}$

按式(2-14)可求得其无功计算负荷为 $Q_{30} = 29.14\text{kW} \times 1.73 = 50.4\text{kvar}$

按式(2-15)可求得其视在计算负荷为 $S_{30} = 29.14\text{kW}/0.5 = 58.3\text{kV}\cdot\text{A}$

按式(2-16)可求得其计算电流为 $I_{30} = \dfrac{S_{30}}{\sqrt{3}U_N} = \dfrac{58.3\text{kV}\cdot\text{A}}{1.732 \times 0.38\text{kV}} = 88.6\text{A}$

比较例 2-2 和例 2-4 的计算结果可以看出，按二项式法计算的结果比按需要系数法计算的结果稍大，特别是在设备台数较少的情况下。供电设计的经验说明，选择低压分支干线或支线时，特别是用电设备台数少而各台设备容量相差悬殊时，宜采用二项式法计算。

2. 多组用电设备的计算负荷

采用二项式法确定多组用电设备总的计算负荷时，亦应考虑各组设备的最大负荷不同时出现的因素。因此在各组设备中取其中一组最大的附加负荷 $(cP_x)_{max}$，再加上各组的平均负荷 bP_e。

由此可得总的有功计算负荷为 $P_{30} = \sum(bP_e)_i + (cP_x)_{max}$ (2-22)

总的无功计算负荷为 $Q_{30} = \sum(bP_e\tan\phi)_i + (cP_x)_{max}\tan\phi_{max}$ (2-23)

式(2-23)中，$\tan\phi_{max}$ 为最大附加负荷 $(cP_x)_{max}$ 的设备组的平均功率因数角的正切值。

总的视在计算负荷 S_{30} 仍按式(2-19)计算；总的计算电流 I_{30} 仍按式(2-20)计算。

为了简化和统一，按二项式计算多组设备总的计算负荷时，与前述按需要系数法计算一样，也不论各组设备台数多少，各组的计算系数 b、c、x 和 $\cos\phi$、$\tan\phi$ 等均按附录表 A-1 所列数值。

【例 2-5】 试用二项式法确定各组的计算负荷和总的计算负荷。某机工车间 380V 线路上，接有流水作业的金属切削机床电动机 30 台共 85kW，其中较大容量电动机有 11kW1 台，7.5kW3 台，4kW6 台，其他为更小容量的电动机。另有通风机 3 台，共 5kW；电葫芦 1 个，3kW（$\varepsilon = 40\%$）。

解： 先求各组的平均负荷、附加负荷和计算负荷。

1）机床组。查附录表 A-1 可得 $b=0.14$，$c=0.5$，$x=5$，$\cos\phi=0.5$，$\tan\phi=1.73$，因此

$bP_{e(1)}=0.14\times85\text{kW}=11.9\text{kW}$

$cP_{x(1)}=0.5\times(11\text{kW}\times1+7.5\text{kW}\times3+4\text{kW}\times1)=18.8\text{kW}$

故 $P_{30(1)}=11.9\text{kW}+18.8\text{kW}=30.7\text{kW}$

$Q_{30(1)}=30.7\text{kW}\times1.73=53.1\text{kvar}$

$$S_{30(1)}=\frac{P_{30(1)}}{\cos\phi}=\frac{30.7\text{kW}}{0.5}=61.4\text{kV}\cdot\text{A}$$

$$I_{30(1)}=\frac{S_{30(1)}}{\sqrt{3}U_N}=\frac{61.4\text{kV}\cdot\text{A}}{1.732\times0.38\text{kV}}=93.3\text{A}$$

2）通风机组。查附录表 A-1 得 $b=0.65$，$c=0.25$，$x=5$，$\cos\varphi=0.8$，$\tan\varphi=0.75$，因此

$bP_{e(2)}=0.65\times5\text{kW}=3.25\text{kW}$

$cP_{x(2)}=0.25\times5\text{kW}=1.25\text{kW}$

故 $P_{30(2)}=3.25\text{kW}+1.25\text{kW}=4.5\text{kW}$

$Q_{30(2)}=4.5\text{kW}\times0.75=3.38\text{kvar}$

$$S_{30(2)}=\frac{P_{30(2)}}{\cos\varphi}=\frac{4.5\text{kW}}{0.8}=5.63\text{kV}\cdot\text{A}$$

$$I_{30(2)}=\frac{S_{30(2)}}{\sqrt{3}U_N}=\frac{5.63\text{kV}\cdot\text{A}}{1.732\times0.38\text{kV}}=8.55\text{A}$$

3）电葫芦。查附录表 A-1 得 $b=0.06$，$c=0.2$，$x=3$，$\cos\varphi=0.5$，$\tan\varphi=1.73$。电葫芦在 $\varepsilon=40\%$ 时 $P_N=3\text{kW}$，换算到 $\varepsilon=25\%$ 时的容量为：

$$P_e=P_N\sqrt{\frac{\varepsilon_N}{\varepsilon_{25}}}=2P_N\sqrt{\varepsilon_N}=2\times3\times\sqrt{0.4}\text{kW}=3.79\text{kW}$$

因此 $bP_{e(3)}=0.06\times3.79\text{kW}=0.227\text{kW}$

$cP_{x(3)}=0.2\times3.79\text{kW}=0.758\text{kW}$

故 $P_{30(3)}=0.227\text{kW}+0.758\text{kW}=0.985\text{kW}$

$Q_{30(3)}=0.985\text{kW}\times1.73=1.70\text{kvar}$

$$S_{30(3)}=\frac{P_{30(3)}}{\cos\varphi}=\frac{0.985\text{kW}}{0.5}=1.97\text{kV}\cdot\text{A}$$

$$I_{30(3)}=\frac{S_{30(3)}}{\sqrt{3}U_N}=\frac{1.97\text{kV}\cdot\text{A}}{1.732\times0.38\text{kV}}=2.99\text{A}$$

比较以上各组的附加负荷 cP_x 可知，机床组的 $cP_{x(1)}=18.8\text{kW}$ 为最大。因此总计算负荷为

有功计算负荷：$P_{30}=(11.9+3.25+0.227)\text{kW}+18.8\text{kW}=34.2\text{kW}$

无功计算负荷：$Q_{30}=(11.9\times1.73+3.25\times0.75+0.227\times1.73)\text{kvar}+18.8\text{kW}\times1.73=55.9\text{kvar}$

视在计算负荷：$S_{30}=\sqrt{P_{30}^2+Q_{30}^2}=\sqrt{34.2^2+55.9^2}\text{kV}\cdot\text{A}=65.5\text{kV}\cdot\text{A}$

计算电流：$I_{30}=\frac{S_{30}}{\sqrt{3}U_N}=\frac{65.5}{1.732\times0.38}A=99.5A$

2.3 单相用电设备容量的确定

2.3.1 单相负荷的计算原则

在工厂特别是在民用建筑中，除了广泛应用三相电气设备外，还普遍应用电灯、电炉、电焊机及家用电器等各种单相用电设备。

单相设备接在三相线路中，应尽可能地均衡分配，使三相负荷尽可能地平衡。如果三相线路中单相设备的总容量不超过三相设备容量的15%，则不论单相设备如何分配，单相设备可与三相设备综合按三相负荷平衡计算。如果单相设备容量超过三相设备的容量15%，则应将单相设备容量换算为等效三相设备的容量，再与三相设备的容量相加。

由于确定计算负荷的目的主要是为了选择供配电系统中的设备和导线电缆，使设备和导线电缆在最大负荷电流通过时不致过热烧毁，因此在接有较多单相设备的三相线路中，不论单相设备接于相电压还是接于线电压，只要三相负荷不平衡，就应以最大负荷相的有功负荷的3倍作为等效三相有功负荷，以满足线路安全运行的要求。

2.3.2 单相设备组等效三相负荷的计算

1. 单相设备接于相电压时的负荷计算

单相设备接于相电压时，其等效三相设备容量 P_e 应按最大负荷相所接单相设备容量 $P_{e.m\phi}$ 的3倍计算，即：$P_e=3P_{e.m\phi}$ (2-24)

其等效三相计算负荷则按前述需要系数法计算。

2. 单相设备接于线电压时的负荷计算

由于容量为 $P_{e.\phi}$ 的单相设备接在线电压 U 上产生的电流 $I=P_{e.\phi}/(U\cos\phi)$，这一电流应与其等效三相设备容量 P_e 产生的电流 $I'=\frac{P_e}{\sqrt{3}U\cos\phi}$ 相等，因此其等效三相设备容量为

$$P_e=\sqrt{3}P_{e.\phi} \tag{2-25}$$

3. 单相设备分别接于线电压和相电压时的负荷计算

首先应将接于线电压的单相设备容量换算为接于相电压的设备容量，然后分相计算各相的设备容量，并按需要系数法计算其各相的计算负荷，而总的等效三相有功计算负荷则为其最大有功负荷相的有功计算负荷 $P_{30.m\phi}$ 的3倍，即

$$P_{30}=3P_{30.m\phi} \tag{2-26}$$

总的等效三相无功计算负荷则为其最大有功负荷相的无功计算负荷的 $Q_{30.m\phi}$ 的3倍，即

$$Q_{30}=3Q_{30.m\phi} \tag{2-27}$$

关于将接于线电压的单相设备容量换算为接于相电压的设备容量问题，可按下列换算公式进行换算：

A 相

$$P_{A}=p_{AB-A}P_{AB}+p_{CA-A}P_{CA} \tag{2-28}$$
$$Q_{A}=q_{AB-A}P_{AB}+q_{CA-A}P_{CA} \tag{2-29}$$

B 相

$$P_{B}=p_{BC-B}P_{BC}+p_{AB-B}P_{AB} \tag{2-30}$$
$$Q_{B}=q_{BC-B}P_{BC}+q_{AB-B}P_{AB} \tag{2-31}$$

C 相

$$P_{C}=p_{CA-C}P_{CA}+p_{BC-C}P_{BC} \tag{2-32}$$
$$Q_{C}=q_{CA-C}P_{CA}+q_{BC-C}P_{BC} \tag{2-33}$$

式中，P_{AB}、P_{BC}、P_{CA}分别为 AB、BC、CA 相间接的有功设备容量；P_{A}、P_{B}、P_{C} 分别为换算成接于 A、B、C 相的有功设备容量；Q_{A}、Q_{B}、Q_{C} 分别为换算成接于 A、B、C 相的无功设备容量；p_{AB-A}、q_{AB-A}等分别为相间负荷换算成单相负荷的有功功率和无功功率换算系数，如表2-1所示。

表 2-1　相间负荷换算成单相负荷的功率换算系数

功率换算系数	负荷功率因数								
	0.35	0.4	0.5	0.6	0.65	0.7	0.8	0.9	1.0
p_{AB-A}、p_{BC-B}、p_{CA-C}	1.27	1.17	1.0	0.89	0.84	0.80	0.72	0.64	0.5
p_{AB-B}、p_{BC-C}、p_{CA-A}	−0.27	−0.17	0	0.11	0.16	0.2	0.28	0.36	0.5
q_{AB-A}、q_{BC-B}、q_{CA-C}	1.05	0.86	0.58	0.38	0.3	0.22	0.09	−0.05	−0.29
q_{AB-B}、q_{BC-C}、q_{CA-A}	1.63	1.44	1.16	0.96	0.88	0.8	0.67	0.53	0.29

【例 2-6】 在某实验室380/220V 线路上，接有表 2-2 所列出的用电设备组，试确定该线路上的计算负荷：P_{30}、Q_{30}、S_{30}和 I_{30}。

表 2-2　负荷资料

用电设备名称	380V 单头手动弧焊机			220V 电热箱		
接入相序	AB	BC	CA	A	B	C
设备容量	21kV·A（$\varepsilon=65\%$）	17kV·A（$\varepsilon=100\%$）	10.3kV·A（$\varepsilon=50\%$）	3kW	6kW	5kW
设备台数	1	1	2	2	1	1

解：单相设备功率换算如下。

手动弧焊机：21kV·A，$\cos\phi=0.35$，$\varepsilon_{e}=65\%$，380V

$$P_{e}=S_{N}\cos\phi\sqrt{\varepsilon_{N}}=21\times0.35\times\sqrt{0.65}\text{kW}=5.93\text{kW}$$

手动弧焊机：17kV·A，$\cos\varphi=0.35$，$\varepsilon_{e}=100\%$，380V

$$P_{e}=S_{N}\cos\phi\sqrt{\varepsilon_{N}}=17\times0.35\times\sqrt{1}\text{kW}=5.95\text{kW}$$

手动弧焊机：10.3kV·A，$\cos\varphi=0.35$，$\varepsilon_{e}=50\%$，380V

$$P_{e}=S_{N}\cos\phi\sqrt{\varepsilon_{N}}=10.3\times0.35\times\sqrt{0.5}\text{kW}=2.55\text{kW}$$

总的单相负荷的计算：（查表 2-1 得有功和无功换算系数）

A 相：$P_{A总}=p_{AB-A}P_{AB}+p_{CA-A}P_{CA}+P_{A}=[1.27\times5.93+(-0.27)\times2.55\times2+3\times2]$

kW = 12. 15kW

$Q_{A总} = q_{AB-A}P_{AB} + q_{CA-A}P_{CA} + Q_A = (1.05 \times 5.93 + 1.63 \times 2.55 \times 2 + 0)\text{kvar} = 14.54\text{kvar}$

B 相：$P_{B总} = p_{BC-B}P_{BC} + p_{AB-B}P_{AB} + P_B = [1.27 \times 5.95 + (-0.27) \times 5.93 + 6 \times 1]\text{kW} = 11.94\text{kW}$

$Q_{B总} = q_{BC-B}P_{BC} + q_{AB-B}P_{AB} + Q_B = (1.05 \times 5.95 + 1.63 \times 5.93 + 0)\text{kvar} = 15.91\text{kvar}$

C 相：$P_{C总} = p_{CA-C}P_{CA} + p_{BC-C}P_{BC} + P_C = [1.27 \times 2.55 \times 2 + (-0.27) \times 5.95 + 5 \times 1]\text{kW} = 9.87\text{kW}$

$Q_{C总} = q_{CA-C}P_{CA} + q_{BC-C}P_{BC} + Q_C = (1.05 \times 2.55 \times 2 + 1.63 \times 5.95 + 0)\text{kvar} = 15.06\text{kvar}$

换算后可以求出 A 相负荷最大，把它乘以 3 即为假定的三相用电负荷，按需要系数法参与计算。

（1）单头手动焊机。查附录表 A-1：选取 $K_d = 0.35$

$$P_{30.1} = [1.27 \times 5.93 + (-0.27) \times 2.55 \times 2] \times 3 \times 0.35\text{kW} = 6.46\text{kW}$$

$$Q_{30.1} = [1.05 \times 5.93 + 1.63 \times 2.55 \times 2] \times 3 \times 0.35\text{kvar} = 15.267\text{kvar}$$

（2）电热箱。查附录表 A-1：选取 $K_d = 0.7$

$$P_{30.2} = 6 \times 3 \times 0.7 = 12.6\text{kW}$$

$$QP_{30.2} = 0$$

总有功计算负荷：取 $K_{\Sigma} = 1$

$$P_{30} = K_{\Sigma} \cdot \sum P_{30.i} = (6.46 + 12.6)\text{kW} = 19.06\text{kW}$$

$$Q_{30} = K_{\Sigma} \sum Q_{30.i} = 15.267\text{kvar}$$

$$S_{30} = \sqrt{P_{30}^2 + Q_{30}^2} = \sqrt{19.06^2 + 15.276^2}\text{kV} \cdot \text{A} = 24.4\text{kV} \cdot \text{A}$$

$$I_{30} = \frac{S_{30}}{\sqrt{3}U_N} = \frac{24.4}{1.732 \times 0.38}\text{A} = 37.1\text{A}$$

2.4 习题

1. 用电设备按工作制分为哪几类？各有何工作特点？

2. 什么叫负荷持续率？它表征哪类用电设备的工作特性？

3. 确定用电设备组计算负荷的需要系数法和二项式法各有什么特点？各适用于哪些场合？

4. 在确定多组用电设备的视在计算负荷和计算电流时，可否将各组的视在计算负荷和计算电流分别直接相加？为什么？应如何正确计算？

5. 在接有单相用电设备的三相线路中，什么情况下可将单相设备与三相设备综合按三相负荷的计算方法确定计算负荷？而在什么情况下应进行单相负荷的等效换算计算？

第3章　电力线路及运行维护

3.1　电力线路的结构

电力线路是电力系统的重要组成部分，担负着输送和分配电能的重要任务。电力线路按电压高低分，有低压(1kV及以下)、高压(1～220kV)和超高压(220kV及以上)等线路。电力线路按结构型式分，有架空线路、电缆线路。

由于架空线路与电缆线路相比，有成本低，投资少，安装容易，维护和检修方便，易于发现和排除故障等优点，在企业中被广泛应用。但是架空线路直接受大气影响，易受雷击和污秽空气的危害，要占用一定的地面和空间，且有碍交通和观瞻，因此在城市和现代化工厂有逐渐减少架空线路、改用电缆线路的趋向，特别是在有腐蚀气体的易燃、易爆场所，不宜架设架空线路而应敷设电缆。与架空线路相比，电缆造价高、敷设检修困难、不易发现和排除故障，但是电缆运行可靠、不易受外界影响。

3.1.1　架空线路的结构

架空线路由导线、电杆、绝缘子和线路金具等主要元件组成，如图3-1所示。为了防雷，在110kV及以上架空线路上还装设有避雷线(架空地线)，以保护全部线路。35kV的线路在靠近变电站1～2km的范围内装设避雷线，作为变电站的防雷措施，10kV及以下的配电线路，除了雷电活动强烈的地区，一般不需要装设避雷线。

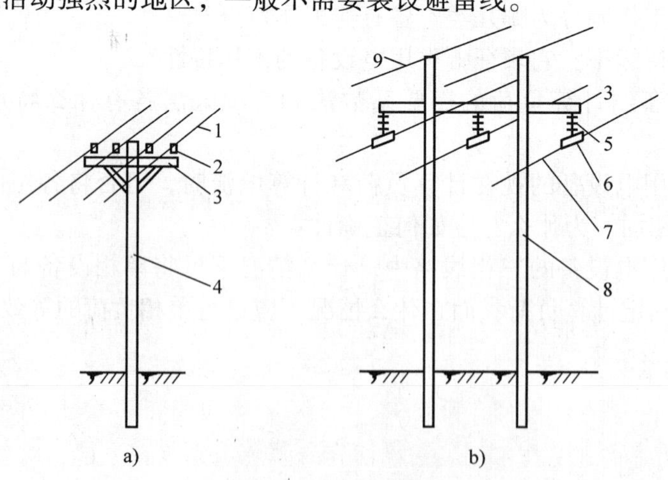

图3-1　架空线路的结构

a）无避雷线的电杆　b）有避雷线的电杆

1—低压导线　2—针式绝缘子　3—横担　4—低压电杆　5—高压悬式绝缘子串

6—线夹　7—高压导线　8—高压电杆　9—避雷线

1. 导线和避雷线

1）导线和避雷线的材料。导线是架空线路的主体，起着传导电流的作用。导线除了要具有良好的导电性能外，还要求重量小，并有足够的机械强度，能经受住自然界各种因素的影响和化学的腐蚀。导线的常用材料有铜、铝、钢。材料的特性比较及特点如表3-1所示。

表3-1 铜、铝、钢材料的特性比较及特点

材料	20℃电阻率 /(Ω·mm^2/m)	比重 /(g/cm^3)	抗拉强度 /MPa	材料特点说明
铜	0.0182	8.9	390	铜导线具有良好的导电性能，较高的机械强度，但重量大，价格高，表面易形成氧化膜，抗腐蚀能力强
铝	0.029	2.7	160	铝导线质轻价廉，有较好的导电性能，机械强度较差，表面形成的氧化膜可防继续氧化，但易受酸碱盐的腐蚀
钢	0.103	7.85	1200	钢的电导率最低，但机械强度很高，且价格较有色金属低，在空气中易锈蚀，钢线需镀锌以防锈蚀

架空线路的导线，除变压器台的引线和接户线采用绝缘导线以外，均用裸导线，一般采用多股绞线，其中以铝绞线及钢芯铝绞线应用最广。架空线路一般情况下采用铝绞线（LJ）。在机械强度要求较高和35kV及以上的架空线路上，则多采用钢芯铝绞线（LGJ）。其横截面结构如图3-2所示。这种导线的线芯是钢线，用以增强导线的抗拉强度，弥补铝线机械强度较差的缺点，而其外围用铝线，取其导电性较好的优点。由于交流电流在导线中通过时有集肤效应，交流电流实际上只从铝线部分通过，从而弥补了钢线导电性差的缺点。

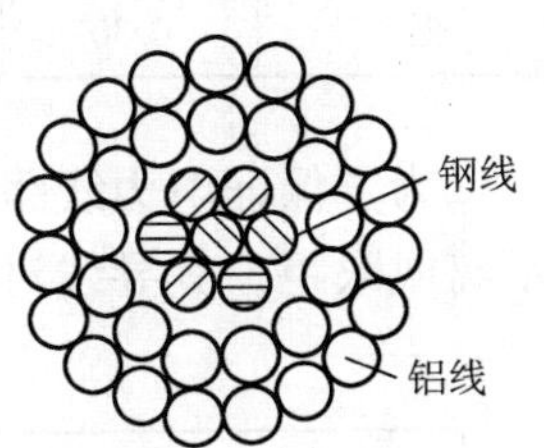

图3-2 钢芯铝绞线的横截面结构图

钢芯铝绞线型号中表示的截面面积，就是其中铝线部分的截面面积。例如LGJ-120，这120即指其铝线（L）部分截面面积为120mm^2。

避雷线主要作用是在雷击时，将雷电流引入大地，使电力线路免受大气过电压的破坏，起着保护线路的作用。避雷线采用机械强度高的镀锌钢绞线，截面面积一般为25～75mm^2。

2）导线在电杆的排列方式。导线的排列方式有水平排列和三角形排列，如图3-3所示。三相四线制低压架空线路的导线，一般都采用水平方式排列，如图3-3a所示。由于中性线的电位在三相对称时为0，而且其截面面积较小（一般不小于相线截面面积的50%），机械强度较差，所以中性线一般架设在靠近电杆的位置。三相三线制架空线路的导线，可采用三角形方式排列，如图3-3b所示，也可水平排列，如图3-3a所示。多回路导线同杆架设时，可采用三角、水平方式混合排列，如图3-3c所示，也可全部采用垂直方式排列，如图3-3d所示。电压不同的线路同杆架设时，电压较高的线路应架设在上面，电压较低的线路应架设在下面。

3）导线间的距离。在正常情况下，线路各相导线受风力作用而摆动是“同步”的。但在风向、风速变化的情况下，有时会不“同步”。如果线间距离过小，导线在档距中间可能会过于接近，从而发生放电或跳闸。根据运行经验，线间最小距离可采用表3-2所列的数值。

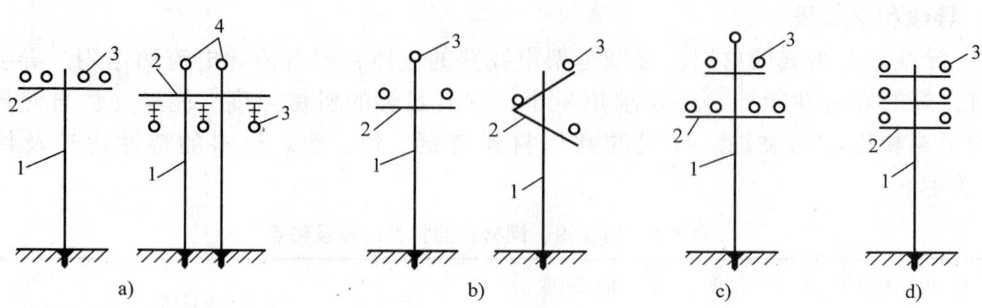

图3-3　导线在电杆的排列方式

a）水平排列　b）三角形排列　c）三角、水平混合排列　d）垂直排列

1—电杆　2—横担　3—导线　4—避雷线

表3-2　线间最小距离

电压等级	档距/m								
	40及以下	50	60	70	80	90	100	110	120
高压	0.60	0.65	0.70	0.75	0.85	0.90	1.00	1.05	1.15
低压	0.30	0.40	0.45	0.50					

为了保证电力线路安全运行，规定了导线最低点对地面或建筑物之间的距离，称为安全距离或限距。其导线对地面和水面的最小允许距离，如表3-3所示。

表3-3　导线对地面和水面的最小允许距离　（单位:m）

线路经过地区的特点	线路电压等级	
	高压	低压
居民区	6.5	6
非居民区	5.5	5
不能通航及不能浮运的河、湖冬季至冰面	5	5
不能通航及不能浮运的河、湖至最高水位算起	3	3
居民密度很小，交通困难的地区(牧区、草原、湿地、沙漠、山岳地带)	4.5	4

同杆架设回路间的允许垂直距离不应小于表3-4所列数值。导线的最小净空距离不应小于表3-5所列数值。线路的档距一般可采用表3-6的数值，而耐张段长度不宜超过2km。

表3-4　同杆架设回路间的允许垂直距离

（单位:m）

导线排列方式	直线杆	分支或转角杆
高压与高压	0.8	0.45～0.60
高压与低压	1.2	1.0
低压与低压	0.50	0.30

表3-5　导线的最小净空距离

（单位:m）

电压等级	过引线、引下线距相邻导线	导线距拉线、电杆、构架表面
高压	0.30	0.20
低压	0.15	0.05

表 3-6　线路的档距　　（单位：m）

地区＼电压	高压	低压
城镇	40～50	40～50
郊区	60～100	40～60

4）导线的弧垂。当导线的悬挂点等高时，连接悬挂点之间水平线与导线最低点之间的垂直距离，称为导线的弧垂（也称为驰度）。弧垂的大小直接关系到线路的安全运行。弧垂过小，容易断线或受振动断股；弧垂过大，则可能影响对地限距，在风力等作用下容易混线短路。在同一档距内，各相导线的弧垂应力求一致，允许误差不大于0.2m。

5）导线的连接。由于制造和施工等原因，线路上不可避免地会出现接头。导线的连接点是运行的弱点，所以在施工时应尽量减少接头。规程规定导线接头的机械强度不应低于原导线机械强度的90%，接头处电阻值或电压降值与等长度导线的电阻或电压降值之比不得超过2.0倍。

2. 电杆、横担和拉线

（1）电杆

电杆是导线的支柱。杆塔按材质可分为钢筋混凝土杆、木杆和铁塔3类。钢筋混凝土杆经济耐用，不易腐蚀不受气候影响，维护简单，但笨重，运输和架设不方便；木杆现已基本被钢筋混凝土杆所取代；铁塔牢固可靠，使用寿命长，但耗用钢材多、易腐蚀、维护费用高，一般用于110kV及以上的输电线路。根据电杆在线路中的不同作用和受力情况，可分为直线杆、耐张杆、转角杆、终端杆、分段杆和跨越杆等，各种杆型在低压架空线路上的应用示意图，如图3-4所示。

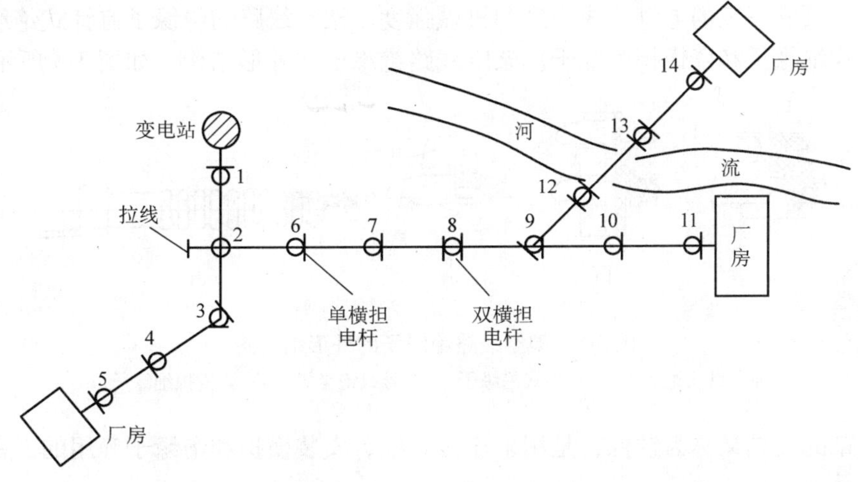

图3-4　各种杆型在低压架空线路上的应用示意图

1、5、11、14—终端杆　2、9—分支杆　3—转角杆

4、6、7、10—直线杆（中间杆）　8—分段杆（耐张杆）　12、13—跨越杆

1）耐张杆塔。它的作用是将线路适当的分段，并能控制事故范围，发生事故后承受断线拉力，正常情况下承受导线和避雷线的不平衡张力。

2）转角杆塔。又称为角度杆塔，使用在线路的转角处，也起线路分段及控制事故范围的作用，在正常情况下承受导线角度的合力，发生事故后承受断线张力。

3）终端杆塔，又称为尽头杆塔，应用在线路起止点处，正常情况下承受导线的一侧拉力。

4）分支杆塔。它用在线路的分支处，其受力情况为直线杆和终端杆塔的总和。

5）跨越杆塔。它以耐张杆塔的形式跨越重要的河流、铁路、公路及其他架空电力线路和通信线等。其结构形式和耐张杆相同，但比耐张杆塔高。

6）直线杆塔。又称为中间杆塔，直线杆有普通直线杆和跨越直线杆等，它们都是应用在线路的直线部分，在正常情况下主要承受导线的垂直荷重和水平荷重。当两侧档距相差悬殊或一侧发生断线时，直线杆塔还要承受由此而产生的不平衡张力。

（2）横担

横担安装在电杆的上部，用来安装绝缘子以架设导线。常用的横担有铁横担、木横担和瓷横担3种。铁横担用角钢制成，坚固耐用，但易锈蚀，应作镀锌或涂漆等防锈处理。目前铁横担在工厂中应用很广，已基本上取代了木横担。瓷横担广泛应用于工厂供电的高、低压架空线路上，集横担与绝缘子的作用于一体，绝缘同时固定导线。它结构简单、施工方便，并能有效利用杆塔高度，降低线路造价。瓷横担易碎，在安装和使用中应避免机械损伤。

（3）拉线

拉线的作用是平衡电杆各方面的受力，防止电杆倾斜。拉线可用多股直径为4mm的镀锌铁线绞制而成，或使用截面面积不小于25mm^{2}的镀锌钢绞线。

3. 架空线路的绝缘子和金具

架空线路的绝缘子又称为瓷瓶，用来固定导线，并使导线之间、导线与电杆横担之间绝缘。绝缘子要具有一定的电气绝缘强度和机械强度。架空线路的绝缘子有针式绝缘子、蝶式绝缘子、悬式绝缘子和瓷横担绝缘子。架空线路绝缘子的外形结构，如图3-5所示。

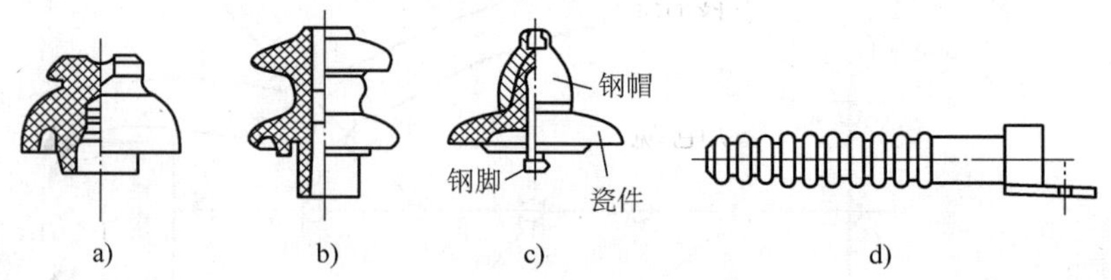

图3-5 架空线路绝缘子的外形结构图

a）针式绝缘子 b）蝶式绝缘子 c）悬式绝缘子 d）瓷横担绝缘子

架空线路的金具又称为铁件，是用来连接导线、安装横担和绝缘子等用的。常用的金具如图3-6所示。

3.1.2 电缆线路的结构

1. 电力电缆的分类及特点

电力电缆的型号规格很多，分类方法很多：①按电压等级分：1kV及以下为低压电缆；3～35kV为中压电缆；60kV及以上为高压电缆。②按电缆导电线芯截面面积分有：

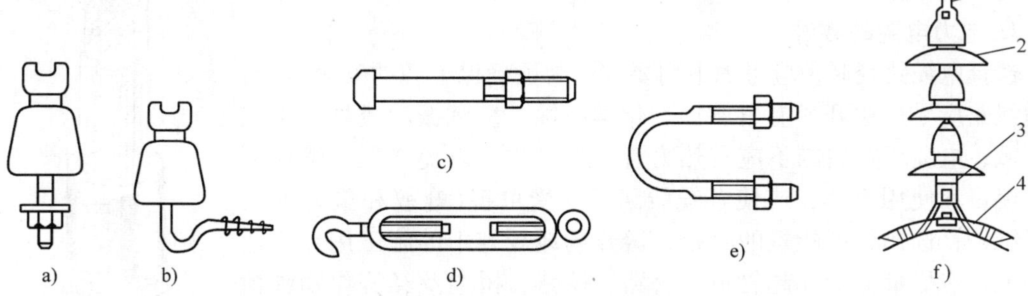

图 3-6 常用的金具

a）直脚及绝缘子 b）弯脚及绝缘子 c）穿芯螺钉 d）花篮螺钉 e）U 形抱箍 f）悬式绝缘子及金具

1—球头挂环 2—悬式绝缘子 3—碗头挂板 4—悬垂线夹

2.5mm²、4mm²、6mm²、10mm²、16mm²、25mm²、35mm²、50mm²、70mm²、95mm²、120mm²、150mm²、185mm²、240mm²、300mm²、400mm²、500mm²、625mm² 和 800mm² 共 19 种规格。③按电缆芯数分有：单芯、双芯、三芯和四芯 4 种。④按传输电能的形式分为直流电缆和交流电缆。⑤按特殊需求分有：输送大容量电能的电缆、阻燃电缆和光纤复合电缆等。⑥按电缆绝缘材料和结构可分有：纸绝缘电缆、挤包绝缘电缆和压力绝缘电缆 3 大类。

1）纸绝缘电缆是绕包绝缘纸带后浸渍绝缘剂(油类)作为绝缘的电缆。油浸纸绝缘电缆的结构如图 3-7 所示，它具有耐压强度高、耐热性能好和使用寿命较长等优点，但是工作时纸绝缘电缆中的浸渍油会流动，因此其两端安装的高度差有一定的限制，否则电缆低的一端可能因油压过大而使端头胀裂漏油，而高的一端则可能因油流失而使绝缘干枯，耐压强度下降，甚至击穿损坏。

2）挤包绝缘电缆又称为固体挤压聚合电缆，它是以热塑性或热固性材料挤包形成绝缘的电缆。目前，挤包绝缘电缆有聚氯乙烯(PVC)电缆、聚乙烯(PE)电缆、交联聚乙烯(XLPE)电缆和乙丙橡胶(EPR)电缆等。这些电缆使用在不同的电压等级：聚氯乙烯电缆用于 1～6kV；聚乙烯电缆用于 1～400kV；交联聚乙烯电缆用于 1～500kV；乙丙橡胶电缆用于 1～35kV。现在，在 35kV 及以下电压等级，交联聚乙烯电缆已逐步取代了油浸绝缘电缆。图 3-8 为交联聚乙烯绝缘电力电缆。

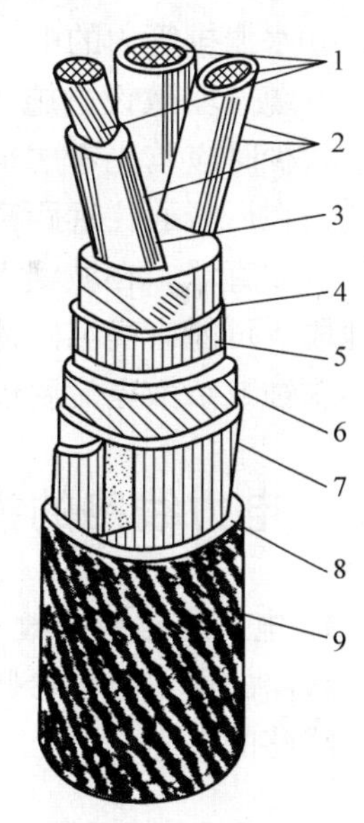

图 3-7 油浸纸绝缘电缆的结构

1—缆芯(铜芯或铝芯) 2—油浸纸绝缘层 3—麻筋(填料) 4—油浸纸(统包绝缘) 5—铅包 6—涂沥青的纸带(内护层) 7—浸沥青的麻被(内护层) 8—钢铠(外护层) 9—麻被(外护层)

3）压力电缆是在电缆中充以能够流动并具有一定压力的绝缘油或气的电缆。油浸纸绝缘电缆的纸层间，在制造和运行过程中，不可避免地会产生气隙。气隙在电场强度较高时，会出现游离放电，最终导致绝缘层击穿。压力电缆的绝缘处在一定压力状态下(油压或气压)，抑制了绝缘层中形成气隙，使电缆绝缘工作场强明显提高，可用于 63kV 及以上电压等级的电缆线路。为了抑制气隙，用带压力的油、压缩气体填充是压力电缆的结构特点。

2. 电力电缆的敷设

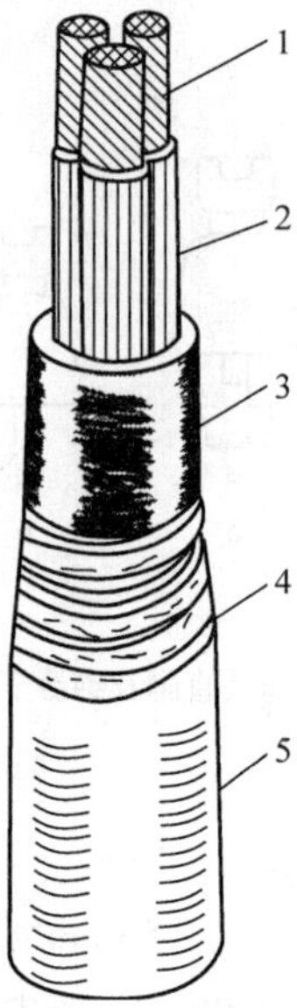

选择电缆路径时，应考虑下列要求：为了确保电缆的安全运行，电缆线路应尽量避开具有电腐蚀、化学腐蚀、机械振动或外力干扰的区域；电缆线路周围不应有热力管道或设施，以免降低电缆的额定载流量和使用寿命；应使电缆线路不易受虫害(蜂蚁和鼠害等)；便于维护；选择尽可能短的路径，避开场地规划中的施工用地或建设用地；应尽量减少穿越管道、公路、铁路、桥梁及经济作物种植区的次数，必须穿越时最好垂直穿过；在城市和企业新区敷设电缆时，应考虑到电缆线路附近的发展、规划，尽量避免电缆线路因建设需要而迁移。

电缆的敷设方式有以下几种：地下直埋、电缆沟、电缆隧道、室内的墙壁或天棚上、桥梁或构架上、水泥排管内和水下等。

电缆敷设方式不同时，应选用不同的电缆：①直埋敷设应使用具有铠装和防腐层的电缆；②在室内、沟内和隧道内敷设的电缆，应采用不应有黄麻或其他易燃外护层的铠装电缆，在确保无机械外力时，可选用无铠装电缆；易发生机械振动的区域必须使用铠装电缆；③水泥排管内的电缆应采用具有外护层的无铠装电缆。

图 3-8 交联聚乙烯绝缘电力电缆

1—缆芯(铜芯或铝芯)

2—交联聚乙烯绝缘层

3—聚氯乙烯护套(内护层)

4—钢铠或铝铠(外护层)

5—聚氯乙烯外套

电缆直埋敷设，施工简单、投资小，电缆散热好，因此在电缆根数较少时应首先考虑采用。同一通路少于 6 根的 35kV 及以下电力电缆，在厂区通往远距离辅助设施或城郊等不易有经常性开挖的地段，宜用直埋，在城镇人行道下较易翻修处或道路边缘，也可用直埋。厂区内地下管网较多的地段、可能有高温液体溢出的场所、待开发、将有较频繁开挖的地方，不宜直埋电缆。有化学腐蚀或杂散电流腐蚀的土壤范围，不得采用直埋电缆。

3.2 电力线路的损耗计算

1. 电力线路的参数

线路的主要电气参数有电阻和电抗。

线路的电阻

$$R_{WL} = R_0 l \tag{3-1}$$

式(3-1)中，R_0 为导线、电缆单位长度的电阻，可查手册(或见附录表 A-5 ~ 表 A-7)；l 为线路的长度。

线路的电抗

$$X_{WL} = X_0 l \tag{3-2}$$

式(3-2)中，X_0 为导线、电缆单位长度的电抗，可查手册(或见附录表 A-5 ~ 表 A-7)；l 为线路的长度。

线路的电抗，是当交流电流通过导线时，其周围产生交变的磁场造成的。线路的电抗随着线间距离、导线的直径而变化。三相线路在任何排列方式下，每千米的电抗 X_0 由

下式决定

$$X_0 = 0.144\lg\frac{2D_{jj}}{d} + 0.016 \tag{3-3}$$

式中，d 为导线的计算直径(mm)；D_{jj}为三相导线的几何平均距离(mm)：$D_{jj} = \sqrt[3]{D_{12}D_{23}D_{31}}$。当三相导线水平排列时，如图 3-9 所示，其几何均距为

$$D_{jj} = \sqrt[3]{DD2D} = 1.26D \tag{3-4}$$

当三相导线三角形排列时，如图 3-10 所示，其几何均距为

$$D_{jj} = \sqrt[3]{DDD} = D \tag{3-5}$$

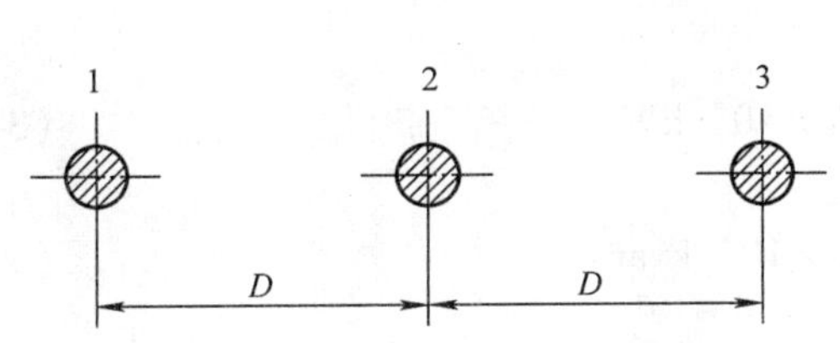

图 3-9　三相导线水平排列

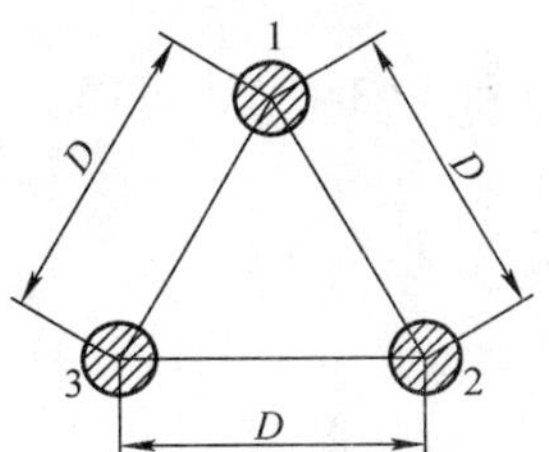

图 3-10　三相导线三角形排列

2. 线路电压损耗的计算

线路的电压损耗即为线路首末端电压的差。对于末端带三相集中负荷的线路如图 3-11 所示，可用简化等效电路代替。图中 l 为线路的长度，$R = r_0 l$、$X = x_0 l$ 为每相导线在线路全长的电阻和电抗。

则电压损耗

$$\Delta U = \frac{PR + QX}{U_2} \tag{3-6}$$

在实际计算中，用 U_N 代替 U_2，即

$$\Delta U = \frac{PR + QX}{U_N} \tag{3-7}$$

式中，P 为线路末端的有功功率；Q 为线路末端的无功功率。

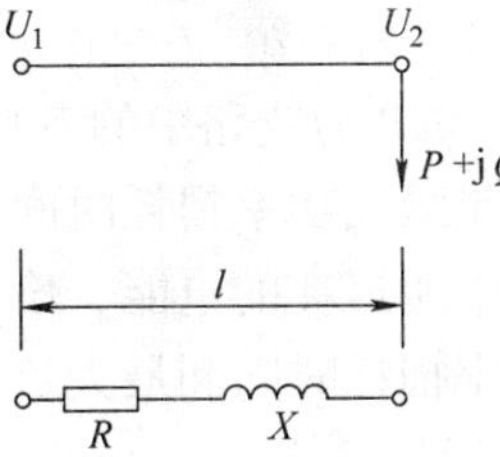

图 3-11　末端带三相集中负荷的线路

线路的电压损耗常用百分数来表示，即

$$\Delta U\% = \frac{\Delta U}{U_N} \times 100 = \frac{PR + QX}{U_N^2} \times 100 \tag{3-8}$$

在低压线路中，由于导线的截面面积较小，其 $R \gg X$，或 $\cos\varphi$ 接近 1 时，可忽略电抗对电压损耗的影响，其电压损耗可按下式计算

$$\Delta U = \frac{PR}{U_N} = \sqrt{3}IR \tag{3-9}$$

在高压线路中，当架空线路的距离较长时 $X \gg R$，则可忽略电阻对电压损耗的影响，其电压损耗可按下式计算

$$\Delta U = \frac{QX}{U_N} \tag{3-10}$$

从式(3-10)可以看出，在高压线路中，线路传送的无功功率越多，线路的电压损耗越大。

3. 功率损耗的计算

当电力线路输送电能时，在线路中产生功率损耗，功率损耗的大小和线路的参数及通过线路负荷的大小密切相关。如果已知线路的参数和通过的电流，则三相交流线路中的有功功率的损耗 ΔP 和无功功率的损耗 ΔQ 分别由下式求得

$$\Delta P = 3I^2R \times 10^{-3}\text{kW} \tag{3-11}$$

$$\Delta Q = 3I^2X \times 10^{-3}\text{kvar} \tag{3-12}$$

式中，I 为每相线路的总电流(A)；R、X 为每相线路中导线的电阻和电抗(Ω)。

如果已知三相线路的视在功率为 S，有功功率为 P，无功功率为 Q，将 $I = \frac{S}{\sqrt{3}U}$ 代入式(3-11)和式(3-12)，可得

$$\Delta P = \frac{P^2 + Q^2}{U^2}R \times 10^{-3}\text{kW} \tag{3-13}$$

$$\Delta Q = \frac{P^2 + Q^2}{U^2}X \times 10^{-3}\text{kvar} \tag{3-14}$$

式中，U 为电力网的线电压(kV)；P 为三相有功功率(kW)；Q 为三相无功功率(kvar)。

应该指出，在使用式(3-13)、式(3-14)计算时，必须采用同一点的功率和电压。若所用的功率是线路首端功率，则所用的电压也必须是首端的电压；若所用的功率是线路末端功率，则所用的电压也必须是线路末端的电压。在某些情况下，电力网各点的电压尚为未知数，此时可用电力网的额定电压 U_N 来计算功率损耗。

4. 电能损耗的计算

线路电能损耗的计算公式为

$$\Delta W = \Delta P\tau \tag{3-15}$$

式中，ΔP 为线路中的有功功率损耗(kW)；τ 为年最大功率损耗时间(h)。

年最大功率损耗时间 τ 的定义为线路以最大负荷(计算负荷)连续运行，则在 τ 小时内，线路中所损耗的电能，恰好等于线路按实际负荷曲线运行一年(8760h)所损耗的电能。年最大功率损耗时间和最大负荷年利用小时 T_{max} 及功率因数 $\cos\varphi$ 有关。

3.3 架空线路的运行和维护

线路的电杆、导线和绝缘子等不仅承受正常机械荷重和电力负荷，而且还经常受到各种自然条件的影响，如风、雨、冰雪和雷电等。这些因素会使线路元件逐渐损坏。如季节性气温变化，使导线张力发生变化，从而使导线弧垂发生变化。夏季由于气温升高，导线弧垂过大，遇到大风，容易发生导线短路事故。冬季由于气温过低，导线弧垂过小，又容易发生断线事故。此外，空气中的灰尘，特别是空气中的煤烟、水汽、可溶盐类和有害气体，将线路绝缘子的绝缘强度大大降低，这样就会增加表面泄露电流，尤其是在恶劣的气候条件下(如雾、雪、雨)，污秽层吸收水分，使导电性能增加，从而造成绝缘子闪络事故。另外，架空线路也往往受到外力破坏，从而造成线路事故。因此，对架空线路加强运行维护对保证安全可靠供电极其重要。

3.3.1 设备标志

在一个大型工厂企业中，为了便于管理，保证安全，对各条线路给以命名，对每个基电杆予以编号。命名的原则大致为由工厂总降压变电站起，至主要车间的线路部分，称为干线。为了便于工作，一般应按车间名称来命名。

每条配电线路的电杆基数，编号的一般方法是单独编干线、支线，由电源端起为 1 号。若由两个以上电源的供电的线路，可定一个电源点为基准进行编号。

将线路名称，电杆号码直接写在电杆上，或印制在特制的牌子上，再固定于电杆上，称为杆号牌，设在距地面 2m 高处。

工厂企业配电线路常有环形供电方式，所以相序是很关键的问题。为了不致接错线，要求在变电站的出口终端杆、转角、分支、耐张杆上作出相序的标志。常用的制作相序牌的方法是在横担上对应导线的相序，涂以黄、绿、红，分别表示 U(A)、V(B)、W(C)相的颜色，也可在特制的牌子上写上 U(A)、V(B)、W(C)，然后对应导线的相序固定在横担上。

为了防止误登电杆，造成事故，可以在变压器台、学校附近或必要的电杆上挂“高压危险，切勿攀登”的告示牌。

工厂企业中的配电线路常常为了不间断供电，使各条线路互相联络，将两个电源送到同一电杆的两侧，此时，为了保证线路工作人员的安全，设备界限分明，应在此类电杆上设电源分界标志，如图 3-12 所示。

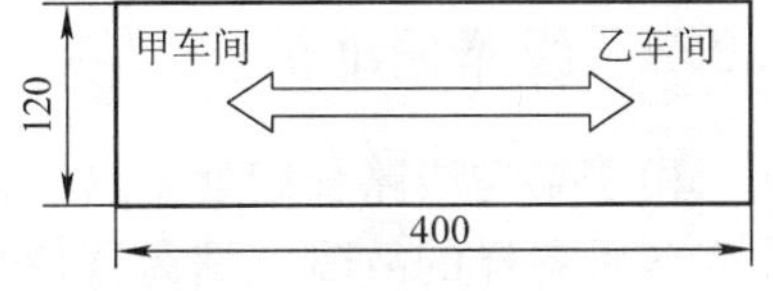

图 3-12　电源分界标志

3.3.2 线路的巡视

架空线路的运行监视工作，主要采取巡视和检查方法。通过巡视和检查，从而掌握线路运行状况及周围环境的变化，以便及时消除缺陷，预防事故的发生，并确定线路检修的内容和时间。

架空线路的巡视，按照工作性质和任务，以及规定的时间不同，可分正常巡视、夜间巡视、故障巡视和特殊巡视。

正常巡视，也称为定期巡视，主要检查线路各元件的运行状况，有无异常损坏现象；夜间巡视，其目的是检查导线接头及各部分结点有无发热现象，绝缘子有无因污秽及裂纹而放电；故障巡视，主要是查明故障地点和原因，便于及时处理；特殊巡视，主要是在气候骤变，如导线覆冰、大雾、狂风暴雨时进行巡视，以查明有无异常现象。

正常巡视的周期应根据架空线路的运行状况、工厂环境及重要性综合确定，一般情况低压线路每季度巡视一次，高压线路每两月巡视一次。

巡视内容如下：

1）木电杆的根部有无腐烂，混凝土有无脱落现象，电杆是否倾斜，横担有无倾斜、腐蚀、生锈，构件有无变形、缺少等问题。

2）拉线有无松驰、破股和锈蚀等现象；拉线金具是否齐全、是否缺螺钉；地锚有无变形；地锚及电杆附近有无挖坑取土及基坑土质沉陷危及安全运行的现象。

3）工作人员应掌握各条线路的负荷大小，特别注意不使线路过负荷运行，要注意导线有无金钩、断股、弧光放电的痕迹。雷雨季节应特别注意绝缘子闪络放电的情况。有无杂物悬挂在导线上。导线接头有无过热变色、变形等现象，特别是铜铝接头氧化等。弧垂大小有无明显变化，三相是否平衡、符合设计要求。导线对其他工程设施的交叉间隙是否合乎规程规定。春秋两季风比较大，应特别注意导线弧垂过大或不平衡，防止混线。

4）绝缘子有无裂纹、掉碴、脏污和弧光放电的痕迹。雷雨季节应特别注意绝缘子闪络放电的情况，北方3~4月的粘雪使线路发生污闪，沿海地区的雾季应特别注意。应检查螺钉是否松脱、歪斜；耐张串悬式绝缘子的销针有无变形、缺少和未劈开的现象；绑线及耐张线夹是否紧固等。

5）线路上安装的各种开关是否牢固，有无变形，指示标志是否明显正确。瓷件有无裂纹、掉碴及放电的痕迹，各部引线之间，对地的距离是否合乎规定。

6）沿线路附近的其他工程，有无防碍或危及线路安全运行。线路附近的树木、树枝对导线的距离是否符合规定。

7）防雷及接地装置，是否完整无损，避雷器的瓷套有无裂纹、掉碴以及放电痕迹。接地引线是否破损折断，接地装置有无被水冲刷，或取土外露，连引线是否齐全，特别是防雷间隙有无变形，间距是否合乎要求。

3.3.3 线路的维护

由于架空线路长期处于露天运行，经常受到周围环境和大自然变化的影响，在运行中会发生各种各样的故障。据运行情况统计，在各种故障中多属于季节性故障。为了防止线路在不同季节发生故障，就应加强线路维护工作，采取相应的反事故措施，从而保证线路的安全运行。

1. 污秽和防污

架空线路的绝缘子，特别是化工企业和沿海工厂企业的架空线路的绝缘子，表面粘附着污秽物质，一般均有一定的导电性和吸湿性。在湿度较大的条件下，会大大降低绝缘子的绝缘水平，从而增加绝缘子表面泄漏电流，以致在工作电压下也可能发生绝缘子闪络事故。这种由于污秽引起的闪络事故，称为污秽事故。

污秽事故与气候条件有十分密切的关系。一般来讲，在空气湿度大的季节里容易发生。例如毛毛雨、小雪、大雾和雨雪交加的天气。在这些天气里，空气中湿度比较均匀，由于各种污秽物质的吸潮性不一样，导电性不一样，从而形成泄漏电流集中，引起污闪事故。防污主要技术措施有以下几项：

1）作好绝缘子的定期清扫。绝缘子的清扫周期一般是每年一次，但还应根据绝缘子的污秽情况来确定清扫次数。清扫在停电后进行，一般用抹布擦拭，如遇到用干布擦不掉的污垢时，也可用蘸水湿抹布擦拭，或用蘸汽油的布擦，再或用肥皂水擦，但必须用净水冲洗，最后用干净的布再擦一次。

2）定期检查和及时更换不良绝缘子。若在巡视中发现不良、甚至有闪络的绝缘子，应在检修时及时更换。

3）提高线路绝缘子水平。在污秽严重的工厂企业中，可提高线路绝缘水平以增加泄漏距离。具体办法是对针式绝缘子，可提高一级电压等级。

4）采用防污绝缘子。采用特制的防污绝缘子或在绝缘子表面涂上一层涂料或半导体釉。防污绝缘子和普通绝缘子的不同在于前者具有较大的泄漏路径。涂料大致有两种：一种是有机硅类，例如有机硅油、有机硅蜡等；另一种是蜡类（由地蜡、凡士林、黄油、石蜡和松香等按一定比例配制而成）。涂料本身是一种绝缘体，同时又有良好的斥水性。空气中的水分在涂料表面只能形成一个孤立的微粒，而不能形成导电通路。

2. 线路覆冰及其消除的措施

架空线路的覆冰是初冬和初春时节，气温在－5℃左右，或者是在降雪、雨雪交加的天气里。导线覆冰后，增加了导线的荷重，可能引起导线断线。如果在直线杆某一侧导线断线后，另一侧覆冰的导线形成较大的张力，出现倒杆事故。导线出现扇形覆冰后，使导线发生扭转，对金具和绝缘子威胁最大。绝缘子覆冰后，降低了绝缘子的绝缘水平，会引起闪络接地事故，甚至烧坏绝缘子。

当线路出现覆冰时，应及时清除。清除在停电时进行，通常采用从地面向导线抛扔短木棒的方法使冰脱落；也可用细竹杆来敲打或用木制的套圈套在导线上，并用绳子顺导线拉动以清除覆冰。

在冬季结冰时，位于低洼地的电杆，由于冰膨胀的原因，地基体积增大，电杆被推向土坡的上部，即发生冻鼓现象。冻鼓轻则可使电杆在次年解冻后倾斜，重则（埋深不够）次年解冻后将倾倒。所以对这类电杆应加强监视，监视其埋深的变化，一般方法是在电杆距地面1m以内的某一尺寸处，画一标记，便于辨认埋深的变化。处理办法是给电杆培土或将地基的土壤换成石头。若在施工之前就能确定地下水位较高易产生冻鼓时，可将电杆的埋深增加，使电杆的下端在冰层以下一段距离，也可防止冻鼓现象。

3. 防风和其他维护工作

春秋两季风大，当风力超过了电杆的机械强度时，电杆会发生倾斜或歪倒；由于风力过大，使导线发生非同期摆动，而引起导线之间互相碰撞，造成相间短路事故。此外，因大风把树枝等杂物刮到导线上，而引起停电事故。因此，应对导线的弧垂加以调整；对电杆进行补强；对线路两侧的树木应进行修剪或砍伐，以使树木与线路之间能保持一定的安全距离。

工厂道路边的电杆很容易因被车辆碰撞而发生断裂、混凝土脱落甚至倾斜。在条件许可下可对这些电杆进行移位，不能移位的应设置车挡，即埋设一个桩子作为车挡，车挡在地面以上高度不宜低于1.5m，埋深1m。运行中的电杆，由于外力作用和地基沉陷等原因，往往会发生倾斜，特别是终端、转角、分支杆。因此必须对倾斜的电杆进行扶正，扶正后对基坑的土质进行夯实。

线路上的金具和金属构件，由于常年风吹日晒而生锈，强度降低，有条件的可逐年有计划更换，也可在运行中涂漆防锈。

4. 线路事故处理

配电线路事故几率最高的是单相接地，其次是相间短路。当短路发生后，变电站立即将故障线路跳开，若装有自动重合闸，再行重合一次。若重合成功，即为瞬时故障，不再跳开，正常供电。若重合不成功，变电站的值班人员应通知检修人员进行事故巡视，直至找到故障点并予以排除后，才能恢复送电。

对于中性点不接地系统，其架空线路发生单相接地故障后，一般可以连续运行2h，但必须找出导线接地点，以免事故扩大。首先在接地线路的分支线上试切分支开关，以便找到接地分支线；再沿线路巡视找出接地点。

3.4 线路的检修

配电线路检修是根据巡线报告及检查与测量的结果，进行正规的预防性修理工作，其目的是为了消除在巡视与检查中所发现的各种缺陷，以预防事故的发生，保证安全供电。

配电线路检修工作一般可分为：

1）维修。为了维持配电线路及附属设备的安全运行和必须的供电可靠性的工作，称为维修。

2）大修。为了提高设备的运行情况，恢复线路及附属设备至原设计的电气性能或机械性能而进行的检修称为大修。

3）抢修。事故抢修是由于自然灾害及外力破坏等，所造成的配电线路倒杆、电杆倾斜、断线、金具或绝缘子脱落或混线等停电事故，需要迅速进行的抢修工作。

线路大修主要包括以下几项内容：更换或补强电杆及其部件；更换或补修导线并调整弧垂；更换绝缘子或为加强线路绝缘水平而增装绝缘子；改善接地装置；电杆基础加固；处理不合理的交叉跨越。

3.4.1 检修工作的组织措施

线路检修工作的组织措施，包括制订计划、检修设计、准备材料及工具、组织施工及竣工验收等。

1. 制订计划

一般是每年第三季度进行编制下年度的检修计划。编制的依据，除按上级有关指示及按大修周期确定的工程外，主要依靠运行人员提供的资料。然后，根据检修工作量的大小，检修力量、资金条件、运输力量、检修材料及工具等因素，进行综合考虑。再将全年的检修工作列为维修、大修，并按检修项目编写材料工具表及工时进度表，以分别安排到各个季度，报领导批准。

2. 检修设计

线路检修工作，应进行线路检修设计，即使是事故抢修，在时间允许的条件下，也应进行检修设计。只有现场情况不明的事故抢修，时间紧迫需马上到现场处理的检修工作，才由有经验的检修人员到现场决定抢修方案，领导检修工作，但抢修完成后，也应补齐有关的图样资料，转交运行人员。每年的检修工作，经批准后，设计人员即按检修项目进行线路检修设计，设计的依据是缺陷记录资料；运行测试结果；反事故技术措施；采用行之有效的新技术内容；上级颁发的有关技术指示。

检修设计的主要内容包括下列各项：电杆结构变动情况的图样；电杆及导线限距的计算数据；电杆及导线受力复核；检修施工的多种方案比较；需要加工的器材及工具的加工图样；检修施工达到的预期目的及效果。

3. 准备材料及工具

施工开始前，应根据检修工作计划中的“检修项目和材料工具计划表”，准备必需的材料。需预先加工或进行电气强度试验和机械强度试验的，要及时进行，并做好记录。还要检查必需的工具、专用机械、运输工具和起重机械等。此外，要准备好检修工作的场地。对于准备的材料及工具，需预先运往现场。

4. 组织施工

1）根据施工现场情况及工作需要将施工人员分为若干班、组，并指定班、组的负责人及负责安全工作的安全员(工作监护人)，安全员应由技术较高的工作人员担任。还要指定材料、工具的保管人员及现场检修工作的记录人员。

2）组织施工人员了解检修项目、检修工作的设计内容、设计图样和质量标准等，使施工人员做到心中有数。需要施工测量的应及时进行。

3）制订检修工作的技术组织措施，应尽量采用成熟的先进经验和最新的研究成果，以便施工中既保证质量，又提高施工效率、节约原材料并缩短工期或工时。

4）制订安全施工的措施，应明确现场施工中各项工作的安全注意事项，以保证施工安全。

5）施工中的每项工作在条件允许时，可组织各班、组互相检查，且应由专人进行深入重点的现场检查，确保各项检修工作的安全和质量。

5. 竣工验收

在线路检修施工过程中，根据验收制度由运行人员进行现场验收。对不合施工质量要求的项目要及时返修。线路检修工作竣工后，要进行总的质量检查和验收，然后将有关竣工后的图样资料转交运行人员。

3.4.2 检修工作的安全措施

1. 断开电源和验电

对于停电检修的线路，首先必须断开电源。在配电系统，还要防止环形供电和低压侧用户设备的备用电源的反送电，并应防止高压线路对低压线路的感应电压。为此，对检修的线路，必须用合格的验电器在停电线路上进行验电。

电压为110kV及以下线路用的验电器，是一根带有特殊发光指示器的绝缘杆，验电时需将此绝缘杆的尖端渐渐地接近线路的带电部分，听其有无“吱吱”的放电声音，并注意指示器有无指示，如有亮光，即表示线路有电压。经过验电证明线路上已无电压时，即可在工作地段的两端，各使用具有足够截面面积的专用接地线将三相导线短路接地。若工作地段有分支线，则应将有可能来电的分支线也进行接地。若有感应电压反映在停电线路上时，则应加挂地线，以确保检修人员的安全，挂好接地线，才可进行线路的检修工作。

2. 装设接地线

1）对接地线的要求。接地线应使用多股软铜线编织制成，截面面积不得小于$25mm^2$，并且是三相连接在一起的；接地线的接地端应使用金属棒做临时接地，金属棒的直径应不小于10mm，金属棒打入地下的深度不小于0.6m。接地线连接部分应接触良好。

2）装设接地线和拆除接地线的步骤。挂接地线时，先接好接地端，然后再接导线端，接地线连接要可靠，不准缠绕。必须注意：在同一电杆的低压线和高压线均需接地时，则应先接低压线，后接高压线；若同杆的两层高压线均需接地时，应先接下层，后接上层。拆接地线的顺序则与上述相反。装设、拆除接地线时，应有专人监护，且工作人员应使用绝缘棒或绝缘手套，人体不得触碰接地线。

3. 登杆检修的注意事项

1）如果检修双回线路或检修结构相似的并行线路时，在登杆检修之前必须明确停电线路的位置、名称和杆号，还应在监护人的监护下登杆，以免登错电杆，发生危险。

2）检修人员登上木杆前，应先检查杆根是否牢固。对新立的电杆，在杆基尚未完全牢固以前严禁攀登。遇有冲刷、起土、上拔的电杆，应先加固，或支好架杆，或打临时拉线后，再行登杆。

3）如果需要松动导线、拉线时，在登杆前也应先检查杆根，并打好临时拉线后再行登杆。

进行上述工作时，必须使用绝缘无极绳索及绝缘安全带。所谓无极绳索，就是绳索的两端要相接，连结成一圆圈，以免使用时另一端搭带电的导线。还应在风力不大于五级并有专人监护下进行工作。

当停电检修的线路与另一带电回路邻近或交叉，以致工作时可能和另一回路接触或接近至危险距离以内(10kV 及以下为 1m)，则另一回路也应停电并予接地。但接地线可以只在工作地点附近挂接一处。

4. 恢复送电之前的工作

在恢复送电之前应严禁约时停送电。用电话或报话机联系送电时，双方必须复诵无误。检修工作结束后，必须查明所有工作人员及材料工具等确已全部从电杆、导线及绝缘子上撤下，然后，才能拆除接地线(拆除接地线后即认为线路已可能送电,检修人员不能再登上杆塔进行任何工作)。在清点接地线组数无误并按有关规定交接后，即可恢复送电。

3.4.3 线路检修的工作内容

1. 停电登杆检查清扫

停电登杆检查，可将地面巡视难以发现的缺陷进行检修及清除，从而达到安全运行的目的。停电登杆检查应与清扫绝缘子同时进行。对一般线路每两年至少进行一次；对重要线路每年至少进行一次；对污秽线路段按其污秽程度及性质可适当增加停电登杆清扫的次数。停电登杆检查的项目有：检查导线悬挂点，各部螺钉是否松扣或脱落；绝缘子串开口销子、弹簧销子是否完好；绝缘子有无闪络、裂纹和硬伤等痕迹，针式绝缘子的芯棒有无弯曲；检查绝缘子串的连接金具有无锈蚀，是否完好；瓷横担的针式绝缘子及用绑线固定的导线是否完好可靠。

2. 电杆和横担检修

组装电杆所用的铁附件及电杆上所有外露的铁件都必须采取防锈措施。如因运输、组装及起吊损坏防锈层时，应补刷防锈漆。所使用的铁横担必须热镀锌或涂防锈漆，对已锈蚀的横担，应除锈后涂漆。电杆各构件的组装应紧密、牢固。有些交叉的构件在交叉处有空隙，应装设与空隙相同厚度的垫圈或垫板，以免松动。

3. 拉线的检修

拉线棒应按设计要求进行防腐，拉线棒与拉线盘的连接必须牢固，采用楔形线夹连接拉线的两端，在安装时应符合下列规定：楔形线夹内壁应光滑，其舌板与拉线的接触应紧密，在正常受力情况下无滑动现象，安装时不得伤及拉线；拉线断头端应以铁线绑扎；拉线弯曲部分不应有松股或各股受力不均的现象。拉线在木杆固定处，必须加拉线垫铁；在水泥杆上固定，应用拉线抱箍。

4. 导线检修

导线在同一截面处的损伤，不超过下列容许值时，可免予处理：单股损伤深度不大于直径的1/2；损伤部分的面积不超过导电部分总截面面积的5%。导线损伤的下列情况之一时必须锯断重接：钢芯铝线的钢芯断一股；多股钢芯铝线在同一处磨损或断股的面积超过铝股总面积的25%，单金属线在同一处磨损或断股的面积超过总面积的17%（同一处指补修管的容许补修长度）；金钩（小绕）、破股，已形成无法修复的永久变形；由于连续磨损，或虽然在允许补修范围内断股，但其损伤长度已超出一个补修管所能补修的长度。

5. 导线接头的检查与测试

导线接头（也称为压接管）的检查十分重要，因为接头是导线上比较薄弱的环节，往往由于机械强度减弱而发生事故；有时可能由于接触不良，而在通过大电流时（即高峰负荷时），使接头发热而引起事故。为了防止导线接头发生事故，除了巡视中（包括白天巡线和晚上巡线）应注意接头的情况外（如发热、发红或冰雪容易溶化等现象），主要是依靠通过对接头电阻的测量来判断其好坏。接头电阻与同长度导线电阻之比不应大于2，当电阻比大于2时应立即更换。

3.5 电缆线路的运行和维护

3.5.1 电缆线路的巡视和检查

对电缆线路，一般要求每季进行一次巡视检查。室外电缆起初每3个月巡查一次，每年应有不少于一次的夜间巡视检查，并应选择细雨或初雪的日子里进行；室内电缆头可与高压配电装置巡查周期相同；暴雨后，对有可能被雨水冲刷的地段，应进行特殊巡查。并应经常监视其负荷大小和发热情况。在巡视检查中发现的异常情况，应记入专用记录簿内，重要情况应及时汇报上级，请示处理。

1. 电力电缆的巡视检查

1）直埋电缆巡视检查项目和要求。电缆路径附近地面不应有挖掘；电缆标桩应完好无损；电缆沿线不应堆放重物和腐蚀性物品，不应存在临时建筑，室外露出地面上的电缆的保护钢管或角钢不应锈蚀、位移或脱落；引入室内的电缆穿管应封堵严密。

2）沟道内电缆巡视检查项目和要求。沟道盖板应完整无缺；沟道内电缆支架牢固，无锈蚀；沟道内不应存积水，井盖应完整，墙壁不应渗漏水；电缆铠装应完整、无锈蚀；电缆标示牌应完整、无脱落。

3）电缆头巡视检查项目和要求。终端头的绝缘套管应清洁、完整、无放电痕迹、无鸟巢；绝缘胶不应漏出；终端头不应漏油，铅包及封铅处不应有龟裂现象；电缆芯线或引线的相间及对地距离的变化不应超过规定值；相位颜色是否保持明显；接地线应牢固，无断股、脱落现象；电缆中间接头应无变形，温度应正常；大雾天气，注意监视终端头绝缘套管有无放电现象；负荷较重时，应注意检查引线连接处有无过热、熔化等现象，并监视电缆中间接头的温度变化情况。

2. 电力电缆运行时的禁忌

1）不要忽视对电缆负荷电流的检测。电力电缆线路本应在按照规定的长期允许载流量下运行。如果长时间过负荷，芯线过热，电缆整体温度升高，内部油压增大，容易引发金属外包电缆漏油，电缆终端头和中间接头盒胀裂，使电缆绝缘吸潮劣化，以致造成热击穿。因此，不要忽视电缆负荷电流及外皮温度的监测。对并联使用的电缆，注意防止因负荷分配不均而使某根电缆过热。

2）电缆配电线路不应使用重合闸装置。能够使电缆配电线路断路器跳闸的电缆故障，如终端头内部短路、中间头内部短路等多为永久性故障，在这种情况下若重合闸动作或跳闸后试送，则必然会扩大事故，威胁系统的稳定运行。因此，电缆配电线路不应使用重合闸装置。

3）电缆配电线路断路器跳闸后，不要忽视电缆的检查。电缆配电线路断路器跳闸后，首先要查清该线路所带设备方面有无故障，如设备各种形式的短路等。同时，也要检查电缆外观的变化，例如，电缆户外终端头是否浸水引起爆炸，室内终端头内部短路；中间接头盒是否由于接点过热、漏油，使绝缘热击穿胀裂；电缆路径地面有无挖掘，使电缆损伤等。必要时应通过试验进一步检查判断。

4）直埋电缆运行四忌。直埋电缆运行检查要特别注意以下几点：电缆路径附近地面不能随便挖掘；电缆路径附近地面不准堆放重物及腐蚀性物质、临时建筑；电缆路径标桩和保护设施，不准随便移动、拆除；电缆进入建筑物处不得渗漏水；电缆停用一段时间后不做试验不能轻易投入使用，这主要是考虑到电缆停用一段时间后吸收潮气，绝缘受影响。一般停电超过一星期但不满一个月的电缆，重新投入运行前，应摇测其绝缘电阻值，并与上次试验记录比较（换算到同一温度下）不得降低30%，否则需做直流耐压试验。停电超过一个月但不满一年的，则需做直流耐压试验，试验电压可为预防性试验电压的一半。停电时间超过试验周期的，必须按标准做预防性试验。

3. 电力电缆异常运行及事故处理

1）电缆过热。电缆运行中长时间过热，会使其绝缘物加速老化；会使铅包及铠装缝隙胀裂；会使电缆终端头、中间接头因绝缘胶膨胀而胀裂；对垂直部分较长的电缆，还会加速绝缘油的流失。造成电缆过热的基本原因有两点：一是电缆通过的负荷电流过大且持续时间较长；二是电缆周围通风散热不良。

发现电缆过热应查明原因，予以处理。若有必要，可再敷设一条电缆并用，或全部更新电缆，换成大截面面积的，以避免过负荷。

2）电缆渗漏油。油浸电缆线因铅包加工质量不好，如含砂粒、压铅有缝隙等以及运行温度过高，都容易造成渗漏油。电缆终端头、中间接头因密封不严，加之引线及连接点过热，往往也会引起漏油、漏胶，甚至内部短路时温度骤升，引起爆破。发现电缆渗漏油后，应查明原因予以处理。对负荷电流过大的电缆，应设法减负荷。对电缆铅包有砂眼渗油的可实行封补。终端头、中间接头漏油较严重的，可重新做终端头或中间接头。

3）电缆头套管闪络破损。运行中的电缆头发生电晕放电，电缆头引线严重过热以及因漏油、漏胶、潮气侵入等原因将导致套管闪络破损。发生这种情况，应立即停止运行，以防故障扩大造成事故。

4）电缆机械损伤。电缆遭受外力机械损伤的机会很多，因受机械损伤造成停电事故的也很多。如地下管线工程作业前，未经查明地下情况，盲目挖土、打桩，造成误伤电缆；敷设电缆时，牵引力过大或弯曲过度造成损伤；重载车辆通过地面，土地沉降，造成损伤等。

发现电缆遭受外力机械损伤，根据现场状况或带缺陷运行、或立即停电退出运行，均应通报专业人员共同鉴定。

3.5.2 电缆线路的故障探测

1. 电缆故障的分类及特点

常见的电缆故障有短路(接地)型、断线型、闪络型和复合型几种。

1）短路(接地)型：电缆一相或数相导体对地或导体之间绝缘发生贯穿性故障。根据短路(接地)电阻的大小又有高电阻、低电阻和金属性短路(接地)故障之分。短路(接地)型故障所指的高电阻和低电阻之间，其短路(接地)电阻的分界并非固定不变。它主要取决于测试设备的条件，如测试电源电压的高低、检流计的灵敏度等。使用 QF1-A 型电缆探伤仪的测试电压为直流 600V，当电缆故障点的绝缘电阻大于 100kΩ 时，由于受检流计灵敏度的限制，测量误差就比较大，必须采取其他措施才能提高测试结果的正确性，因此把 100kΩ 作为短路(接地)电阻高低的分界。

低电阻和金属性短路(接地)故障的特点是电缆线路一相导体对地或数相导体对地或数相导体之间的绝缘电阻低于 100kΩ，而导体的连续性良好。

高电阻接地或短路故障的特点是与低电阻接地或短路故障相似，但区别在于接地或短路的电阻大于 100kΩ。

2）断线型：电缆一相或数相导体不连续的故障。其特点是电缆各相导体的绝缘电阻符合规定，但导体的连续性试验证明有一相或数相导体不连续。

3）闪络型：电缆绝缘在某一电压下发生瞬时击穿，但击穿通道随即封闭，绝缘又迅速恢复的故障。其特点是低电压时电缆绝缘良好，当电压升高到一定值或在某一较高电压持续一定时间后，绝缘发生瞬时击穿现象。

4）复合型：电缆故障具有两种以上的故障特点。

2. 常用电缆故障测试和特点

电缆线路的故障测试一般包括故障测距和精确定点。故障点的初测即故障测距。根据测试仪器和设备的原理，大致分为电桥法和脉冲法两大类，其测试特点如下：

（1）电桥法

电桥法是一种传统的测试方法，如惠斯顿直流单臂电桥、直流双臂电桥和根据单臂电桥原理制作的 QF1-A 型电缆探伤仪等，均可以用来进行电缆故障测试。

电桥法是利用电桥平衡时，对应桥臂电阻的乘积相等，而电缆的长度和电阻成正比的原理进行测试的。它的优点是操作简单、精度较高，主要不足是测试局限性较大。对于短路(接地)电阻在 100kΩ 以下的单相接地、相间短路、二相或三相短路接地等故障的测试误差一般在 0.3%~0.5%，但是当短路(接地)电阻超过 100kΩ 时，由于通过检流计的不平衡电流太小，误差会很大。在测试前要对电缆加以交流或直流电压，将故障点的电阻烧低后再进行测量。对于用烧穿法无效的高阻短路(接地)故障，不能用电桥法进行测试。

电缆断线故障和三相短路(接地)故障，虽然可以用 QF1-A 型电缆探伤仪进行测试，但是与其他测试设备相比，因其使用复杂、误差较大而一般很少被采用，电桥法还不适用于闪络型电缆故障的测试。

（2）脉冲法

脉冲法是应用脉冲信号进行电缆故障测距的测试方法。它分低压脉冲法、脉冲电压法和脉冲电流法3种。

1）低压脉冲法是向故障电缆的导体输入一个脉冲信号，通过观察故障点发射脉冲与反射脉冲的时间差进行测距。低压脉冲法具有操作简单、波形直观、对电缆线路技术资料的依赖性小等优点。其缺点是对于电阻大于100kΩ 的短路（接地）故障，因反射波的衰减较大而难以观察；由于受脉冲宽度的局限，低压脉冲法存在测试盲区，如果故障点离测试端太近也观察不到反射波形；不适用于闪络型电缆故障。

2）脉冲电压法是对故障电缆加上直流高压或冲击高电压，使电缆故障点在高压下发生击穿放电，然后仪器通过观察放电电压脉冲在测试端到放电点之间往返一次的时间进行测距。脉冲电压法基本上都融入了微电子技术，能直接从显示屏上读出故障点的距离。DGC型、DCE型电缆故障遥测仪都属于这一类仪器。

脉冲电压法的优点在于电缆故障点只要在高电压下存在充分放电现象，就可以测出故障点的距离，几乎适用于所有类型的电缆故障。

脉冲电压法的缺点是测试信号来自高压回路，仪器与高压回路有电耦合，很容易发生高压信号串入导致仪器损坏。另外，故障放电时，特别是进行冲闪测试时，分压器耦合的电压波形变化不尖锐、不明显，分辨较困难。

3）脉冲电流法原理与脉冲电压法相似，区别在于脉冲电流法是通过线性电流耦合器测量电缆击穿时的电流脉冲信号，使测试接线更简单，电流耦合器输出的脉冲电流波形更容易分辨，由于信号来自低压回路，避免了高压信号串入对仪器的影响。它是目前应用较为广泛的测试方法之一，如T-903型电缆故障测距仪。

3.6 技能训练

3.6.1 三相电路的定相

1. 实训目的

1）学会用相序表测定三相线路的相序。

2）学会用绝缘电阻表法和指示灯法核对三相线路的相位。

2. 准备工作

电容式或电感式指示灯相序表、绝缘电阻表和指示灯。

3. 实训内容

定相即测定相序并核对相位。新安装或改装的线路投入运行前以及双回路并列运行前，均需定相，以免彼此的相序或相位不一致，投入运行时造成短路或环流而损坏设备。

1）测定相序。测定三相线路的相序，可采用电容式或电感式指示灯相序表。

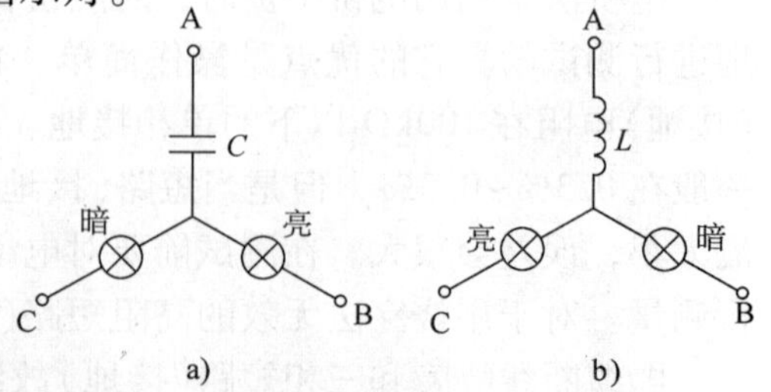

图3-13 指示灯相序表的原理接线图
a）电容式 b）电感式

图3-13a所示为电容式指示灯相序表的原理接

线，A 相电容 C 的容抗与 B、C 两相灯泡的电阻值相等。此相序表接上待测三相线路电源后，点亮的相为 B 相，灯暗的相为 C 相。

图 3-13b 所示为电感式指示灯相序表的原理接线，A 相电感 L 的感抗与 B、C 两相灯泡的电阻值相等。此相序表接上待测三相线路电源后，灯暗的相为 B 相，灯亮的相为 C 相。

2）核对相位。核对相位的方法很多，最常用的为绝缘电阻表法和指示灯法。

图 3-14a 所示为用绝缘电阻表法核对线路两端相位的接线。线路首端接绝缘电阻表，其 L 端接线路，E 端接地，线路末端逐相接地。如果绝缘电阻表指示为 0，则说明末端接地的相线与首端测量的相线属同一相。如此三相轮流测量，即可确定首端和末端各自对应的相。

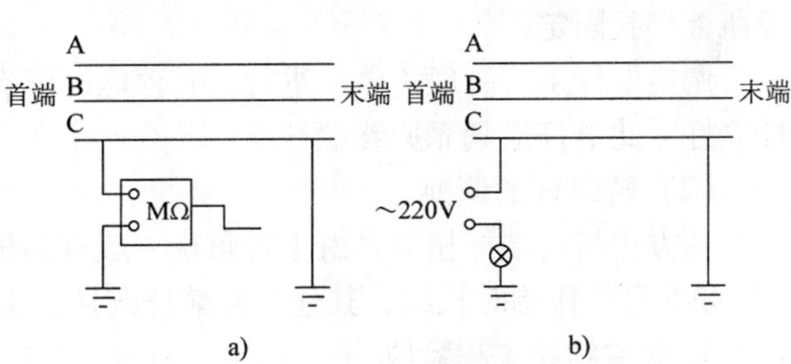

图 3-14　核对线路两端相位的接线
a）绝缘电阻表法　b）指示灯法

图 3-14b 所示为指示灯法核对线路两端相位的接线。线路首端接指示灯，末端逐相接地。如果指示灯通上电源时灯亮，则说明末端接地的相线与首端接指示灯的相线属同一相。如此三相轮流测量，也可确定线路首端和末端各自对应的相。

3.6.2　10kV 架空线路转角杆和终端杆的调换

1. 实训目的

1）了解外线施工的组织过程和验收过程。

2）掌握电杆调换的组织施工过程。

3）培养学生线路施工作业的安全意识和施工规范。

2. 施工前期准备

准备好进行架空线施工的工具、设备，联系线路停电。

3. 施工过程组织

图 3-15 所示为 10kV 架空线路，1 号杆是终端杆，4 号杆是转角杆，它们都是承力杆，调换电杆时必须使承力杆在调换作业期间整个线路保持受力平衡。

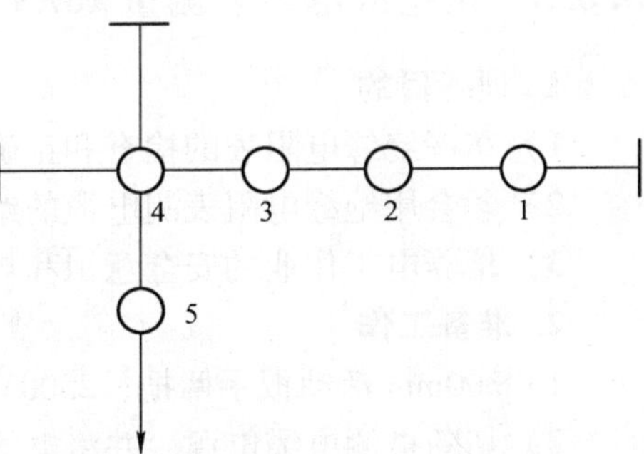

图 3-15　10kV 架空线路

（1）1 号终端杆的调换

1）首先在 2 号杆上作临时拉线，使 1 号杆拆除后，2 号杆保持受力平衡。

2）解开 2 号杆上所有导线的瓷瓶绑线，将导线牢固地绑扎在横担上。

3）解开 1 号杆上所有导线的瓷瓶绑线，慢慢地放松 1 号杆和 2 号杆之间的导线。对于截面面积较大的导线，应在松开瓷瓶绑线前用紧线器将导线紧住，或用麻绳由人力向相反方向拉紧，瓷瓶绑线松开后再缓缓使导线松弛，避免导线松开对 2 号杆产生危险的冲击。

4）拔除1号电杆。

5）在原1号杆位置挖坑，立新杆并埋土，夯实，在新换电杆上安装横担、瓷瓶和拉线。

6）恢复原架空导线，在1号电杆上将导线进行紧线、绑扎固定，将2号杆上的导线在瓷瓶上绑扎固定。

调换电杆工作一般需停电进行，若停电时间有限，为了节省时间，可在未停电前先将新杆立好，此电杆应紧靠原终端杆。

（2）转角杆的调换

其方法与终端杆相似。由于转角杆一般有两根拉线，所以调换前需作两根临时拉线。在3号和5号杆作临时拉线，其他与终端杆调换相类似。

4. 架空线路工程验收

工程验收一般应按以下程序进行：隐蔽工程验收检查；中间验收检查；竣工验收检查。

1）隐蔽工程验收检查。隐蔽工程是指在竣工后无法检查的隐蔽工程部分。线路施工中的隐蔽工程有以下几项：基础坑深；基础浇制；预埋基础的埋设；各种连接管等。以上工程在施工过程中，应认真检查作好记录。

2）中间验收检查。这是指当完成一个或数个分项成品后进行的验收检查，包括电杆及拉线安装质量、接地情况、架线情况。

3）竣工验收检查。工程全部或部分完成后进行的验收检查。其项目除中间验收项目外，尚需补充下列项目：①线路路径、电杆形式、导线与避雷器规格及线间距离。②障碍物的拆迁。③是否有遗留未完项目。

5. 竣工试验

在竣工验收合格后，应进行下列电气试验：

1）线路绝缘测定。

2）线路相位、相序测定。

3）冲击合闸三次。

以上项目合格，方可投入运行。

3.6.3 用绝缘电阻表测量10kV电缆线路的绝缘电阻

1. 训练目的

1）掌握绝缘电阻表的检查和正确使用。

2）学会用绝缘电阻表测电缆的绝缘电阻。

3）培养电工作业的安全意识和规范。

2. 准备工作

1）300mm活动扳手两把，2500V绝缘电阻表一块（ZC-7型）。

2）切断被测电缆电源，并将电缆放电。

3）检查绝缘电阻表性能。

3. 操作步骤

1）测量前先对绝缘电阻表进行检查。绝缘电阻表不接线，摇动绝缘电阻表摇柄，看指针是否能够停在“∞”处；将接线柱“L”与“E”短接，缓慢摇动绝缘电阻表摇柄，看指针是否会在“0”处。如满足这两个要求，说明绝缘电阻表工作正常，可以使用，否则需更换绝缘电阻表。

2）打开电缆头并将电缆放电。

3）接线柱“L”接电缆芯线，“E”接电缆金属外皮，接线柱“G”引线缠绕在电缆的屏蔽纸上，测量电缆绝缘电阻接线图如图3-16所示。

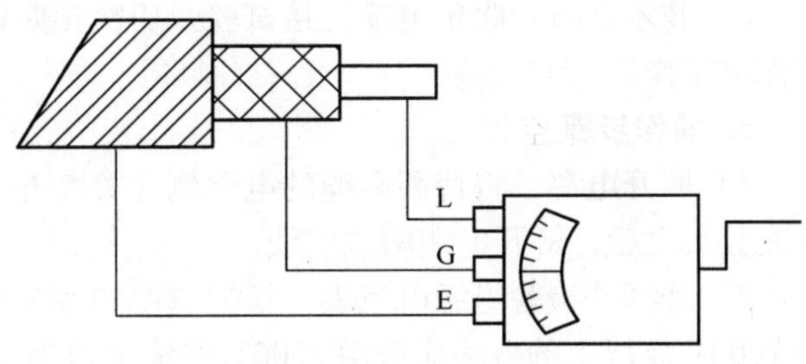

图3-16　测量电缆绝缘电阻接线图

4）线路接好后，按顺时针方向由慢到快摇动绝缘电阻表摇柄。当调速器发生滑动时，说明绝缘电阻表达到了额定转速（120r/min），并输出额定测试电压。保持均匀转速（120r/min），待表盘上的指针停稳后，指针指示值就是被测电缆的绝缘电阻值，单位是MΩ。

5）将电缆放电。

6）将电缆绝缘电阻与以前测量值进行对比，符合规程要求时，将电缆头按原来各相连接方式重新连接好。

7）拆下绝缘电阻表的引线，收好工具、用具。

4. 安全与技术要求

1）测量前，必须切断电缆的电源，并挂好标示牌；电缆相间及对地充分放电，使电缆处于安全不带电的状态。

2）接线柱引线应选用绝缘良好的多股导线，且不允许绞合在一起，也不得与地面接触。

3）测量电缆的电容量较大时，应有一定的充电时间。电容量越大，充电时间越长。

5. 考核标准

序　　号	评分标准（满分100分）	得　　分
1	选错用错工具、用具，一次扣2分	
2	电缆未放电扣20分	
3	测量前绝缘电阻表不作检查扣20分	
4	绝缘电阻表接线错误，一次扣10分	
5	绝缘电阻表转速不均匀或转速未达到120r/min扣10分	
6	未对绝缘电阻进行对比扣10分	
时间	每条电缆20min	

3.6.4　测量电力电缆绝缘电阻和吸收比

1. 训练目的

1）学会用绝缘电阻表测量电力电缆的绝缘电阻和吸收比。

2）学会根据所测结果对电缆的情况进行分析判断。

2. 准备工作

1）器材准备：ZC11型绝缘电阻表（2500V、1000V）两块、测量用连线3条（不同颜色）、放电棒1根（绝缘棒）、屏蔽环两个、记录表格两张、0～100℃温度计1支。

2）技术准备：收集电缆交接试验及历次预防性试验的绝缘电阻记录，办理待试电缆线路停电工作票。

3. 操作步骤

1）断开电源：将待测电缆的电源侧开关断开，按工作票要求做好安全措施，并用放电棒充分放电后，解开电缆两端引线。

2）选择并检验绝缘电阻表：根据电缆的额定电压选择绝缘电阻表额定电压。额定电压为1000V及以上的电缆应选用2500V绝缘电阻表；额定电压1000V以下电缆选用1000V绝缘电阻表。

绝缘电阻表选定后，检验绝缘电阻表在开路或短路时，指针是否指向“∞”或“0”位。

3）接试验引线：将绝缘电阻表“E”端子用引线与电缆铠装相连，“G”端子引线接电缆屏蔽层，屏蔽环装在缆芯端部绝缘上(或套管端部)。“L”端子引线准备接被试缆芯。将电缆其余两相芯线和电缆外皮连接在一起并接地。

测量电缆各线芯间绝缘电阻时“E”端子接线芯，“L”端子的引线准备接被试线芯，另一线芯与电缆铠装外皮连接并接地。

4）测量：摇动绝缘电阻表达到额定转速(120r/min)，待绝缘电阻表指针指示“∞”时，用绝缘棒将“L”端子引线立即接到电缆被试相芯上，并同时记录时间。继续保持绝缘电阻表的额定转速，记录绝缘电阻表15s和60s时的读数$R_{15''}$和$R_{60''}$，然后先断开被试相缆芯引线，再停止摇表。

5）放电、更换测试相芯：用绝缘棒将接地线与被试相芯短路，充分放电后更换相芯接线，重复步骤4的操作，记录另外两相芯15s和60s时的绝缘电阻值。

6）计算吸收比：
$$K = R_{15''}/R_{60''}$$

吸收比$K>1.3$时为合格。K小于1.3接近1.0时电缆受潮或损坏。

7）计算不平衡系数：将本次所测三相线芯60s时的绝缘电阻值相互比较，各相间的不平衡系数一般不大于2~2.5为合格。

8）运行中的电缆绝缘电阻和吸收比，还应根据历次及本次试验数值的变化规律来判断，一般不应有明显的降低(其值不得下降30%以上)。若无历史数据，电缆长度在500m及以下，在电缆温度为20℃时，不应低于400MΩ。

9）根据试验判断结果，提出电缆的处理意见(继续使用、重新做头和报废)。能继续使用的，恢复电缆原来的接线形式并投入运行。

10）办理工作票终结手续。

4. 技术要求

1）运行中的电缆停电后，或每测试一相绝缘电阻后，都要逐相放电。放电时间一般不得少于1min，电缆较长的不得少于2min。

2）运行中电缆试验前，应拆除一切对外连线，并用清洁干燥的棉布擦净电缆头，然后逐相测试。

3）绝缘电阻表的引线必须使用单根软线，不能使用绞线。绝缘电阻表各接线柱的引线按规定连接电缆的各部位，不得混淆。

4）绝缘电阻表应放置平稳，摇动时切忌忽快忽慢。应保持规定转速(120r/min)，可以有20%的变化，但最多不应超过额定转速的25%。

5）测量电缆绝缘电阻时，还应同时记录被测电缆的温度、电缆长度、所用绝缘电阻表电压等级、量程范围及当时气候等。

直埋电缆的温度可按土壤温度计算（当电缆停电时间较长时），刚停电就立即测试电缆时，电缆的温度用测量直流电阻的方法计算得出（有条件时可用红外线测温）。

6）为便于比较，应将数值换算为电缆20℃时每千米长的绝缘电阻数值。换算公式为

$$R_{i20}=R_{it}K/L \tag{3-16}$$

式中，R_{i20}为每千米长电缆在20℃时的绝缘电阻（MΩ）；R_{it}为长度为L的电缆在t℃时的绝缘电阻（MΩ）；L为电缆长度（km）；K为温度系数，电缆绝缘的温度换算系数见表3-7。

表3-7 电缆绝缘的温度换算系数

温度/℃	0	5	10	15	20	25	30	35	40
K	0.48	0.57	0.70	0.85	1.0	1.13	1.41	1.66	1.92

5. 常见故障的分析与处理

同一条电缆采用不同型号的绝缘电阻表测量绝缘电阻和吸收比时，所得结果有一定的差异。其原因是绝缘电阻表的类型不同，其负载特性也不同，而被试电缆的吸收比和绝缘电阻直接受绝缘电阻表额定电压的影响。因此，当绝缘电阻表的容量较小，而被试电缆的吸收电流较大，绝缘电阻又低时，就会引起绝缘电阻表的端电压急剧下降，此时测得的吸收比和绝缘电阻值就不能反映真实的绝缘状况，其准确度较低。

排除方法：在测量吸收比和绝缘电阻时，应选择容量足够、在所测量绝缘电阻范围内负载特性平稳的绝缘电阻表。

6. 考核标准

序　号	评分标准（满分100）	得　分
1	绝缘电阻表型号、额定电压选择不对，扣10分	
2	绝缘电阻表接线错误，或电缆未测相不接地，扣10分	
3	绝缘电阻表转速不符合规定或转速不均，扣5分	
4	读数不准确，或读取时间不符合要求，每错一次扣5分	
5	吸收比和各相不平衡系数计算错误，每项扣2分	
6	绝缘电阻值不会换算、比较，扣5～10分	
7	对所测数据分析判断不准确，每项扣5分	
时间	每条电缆用时不超过20min	

3.7 习题

1. 简述架空线路的结构及各部分的作用，导线和避雷线的制成材料。
2. 架空线路在什么情况下装设避雷线？

3. 根据电杆在线路中的不同作用和受力情况，电杆分为几种？各有何特点？
4. 按绝缘材料和结构，电缆可以分为几种？各有何特点？
5. 电缆的敷设方式有几种？各适用于何种电缆？
6. 什么是线路的电压损耗、功率损耗和电能损耗？它们和哪些因素有关？
7. 线路巡视分为哪几种？分别在什么情况下采用？
8. 在哪种自然条件下线路容易覆冰？线路覆冰后有何危害？如何消除？
9. 什么是污秽事故？防污的措施有哪些？
10. 简述线路检修的组织工作内容。
11. 简述线路检修工作的安全措施。
12. 电缆巡视的内容是什么？
13. 电缆的故障如何分类？有何特点？
14. 常用电缆故障探测的方法有几种？有何特点？
15. 简述测量电缆绝缘电阻和吸收比的方法及安全注意事项。

第 4 章　变电站电气设备及运行维护

4.1　高压开关

4.1.1　电弧的形成和熄灭

开关设备接通或断开电路时，其触头间出现强烈白光的现象称为弧光放电，这种白光称为电弧。电弧是一种极强烈的电游离现象，其特点是弧光很强、温度很高，而且具有导电性。电弧不仅延长了切断电路的时间，而且电弧的高温可能烧损开关的触头，造成电路的弧光短路，甚至引起火灾和爆炸事故。此外，强烈的弧光可能损伤人的视力，严重的可使人眼失明。因此开关设备在结构设计上要保证操作时电弧能迅速地熄灭，所以有必要了解各种开关电器的结构和工作原理，了解开关电弧的形成与熄灭。

1. 电弧的产生

电弧燃烧是电流存在的一种方式，电弧内存在着大量的带电质点，这些带电质点的产生与维持需经历以下 4 个过程。

1）热电子发射。开关触头分断电流时，随着触头接触面积的减小，接触电阻增大，触头表面会出现炽热的光斑，使触头表面分子中的外层电子吸收足够的热能而发射到触头间隙中去，形成自由电子，这种电子发射称为热电子发射。

2）强电场发射。开关触头分断之初，电场强度很大，在强电场的作用下，触头表面的电子可能进入触头间隙，也形成自由电子，这种电子发射称为强电场发射。

3）碰撞游离。已产生的自由电子在强电场的作用下高速向阳极移动，在移动中碰撞到中性质点，就可能使中性质点获得足够的能量而游离成带电的正离子和新的自由电子，即碰撞游离。碰撞游离的结果，使得触头间正离子和自由电子大量增加，介质绝缘强度急剧下降，间隙被击穿形成电弧。

4）热游离。电弧稳定燃烧，电弧的表面温度达 3000 ~4000℃，弧心温度高达 10000℃。在此高温下，中性质点热运动加剧，获得大量的动能，当其相互碰撞时，可生成大量的正离子和自由电子，进一步加强了电弧中的游离，这种由热运动产生的游离称为热游离。电弧温度越高，热游离越显著。

由于上述几种方式的综合作用，使电弧产生并得以维持。

2. 电弧的熄灭

在电弧中不但存在着中性质点的游离，同时也存在着带电质点的去游离。要使电弧熄灭，必须使触头间电弧中的去游离（带电质点消失的速率）大于游离（带电质点产生的速率）。带电质点的去游离主要是复合和扩散。

1）复合。复合是指带电质点在碰撞的过程中重新组合为中性质点。复合的速率与带电质点浓度、电弧温度、弧隙电场强度等因素有关。通常是电子附着在中性气体质点上，形成负离子，然后再与正离子复合。

2）扩散。扩散是指电弧与周围介质之间存在着温度差与离子浓度差，带电质点就会向周围介质中运动。扩散的速度与电弧及周围介质间温差、电弧及周围介质间离子的浓度差、电弧的截面面积等因素有关。

3）交流电弧的熄灭。交流电弧的电流过零时，电弧将暂时熄灭。电弧熄灭的瞬间，弧隙温度骤降，去游离(主要为复合)大大增强。对于低压开关而言，可利用交流电流过零时电弧暂熄灭这一特点，在1~2个周期内使电弧熄灭。对于具有较完善灭弧结构的高压断路器，交流电弧的熄灭也仅需要几个周期的时间，而真空断路器只需半个周期的时间，即电流第一次过零时就能使电弧熄灭。

3. 开关电器中常用的灭弧方法

1）拉长电弧法。电弧必须由一定的电压来维持，迅速拉长电弧，会使电弧单位长度的电压(即电场强度)骤降，离子的复合迅速增强，从而加速电弧的熄灭。

高压开关中装设强有力的断路弹簧，其目的就在于加快触头的分断速度，迅速拉长电弧。这种灭弧方法是开关电器中普遍采用的最基本的一种灭弧法。

利用外力(如油流、气流或电磁力)吹动电弧，在电弧拉长时使之加速冷却，降低电弧中的电场强度，加速带电质点的复合与扩散，加速电弧的熄灭。吹弧的方式有：气吹、电动力吹和磁力吹等。吹弧的方向有横吹与纵吹之分，如图4-1所示。目前广泛使用的油断路器、SF_6断路器以及低压断路器中都利用了吹弧灭弧法进行灭弧。图4-2为低压刀开关利用迅速拉开时其本身回路所产生的电动力吹动电弧，使之加速拉长进行灭弧的。有的开关采用专门的磁吹线圈来吹动电弧，如图4-3所示。或利用铁磁物质如钢片来吸弧，如图4-4所示。

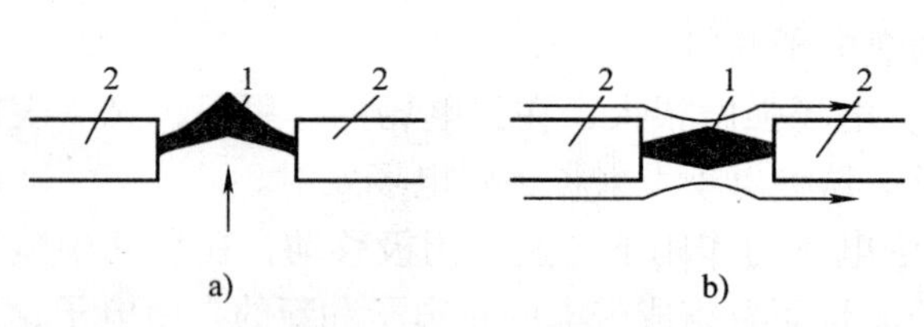

图4-1 吹弧方向

a）横吹 b）纵吹

1—电弧 2—触头

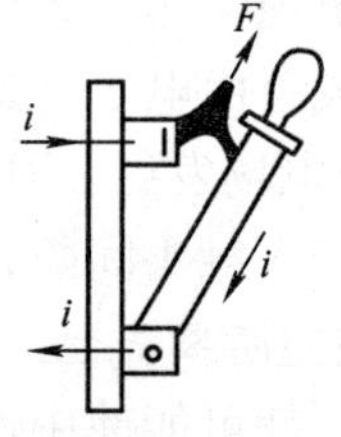

图4-2 电动力吹弧

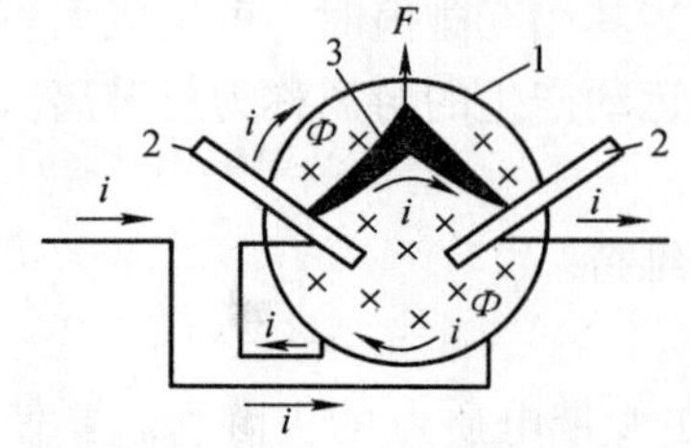

图4-3 磁力吹弧

1—磁吹线圈 2—灭弧触头 3—电弧

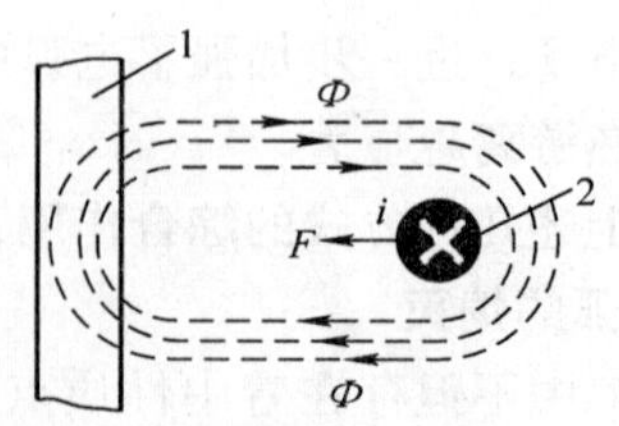

图4-4 铁磁吸弧

1—钢片 2—电弧

2）冷却灭弧法。降低电弧的温度，可减弱电弧中的热游离，使带电质点的复合增强，加速电弧的熄灭。如某些熔断器中填充的石英砂就具有降低弧温的作用。

3）长电弧切短灭弧法。利用金属栅片将长弧切割成若干短弧，而短电弧的电压降主要降落在阴、阳极区内，如果栅片的片数足够多，使得各段维持电弧燃烧所需的最低电压降的总和大于外加电压时，电弧就自行熄灭，长电弧切短灭弧法如图 4-5 所示。低压断路器的钢灭弧栅即利用此法进行灭弧，同时钢片对电弧还具有冷却降温的作用。

4）粗弧分细灭弧法。将粗大的电弧分成若干细小平行的电弧，使电弧与周围介质的接触面增大，降低电弧温度，从而使电弧中带电质点的复合与扩散增强，加速电弧的熄灭。

5）狭沟灭弧法。使电弧在固体介质所形成的狭沟中燃烧，狭沟内体积小压力大，在固体表面带电质点强烈复合。同时由于周围介质的温度很低，使得电弧的去游离增强，从而加速电弧的熄灭。如用陶瓷制成的灭弧栅，就是用了狭沟灭弧原理，狭沟灭弧法如图 4-6 所示。

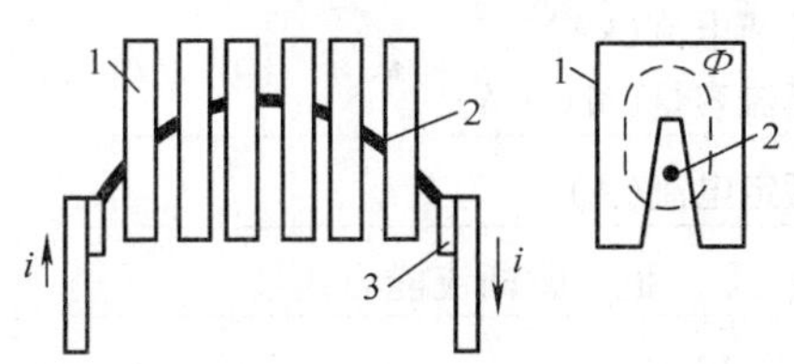

图 4-5　长电弧切短灭弧法

1—灭弧栅片　2—电弧　3—触头

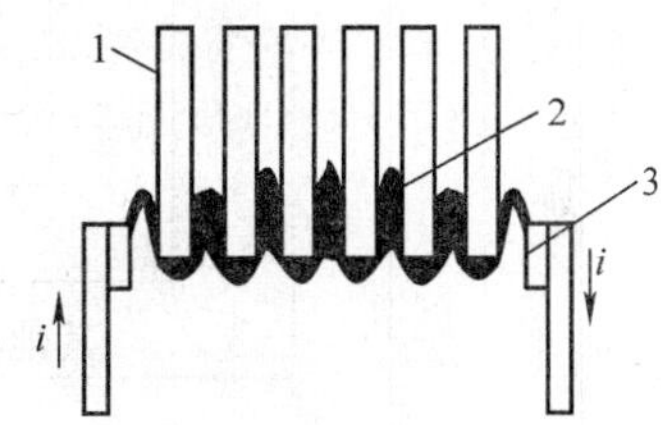

图 4-6　狭沟灭弧法

1—灭弧栅片　2—电弧　3—触头

6）真空灭弧法。真空具有很高的绝缘性能，如果将开关触头装在真空容器内，则电流过零时电弧就能立即熄灭而不致复燃。真空断路器即是依此原理进行灭弧的。

此外还有利用特殊的气体如 SF_6 来灭弧的。目前广泛使用的各种高、低压开关设备，就是综合利用上述原理来迅速灭弧的。

4.1.2　高压断路器

1. 高压断路器的作用、分类、型号及主要的技术参数

（1）高压断路器的作用及分类

高压断路器是供配电系统中最重要的开关电器。它的作用是使 1000V 以上的高压线路在正常负荷下接通或断开；在线路发生短路故障时，通过继电保护装置的作用将故障线路自动断开，使非故障部分正常运行。在断路器中最主要的问题是如何熄灭触头分断瞬间所产生的电弧，所以它必然具备可靠的灭弧装置。按灭弧介质的不同，断路器可分为：

1）油断路器。采用油作为灭弧介质的断路器叫油断路器。油断路器可分为多油断路器和少油断路器两种，它们都是利用触头产生的电弧使油分解，产生气体，通过气体的吹动和冷却作用将电弧熄灭。

2）压缩空气断路器。利用压缩空气作为灭弧介质的断路器称为压缩空气断路器，压缩空气有 3 个方面的作用：一是吹弧，使电弧受到冷却而熄灭；二是作为触头断开后的绝缘介质，起绝缘作用；三是分合闸的操作动力。

3）六氟化硫（SF_6）断路器。SF_6 气体具有优良灭弧性能和绝缘性能。用 SF_6 气体作为灭弧介质的断路器，称为 SF_6 断路器。SF_6 气体能大量地吸收电弧能量，使得电弧收缩，迅速冷却以致熄灭，它的灭弧能力约为空气的 100 倍。

4）真空断路器。利用真空的高绝缘强度来熄灭电弧的断路器，称为真空断路器。这种断路器的触头不易氧化，寿命长，触头开距行程短，体积小。

5）自动产气断路器。利用固体绝缘材料（聚氯乙烯和有机玻璃等）在电弧的作用下，分解出大量的气体进行气吹来熄灭电弧的断路器，称为自动产气断路器。

6）磁吹断路器。利用磁吹作用，利用狭缝灭弧原理将电弧吹入狭缝中冷却灭弧的断路器，称为磁吹断路器。

现在大量使用的是真空和 SF_6 断路器。

（2）高压断路器的型号表示及含义

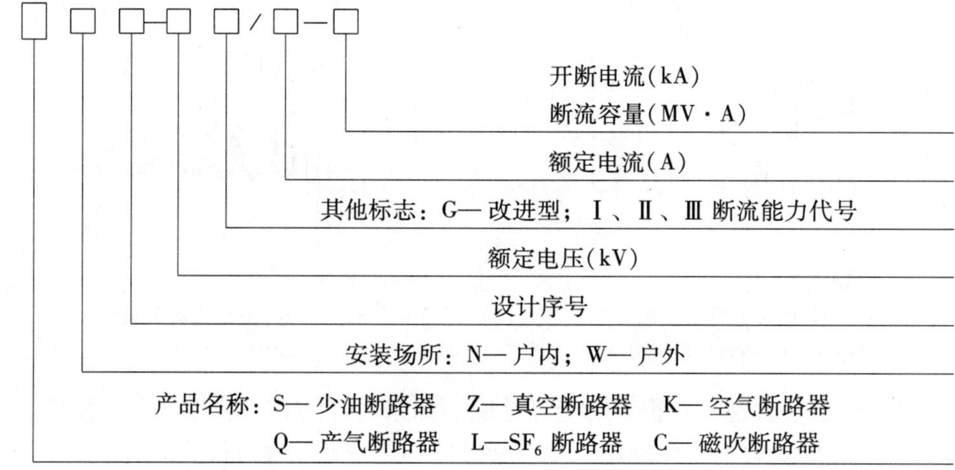

（3）高压断路器的主要技术参数

1）额定电压（U_N）。断路器的额定电压为它在运行中能长期承受的系统最高电压。我国目前采用的额定电压标准值有 3.6kV、7.2kV、12kV、（24kV）、40.5kV、72.5kV、126kV、252kV、363kV、550kV、（800kV）等。其中括号中的数值为用户有要求时使用。

2）额定电流（I_N）。断路器能够持续通过的最大电流。设备在此电流下长期工作时，其各部温升不得超过有关标准的规定。一般额定电流的等级为 400A、600A、1000A、1250A、1500A、2000A、3000A。

3）额定短路开断电流（I_{OC}）。断路器在额定电压下能可靠开断的最大短路电流。额定短路开断电流是表明断路器开断能力的一个重要参数。其单位为 kA。

4）额定开断容量（S_{oc}）。额定开断容量也是表征断路器开断能力的一个参数，对于三相断路器，额定开断容量（MV · A）由下式决定：

$$\text{额定开断容量} = \sqrt{3} \times \text{额定开断电流} \times \text{额定线电压}$$

由于额定开断容量纯粹由计算得出，并不具备具体的物理意义，而开断电流能更明确更直接地表述断路器的开断能力，所以我国国标及 IEC 标准都不再采用这个参数。

5）热稳定电流（I_k）。热稳定电流描述的是断路器承受短路电流热效应的能力。它是指在规定的时间内（国家标准规定的时间为 2s）断路器在合闸位置能够承载的最大电流，数值上就等于断路器的额定短路开断电流。

6）动稳定电流(I_P)。动稳定电流是指断路器在合闸位置或闭合瞬间，允许通过电流的最大峰值，又称为极限通过电流，它反映了断路器允许短时通过电流的大小，反映了断路器承受短路电流电动力效应的能力。

7）合闸时间。合闸时间是指从断路器合闸回路接到合闸命令(合闸线圈电路接通)开始到所有极触头都接通的时间。以前合闸时间又称为固有合闸时间，一般为0.2s。

8）分闸时间。分闸时间是指从断路器分闸回路接到分闸命令到所有极的触头都分离的时间。以前分闸时间又称为固有分闸时间，一般≤0.06s。断路器的实际开断时间等于固有分闸时间加上灭弧时间。

9）电弧持续时间。电弧持续时间是指从断路器某极触头首先起弧至各极均灭弧的时间。该时间又称为燃弧时间。

2. 真空断路器的特点、结构及工作原理

(1）真空断路器的特点

1）真空灭弧室的绝缘性能好，触头开距小(12kV 真空断路器的开距约为 10mm，40.5kV 的约为 25mm)，要求操动机构的操作功率小，动作快。

2）由于开距小，电弧电压低，电弧能量小，开断时触头表面烧损轻微。因此真空断路器的机械寿命和电气寿命都很高。特别适宜用于要求操作频繁的场所。

3）真空灭弧室出厂时的真空度应保持在 10^{-4}Pa 以上，运行中不应低于 10^{-2}Pa，因此密封问题特别重要，否则就会导致开断失败，造成事故。

4）真空断路器使用安全，维护简单操作噪声小，防火防爆。真空开关使用中，灭弧室无须检修。在 10kV、35kV 配电系统中，使用广泛，是配电开关无油化的最好换代产品。

5）分断感性负载时会产生过电压。真空灭弧室对高频小电流的灭弧能力很强，在交流电流接近过零瞬间开断电路时还会产生多次复燃过电压和三相同时截流过电压。为安全起见，常常在真空开关的负载侧加装过电压保护装置，将过电压抑制在一定范围内。常用的有氧化锌(ZnO)避雷器和阻容(RC)保护装置。

(2）真空断路器灭弧室结构

真空灭弧室的基本元器件有外壳、波纹管、动静触头和屏蔽罩等，其结构示意图如图 4-7所示。在真空灭弧室内，装有一对动、静触头，触头周围是屏蔽罩。灭弧室的外部密封壳体可以是玻璃或陶瓷。动触头的运动部件连接着波纹管，作为动密封。波纹管能在动触头往复运动时保证真空灭弧室外壳的完全密封。

真空开关常用的触头有：圆盘形触头，如图 4-8 所示、横向磁场的触头，如图 4-9 所示、纵向磁场的触头。

圆盘形触头只能在不大的电流下维持电弧为扩散型。随着开断电流的增大，阳极出现斑点，电弧由扩散型转变为集聚型电弧就难以熄灭了。增大圆盘形触头的直径可以延缓阳极斑点的形成。

横向磁场的触头见图 4-9。横向磁场就是与弧柱轴线相垂直的磁场，它与电弧电流产生的电磁力能使电弧在电极表面运动，防止电弧停留在某一点上，延缓阳极斑点的产生，提高开断性能。

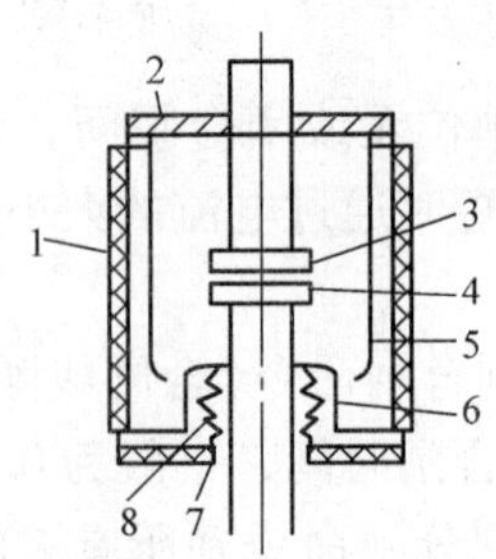

图 4-7　真空灭弧室的结构示意图

1—绝缘外壳　2、7—端盖　3—静动触头　4—动触头
5—主屏蔽罩　6—波纹管屏蔽罩　8—波纹管

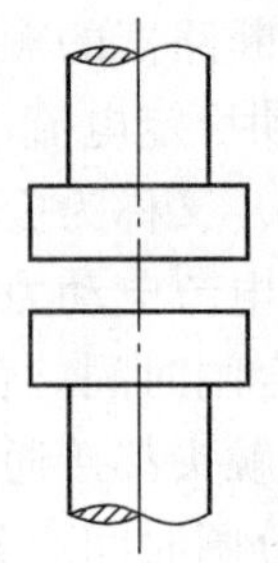

图 4-8　圆盘形触头

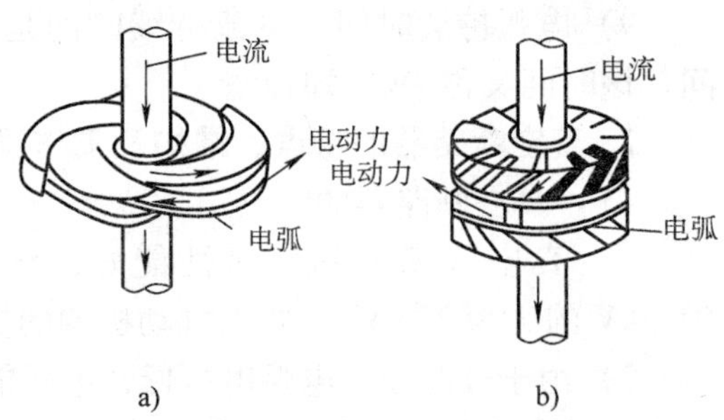

图 4-9　横向磁场的触头

a）螺旋槽式　b）杯状触头

纵向磁场的触头。在同样的触头直径下，纵向磁场触头能够开断的电流最大。纵向磁场的触头结构比较复杂，机械强度不易解决。该触头比常规的圆盘触头的损耗大，触头温升高。

（3）ZN28-12 型真空断路器

ZN28-12 真空断路器，配用 CD17 型电磁操动机构，也可配用相应的弹簧操动机构。本系列真空断路器根据其结构特点分为两大类：一类是 ZN28-12 系列，其特点是操动机构和断路器装在一起，称为整体式，如图 4-10 所示；另一类是 ZN28A-12 系列，其特点是操动机构和断路器分开布置，称为分体式，如图 4-11 所示。

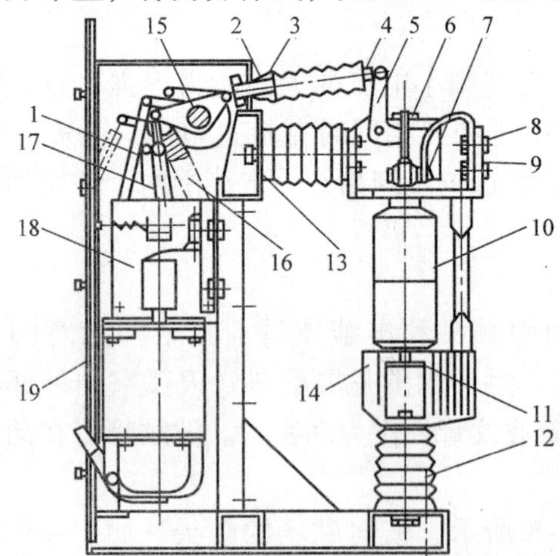

图 4-10　ZN28-12 真空断路器的基本结构图

1—开距调整垫片　2—触头压力弹簧　3—弹簧座
4—接触行程调整螺栓　5—拐臂　6—导向板
7—导电夹紧固螺栓　8—动支架　9—螺钉
10—真空灭弧室　11—真空灭弧室固定螺栓
12—绝缘子　13—绝缘子固定螺栓　14—静支架　15—主轴　16—分闸拉簧　17—输出杆　18—机构　19—面板

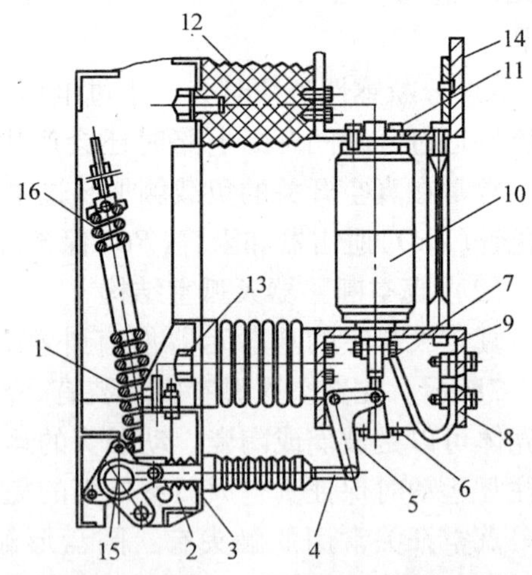

图 4-11　ZN28A-12 型真空断路器的外形图

1—开距调整垫片　2—触头压力弹簧　3—弹簧座
4—接触行程调整螺栓　5—拐臂　6—导向板
7—导电夹紧固螺栓　8—动支架　9—螺钉
10—真空灭弧室　11—真空灭弧室固定螺栓
12—绝缘子　13—绝缘子固定螺栓
14—静支架　15—主轴　16—分闸拉簧

配 CD17 型电磁操动机构的 ZN28-12 型真空断路器的基本结构如图 4-10 所示。产品总体结构为落地式，每个真空灭弧室由一只落地绝缘子和一只悬挂绝缘子固定，真空灭弧室旁有半棒形绝缘子支撑。

3. SF_6 断路器的特点、结构及工作原理

（1）高压 SF_6 断路器的特点

SF_6 无色、无味、无毒、不会燃烧、化学性能稳定，作为断路器的灭弧介质，灭弧能力比空气高近百倍，作为断路器的绝缘介质，绝缘能力比空气高近 3 倍。高压 SF_6 断路器就是利用 SF_6 作为灭弧介质和绝缘介质的气吹断路器，在灭弧过程中，SF_6 气体不排入大气，而是在封闭系统中反复使用。

高压 SF_6 断路器目前占据着高压和超高压领域，逐渐取代了高压油断路器和高压空气断路器而广泛应用。

（2）SF_6 断路器的结构

SF_6 断路器按总体结构可以分为 3 类。

1）瓷柱式 SF_6 断路器。其灭弧室在高电位的支柱瓷套的顶部，由绝缘杆进行操动。这种结构的优点是系列性好，用不同个数的标准灭弧单元和支柱瓷套，即可组成不同电压等级的产品；其缺点是稳定性差，不能加装电流互感器。

2）落地罐式 SF_6 断路器。它的灭弧室用绝缘件支撑在接地金属罐的中心，借助于套管引线，基本上不改装就可以用于全封闭组合电器之中。这种结构便于加装电流互感器，抗震性好，但系列性差，且造价比较昂贵。

3）3 ~ 35kV SF_6 断路器。旋弧式、气自吹式和压气式 3 种用于配电开关柜中，常常做成小车式。

（3）SF_6 断路器灭弧室

SF_6 断路器灭弧室按结构分为下列几种：

1）压气式灭弧室，即单压式。压气式断路器内的 SF_6 气体只有一种压力。灭弧所需压力是在分闸过程中由动触杆带动压气缸（又称为压气罩），将气缸内的 SF_6 气体压缩而建立的。吹弧能量来源于操动机构。因此，压气式 SF_6 断路器对所配操动机构的分闸功率要求较大。在合闸操作时，灭弧室内的 SF_6 气体将通过回气单向阀迅速补充到气缸中，为下一次分闸做好准备。

2）旋弧式灭弧室。旋弧式灭弧室在静触头附近设置有磁吹线圈。开断电流时，在动静触头之间产生横向或者纵向磁场，使被开断的电弧沿触头中心旋转，最终熄灭。这种灭弧室结构简单，触头烧损轻微，在中压系统中使用比较普遍。

3）自吹式灭弧室。由电弧的能量加热 SF_6 气体，使之压力增高形成气吹，从而使电弧熄灭。这种依靠电弧本身能量来熄灭电弧的灭弧室称为气自吹灭弧室。这种灭弧室开断小电流时电弧能量小，气吹效果差，因而必须与压气式结构结合起来使用。灭弧室（断口）结构如图 4-12 所示。

灭弧室瓷套（断口瓷套）为腰鼓形，这种结构内部空间利用率最高，承受内部压力强度也较好。

4）LW8-40. 5 型 SF_6 断路器的主要部件

LW8-40. 5 型 SF_6 断路器本体为三相分立落地式结构。本体由瓷套、电流互感器、灭弧单元、吸附剂器、传动箱和连杆组成。配用 CT14 型弹簧操动机构。断路器具有内附电流互感器的优点，可在断口两侧各装入串芯式电流互感器两只。

该断路器采用压气式灭弧原理。分闸过程中，可动气缸对静止的活塞作相对运动，气缸内的气体被压缩。在喷口打开后，高压力的 SF_6 气体通过喷口强烈吹弧，在电流过零时电弧熄灭。由于静止的活塞上装有逆止阀，合闸时气缸中能及时补气。灭弧室结构如图 4-13 所示。

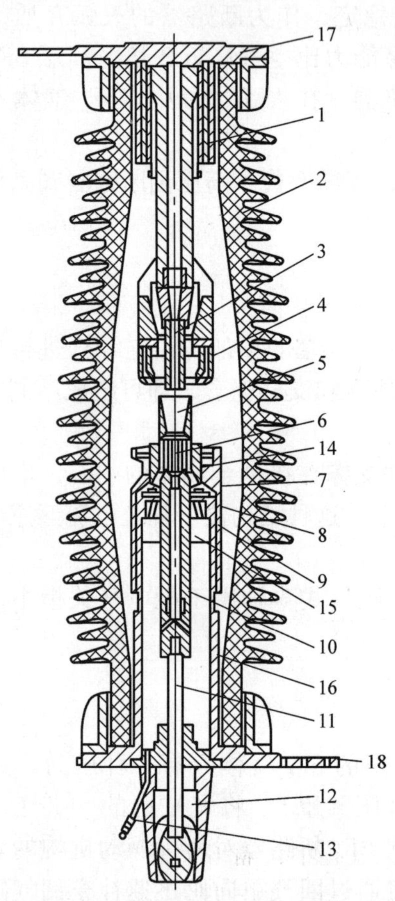

图 4-12　灭弧室(断口)结构图

1—吸附剂　2—瓷套　3—静弧触头　4—静主触头　5—喷嘴　6—动弧触头　7—压气缸　8—逆止阀　9—弹簧装配　10—动触杆　11—传动杆装配　12—接头　13—SF_6 气路连接管　14—动主触头　15—中间触头　16—支架　17—上法兰(出线座)　18—下法兰(出线座)

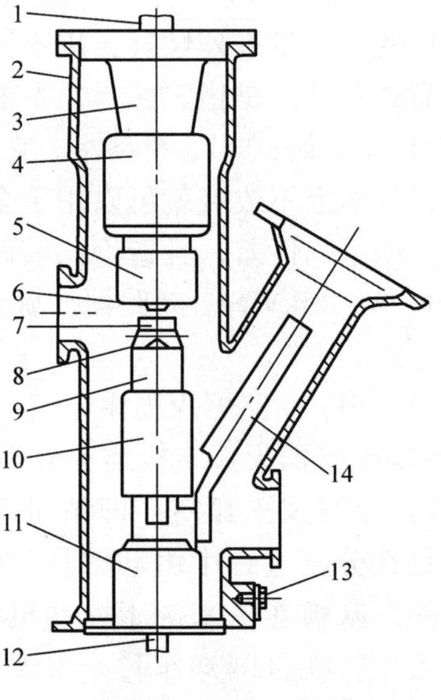

图 4-13　灭弧室结构

1—导电杆　2—外壳　3—上绝缘子　4—冷却室　5—静触头　6—静弧触头　7—喷口　8—动弧触头　9—动触头　10—气缸　11—下绝缘子　12—绝缘拉杆　13—接地装置　14—导电杆

4. 高压断路器的操动机构简介

操动机构是断路器的重要组成部分。其作用是使断路器准确地合闸和分闸，并维持合闸状态。操作机构由合闸机构、分闸机构和维持合闸机构(搭钩)3 部分组成。由于相同的操作机构可配用不同的断路器，因此操动机构通常与断路器分开，并具有独立的型号。根据断路器合闸所需能量不同，操动机构可分为手动机构、直流电磁机构、弹簧机构、液压机构、气动机构和永磁操作机构。操动机构的特点见表 4-1。

表 4-1　操动机构的特点

类型	基本特点	使用场合
手动机构	用人力合闸，用已贮能的弹簧分闸，不能遥控合闸操作及自动重合闸。结构简单，需有自由脱扣机构，关合能力决定于操作者，不易保证	可用于电压 10kV，开断 6kA 以下的断路器或负荷开关
直流电磁机构	靠直流螺管电磁铁合闸，靠已储能的分闸弹簧分闸，合闸时间长，电源电压的变动对合闸速度影响大，可遥控操作与自动重合闸，结构简单，制造工艺要求不高，机构输出力特性与本体反力特性配合较好，需要大功率直流电源	可用于 110kV 及以下断路器
弹簧机构	用合闸弹簧(用电动机或手力储能)合闸，靠已储能的分闸弹簧分闸，动作快，能快速自动重合闸，能源功率小，结构较复杂，冲击力大，构件强度要求较高，输出力特性与本体反力特性配合较差	可用于交流操作，适用于 220kV 及以下的断路器
液压机构	以高压油推动活塞实现合闸与分闸，动作快，能快速自动重合闸，结构较复杂，密封、工艺要求高，操作力大，冲击力小，动作平稳	适用于 110kV 及以上的断路器，是超高压断路器配用的主要品种
气动机构	以压缩空气推动活塞，使断路器分、合闸，或仅用压缩空气推动活塞合闸(或者分闸)，而以已储能的弹簧分闸(或合闸)。动作快，能快速自动重合闸，合闸力容易调整，制造工艺要求较高，需压缩空气源，操作噪声大	适用于有压缩空气源的开关站
永磁操作机构	使用新材料、新工艺及新原理。结构简单零部件少，可靠性高，操作能耗小，极大地提高了断路器的运行可靠性和免维护水平，使用寿命长，与真空断路器配合使用，组成自动重合闸系统	与真空断路器配合使用

4.1.3　高压隔离开关

1. 隔离开关的用途和分类

隔离开关是一个最简单的高压开关，在实际中也称为刀闸。由于隔离开关没有专门的灭弧装置，不能用来开断负荷电流和短路电流。在配电装置中，隔离开关的主要用途有：

1）用隔离开关在需要检修的部分和其他带电部分构成明显可见的断口，保证检修工作的安全。

2）利用“等电位原理”，用隔离开关进行电路的切换工作。

3）由于隔离开关通过拉长电弧的方法灭弧，具有切断小电流的可能性，所以隔离开关可用于下列操作：断开和接通电压互感器和避雷器；断开和接通母线或直接连接在母线上设备的电容电流；断开和接通励磁电流不超过 2A 的空载变压器或电容电流不超过 5A 的空载线路；断开和接通变压器中性点的接地线(系统没有接地故障才能进行)。

隔离开关可按下列原则进行分类：

①按装设地点可分为户内式和户外式；②按隔离开关的运行方式可分为水平旋转式、垂直旋转式、摆动式和插入式；③按绝缘支柱的数目可分为单柱式、双柱式和三柱式；④按是否带接地隔离开关可分为有接地隔离开关和无接地隔离开关；⑤按极数多少可分为单极式和三极式；⑥按配用的操作机构可分为手动、电动和气动等。

隔离开关的型号含义如下：

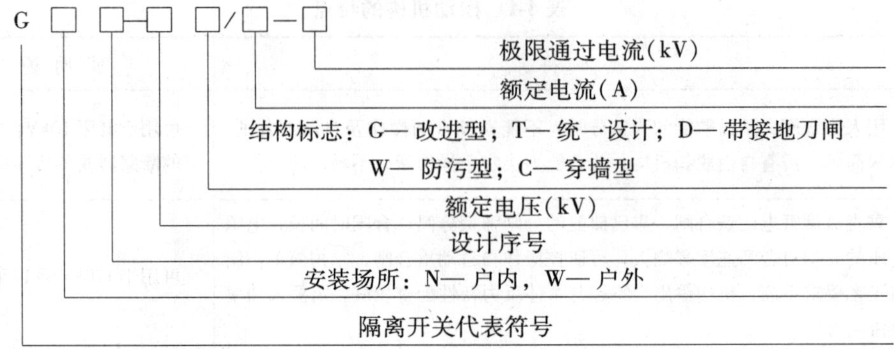

2. 隔离开关的结构原理

(1) 户内式隔离开关(GN 型)

图 4-14 为 GN8—10/600 型隔离开关的外形图。GN8—10/600 型开关每相导电部分通过一个支柱绝缘子和一个套管绝缘子安装，每相隔离开关中间均有拉杆绝缘子，拉杆绝缘子与安装在底架上的转轴相连，主轴通过拐臂与连杆和操作机构相连。

(2) 户外式隔离开关(GW 型)

户外式隔离开关的工作条件比较恶劣，绝缘要求较高，应保证在冰雪、雨水、风、灰尘、严寒和酷暑等条件下可靠地工作。户外隔离开关应具有较高的机械强度，因为隔离开关可能在触点结冰时操作，这就要求隔离开关触点在操作时有破冰作用。

图 4-15 为 GW5—35D 型户外式隔离开关的外形图。它是由底座、支柱绝缘子和导电回路等部分组成，两绝缘子呈“V”形，交角为 50°，借助连杆组成三极联动的隔离开关。底座部分有两个轴承，用以旋转棒式支柱绝缘子，两轴承座间用齿轮啮合，即操作任一柱，另一柱可随之同步旋转，以达分断、关合的目的。

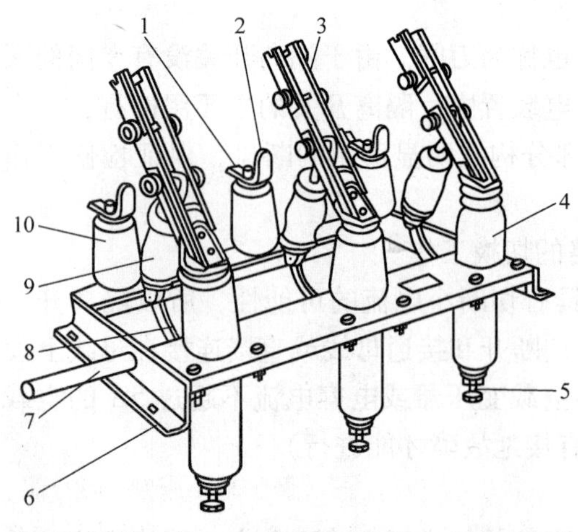

图 4-14 GN8—10/600 型隔离开关的外形图

1—上接线端子 2—静触点 3—闸刀
4—套管绝缘子 5—下接线端子
6—框架 7—转轴 8—拐臂
9—升降绝缘子 10—支柱绝缘子

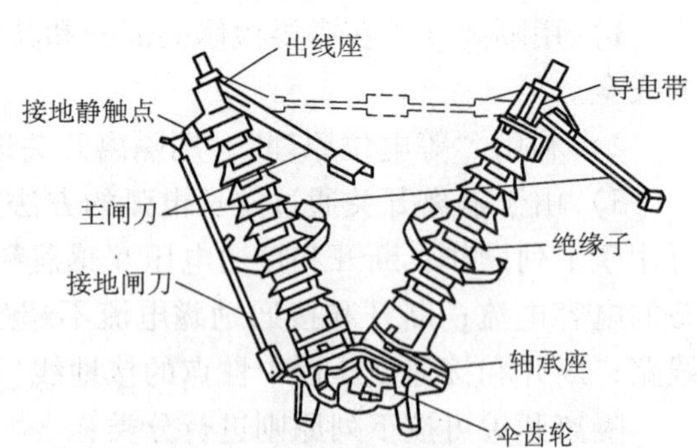

图 4-15 GW5—35D 型户外式隔离开关的外形图

4.1.4 高压负荷开关

高压负荷开关具有简单的灭弧装置，能通断一定的负荷电流，装有脱扣器时，在过负荷情况下可自动跳闸。负荷开关断开后，具有明显可见的断口，也具有隔离电源、保证检修安全的功能。但它不能断开短路电流，必须与高压熔断器串联使用，借助熔断器来断开短路电流。负荷开关主要用在 10 ~ 35kV 配电系统中，作分合电路之用。

按负荷开关灭弧介质及灭弧方式的不同可分为产气式、压气式、充油式、真空式及 SF_6 式等。按负荷开关安装地点的不同又可分为户内式和户外式。高压隔离开关的型号及含义如下：

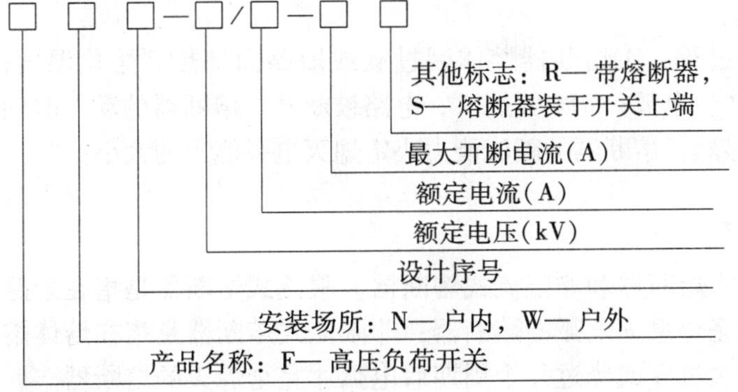

图 4-16 所示为一种较为常用的 FN3—10RT 型户内压气式高压负荷开关的外形结构图。上半部是负荷开关本身，下半部是 RN1 型高压熔断器。负荷开关的上绝缘子是一个压气式灭弧室，它不仅起有绝缘子的作用，而且内部是一个气缸，其中装有由操动机构主轴传动的活塞。分闸时，和负荷开关相连的弧动触头与绝缘喷嘴内的弧静触头之间产生电弧。由于分闸时主轴传动而带动活塞，压缩气缸内的空气从喷嘴往外吹弧，加之断路弹簧使电弧迅速拉长及本身电流回路的电动吹弧作用，使电弧迅速熄灭。

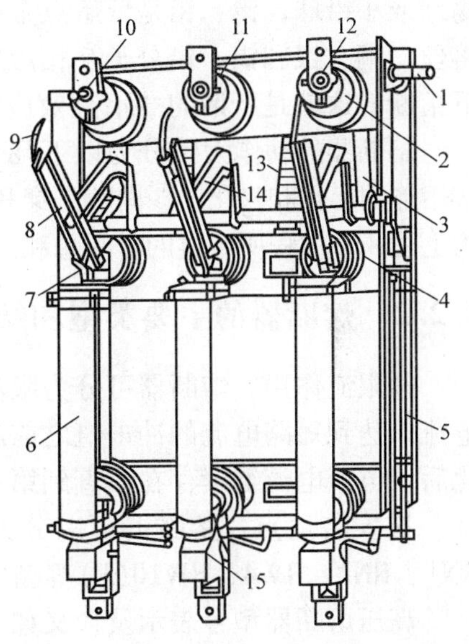

图 4-16 FN3—10RT 型户内压气式高压负荷开关的外形结构图

1—主轴 2—上绝缘子兼气缸 3—连杆 4—下绝缘子 5—框架 6—RN1 型高压熔断器 7—下触头 8—闸刀 9—弧动触头 10—绝缘喷嘴(内有弧静触头) 11—主静触头 12—上触座 13—断路弹簧 14—绝缘拉杆 15—热脱扣器

4.2 高压熔断器

4.2.1 熔断器的用途和原理

高压熔断器是人为的在电网中设置的一个最薄弱的发热元件，当过负荷或短路电流流过该元件时，利用元件(即熔体)本身产生的热量将自己熔断，从而使电路断开，达到保护电网和电气设备的目的。

熔断器的结构简单，价格低廉，维护使用方便，不需要任何附属设备，这些特点均为断路器所不及，所以在电压较低的小容量电网中普遍采用它来代替结构复杂的断路器。对于熔断器的动作，要求既能像断路器那样可靠地切断过负荷和短路电流，又要具有继电保护动作的选择性。

熔断器主要由熔体和熔管等组成，为了提高灭弧能力有的熔管内还填有石英沙等灭弧介质。根据使用电压等级不同，熔体材料不同。铅、锌材料熔点低、电阻率大，所制成的熔体截面面积也较大，熔体熔化时会产生大量的金属蒸气，电弧不易熄灭，所以这类熔体只能应用在500V及以下的低压熔断器中；高压熔断器的熔体材料选用铜、银等，这些材料熔点高、电阻率小，所制成的熔体截面面积也较小，有利于电弧的熄灭，但这类材料的缺点是在通过小而持续时间长的过负荷电流时，熔体不易熔断，所以通常在铜丝或银丝的表面焊上小锡球或小铅球，锡、铅是低熔点金属，过负荷时小锡球或小铅球受热首先熔化，包围铜或银熔丝，铜、银和锡、铅分子互相渗透而形成熔点较低的合金，使铜、银熔丝能在较低的温度下熔断，这就是所谓的“冶金效应”。

熔断器的动作大致分为以下几个过程：①熔断器熔体因过载或短路而加热到熔化温度；②熔体的熔化和气化；③间隙击穿和产生电弧；④电弧熄灭，电路被断开。熔断器的动作时间为上述4个过程所经过的时间总和。显然，熔断器的断流能力决定熄灭电弧能力的大小。

4.2.2 熔断器的主要类型和结构

按限流作用，熔断器可分为限流式熔断器和非限流式熔断器。限流式熔断器是指在短路电流未达到短路电流的冲击值之前就完全熄灭电弧的熔断器；非限流式熔断器是指在熔体熔化后，电弧电流继续存在，直到第一次过零或经过几个周期后电弧才完全熄灭的熔断器。

按安装地点，熔断器可以分为户内式和户外式。在6～35kV高压电路中，广泛采用RN1、RN2、RW4、RW10(F)等型式的熔断器。

高压熔断器型号表示及含义如下：

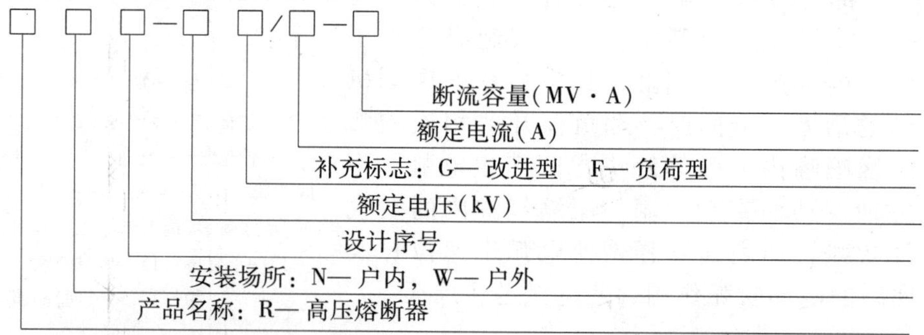

熔断器的主要技术参数如下所述。

1）熔断器的额定电流：熔断器壳体的载流部分和接触部分所允许的长期通过的工作电流。

2）熔体的额定电流：长期通过熔体而熔体不会熔断的最大电流。熔体的额定电流通常小于或等于熔断器的额定电流。

3）熔断器的极限断路电流：是指熔断器所能分断的最大电流。

4）熔断器的保护特性：也称为熔断器的安秒特性，它表示切断电流的时间t与通过熔断器电流I之间的关系特性曲线。熔断器的保护特性曲线必须位于被保护设备的热特性之下，才能起到保护作用。特性曲线如图4-17所示。

1. RN1和RN2型内高压熔断器

RN1型主要用做高压线路和设备的短路保护，也能起过负荷保护的作用，其熔体在正常情况下要通过主电路的负荷电流，因此其结构尺寸较大。RN2 型只用做电压互感器一次侧的短路保护，其熔体额定电流一般为 0.5A，因此其结构尺寸较小。RN1 和 RN2 型的结构都是瓷质熔管内填石英砂填料的密闭管式熔断器。图 4-18 是 RN1、RN2 型高压熔断器的外形结构，图 4-19 是其熔管剖面示意图。

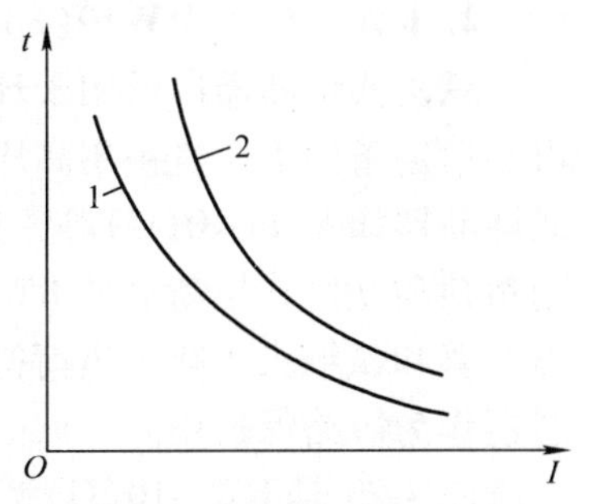

图 4-17　熔断器的保护特性曲线图
曲线 1：熔断器的保护特性
曲线 2：被保护设备的热特性曲线

由图 4-19 可知，熔断器的工作熔体铜熔丝上焊有小锡球。它使得熔断器能在出现过负荷电流或较小的短路电流时也能动作，提高了保护的灵敏度。这种熔断器采用几根熔丝并联，以便它们熔断时产生几根并行的电弧，利用“粗弧分细灭弧法”来加速电弧的熄灭。而且这种熔断器的密封熔管内充填有石英砂，其灭弧能力很强，灭弧速度很快。通常这种熔断器在短路后不到半个周期(0.01s)就能熄灭电弧，而短路过程中最大的瞬时电流即短路冲击电流出现在短路后半个周期(0.01s)。因此这种熔断器能在短路电流达到冲击值之前熔断，切除短路，属于“限流熔断器”。装有这种熔断器的电路和设备可不考虑短路冲击电流的影响。当短路电流或过负荷电流通过熔体使熔断器的工作熔体熔断后，其指示熔体相继熔断，其红色的熔断指示器弹出，如图 4-19 中的虚线所示，给出熔断的指示信号。

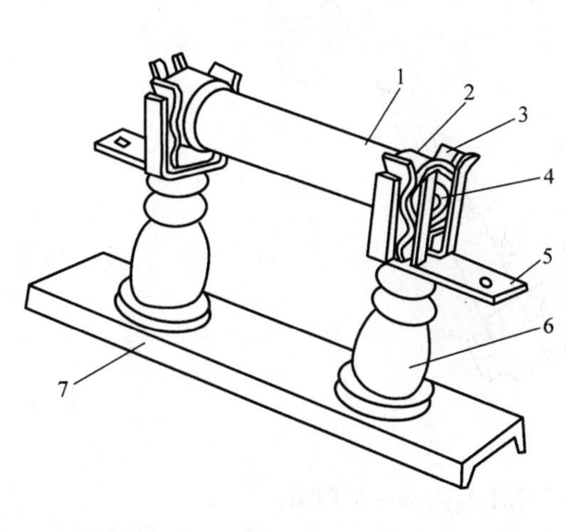

图 4-18　RN1、RN2 型高压熔断器的外形结构图
1—瓷熔管　2—金属管帽　3—弹性触座　4—熔断指示器
5—接线端子　6—瓷绝缘子　7—底座

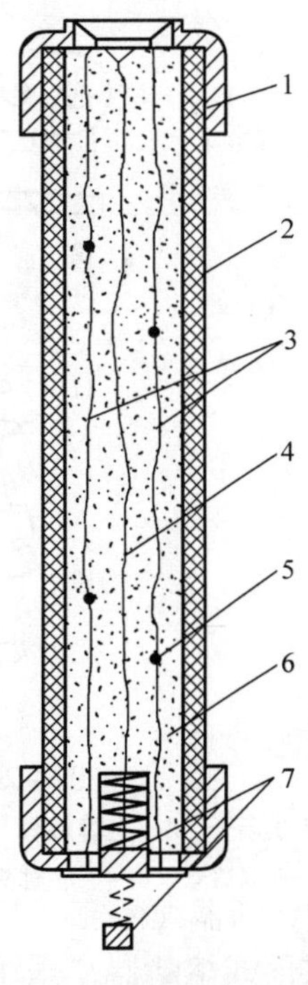

图 4-19　RN1、RN2 型熔管剖面示意图
1—管帽　2—瓷管　3—工作熔体（铜丝上焊有小锡球）　4—指示熔体(铜丝)　5—锡球
6—石英砂填料　7—熔断指示器(熔体熔断后弹出)

2. RW4(G)、RW10(F)和 RW9-35 型户外高压跌落式熔断器

跌落式熔断器广泛用于环境正常的室外，既可做 6～10kV 线路和设备的短路保护，又可在一定条件下，直接用高压绝缘钩棒(俗称为"令克棒")来操作熔管的分合。一般的跌落式熔断器如 RW4-10(G)等，只能在无负荷下操作或通断小容量的空载变压器和空载线路等。而负荷型跌落式熔断器如 RW10-10(F)型，是在一般跌落式熔断器的基础上加装了简单的灭弧装置和弧触头，能带负荷操作。RW9-35 型熔断器广泛用于发电厂、变电站 35kV 电压互感器作为短路保护用。

图 4-20 是 RW4-10(G)型跌落式熔断器的基本结构。这种跌落式熔断器串接在线路上。正常运行时，其熔管上端的动触头借熔丝张力拉紧后，利用钩棒将熔管连同动触头推入上静触头内缩紧，同时下动触头与下静触头也相互压紧，从而使电路接通。当线路上发生短路时，短路电流使熔丝熔断，形成电弧。纤维质消弧管由于电弧烧灼而分解出大量气体，使管内压力剧增，并沿着管道形成强烈的气流纵向吹弧，使电弧迅速熄灭。熔丝熔断以后，熔管的上动触头因失去熔丝的张力而下翻，使锁紧机构释放熔管。在触头弹力及熔管自重的作用下，熔管跌落，造成“断口”。

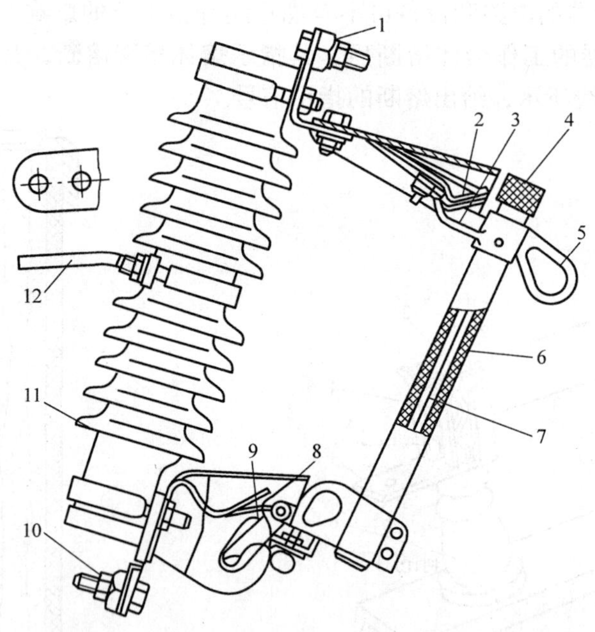

图 4-20　RW4-10(G)型跌落式熔断器的基本结构图

1—上接线端子　2—上静触头　3—上动触头　4—管帽(带薄膜)　5—操作环　6—熔管(内套纤维消弧管)　7—铜熔丝　8—下动触头　9—下静触头　10—下接线端子　11—绝缘瓷瓶　12—固定安装板

这种跌落式熔断器“采用逐级排气”的结构。其熔管上端在正常运行时是封闭的，可以防止雨水浸入。在分断小的短路电流时，由于上端封闭而形成单端排气，使管内保持足够大的气压，有利于熄灭较小短路电流产生的电弧。而在分断大的短路电流时，由于管内产生的气体多，气压大，使上端薄膜冲开而形成两端排气。这样有助于防止分断大的短路电流时可能造成熔管爆裂，从而有效的解决了自产气熔断器分断大小故障电流的矛盾。

跌落式熔断器不能在短路电流达到冲击值即短路的半个周期(0.01s)内熄灭电弧，因此跌落式熔断器属于“非限流”型熔断器。

图4-21是RW9-35型户外高压熔断器的结构图，熔管1装于瓷套2中，熔体放在充满石英沙填料的熔管内，具有限流作用。其特点是体积小、灭弧性能好，断流容量大、限流能力强，熔体熔断后便于连同熔管一起更换。

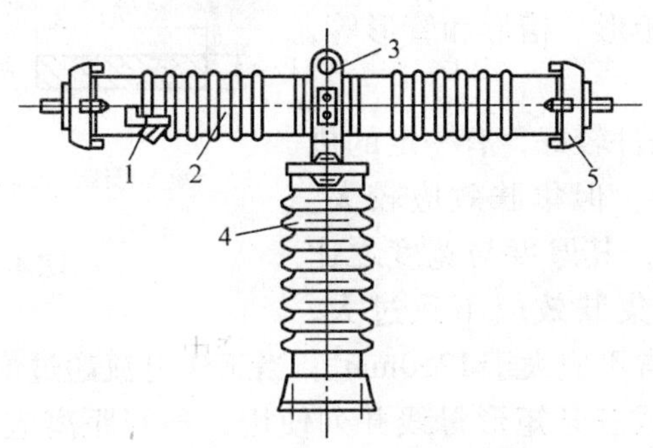

图4-21　RW9-35型户外高压熔断器的结构图

1—熔管　2—瓷套　3—紧固法兰　4—棒形支持绝缘子　5—接线端帽

4.3　母线

4.3.1　母线概述

母线起汇集和分配电能的作用。母线包括一次设备部分的主母线和设备连接线、“所用电”部分的交流母线、直流系统的直流母线、二次部分的小母线等。

1. 母线材料

常用的母线材料有铜、铝、铝合金和钢。各种材料的特点如下：

1）铜母线，电阻率低，抗腐蚀性强，机械强度大，是很好的母线材料，但价格较高。多用在持续工作电流大，位置特别狭窄或污秽对铝有严重腐蚀而对铜腐蚀较轻的场所。

2）铝母线，电阻率较大，为铜的1.7~2倍，但质量轻，仅为铜的30%，且价格较低，因此母线一般都采用铝质材料。

3）铝合金母线，有铝锰合金和铝镁合金两种，形状均为管形。铝锰合金母线载流量大，但强度较差，采用一定的补强措施后可广泛使用；铝镁合金母线机械强度大，但载流量小，主要缺点是焊接困难，因此使用范围较小。

4）钢母线，机械强度大，价格低，但电阻率较大，为铜的6~8倍。用于交流电时，有很大的磁滞和涡流损耗，故仅适用工作电流不大于300~400A的小容量电路中。

软母线常用多股钢心铝绞线，硬母线多用铝排和铜排，管形母线多用铝合金。

2. 母线的电流分布

一定材料，一定截面面积的母线，从发热的条件考虑有一定的允许电流，这个电流在单位截面面积上的分布称为允许电流密度。由对同一种材料来说，其允许电流密度随截面面积的增大而减小，这主要是受交流电的集肤效应和邻近效应的影响。所谓邻近效应是指两根靠近的导体通过交流电流时，产生交变的磁通，由于相互影响的结果，使导体中的电流分布不均匀，且向边缘集中。一般导体的截面面积越大，电流的频率越高，集肤效应越严重；距离越近，邻近效应越显著。

3. 母线型式和适用范围

常用的硬母线型式有矩形、槽形和管形等，如图 4-22 所示。

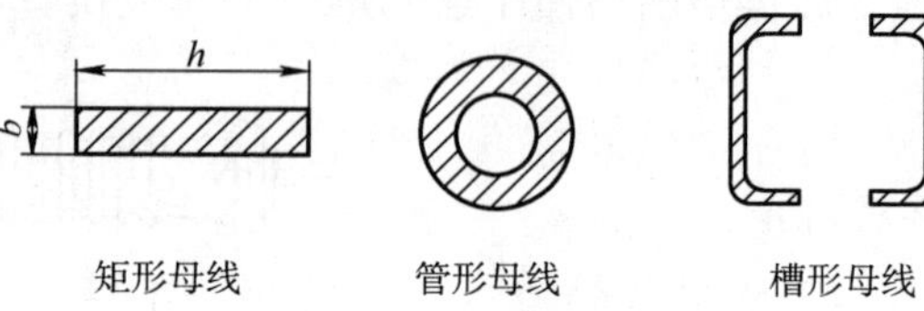

图 4-22　母线的形状

1）矩形母线。散热条件较好，有一定的机械强度，便于固定和连接，但集肤效应较大。在机械强度允许的条件下，其厚度与宽度之比通常为 1/12 ~ 1/5，为使集肤效应不致过大，单条矩形母线截面面积通常不应大于 1250mm²。当工作电流超过最大截面面积的单条矩形母线允许电流时，可用两条或三条矩形母线并列使用，条间距离应大于或等于一条母线的厚度，以保证散热。由于邻近效应，母线并列使用后，散热条件变差，多条母线并列后其所承受的允许载流量并不能成比例地增加。矩形母线一般只用于 35kV 及以下，电流在 4000A 及以下的配电装置中。

2）管形母线。考虑到圆实心母线，由于集肤效应，中心利用率不好，而将其作成圆管形，这样不仅减小了集肤效应，而且还有利于散热，提高机械强度高，减小电晕放电。可用于电压在 35kV 及以上、大电流的配电装置中。

3）槽形母线。形状近似于方管，机械强度较好，载流量大，集肤效应较小。槽形母线一般用于 4000 ~ 8000A 的配电装置中。

4. 母线的布置

母线的布置方式对母线的散热条件、载流量和机械强度有很大的影响。母线的布置方式如图 4-23 所示。

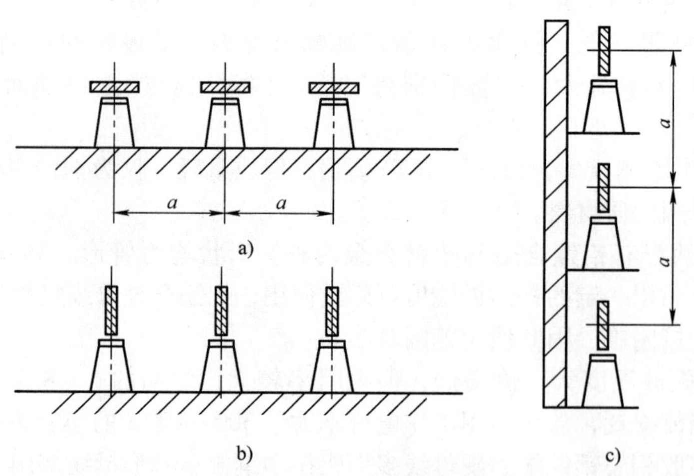

图 4-23　母线的布置方式

a）平放　b）立放　c）垂直布置

1）平放。这种布置方式比较稳固，机械强度高，耐短路电流冲击能力高，但散热条件差，载流量小。

2）立放。这种布置方式散热条件好，载流量大，但机械强度不如平放好，耐短路电流冲击能力差。

3）垂直布置。这种布置方式有平放和立放的优点，但配电装置高度增加。

5. 对投入运行的母线的基本要求

1）母线的载流量必须满足设计和规范要求。母线长期通过的负荷电流应小于母线的允许载流量，发生短路情况时要有足够的热稳定性。

2）新装和检修母线所使用的绝缘子、金具和导线应完好无损，对绝缘或拉力有要求的，应进行相关试验。

3）母线应具有足够的机械强度。母线作业时要承受母线上施工人员和工具的重力，在运行时要承受风、雪和冰的作用力，还要承受短路电流的冲击力。在这些力的作用下，母线不应发生变形和断线。母线一般用铝、铝合金或铜制成，这些金属有一些特性，经过冷加工后，其机械特性显著提高，即冷加工硬化。但是这些金属当加热到一定的温度再逐渐冷却，就会丧失在冷加工中获得的额外的机械强度，即退火。当电力系统发生短路时，电流很大，母线温度急剧上升。实验证明当母线短路发热温度超过200℃时，也会发生退火，机械强度降低。这样在短路电动力的作用下可能使母线弯曲、扭断。所以规定铝母线的短路发热量最高允许温度为200℃。

4）制作母线时应按相关规定进行，母线连接处应保持良好的接触，并应有防腐蚀、防震动和防伸缩损坏的措施。

5）安装母线时应测量各相带电部分之间、带电部分与地之间的距离，应大于规范要求的安全距离。

6）母线要排列整齐、美观，便于监视和维护。

6. 母线维护的基本要求

1）运行中的母线应进行巡视，特别加强对接头处的监视。

2）为判断母线接头处是否发热，应观察母线的涂漆有无变色现象，对流过大负荷电流的接头，可用红外线测温仪或半导体点温度计测量接头处温度。当测试结果超过下列数据时，则应减少负荷或停止运行。裸母线及其接头处为70℃；接触面为挂锡时为85℃；接触面镀银时为95℃。

3）配合电气设备的检修、试验，根据具体情况进行下列检修：①检查母线接头、连接螺栓是否完好，如有松动或其他问题应及时进行处理；②对绝缘子进行清洁；③对母线、母线的金具进行清洁，除去支架的锈斑，更换锈蚀的螺栓及部件，涂刷防护漆等。

4.3.2 硬母线的安装

1. 硬母线接触面的处理

接触面的好坏是母线施工质量的关键，特别是铜铝母线的连接，由于存在电化腐蚀的问题，接触面的处理更要认真、仔细。

母线接触面的处理方法有人工和机械两种。在施工现场一般采用手工锉削的处理办法。加工好的接触面用钢丝锯去除表面的氧化层，再涂上一层电力复合脂。具有渡银层的母线搭接面，不得进行锉磨。

母线接触面加工必须平整、无氧化膜。经加工后其截面允许的减小值：铝母线不应超过原来的5%，铜母线不应超过原来的3%。

2. 母线搭接面的处理应满足下列规定

1）铝与铝：直接连接。

2）铜与铜：在干燥的室内可直接连接；在室外、高温且潮湿或对母线有腐蚀性气体的室内，必须搪锡。

3）钢与钢：必须搪锡或镀锌，不得直接连接。

4）铜与铝：在干燥的室内，铜导体应搪锡；在室外或空气湿度接近100%的室内，应采用铜铝过渡板，铜导体应搪锡。

5）钢与铝：钢导体必须搪锡。

6）钢与铜：钢导体必须搪锡。

3. 母线的固定与连接

母线固定在支持绝缘子的端帽或设备接线端子上的方法主要有3种：直接用螺栓固定、用螺栓和盖板固定、用母线固定金具固定。单片母线多采用前两种方法，多片母线应采用后一种方法。

母线的连接螺栓应选用镀锌螺栓。为方便运行人员巡视检查和维护，在母线平放时，贯穿螺栓一般由下向上穿，在其他情况下，螺母置于运行维护侧，螺栓长度宜高出螺母2~3扣。在靠母线的表面上应加装平垫圈，螺母侧应装有弹簧垫圈，这样不仅可以防止螺母松动，而且在母线热胀冷缩时还能起到缓冲作用，应特别注意，不能使弹簧垫圈直接压接在母线上，以免拧动螺栓时划伤母线。相邻螺栓应有3mm以上的距离，目的是为了避免母线接头紧固螺栓形成闭合磁路。多片母线间，应保持不小于母线厚度的间隙，并在两片母线间加装间隔垫，用以防止母线在运行中产生振动，但相邻的间隔垫距离应大于5mm，以免形成闭合磁路。

为防止热胀冷缩时使母线、设备及绝缘子等受到损伤，在施工中应特别注意：用螺栓直接固定母线时，母线上的螺栓孔应做成长圆形；用螺栓和盖板固定母线时，可采用在螺栓上增加垫圈的方法，使盖板和母线之间留出1~1.5mm间隙；用母线固定金具固定时，也应通过加垫圈的方法使固定金具和母线之间留出1~1.5mm间隙；根据设计的要求，在适当位置安装母线伸缩节，如设计无规定时，宜每隔以下长度设置一个：铝母线15~20m；铜母线20~30m；钢母线30~50m。母线伸缩节的截面面积不应小于母线截面面积的1.2倍。

4. 母线涂漆及排列

母线安装后，应涂油漆，主要是为了便于识别、防锈蚀和增加美观。母线油漆颜色应符合以下规定。

1）三相交流母线：A相——黄色，B相——绿色，C相——红色。

2）单相交流母线：从三相母线分支来的应与引出相颜色相同。

3）直流母线：正极——赭色，负极——蓝色。

4）直流均衡汇流母线及交流中性汇流母线：不接地者——紫色，接地者——紫色带黑色横条。

母线的相序排列。各回路的相序排列应一致，要特别注意多段母线的连接、母线与变压器的连接相序应正确。当设计无规定时应符合下列规定。

1）上、下布置的交流母线，由上到下排列为 A、B、C 相，直流母线正极在上，负极在下。

2）水平布置的交流母线，由盘后向盘面排列 A、B、C 相，直流母线正极在后，负极在前。

3）引下线的交流母线，由左到右排列为 A、B、C 相，直流母线正极在左，负极在前右。

4.3.3 母线常见故障、原因及其处理

母线发生故障，在电力系统中比较常见，而且造成的后果也比较严重。因为母线发生故障后，引起母线电压消失，则接于母线上的输电线路和用电设备将失去电源，造成大面积停电。

1. 母线常见故障及故障原因

（1）母线连接处过热造成母线故障

母线在正常情况下，通过负荷电流，在线路或电气设备短路的情况下，通过远大于负荷电流的短路电流。连接处接触不良时，接头处的接触电阻增加，加速接触部位的氧化和腐蚀，使接触电阻进一步增加，如此恶性循环下去，造成母线接头处温度升高，严重时会使接头烧熔、断接。

（2）绝缘子故障造成母线接地

绝缘子包括支柱绝缘子和悬式绝缘子，用来支持或悬挂母线，并使其与地绝缘，或者使装置中不同电位的带电部分互相绝缘。当绝缘子发生裂纹、对地闪络、绝缘电阻降低等故障时，常使母线与地绝缘不能满足要求，严重时发生母线接地故障。

（3）其他造成母线失电的原因

1）母线对地距离或是相间距离小，造成对地闪络或相间击穿。

2）设计或安装不符合要求，引起母线故障。

3）运行超过设计的范围，引起母线故障。

4）气候异常恶劣，如严寒时母线表面积雪、积冰，造成母线受损，严重时造成母线断裂。

5）二次保护动作或电源中断造成母线失电。

2. 硬母线发热故障的处理

硬母线比较常见的故障是接头处发热，其主要原因是接头处接触电阻增大。接触电阻的大小跟接触面的大小、接触面的硬度、接触压力和接触面的氧化层等因素有关，所以在处理母线接头发热时，应根据具体情况采取不同的方法。

1）工作电流超过母线额定载流量而发热，应更换大截面面积的母线。

2）母线接头搭接面和紧固螺栓不符合母线安装规定，搭接面过小、小螺栓配大孔径，接触面不平整，造成的过热应对症处理。大螺栓可增加接触压力，大垫片可增大散热面积，可适实应用。

3）户外禁止铜铝接触，户内也应避免，以免电化学腐蚀。应尽量采用铜铝过渡板。

4）铜母线接头镀锡可防止接头发热状况，因锡比铜软，镀锡后改善了接触面的硬度，在螺栓压力下有利于增大接触面。

4.4 互感器

4.4.1 电压互感器

1. 电压互感器的作用

电压互感器能将系统的高电压变成低电压供给测量仪表和继电保护装置。具体作用有：①与测量仪表配合，测量线路的电压；②与继电装置配合，对电力系统和设备进行过电压、单相接地等保护；③使测量仪表、继电保护装置与线路的高压电网隔离，以保证操作人员和设备的安全。

2. 电压互感器的分类及型号

电压互感器按工作原理可分为电磁感应式和电容分压式。

按相数可分为单相、三相。

按线圈数目可分为双线圈、三线圈。三线圈电压互感器除一、二次线圈外，还有一组辅助二次线圈，接成开口三角形，供接地保护用。

按安装方式可分为户外和户内式。

按绝缘方式可分为干式、浇注式、油浸式和充气式。油浸式又可分为普通式和串级式。干式电压互感器结构简单，无着火和爆炸的危险，但绝缘强度较低，用于3～10kV空气干燥的户内配电装置；浇注式电压互感器结构紧凑，维护方便，适用于3～35kV户内装置；油浸式电压互感器技术成熟，价格便宜，广泛用于10～220kV以上的变电站。充气式（SF_6）电压互感器技术先进，绝缘强度高，但价格较贵，主要用于110kV及以上用于SF_6全封闭电器中。

电压互感器的型号表示如下：

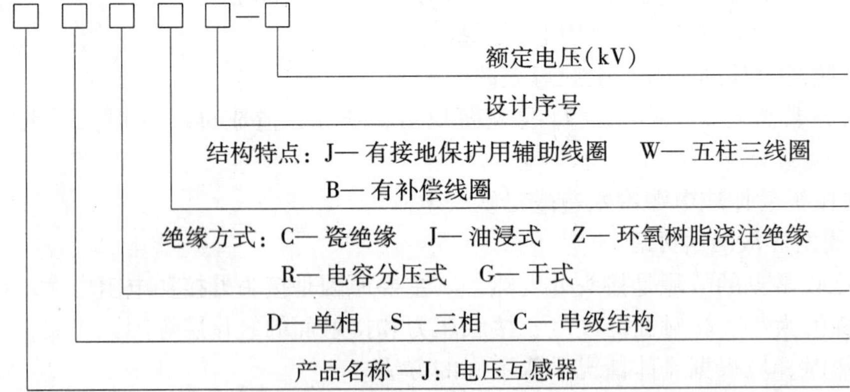

例如：JDJJ-35表示单相油浸式接地保护用电压互感器，其电压等级35kV。JSJW-10表示三相三线圈五铁心柱油浸式电压互感器，其电压等级为10kV。

3. 电压互感器的工作原理及特点

1）电磁式电压互感器的工作原理和降压变压器的工作原理相似，利用电磁感应原理制成。一、二次电压与一、二次匝数成正比关系，即电压比等于匝数比。用公式表示为

$$\frac{E_1}{E_2}=\frac{N_1}{N_2}\approx\frac{U_1}{U_2} \tag{4-1}$$

2）电压互感器的特点。电压互感器的容量很小，通常只有几十到几百伏安。电压互感器在运行中一次绕组与被测高压电路并接，其一次绕组的电压即电网的电压，不受电压互感器二次负荷的影响。电压互感器的二次负荷主要是仪表、继电器的电压线圈，二次绕组与测量仪表和继电器电压线圈并接。由于二次绕组的负载阻抗较大，因此电压互感器在正常运行中相当于一个空载降压变压器，$U_2 \approx E_2$，并随一次侧电压 U_1 而变化，通过对 U_2 的测量，就可以反映 U_1 的值。

4. 电压互感器的主要技术参数

（1）额定一次电压

电压互感器的额定一次电压与其连接系统的电压一致：三相电压互感器或用于三相系统线间，以及单相系统的单相电压互感器与它们所接系统的额定电压一致；用于三相系统线与地之间的单相电压互感器，额定一次电压为所接系统的相电压。

（2）额定二次电压和第三绕组二次电压

接于线间的单相电压互感器的额定二次电压为100V，接于相对地间的电压互感器的额定二次电压为 $100/\sqrt{3}$V。用于中性点直接接地系统的电压互感器，第三绕组的二次电压为100V，用于小电流接地系统的电压互感器，第三绕组的二次电压为100/3V。

（3）额定二次负荷

电压互感器的额定二次负荷是指在功率因数为0.8(滞后)时，能保证二次线圈相应准确级次的基准负荷，又称为额定输出标准值，以视在功率伏安数表示。二次负荷是指二次回路中所有仪器、仪表及连接线的总负荷。额定输出标准值有10V·A*、15V·A、25V·A*、30V·A、75V·A、100V·A*、150V·A、200V·A*、250V·A、300V·A、400V·A、500V·A*，其中有＊号者应优先选用。

（4）变压比

电压互感器的变压比为一次绕组的额定电压与二次绕组的额定电压之比。用 K 表示，即：

$$K = \frac{U_{1N}}{U_{2N}} \tag{4-2}$$

5. 电压互感器的误差及准确度等级

电磁式电压互感器存在电压比误差和角误差。

1）电压比误差：电压互感器二次绕组的输出电压 U_2 与电压比 K 的乘积与一次额定电压之间的误差称为电压比误差。用公式表示为

$$\Delta U\% = \frac{KU_2 - U_{1N}}{U_{1N}} \tag{4-3}$$

式中，K 为电压互感器的电压比；U_{1N} 为电压互感器的一次额定电压；U_2 为二次电压实际测量值。

2）角误差：是指二次电压相量 $\dot{U}_2$ 与一次电压相量 $\dot{U}_1$ 间的夹角 δ。如果二次侧电压转过180°后，超前于一次电压，角误差为正，反之为负。

电压互感器的两种误差与负载大小、功率因数、电压波动有关，负载加大，误差也增大；功率因数减小时，角误差明显加大。

3）电压互感器的准确度等级(级次)。

电压互感器的准确度等级，是以最大电压比误差和角误差来区分的。

电压互感器供测量用绕组的准确度等级以额定电压和相应准确度等级所规定的额定负荷下最大允许电压误差的百分数来标称，如表4-2所示。

表4-2　电压互感器的准确级和误差极限值

标准准确级		电压误差极限值	角误差极限值	一次电压变化范围	频率、功率因数及二次负荷变化范围
电压互感器供测量用绕组	0.1	±0.1%	5′	$(0.8\sim1.2)U_N$	$f=f_N$ $\cos\phi_2=0.8$ $(0.25\sim1)S_{2N}$
	0.2	±0.2%	10′		
	0.5	±0.5%	20′		
	1	±1%	40′		
	3	±3%	不规定		
电压互感器供保护用绕组	3P	3.0%	120′	$(0.05\sim1)U_N$	
	6P	6.0%	240′		
说　明	3P、6P数字后面的标注P代表供保护用				

电压互感器的每个准确等级，都规定了对应的二次负荷额定容量，用V·A表示。不同的准确度等级与对应的额定容量在铭牌上都有标注。当实际二次负荷超过规定的额定容量时，电压互感器的准确度将会降低，所以应注意互感器二次侧所接总负荷不能超出所需准确度的额定容量。

6. 电压互感器的接线方式

电压互感器在三相系统中需要测量的电压有线电压、相电压和在单相接地时出现的零序电压。为了测量这些电压，电压互感器有各种不同的接线方式，几种常见的接线方案如图4-24所示。

1）一个单相电压互感器的接线，如图4-24a所示，供给仪表、继电器一个线电压。

2）两个单相电压互感器接成Y/Y，如图4-24b所示，供给仪表、继电器三相三线制电路的各个线电压，广泛用在变配电站的6~10kV高压配电装置中。

3）三个单相电压互感器接成Y_0/Y_0，如图4-24c所示，供电给要求线电压的仪表、继电器，并供电给接相电压的绝缘监视电压表。由于小接地电流电力系统在一次电路发生单相接地时，另两个完好相的相电压要升高到线电压，所以绝缘监视电压表要按线电压选择，否则在发生单相接地时，电压表可能被烧毁。

4）三个单相三绕组电压互感器或一个三相五芯柱三绕组电压互感器接成$Y_0/Y_0/\triangle$，图4-24d所示，其接成Y_0的二次绕组，供电给需接线电压的仪表、继电器及需接线电压的绝缘监视用电压表；接成开口三角形的辅助二次绕组，接电压继电器。一次电压正常时，由于三个相电压对称，因此开口三角形两端的电压接近于零。当某一相接地时，开口三角形两端将出现近100V的零序电压，使电压继电器动作，发出信号。

7. 电压互感器的结构

下面介绍几种电磁式电压互感器的结构。

（1）JSJW-10型电压互感器

JSJW-10为老式油浸三相三绕组五铁心柱式电压互感器，属于普通结构，其铁心和绕组组成的器身置于油箱内，通过箱盖上的瓷套管引出，户内安装。JSJW-10型电压互感器

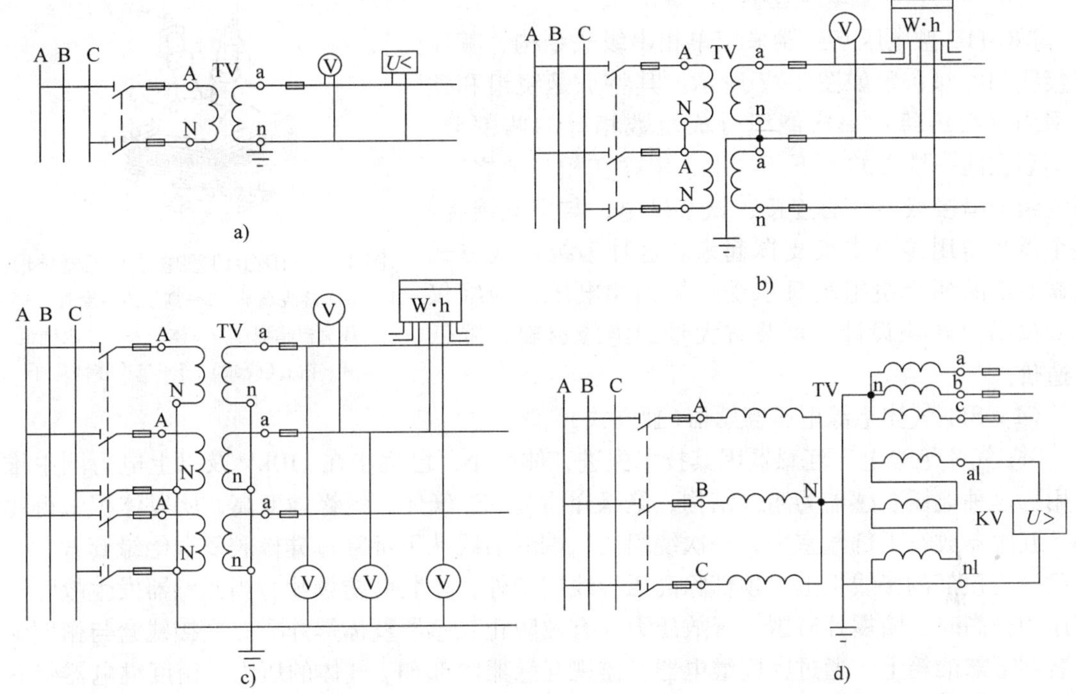

图 4-24　电压互感器的接线形式

a）单相电压互感器　b）两个单相电压互感器接成Y/Y　c）三个单相电压互感器接成Y_0/Y_0

d）三个单相三绕组电压互感器或一个三相五芯柱三绕组电压互感器接成$Y_0/Y_0/\triangle$

外形如图 4-25 所示。供 10kV 配电系统测量电压、保护和绝缘监察等使用。

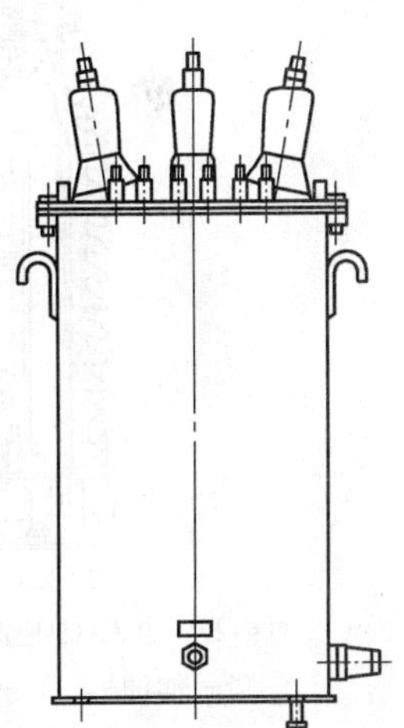

图 4-25　JSJW-10 型电压互感器外形图

在中性点不接地系统中发生单相接地时，未接地的两相对地电压将升高$\sqrt{3}$倍，在三相中将产生零序电压和零序电流，对于三相三柱式电压互感器，大小和方向都相同的零序磁通叠加后被迫通过磁阻很大的路径经油箱外壳形成闭合回路，产生很大的零序电流，若接地故障时间较长，则会使三相三柱式电压互感器发热损坏。若采用三相五柱式电压互感器，系统单相接地时零序磁通可通过互感器两边铁心柱闭合，由于磁阻小，零序电流也小，对互感器无损害。所以在中性点不接地系统中都使用三相五柱式电压互感器。

（2）JDZJ-10 型电压互感器

JDZJ-10 型电压互感器为单相三绕组环氧树脂浇注绝缘户内设备。该互感器体积小，气候适应性强，铁心采用硅钢片卷制成 C 型或叠装成方形，外露在空气中，一、二次绕组及辅助绕组同心绕制，用环氧树脂浇注为一体，属全绝缘结构。绝缘浇注体下半部涂有半导体漆并与金属底板及铁心相连，用以改善电场分布，JDZJ-10 型电压互感器外形如图 4-26 所示。利用三台 JDZJ-10 型电压互感器结成$Y_0/Y_0/\triangle$，可替代 JSJW-10 型互感器供 10kV 不接地配电系统供测量电压、保护和绝缘监察等使用。

（3）JCC-110 型电压互感器

JCC-110 型电压互感器采用单相串级式结构，其原理接线和内部布置如图 4-27 所示。其特点是绕组和铁心采用分级绝缘：一次绕组分成匝数相等的两部分，分别套在同一铁心的上下两柱上，串联在相与地之间，两绕组的串接点与铁心连接，铁心带电，与底座绝缘，整个器身需用绝缘支架支撑起来。这种串级接线方式使铁心上的两个绕组均只承受一半的相电压，绝缘仅按 $U/2$ 分级绝缘设计，可节省大量的绝缘材料，降低了造价。

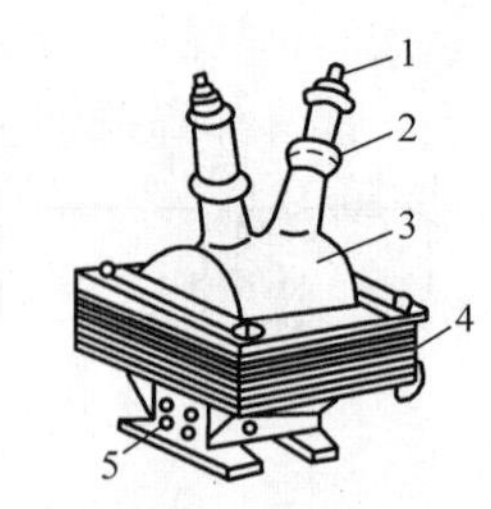

图 4-26　JDZJ-10 型电压互感器外形图
1——一次接线端子　2—高压绝缘套管　3—用环氧树脂浇注为一体的一、二次绕组　4—铁心（壳式）　5—二次接线端子

（4）SF_6 气体绝缘电压互感器（独立式）

SF_6 气体绝缘电压互感器因其技术先进，体积小，已逐步在 110kV 及以上电力网中推广使用。这种电压互感器为箱式结构，绝缘介质为 SF_6 气体，绝缘强度高，所以体积做得比较小。互感器放在下部气室中，一次绕组高压端的引线从下部穿过硅橡胶复合绝缘套管，一直引到套管顶部的接线板上。顶部除高压接线端子外，还装有防爆片，当互感器发生故障，内部压力升高时，防爆片破裂，释放压力，有效防止互感器整体爆炸。二次接线盒与密度继电器装在下部油箱上。通过密度继电器可监视互感器内部 SF_6 气体的压力，密度继电器带有两对接点，用于内部压力报警。图 4-28 为 SF_6 气体绝缘电压互感器示意图。

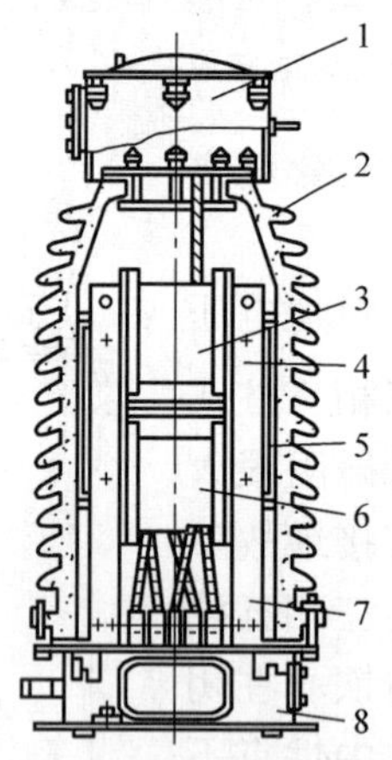

图 4-27　JCC-110 型串级式电压互感器结构
1—储油柜　2—瓷油箱　3—上柱绕组　4—隔板　5—铁心　6—下柱绕组　7—支撑绝缘板　8—底座

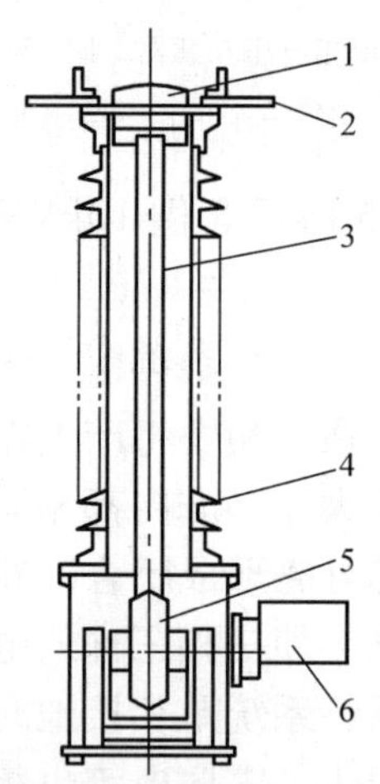

图 4-28　SF_6 气体绝缘电压互感器示意图
1—防爆片　2—高压接线板　3—高压引线　4—硅橡胶复合绝缘套管　5—高压线圈　6—接线盒

8. 电压互感器运行中的注意事项

1）电压互感器在运行中二次侧不允许短路。电压互感器二次绕组所接负载阻抗值都很大，电压互感器工作时相当于空载状态，发生短路时，将产生很大的短路电流。为防止短路，在二次侧装设熔断器或者小型断路器。

2）电压互感器在接入电路前，要进行极性校核，接入电路后，二次绕组要有一个可靠的接地点，防止互感器一、二次侧线圈间击穿时，危及人身和设备安全。

3）注意电压互感器端子的极性。

单相电压互感器的一次绕组端子标以 A、N，二次绕组端子标以 a、n，端子 A、a 与 N、n 为“同名端”（同极性端）。三相电压互感器，按照相序，一次绕组端子分别标以 A、B、C、N，二次绕组端子对应标以 a、b、c、n，端子 A 与 a、B 与 b、C 与 c、N 与 n 分别为对应的同名端。

4）电磁式电压互感器一次绕组 N 端必须可靠接地。

4.4.2 油浸式电压互感器的运行检查、操作及常见故障处理

1. 电压互感器的运行

电压互感器在额定容量下允许长期运行，但在任何情况下都不允许超过最大容量运行。电压互感器在运行中不能短路。如果在运行中，发生短路现象，二次电路的阻抗值大大减小，就会出现很大的短路电流，使二次线圈严重过热而烧毁。因此，在运行中值班人员必须注意检查二次电路是否有短路现象，并及时消除。

电压互感器在运行中，值班人员应检查高、低压侧熔断器是否运行良好，如果发现有发热及熔断现象，应及时处理。二次线圈接地线应无松动及断裂现象，否则会危及仪表和人身安全。

电压互感器带接地运行的时间，一般不做规定。因为，出厂时做承受 1.9 倍额定电压 8h 而无损伤的实验，已考虑到一相接地其他两相电压升高对电压互感器的影响。此外，在正常运行时，铁心磁通密度取 0.7 ~0.8T，当电网一相接地，其他未接地相电压升高 1.9 倍的额定电压时，其铁心磁通密度在 1.4 ~1.6T，还未达到铁心饱和程度。因此，电压互感器在电网单相接地时不致于过载运行。所以，目前 6 ~10kV 的电压互感器接地运行时间不作具体的规定。

电压互感器的操作和在运行中的检查。

（1）电压互感器在送电前的准备

电压互感器在送电前，应测量其绝缘电阻，低压侧绝缘电阻不得低于 1MΩ，高压侧绝缘电阻不得低于 1MΩ/kV 方为合格。

定相即确定相位的正确性。如果高压侧相位正确，低压侧接错，则会破坏同期的准确性。此外，在倒母线时，还会使两台电压互感器短时并列，产生很大的环流，造成低压熔断器熔断，引起保护装置电源中断，严重时会烧坏二次线圈。

电压互感器送电前的检查项目：瓷瓶应清洁、完整、无损坏及裂纹；油位正常油色透明不发黑且无渗、漏油现象；低压电路的电缆及导线应完好，且无短路现象；电压互感器外壳应清洁，无渗、漏油现象，二次线圈接地应牢固良好。

值班人员在准备工作结束后，可进行送电操作。装上高、低压侧熔断器，合上其出口隔离开关，使电压互感器投入运行。然后投入电压互感器所带的继电保护及自动装置。

（2）电压互感器的并列运行

在双母线中，每组母线接一台电压互感器。若由于负载需要，两台电压互感器在低压侧并列运行。此时，应先检验母线断路器是否已合上。如未合上，则合上母线断路器后，再进行低压侧的并列，否则，由于高压侧电压不平衡，低压侧电路内会产生较大的环流，容易引起低压熔断器熔断，致使保护装置失去电源。

（3）电压互感器在运行中的检查

电压互感器在运行中，值班人员应进行定期的检查，其检查项目如下：瓷瓶应清洁、完整、无损坏及裂纹，无放电痕迹及电晕声响；电压互感器油位应正常，油色透明不发黑，且无严重渗、漏油现象；呼吸器内部吸潮剂不应潮湿，如硅胶由原来的天蓝色变为粉红色，说明硅胶已受潮，需进行更换；在运行中，内部声响应正常，无放电声及剧烈振动声。当外部线路接地时，更应注意供给监视电源的电压互感器声响是否正常，有无焦臭味；高压侧导线接头不应过热，低压电路的电缆及导线不应腐蚀及损伤。高、低压侧熔断器及限流电阻应完好，低电压路应无短路现象；电压表三相指示应正确，电压互感器不应过负荷；电压互感器外壳应清洁，无裂纹，无渗、漏油现象，二次线圈接地线应牢固良好。

（4）电压互感器的停用

在双母线制中，电压互感器随同母线一起停用，如一台电压互感器出口隔离开关，电压互感器本体或低压侧需要检修时，则须停用电压互感器，其操作程序如下：

1）先停用电压互感器所带的保护及自动装置，如装有自动切换装置或手动切换装置时，其所带的保护及自动装置可不停用。

2）取下低压侧熔断器，以防止反充电，使高压侧带电。

3）拉开电压互感器出口隔离开关，取下高压侧熔断器。

4）进行验电，用电压等级合适且合格的验电器，在电压互感器进线各相分别验电。

5）验明无电后，装设好接地线，悬挂标示牌，经过工作许可手续，便可进行检修工作。

2. 电压互感器的事故处理

（1）电压互感器回路断线

运行中的10kV电压互感器，除了其内部线圈发生匝间、层间或相间短路及一相接地等故障，使一次侧熔丝熔断，还可能由于以下几个原因造成熔丝熔断。

1）一、二次回路故障。当电压互感器的二次回路及设备发生故障时，可能造成电压互感器的过电流，若电压互感器二次侧熔丝选择不合理，则可能造成一次侧熔丝熔断。

2）10kV系统一相接地。10kV系统为中性点不接地系统，当一相接地时，其他两相升高$\sqrt{3}$倍。对Yn0，yn0接线的电压互感器，其正常的两相对地电压将变成线电压，由于电压升高而引起电流的增加，可能会使熔丝熔断；10kV系统一相间歇性电弧接地，可能产生数倍的过电压，使电压互感器铁心饱和，电流的急剧增加也可能会使熔丝熔断。

3）系统发生铁磁谐振。在中性点不接地系统中，由于发生单相接地或用户电压互感器数量的增加，使母线或线路的电容和电压互感器的电感构成振荡回路，在一定条件下，会引起铁磁振荡故障。在系统谐振时，电压互感器上将产生过电压或过电流。电流的剧增，除了造成一次侧熔丝熔断外，还常导致电压互感器的烧毁事故。

当发现一次侧熔丝熔断时，应拉开电压互感器的出口隔离开关，取下二次侧熔丝，检查是否熔断。在排除电压互感器本身故障后，可重新更换合格熔断器后再将电压互感器投入运行。

（2）电压互感器二次电路短路

电压互感器由于二次电路导线受潮、腐蚀及损伤而发生一相接地，便可能发展成二相接地短路。另外，电压互感器内部存在着金属性短路，也会造成电压互感器二次电路短路。在二次电路短路后，其阻抗减少，仅为二次线圈的电阻。所以，通过二次电路的电流增大，导致二次侧熔断器熔断，影响表计指示，引起保护误动作。此时，如二次侧熔断器容量选择不当，还极易烧坏电压互感器二次线圈。

当电压互感器二次电路短路时，在一般情况下高压熔断器不会熔断，但此时电压互感器内部有异声，将二次熔断器取下后亦停止，其他现象与断线情况相同，不再重述。

当发生上述故障时，值班人员应进行如下处理。

1）对双母线系统中的任一故障电压互感器，可利用母联断路器切断故障电压互感器，将其停用。

2）对其他电路中的电压互感器，当发生二次电路短路时，如果高压熔断器未熔断，则可拉开其出口隔离开关，将故障电压互感器停用，但要考虑在拉开隔离开关时所产生弧光的危害性。

（3）电压互感器一次或二次侧一相熔断器熔断

由于电压互感器过负荷运行，二次电路发生短路，一次电路相间短路，产生铁磁谐振以及熔断器日久磨损等原因，均能造成一次或二次侧一相熔断器熔断的故障。若一次或二次侧熔断器一相熔断，则该熔断相的相电压表指示值降低，未熔断相的电压表指示值不会升高。

当发生上述故障时，值班人员应进行如下处理。

1）若二次侧熔断器一相熔断时，应立即更换。若再次熔断，则不应再更换，待查明原因后处理。

2）若一次侧熔断器一相熔断时，应立即拉开电压互感器出口隔离开关，取下二次侧熔断器，并做好安全措施，在保证人身安全和防止保护误动作的情况下，更换熔断器。

（4）防止铁磁谐振过电压的措施

电力系统铁磁谐振会使电压互感器的保险熔断或设备烧毁，还可能损坏其他电气设备，甚至造成系统停电事故。这需要采用相应措施，一般简单可行的办法是在接地监察用的电压互感器开口三角形绕组两端和一次中性点处接入电阻，以增加回路阻尼，使谐振不易发生。从效果上讲，开口三角绕组接入的电阻越小越好，而一次侧中性点接入电阻越大越好。但开口三角接入电阻太小时，当一次系统发生单相接地后，将使电压互感器过热，影响它的安全；而一次侧中性点接入电阻太大时，当一次系统发生单相接地后对一次引出线为弱绝缘的电压互感器，其中性点绝缘可能被损坏。因此，接入的电阻要根据实际的系统参数经计算确定。

4.4.3 电流互感器

1. 电流互感器的作用

电流互感器是一种电流变换装置，它将大电流变换成电压较低的小电流，一般为 5A，供给测量仪表和继电保护装置使用。其主要作用有：①与测量仪表配合，对线路的电流等进行测量。②与继电保护装置配合，对电力系统和设备进行过负荷和过电流等保护。③使测量仪表、继电保护装置与线路的高压电网隔离，以保证人身和设备的安全。

2. 电流互感器的分类与型号

电磁式电流互感器按安装地点，可分为户内式、户外式和装入式(指装入变压器或断路器等设备中)。按绝缘方式可分为干式、浇注式、油浸式和充气式。按安装方式可分为穿墙式和支持式。按一次绕组的匝数分，有单匝式和多匝式。

电流互感器的型号表示和含义如下。

例如：LQJ-10 表示线圈式树脂浇注电流互感器，额定电压为 10kV。LFCD-10/400 表示瓷绝缘多匝穿墙式电流互感器，用于差动保护，额定电压10kV，变流比为400/5。LMZJ1-0.5 表示母线式低压电流互感器，额定电压为0.5kV。

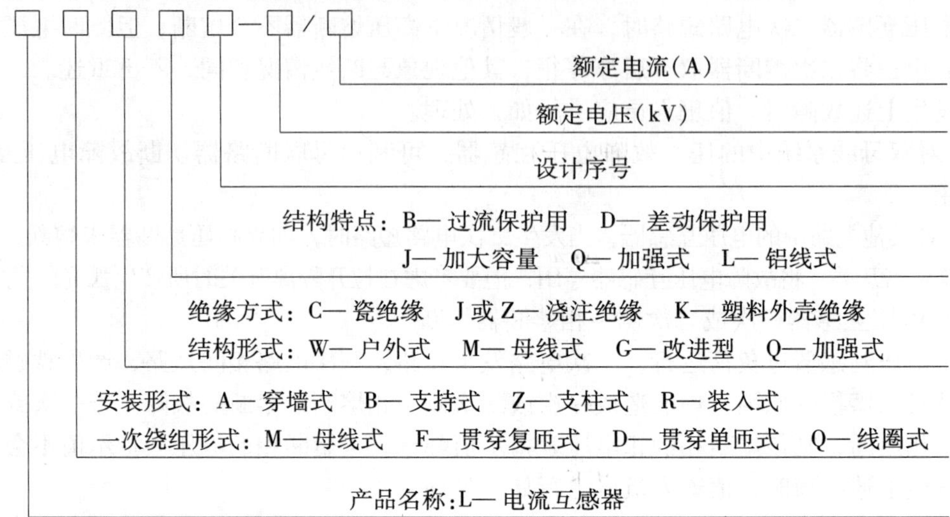

3. 电流互感器的工作原理及特点

（1）电流互感器的工作原理

电流互感器的工作原理与变压器相似，也是按电磁感应原理进行工作的，但是其一次线圈不是电压线圈，而是电流线圈。一次线圈的匝数很少，使用时串联在被测线路中，二次线圈匝数多，与测量仪表和继电器的电流线圈串联。当被测的一次电流 I_1 流过一次线圈时，铁心中产生交变磁通，此交变磁通在二次闭合回路中感应出电动势并产生电流 I_2，此时一次线圈和二次线圈的磁势是相互平衡的，即：

$$N_1\dot{I}_0 = N_1\dot{I}_1 + N_2\dot{I}_2 \tag{4-4}$$

式中，N_1、N_2 为电流互感器一、二次线圈的匝数；I_1、I_2 为电流互感器一、二次线圈的电流，I_0 为励磁电流(近似等于空载电流)，正常运行时励磁电流 I_0 很小，约为一次电流的1%~3%，可忽略不计，则 $N_1\dot{I}_1 + N_2\dot{I}_2 = 0$，这时一、二次绕组中电流的有效值之比为$\frac{I_1}{I_2}\approx\frac{N_2}{N_1}$，即电流比与一、二次侧匝数成反比。由于电流互感器一次侧匝数很少(一匝或几匝)，二次侧匝数较多，因此二次侧电流小于一次侧的电流。定义电流互感器的一、二次侧的额定电流之比为电流互感器的额定变流比 K_i，则 $K_i = \frac{I_{1N}}{I_{2N}}\approx\frac{N_2}{N_1}\approx\frac{I_1}{I_2}$　　(4-5)

所以

$$I_1 \approx K_i I_2 \tag{4-6}$$

值得注意的是，这个结论是在忽略 I_0 的前提下得出的，所以电流互感器的测量值与实际值之间有一定的误差。

（2）电流互感器的特点

1）电流互感器的一次侧匝数很少且串联在被测电路中，因此运行中的电流互感器的一次绕组中电流的大小取决于被测线路的负载电流，与二次负荷无关。

2）电流互感器二次侧串接的是测量仪表和保护装置的电流线圈。其负载的阻抗都很小，正常运行时电流互感器接近短路状态。

3）电流互感器的二次线圈的额定电流 I_{2N} 一般为 5A，而一次线圈的额定电流则按不同电压等级标准有 5A、10A、15A、20A、…、1500A 等。

4. 电流互感器的误差与准确度等级

（1）电流互感器的误差

电流互感器的测量误差有两种：一种是电流比误差，另一种为相位差。

1）电流比误差为

$$\Delta I\% = \frac{K_i I_2 - I_{1N}}{I_{1N}} \times 100\% \tag{4-7}$$

式中，$\Delta I\%$ 为电流比误差；K_i 为电流互感器的变流比；I_{1N} 为电流互感器的一次额定电流；I_2 为二次电流实际测量值。

2）角误差是指二次电流的相量与一次电流的相量之间的夹角 δ，相角误差的单位为（′）。规定，当二次电流的相量超前一次电流的相量时，δ 取正值；反之取负值。正常运行时电流互感器的角误差一般在 2°以下。

（2）电流互感器的误差与下列因素有关

1）与励磁磁势（I_0N_1）的大小有关，即与铁心的导磁性能和结构形式有关，铁心导磁性能差时 I_0 增大，误差增大。

2）与一次电流大小有关，在额定范围内一次电流增大，误差减小。当一次电流为额定电流的 100%~120% 时，误差最小。

3）与二次负载阻抗大小有关，阻抗加大，误差加大。

4）与二次负载感抗有关，当感抗加大（即功率因数减小）时，电流误差增大，而角误差相对减小。

（3）电流互感器的准确度等级

电流互感器的准确度等级是指规定的二次负荷范围内，一次电流为额定时的最大误差极限值。我国规定的标准准确级分为 0.1 级、0.2 级、0.5 级、1 级、3 级和 5 级 6 个等级，特殊使用要求的电流互感器的准确级有 0.2S 和 0.5S 级。

对于 0.1、0.2、0.5 和 1 级 4 个准确级次，当二次负荷在 25%~100% 额定负荷范围内变化时，在额定频率下其电流的误差极限值分别为 ±0.1%、±0.2%、±0.5% 和 ±1%，相应的相位差极限值分别为 ±5′、±10′、±30′、±60′。对于 3 级和 5 级两个准确级次，负荷在 50%~100% 的范围内变化时，额定频率下电流误差的极限值分别为 ±3% 和 ±5%，相位差不作规定。

选用哪一个准确级次由负载的性质来决定，一般作电度计量标准的选用 0.1~0.2 级；收费的选用 0.2~0.5 级，用于电流精确测量选用 0.5~1 级，一般测量选用 1~3 级，继电保护选用 P 级。

5. 电流互感器的接线方式

1）图 4-29a 为单相接线方式，用于测量三相对称电路中的一相电流。

2）图 4-29b 为两相不完全星形联结，电流互感器通常接在 A、C 相中，这种接线也称为两相 V 形联结。广泛用于三相三线制的电路中（如 6~10kV 的高压线路中）测量三相电流、电能及作过电流继电保护之用。两相 V 形联结的公共线上电流为 $\dot{I}_a + \dot{I}_c = -\dot{I}_b$，反映的是未

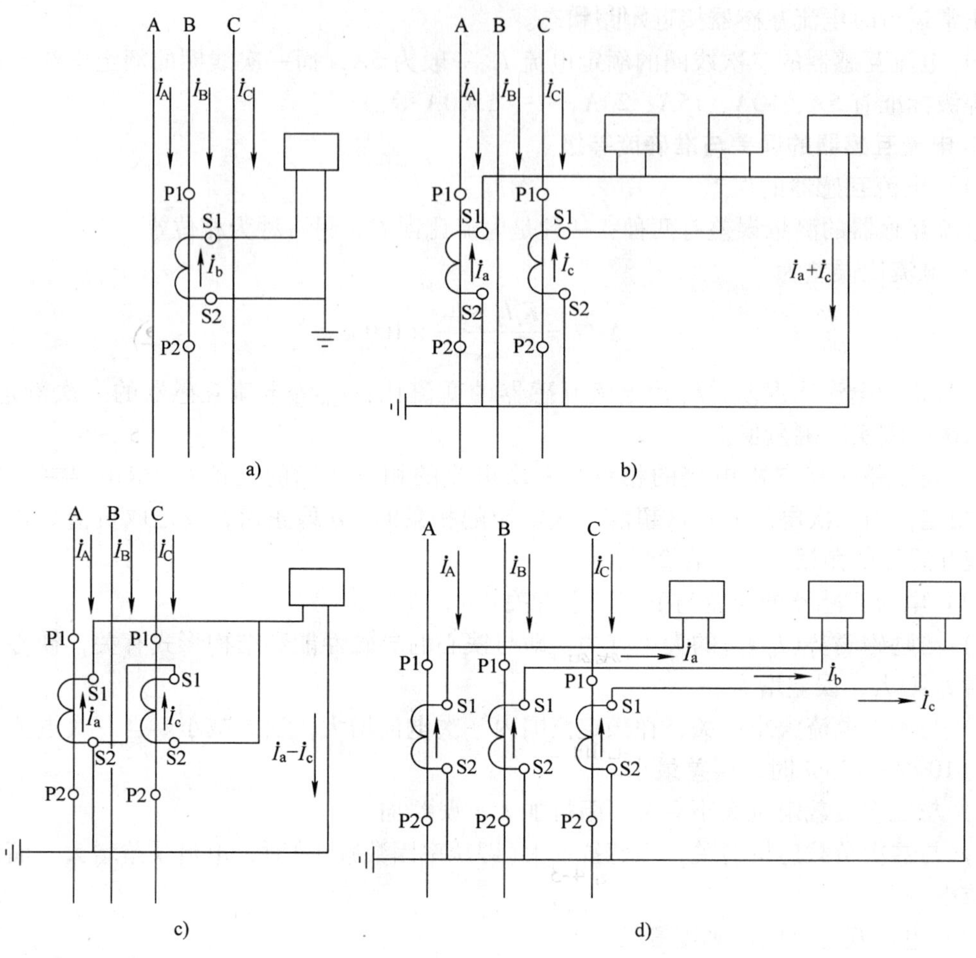

图 4-29　电流互感器的接线方式

a）单相式接线　b）不完全星形联结　c）两相电流差接线　d）三相星形联结

接电流互感器的 B 相的电流。

3）图 4-29c 为两相电流差接线。电流互感器通常接在 A、C 相，二次侧公共线上的电流为$\dot{I}_A-\dot{I}_C$，其量值为相电流的$\sqrt{3}$倍。适用于中性点不接地的三相三线制电路中，作过电流继电保护之用。

4）图 4-29d 为三相完全星形联结，可测量三相负载电流，监视各相负载不对称情况。广泛用在三相四线制以及负荷可能不平衡的三线制系统中，作测量三相电流及过电流保护之用。

6. 电流互感器的结构

1）LQJ-10 型电流互感器，如图 4-30 所示。该型电流互感器为复匝线圈式、浇注绝缘、户内型，在 10kV 配电系统中可供电流、电能、功率测量及继电保护用。互感器的铁心由条形硅钢片叠装而成，一次绕组引出在顶部，二次接线端子位于侧面。绕组用树脂浇注绝缘。该互感器体积小、质量轻、机械强度高、维护方便。

2）户内低压 LMZJ1-0.5 型电流互感器，如图 4-31 所示。该型电流互感器利用穿过其铁心的一次电路作为一次绕组（相当于一匝），二次绕组绕在铁心外面，并用树脂浇注。该型电流互感器广泛用于500V及以下低压配电系统中。

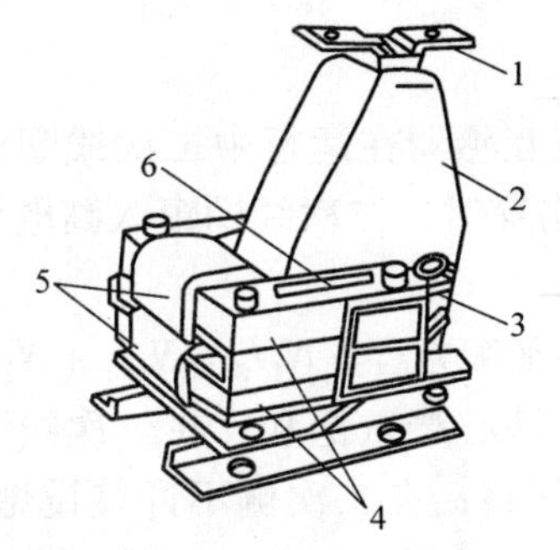

图4-30 LQJ-10型电流互感器

1—一次接线端子 2—一次绕组(树脂浇注)
3—二次接线端子 4—铁心 5—二次绕组
6—警告牌(上写“二次不得开路”)

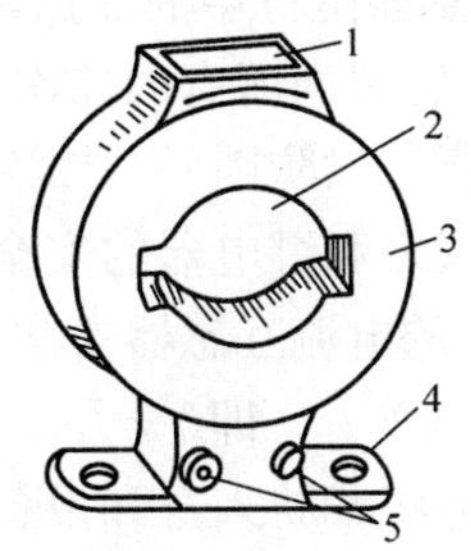

图4-31 户内低压LMZJ1-0.5型电流互感器

1—铭牌 2—一次母线穿孔 3—铁心
(外绕二次绕组,树脂浇注)
4—安装板 5—二次接线端子

3）LDC-10型电流互感器。图4-32所示为两个铁心瓷绝缘单匝穿墙式户内电流互感器外形。额定电压10kV，一次侧绕组是载流柱1，穿过瓷套管2的内部，瓷套管固定在法兰盘3上。每个铁心都有自己单独的二次线圈，但一次线圈为两个铁心分用。两个铁心的二次线圈互不影响，任一铁心的二次线圈的负荷变化时，一次电流并不改变，所以不会影响另一个铁心的二次线圈。各铁心可以制成不同的准确度等级，用来分别接测量仪表、继电保护等。

4）LFC-10型电流互感器，如图4-33所示。该电流互感器具有两个铁心，多匝穿墙式瓷绝缘户内用，额定电压10kV，一次线圈穿过绝缘瓷套管1、绝缘瓷套管1固定在法兰盘2上，它的两端具有铸铁接头盒3，一次线圈的两端由原线圈接线板4引出，以便与配电母线相连接。在封闭外壳6内装绕有两个线圈的铁心，二次线圈的两端，接在5和5′上。

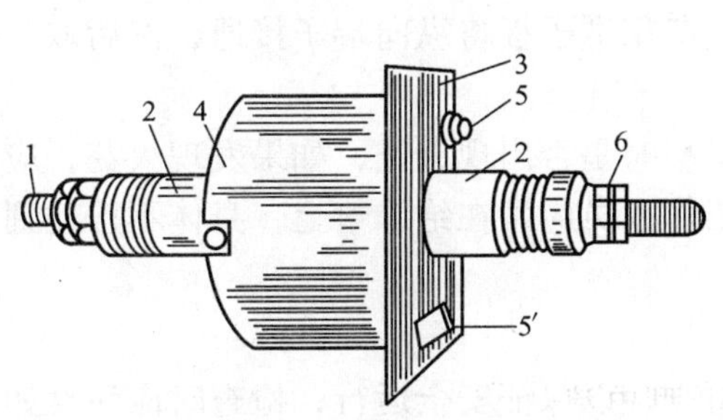

图4-32 LDC-10型电流互感器

1—载流柱 2—瓷套管 3—法兰盘 4—封闭外壳 5、5′—副线圈接线板 6—螺帽

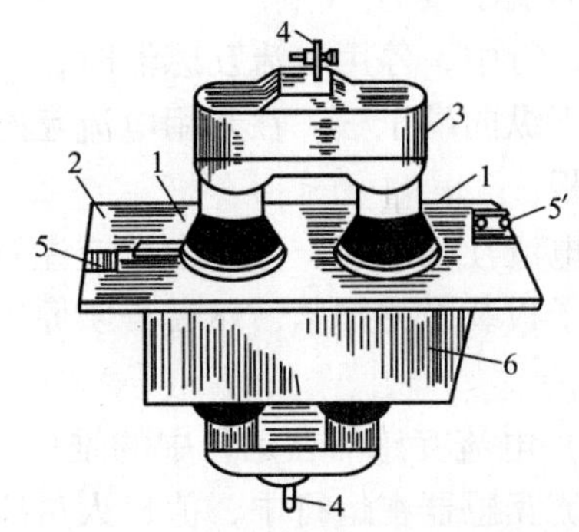

图4-33 LFC-10型电流互感器

1—绝缘瓷套管 2—法兰盘 3—铸铁接头盒
4—原线圈接线板 5、5′—副线圈
接线端子 6—封闭外壳

4.4.4 电流互感器的运行维护及事故处理

1. 电流互感器运行中的注意事项

1）电流互感器的所有的二次绕组必须可靠接地。电流互感器在运行中二次线圈应和铁心同时接地运行，以防因一、二次线圈间绝缘损坏而出现击穿时，二次线圈窜入高电压，危害人身及测量仪表和继电器的安全。

2）运行中的电流互感器二次绕组不得开路。根据磁势平衡方程，$N_1\dot{I}_0=N_1\dot{I}_1+N_2\dot{I}_2$，当$\dot{I}_2=0$时，$N_1\dot{I}_0=N_1\dot{I}_1$，即$\dot{I}_0=\dot{I}_1$，一次电流全部用于励磁，铁心严重饱和，在二次线圈中感应出的高电动势将威胁人身和设备安全。为避免二次绕组开路，在二次侧不许装设熔断器。在运行中如要拆除仪表或继电器时，必须先将电流互感器的二次线圈短接，以防开路。

3）电流互感器在运行中不允许超过额定容量长期运行。电流互感器的额定容量是用二次线圈通过额定负载时所消耗的功率表示的，也可以用二次线圈的阻抗值表示，因其容量与阻抗成正比，因此，电流互感器的额定容量为

$$S_{2N}=I_{2N}^2Z_{2N} \tag{4-8}$$

式中，I_{2N}为二次线圈额定电流(A)；Z_{2N}为二次线圈额定阻抗(Ω)。

电流互感器在运行中不允许超过额定容量长期运行，如果电流互感器过负荷运行，则会使铁心磁通密度饱和或过饱和，造成电流互感器误差增大，表针指示不正确，不容易掌握负荷情况。另外，当磁通密度增大后，使铁心和二次线圈过热，造成绝缘加速老化，甚至使互感器损坏等。

2. 电流互感器的操作和维护

（1）电流互感器的起、停用操作

电流互感器的起、停用，一般是在被测电路的断路器断开后进行的，以防止电流互感器的二次线圈开路。但在被测电路中断路器不允许断开时，只能在带电情况下进行。

在停电情况下，停用电流互感器时，应将纵向连接端子板取下，将标有“进”侧的端子横向短接。在起用电流互感器时应将横向短接端子板取下，并用取下的端子板，将电流互感器纵向端子接通。

在运行中，停用电流互感器时，应将标有“进”侧的端子，先用备用端子板横向短接，然后取下纵向端子板。在起用电流互感器时，应用备用端子板将纵向端子接通，然后取下横向端子板。

在电流互感器起、停用中，应注意在取下端子板时是否出现火花，如果发现火花，应立即把端子板装上并拧紧，然后查明原因。另外，工作人员应站在绝缘垫上，身体不得碰到接地物体。

（2）电流互感器在运行中的维护

电流互感器在运行中，值班人员应进行定期检查，以保证安全运行，检查时应注意如下几点：

1）电流互感器应无异音及焦臭味。

2）检查电流互感器接头应无过热现象。

3）电流互感器的瓷质部分应清洁完整，无裂痕和放电现象。

4）应检查电流互感器油位是否正常，应无漏油、渗油现象。

5）定期检验电流互感器油绝缘情况，充油式电流互感器要定期放油，试验油质情况。以防油绝缘降低，引起发热膨胀，造成电流互感器爆炸起火。

3. 电流互感器的事故处理

电流互感器在运行中造成开路的原因有：

1）端子排上导线端子的螺钉因受振动而自行脱扣，造成电流互感器二次开路。

2）保护盘上的压板未与铜片接触而压在胶木上，造成保护回路开路，相当于电流互感器二次开路。

3）经切换可读三相电流值的电流表的切换开关接触不良，造成电流互感器二次开路。

4）靠近传动部分的电流互感器二次导线，有受机械摩擦的可能，使二次导线磨断，造成电流互感器二次开路。

在运行时，电流互感器二次侧开路会引起电流保护动作不正确，差动保护的“电流回路断线”光字牌亮，电流表指示为“0”。另外，铁心还发出“嗡嗡”的异声，以及因电压峰值很高造成的二次线圈的端子处出现放电火花。此时，应先将一次电流（即电路负荷）减小或降至零，然后将电流互感器所带的保护退出运行，在做好安全措施后，将故障电流互感器的端子进行短接，以免二次开路后引起高电压。如果电流互感器有焦臭味或冒烟等情况，在取得运行领导人同意后，应立即停用电流互感器。

4.5 电力电容器

4.5.1 电力电容器的结构原理

1. 电力电容器的作用

（1）作用

电力电容器主要用于提高频率为50Hz 的电力网的功率因数，作为产生无功功率的电源。

（2）电力电容器的型号及其含义

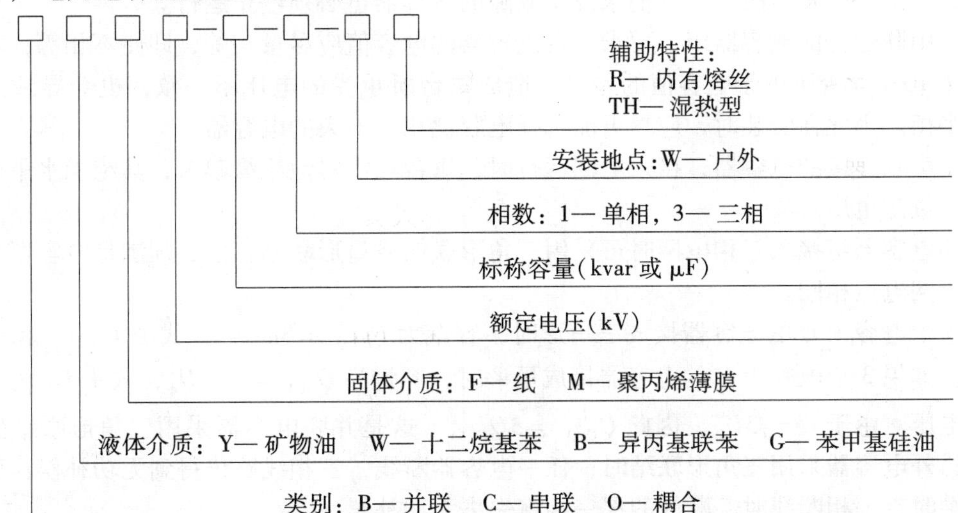

例如：电容器型号为BW0.4-14-3，表示并联、十二烷基苯浸渍、全电容纸介质，额定

电压为0.4kV，标称容量为14kvar，户内型三相电力电容器。

2. 电力电容器的基本结构

电力电容器的结构主要由外壳、电容元件、液体和固体绝缘、紧固件、引出线和套管等件组成。无论是单相还是三相电力电容器，电容元件均放在外壳（油箱）内，箱盖与外壳焊在一起，其上装有引线套管，套管的引出线通过出线联接片与元件的极板相连。箱盖的一侧焊有接地片，做保护接地用。在外壳的两侧焊有两个搬运用的吊环。单相电力电容器的内部结构如图4-34所示。

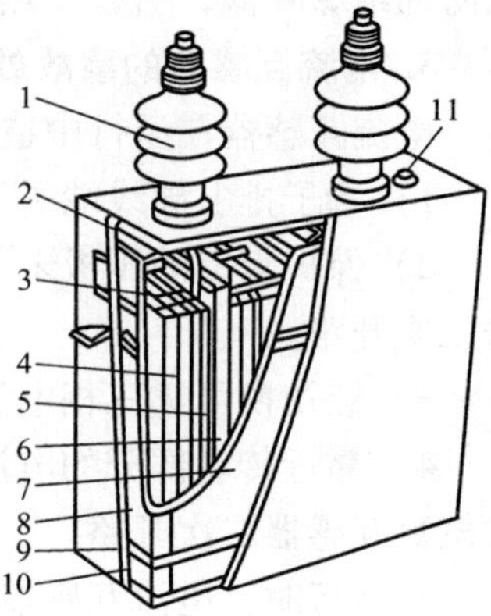

图4-34 单相电力电容器的内部结构图

1—出线套管 2—出线连接片 3—连接片 4—元件 5—出线连接固定板 6—组间绝缘 7—包封件 8—夹板 9—紧箍 10—外壳 11—封口盖

3. 电力电容器的接线方法

若电力电容器的端电压为 U，电流为 I_C，其容量为 Q_C，则：

$$Q_C = UI_C \tag{4-9}$$

将 $I_C = \dfrac{U}{X_C} = \omega CU$ 代入式(4-9)可得：

$$Q_C = \omega CU^2 \tag{4-10}$$

电容器中介质引起的有功损耗：

$$\Delta P_C = \omega CU^2 \tan\delta \tag{4-11}$$

式(4-10)和式(4-11)中，δ 为电容器的介质损失角；f 为频率(Hz)，$\omega = 2\pi f$。

由式(4-10)和式(4-11)可知：电容器的容量和介质损耗均随其端电压的平方而变化，因此电容器的连接，必须保证其端电压与电网电压相符。

电容器既可以串联，也可以并联，当单台电容器的额定电压低于电网电压时，可采用串联连接，使串联后的电压与电网电压相同。当电容器的额定电压与电网电压相同时，根据容量的需要，可采用并联连接。但如果条件允许，尽量采用并联，而不采用串联。因为并联时，若其中一台发生故障，其他的并联电容器可继续运行，只是总容量减少一台的容量。若串联时，其中一台发生故障，其他未发生故障的电容器也必须停止运行。

对于串联运行的电容器组，要求每台电容器的电容值应尽量相等，即使不相等，其差值也应小于10%，否则由于电容值的差异，造成每台所承受的电压不一致，也会导致三相电压的不平衡。因此在安装时，应尽可能选择电容值相差不大的电容器。

对于串联连接的电容器，接入电网运行时，每台均需对地绝缘起来，其绝缘水平应不低于电网的额定电压。

单相电容器组接入三相电网时可采用三角形联结或星形联结，但必须满足电容器组的线电压与电网电压相同。

当3个电容为 C 的电容器接成三角形时，容量为 $Q_{C(\triangle)} = 3\omega CU^2$，式中 U 为三相线路的线电压。如果3个电容为 C 的电容器接成星形时，容量为 $Q_{C(\mathrm{Y})} = 3\omega CU_{\phi}^2$，式中 U_{ϕ} 为三相线路的相电压。由于 $U = \sqrt{3}U_{\phi}$，因此 $Q_{C(\triangle)} = 3Q_{C(\mathrm{Y})}$。这是并联电容器采用三角形联结的一个优点。另外电容器采用三角形联结时，任一电容器断线，三相线路仍得到无功补偿；而采用星形联结时，一相断线时，断线的那一相将失去无功补偿。

但是，电容器采用三角形联结时，任一电容器击穿短路都将造成三相线路的两相短路，短路电流很大，有可能引起电容器爆炸。这对高压电容器特别危险。而采用星形联结时，在其中一相电容器击穿短路时，其短路电流仅为正常工作电流的3倍，因此相对比较安全。所以GB 50059—1992《35～110kV变电站设计规范》规定：电容器装置宜采用中性点不接地的星形或双星形联结，而GB 50053—1994《10kV及以下变电站设计规范》规定：高压电容器组宜接成中性点不接地的星形，容量较小时（450kvar及以下）宜接成三角形。低压电容器组应接成三角形。

对于中性点不接地系统，当电容器组采用Y联结时，其外壳也应对地绝缘，绝缘水平应与电网的额定电压相同。这是因为在中性点不接地系统中，当发生一相接地时，其他两相对地电压升高为线电压，为了防止电容器过电压，应将电容器的外壳绝缘。

4. 电容器的放电装置

电容器从电源上断开后，由于极板上蓄有电荷，因此两极板间仍有电压存在，在电源断开瞬间，即$t=0$时，电压的数值等于电源电压，然后通过电容器的绝缘电阻进行自由放电，使端电压逐渐降低。端电压的变化可用下式表示：

$$u_t = U_0 e^{-\frac{t}{RC}} \tag{4-12}$$

式中，u_t为t时刻电容器的端电压（V）；U_0为电路断开瞬间电源电压（V）；t为放电时间（s）；R为电容器的绝缘电阻（Ω）；C为电容器的电容量（F）；e为自然对数的底，e=2.718。

从式（4-12）中看出端电压下降的速度取决于电容器的时间常数RC。当电容器的绝缘良好，即R数值很大时，自由放电进行的很慢，这样就不能满足安全要求，为使放电快速进行，必须加装放电装置，使电容器断开电源后能迅速进行放电，以保证运行和检修人员在停电的电容器上进行工作时的安全。

电容器通过纯电阻R进行放电时，其放电电流是非周期性的单向电流，它随着放电时间的增加和电容器端电压的降低而减少。

若放电回路存在着电感L，电压和电流随放电时间的变化情况取决于放电回路的参数R、L和C的数值，其放电电流除了可能是非周期性单向电流外，还可能是周期性的振荡电流。这取决于R和临界振荡电阻$2\sqrt{L/C}$的数值，当$R \geqslant 2\sqrt{L/C}$，放电电流是非周期性的单向电流；当$R < 2\sqrt{L/C}$时，放电电流是周期性的振荡电流。

（1）对放电电阻的要求

1）放电电阻的接线必须牢靠。为了保证电容器停电时能可靠的自行放电，放电电阻应直接接在电容器组上，而不应单独装设断路器或熔断器。如果放电电阻与电容器之间装有断路器或熔断器，一旦断路，便会失去放电作用，这样很危险。

2）电容器从电源侧断开进行放电后，其端电压应迅速降低，不论电容器的额定电压是多少，在电容器切断后30s，其端电压不超过65V。

3）为减少正常运行过程中在放电电阻中的电能损耗，一般规定，电网在额定电压时，每千乏电容器在其放电电阻中的有功损耗不超过一瓦。

4）对于额定电压在1kV以上的电容器组可采用互感器的一次线圈做为放电电阻，通常采用两台电压互感器V接线，最好是采用3台电压互感器三角形联结。

下列两种情况，可不另行安装放电电阻：

1）电容器或电容器组，直接接在变压器、电动机控制或保护装置的内侧，即电容器与电器设备共用一组控制或保护电路，当隔离开关拉开或熔断器断开后，电容器将通过变压器或电动机的线圈自行放电。

2）装在室外柱上的电容器组，因电容器安装处较高，停电后人体不易触及，同时放电电阻也不易安装。但是，此种电容器组必须制定严格的管理制度，尤其在停电进行电容器的检修、清扫和检查时，必须严格执行安全规程，在悬挂临时地线之前，必须进行一次或数次人工放电，直至残余电荷绝大部分放尽方可悬挂临时接地线，再开始工作。

（2）放电电阻的选择

对于低压电容器组，可按下式选择放电电阻：

$$R \leqslant 15 \times 10^6 \frac{U_{\phi}^2}{Q_C} \tag{4-13}$$

式中，R 为放电电阻(Ω)；U_{ϕ}：电源相电压(kV)；Q_C：电容器组每相容量(kvar)。

按上式计算出的放电电阻，尚需符合每千乏电能损耗不超过 1W 的要求。

一般低压如 400V 电容器组多采用 220V 白炽灯泡做为放电电阻，它同时还能起到运行指示灯的作用，用两只灯泡串联是为了延长灯泡的寿命和减少其所耗用的功率。此时每个灯上所承受的电压是额定电压的 50% 左右。

（3）放电电阻的接线形式

放电电阻的接线形式有三角形联结和星形联结。无论电容器组接成三角形还是接成星形，其放电电阻接成三角形较接成星形可靠。从图 4-35 和图 4-36 可以看出，当放电电阻接成三角形时，当电阻 2 断线，电容器仍能可靠放电，如果两个电阻 2、3 同时断线，C_2 和 C_3 就无法自行放电。当放电电阻接成星形联结时，只要有一个电阻断线(如 3)相应的电容器便不能自行放电。

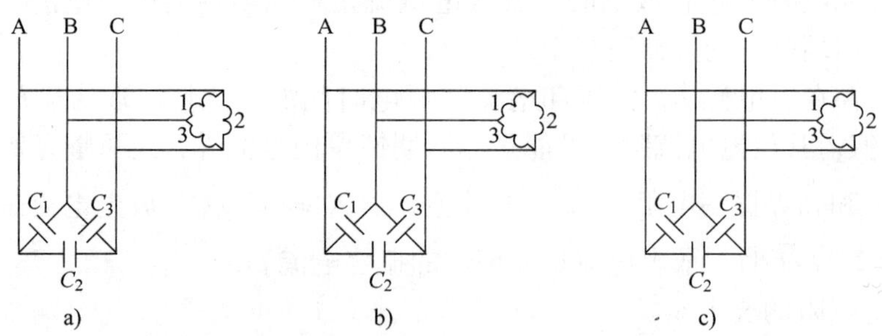

图 4-35　电容器组的放电电阻三角形联结

a）3 个放电电阻接线完好　b）电阻 2 断线时　c）电阻 2、3 断线时

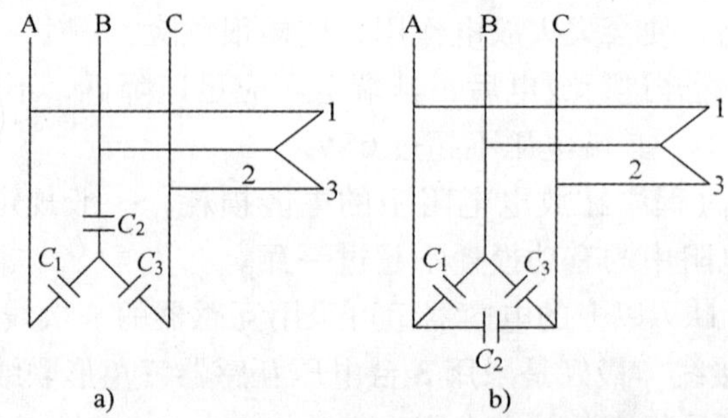

图 4-36　电容器组的放电电阻星形联结

a）电阻 3 断线时 C_3 无法放电　b）电阻 2、3 断线时，$C_1 \sim C_3$ 全部无法放电

4.5.2 电力电容器的安全运行及维护

1. 电容器组的过电压和合闸涌流

（1）过电压对电容器的影响

由式 $Q_C = \omega CU^2$ 可知，电容器的无功功率随外加电压的平方而变化，因此电容器的端电压决定了其无功出力。由式 $\Delta P_C = \omega CU^2 \tan\delta$ 可知，电容器的功率损耗和发热量随其端电压的平方而变化，运行电压升高，使电容器的温度显著增加，当电压升得太高时，就会导致电容器产生的热量不能及时散发出去，最后导致电容器的损坏。

因此严格控制电容器的运行电压，是保证电容器安全运行的重要措施。我国规定，移相电容器允许在电压高于其额定电压的5%时，能长期运行，在一昼夜内最高不超过1.1倍额定电压（瞬时过电压除外）下运行不超过6h。

当运行电压低于额定电压时，对电容器本身无损害，但其无功出力将随外加电压的平方而下降。

（2）电容器组投切过程中引起的操作过电压

当电容器从电网上切除时，可能由于电感和电容回路发生电磁振荡而产生操作过电压，其幅值与被切电容和母线侧电容的大小有关。此过电压可使电气设备的绝缘发生闪络、或造成避雷器爆炸等事故。在电容器组切断过程中，若在开关触头间的介质强度恢复不够，则在灭弧室中会发生电弧重燃，此时可能出现更大数值的过电压。经常性的过电压会使电容器介质的游离电压下降，绝缘水平降低。对于游离电压下降的电容器，当达到较高电压时，就会产生游离，电子轰击介质放出气体，引起电容器外壳“鼓肚”而损坏。由此可见操作电容器组时的过电压，对电容器组的安全运行是有害的。

《电力设备过电压保护设计技术规程》指出，切合电容器组时，采用有并联电阻的断路器，可将这种过电压限制在2.5～3.0倍相电压之内。因此，对于35kV的电力电容器组应尽量采用带并联电阻的断路器；对于10kV的电容器组，有条件时，可采用真空断路器进行操作。另外，如条件允许，应尽量减少电力电容器组的投切次数。在电容器回路中串入小值电抗器也可减少操作过电压。

（3）高次谐波过电压

供电系统的阻抗与电容器组成 R、L、C 串联电路。这个电路产生串联共振的自然频率为

$$f_0 = \frac{1}{2\pi\sqrt{LC}} \tag{4-14}$$

在电源电压发生畸变时，若电源波形中某次谐波的频率接近或等于自然频率 f_0，将发生谐波共振现象，在整个供电网络中出现过电压，特别是在空载时，情况更为严重，这对电容器的运行是非常不利的。

在配电网络中，影响电压畸变的主要负荷是整流设备，高次谐波电流与整流相数有关。整流相数大，谐波电流的幅值变小。晶闸管整流装置一般为6相，为了降低高次谐波电流数，可改用12相或36相。

另外，在电容器回路中串联一组小值的电抗器，其电抗值的选择应该在可能产生的任何谐波下，均使电容器回路的总电抗为感抗而不是容抗，从根本上消除产生谐振的可能。

电抗器的感抗值 X_L 一般为电容器组工频容抗值的6%，即 $X_L = 6\% X_C$。

电抗器的额定电流为电容器组额定电流的1.35倍。但应注意，由于串联电抗器的结果，使加于电容器的端电压 U_C 提高了，$U_C=U\dfrac{X_C}{X_C-X_L}$，式中 U 为系统电压。如系统电压较高，要防止由于加装电抗器引起电容器组长期过电压运行。

（4）电容器组的合闸涌流

由于电容器组是储能元件，其端电压是不能突变的。在电容器组投入运行瞬间，其端电压为零，相当于电源在电容器组安装处发生短路。在合闸后很短时间内存在一个暂态过程。在此过程中，电压和电流的幅值都要随时间而产生相应的变化，此时电流是频率很高、幅值很大的过渡电流，此电流称为合闸涌流。合闸涌流的大小与合闸瞬间电压的数值大小有关。

1）当合闸瞬间电压为零值时，电容器组暂态过电压数值不大，在自由振荡的第一个1/2周期内，电流的数值为正常电流的峰值，考虑到计算上的近似性，电容器组过电压的数值按可能达到稳定时峰值的两倍来考虑。此时合闸对电容器组比较有利。

2）合闸瞬间电源电压为最大值时，电容器组的暂态过电压为电容器正常端电压的峰值，则电流的数值将是很大的。此时合闸涌流的幅值及合闸涌流的频率均与电网的短路容量 S_K 和电容器组的容量 Q_C 有关。电网的短路容量越大，则合闸涌流的幅值和频率越高；电容器组的容量越大，则合闸涌流的幅值和频率越低。当涌流超过电容器组额定电流峰值10倍时，对电容器是不利的，为此应使 $\dfrac{S_K}{Q_C}\leqslant 100$。

此外，当同一母线上接有两组电容器，其中一组已运行，而投入另一组电容器时，在电容器组合闸瞬间，除电网向其充电形成合闸涌流之外，已运行的电容器组也向其放电，使合闸涌流的幅值和频率均较单独投入一组电容器时大。

由于合闸涌流的频率很高，对其他电气设备有一定危害。如产生的机械应力可能使开关的灭弧室遭到破坏，频率很高的涌流通过电流比较小的电流互感器时，而感应出很高的电动势，可能使一次绕组的层间绝缘击穿，而损坏电流互感器。

为防止电容器组合闸涌流造成的危害，可采用下列措施：

1）在电流互感器一次线圈的两端，装设一组0.4kV的阀形避雷器，以便限制合闸涌流在一次线圈上产生的感应过电压。

2）在电容器组中串入小电抗值的电感器。

3）如果两组电容器分别接在两段母线上，则合第二组电容器前，应切断母线的联络开关，以避免在一组电容器运行的情况下再投入第二组电容器。

4）尽量减少电容器组的投切次数。

2. 电容器的运行

（1）运行中电容器的监视

1）运行电压不准高于允许值，表4-3是电力电容器的过电压标准。

表4-3 电力电容器的过电压标准

电压形式	允许过电压倍数	最大持续时间	原因
工频	1.10	长期	系统电压波动
	1.15	30min	系统电压波动
	1.20	5min	轻负荷时的电压升高

（续）

电 压 形 式	允许过电压倍数	最大持续时间	原　因
工频	1.30	1min	轻负荷时的电压升高
谐波	只要电流不超过额定电流的1.3倍	可以长期	电源电压波形畸变

2）电容器应在额定电流下运行，由于运行电压的升高或因电源电压的畸变，使电容器的电流增加时，不得高于其额定电流的1.3倍。

3）电容器的运行温度是保证电容器安全运行的重要条件，运行温度过高可能导致介质击穿强度的降低，或导致介质损耗的迅速增加，可能造成热击穿。另外，电力电容器一般都是靠空气自然冷却的，所以周围空气温度对电容器的运行有很大影响。

可以使用示温蜡片监视电容器的外壳温度，若蜡片熔化，说明电容器温度过高。这可能是电容器安装处通风不良或电容器内部有缺陷造成的。若是前者，应采取降温措施；若是后者，应将有缺陷的电容器拆除。

（2）电容器组的操作

1）电容器组的投入或退出运行。应根据系统无功分布及电压情况来决定，按调度规程执行。

2）全变电站停电，必须首先将电容器组的断路器断开，后拉开各路出线开关，恢复送电时，后合电容器组开关。这是因为变电站母线无负荷时，母线电压有可能超过电容器的允许电压，这对电容器是不利的。另外，应避免在变压器空载时投入电容器组以防止电容器组和空载变压器间可能产生的共振，使过电流保护动作。

3）电容器组开关跳闸后不允许强送。保护熔丝熔断后，在未查明原因之前，也不准更换熔丝送电。首先应根据保护动作情况进行全面分析判断，然后检查电容器开关，电流互感器、电缆及每台电容器，经验证非电容器本身故障，电容器开关跳闸是由于外部原因所致，方可试送。

4）电容器组切除后，必须经过3min后，方能再次合闸。因为在交流电路中，如果电容器带有电荷时合闸，则可能使电容器承受两倍左右额定电压的峰值，甚至更高，这对电容器是有害的。同时也会造成很大的冲击电流，使开关跳闸或熔丝熔断。之所以规程规定3min后方能再次合闸，是因为选择放电电阻是按30s内，电容器端电压小于65V。在3min内电荷一般是能放净的。

5）发生下列情况，应立即将电容器组停止运行：电容器爆炸；接头严重过热；套管严重放电闪络；电容器喷油或起火。

另外，当环境温度过高或电容器电流超过允许值时，也应将电容器组退出运行。

3. 电容器组的维护

（1）电容器组的巡视检查

运行中的电容器组的巡视检查，分日常巡视检查和定期检查两种。

电容器组的日常巡视检查，应由运行值班人员进行，每天至少一次，夏季气温较高和系统电压较高时，应增加巡视检查次数。

巡视检查的内容有：观察电容器外壳有无膨胀；电容器是否渗漏油；运行声音是否正常；有无放电火花；示温蜡片是否熔化；检查熔丝是否熔断；观察电压表、电流表和温度计的数值是否在允许范围内。

上述巡视检查，如不停电有困难时，可短时间停电进行。但停电后，除电容器自行放电外，还应进行人工放电，挂好接地线后，方可触及电容器。

当遇到开关跳闸、保护熔丝熔断、雷雨、风和雪等恶劣天气时，应立即进行检查。

电容器的定期检查，一般应每月进行一次。检查内容除日常巡视检查内容外，尚应检查下列内容：检查各部螺栓的紧固及接触情况；检查通风是否良好；检查放电回路是否完整；清扫外壳、套管及支架等处的灰尘；电容器外壳的保护接地是否可靠；检查电容器组继电保护装置的动作情况；检查电容器组的开关、引线是否可靠。

（2）电容器运行中的异常情况及其处理

1）渗、漏油。电容器长期的渗、漏油将使油箱内部缺油，元件上部容易受潮而击穿，使电容器损坏，缺油的程度可通过对外壳侧壁的敲击而发出的“空声”来判断。

电容器渗、漏油的部位多发生在瓷套管及金属外壳的焊缝处。

套管与金属外壳连接渗、漏油产生的原因，一般是搬运过程中不使用两侧的“搬环”，而提拿套管，致使法兰盘焊接处产生裂缝或是装配过程中拧螺钉用力过大，造成套管焊接处损伤以及产品制造过程中存在其他缺陷，均可能造成电容器出现渗漏油。另外电容器投入运行后，温度变化剧烈，内部压力增加，促使渗漏油现象更为严重。

对于装配式套管由于结构上的特点，有轻微渗油现象，并不影响其使用，一般适当拧紧上部螺母即可解决，否则应拆开套管的外瓷件用汽油将零件拭净，更换耐油胶垫，并涂以环氧树脂等胶合剂再行紧固。对于采用焊接套管的电容器渗油，要加以补焊，补焊时要防止由于温度过高引起银层脱落。

金属外壳的焊缝渗油一般发生在下底及上盖边缘处、外壳滚焊处、上盖注油孔处、上盖地线端子、铭牌及两侧搬运把手点焊处等。轻微的渗油可用钎焊解决，除上盖注油孔用松香作焊剂外，其他部位可用氯化锌作焊剂。缺油注油时应将原油倒出，用真空注油，若元件未露出油面，只需添加合格油至规定的油面。

2）外壳膨胀(鼓肚)。电容器的外壳膨胀是常见故障之一，是电容器发生故障和故障前的征兆。由于其内部电介质在电压作用下发生游离，使介质分解而析出气体或者由于部分元件击穿，电极对外壳放电等均会使介质析出气体，这些气体在密封的外壳中，将使其压力增高，引起外壳膨胀，运行中发现凡有外壳膨胀现象，应查明原因，予以消除。膨胀严重者，应立即停止使用，以防事故扩大。

3）瓷绝缘表面闪络。由于瓷套管表面污秽，可能引起放电，在污秽严重地区，特别是在天气条件恶劣(如雷雨、雪)或遇有各种内、外过电压和系统谐振的情况下，均可造成瓷绝缘表面污秽闪络事故，造成电容器损坏和开关跳闸。因此，对运行中的电容器组应进行定期的清扫、检查。对污秽严重地区应采取相应措施，防止发生瓷绝缘表面闪络现象。

4）异常响声。电容器在运行过程中不应发出特殊的响声。运行中的“滋滋”声或“咕咕”声是电容器内部绝缘崩溃的先兆，应立即停止运行。

5）电容器温度过高。电容器的温度超过允许值，可能有以下原因：电容器室设计的不合理或电容器间摆放的不合理造成通风不良；电容器长时间过电压运行；整流元件造成的高次谐波电流的影响，致使电容器过电流；由于电容器长期运行后，介质老化，介质损耗不断增加等。

电容器长期超过允许温度运行，会导致绝缘老化而击穿、电容器寿命缩短或损坏。因此必须采取相应的措施，将温度限制在允许范围内。若采取措施后，仍超过允许温度者，应将电容器停止运行。

6）电容器爆破。高压电容器，因内部无熔丝保护，当极间或极对外壳击穿时，与之并联运行的电容器组将对它进行放电。此时由于能量极大，可能造成电容器爆破，还可能导致电容器室发生火灾。为了防止电容器发生爆破事故，除加强运行中的巡视检查外，最主要的是在电容器内部元件中，安装保护装置，使电容器在酿成爆炸事故前及时从电网中切除。

4.5.3 无功功率的补偿

1. 无功功率补偿的基本概念

在电力系统中，不仅要输送有功功率，还要输送无功功率。

异步电动机、变压器和线路等都需要用无功功率来建立磁场，是无功功率的主要消耗者。一般工业企业消耗的无功功率中，异步电动机约占70%，变压器占20%，线路占10%，因此为了提高用户的自然功率因数，在设计时要合理选择电动机和变压器的容量，减少线路的感抗，以提高用电单位的自然功率因数，如选择电动机的经常负荷不低于额定容量的40%；变压器的负荷率宜在75%~85%，不低于60%。

除发电机是主要无功功率电源外，线路电容也产生一部分无功功率。但上述无功功率往往不能满足负荷对无功功率和电网对无功功率的需要，需要加装无功补偿设备。例如同期调相机、电力电容器等，它们都可以作为无功功率的电源。这里主要介绍用移相电容产生无功功率，进行无功补偿。

无功电源不足将使系统电压降低，从而损坏用电设备，严重的会造成电压崩溃，使系统瓦解而造成大面积停电。无功功率不足还会造成用电设备得不到充分利用，电能损耗增加，效率降低，限制线路的输电能力。因此用补偿的办法解决电网无功功率的不足，是保证电力系统安全经济运行的重要措施。

（1）用户的功率因数

减少用户消耗的无功功率，应提高用户的功率因数。用户的功率因数有瞬时功率因数、平均功率因数和最大负荷时的功率因数。

1）瞬时功率因数。瞬时功率因数是用户在某一时间的功率因数，借此了解无功功率变化情况，决定是否需要无功功率的补偿。瞬时功率因数可用功率因数表直接测出，或间接测量，由功率表、电压表和电流表的读数通过下式计算：

$$\cos\phi = \frac{P}{\sqrt{3}UI} \tag{4-15}$$

式中，P 为功率表测出的三相功率的读数(kW)；U 为电压表测出的线电压的读数(kV)；I 为电流表测出的线电流读数(A)。

2）月平均功率因数。可按下式计算：

$$\cos\phi = \frac{W_m}{\sqrt{W_m^2 + W_{rm}^2}} \tag{4-16}$$

式中，W_m 为一个月内消耗的有功电能，即有功电能表的读数，kW · h；W_{rm}为一个月内消耗的无功电能，即无功电能表的读数，kvar。

供电部门一般要求用户的月平均功率因数达到0.9以上。为鼓励用户提高功率因数，我国的供电企业每月向工厂收取电费，规定按月平均功率因数进行调整，月平均功率因数高于规定值，可减收电费，而低于规定值，则要加收电费。

3）最大负荷时功率因数。指在最大负荷即计算负荷时的功率因数。按下式计算：

$$\cos\phi = \frac{P_{30}}{S_{30}} \tag{4-17}$$

式中，P_{30}为有功计算负荷(kW)；S_{30}为视在计算负荷(kV·A)。

无功功率补偿，提高用户的功率因数。当用户的自然平均功率因数较低，单靠提高用电设备的自然功率因数达不到要求时，应装设无功功率补偿设备，以提高用户的功率因数。

若用户需要的有功功率P_{30}不变，加装无功补偿设备后，使无功功率Q_{30}减少到Q'_{30}，无功补偿概念的示意图如图4-37所示。若功率因数由$\cos\phi$提高到$\cos\phi'$，此时$Q_{30}-Q'_{30}$即为无功功率补偿的容量。从图4-37可以看出，加装了无功补偿设备后，视在功率由S_{30}减少到S'_{30}，相应的负荷电流I_{30}也减小，使系统的电能损耗和电压损耗相应的降低。

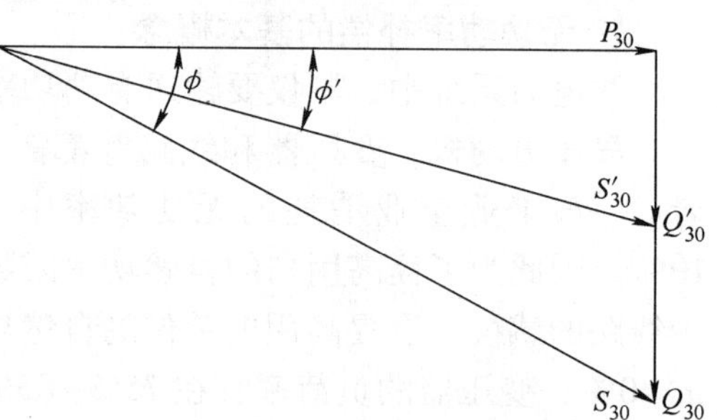

图4-37　无功补偿概念的示意图

由图4-37可知，将功率因数由$\cos\phi$提高到$\cos\phi'$须装设无功补偿装置(并联电容器)的容量为

$$Q_C = Q_{30} - Q'_{30} = P_{30}(\tan\phi - \tan\phi') = \Delta q_c P_{30} \tag{4-18}$$

式中，Δq_c为无功补偿率，$\Delta q_c = \tan\phi - \tan\phi'$。

在装设了无功补偿装置以后，无功计算负荷为

$$Q'_{30} = Q_{30} - Q_C \tag{4-19}$$

补偿后的视在计算负荷为

$$S'_{30} = \sqrt{P_{30}^2 + (Q_{30} - Q_C)^2} \tag{4-20}$$

可以看出，在变电站低压侧装设了无功补偿装置后，由于低压侧总的视在功率减少，从而可以使变压器的容量选的小一些。这不仅可降低变电站的初投资，而且可减少电费开支，因为我国供电企业对工业用户实行“两部电费制”：一部分称为基本电费，按所装用的主变压器容量来计费，规定每月按kV·A容量大小交纳电费，容量越大，基本电费越多，变压器的容量减小了，交纳的基本电费就减少了。另一部分称为电能电费，按每月实际耗用的电能kW·h来计算电费，并且要根据月平均功率因数的高低乘上一个调整系数。凡月平均功率因数高于规定值的，可减收一定百分率的电费；凡低于规定值的，则加收一定百分率的电费。

（2）提高功率因数的意义

1）减少线路的有功损耗。

$$\Delta P = 3I_{30}^2 R \times 10^{-3} = \frac{P_{30}^2 R}{U_N^2 \cos\phi^2} \times 10^{-3} \tag{4-21}$$

式中，U_N为电网电压(V)；R为线路每相电阻(Ω)；P_{30}为线路输送的有功功率(有功计算功率)(kW)；$\cos\phi$为线路负荷的功率因数。

从上式可知，线路的有功损耗与功率因数的平方成反比，功率因数提高后可大幅减少线路的有功损耗。如功率因数由 0.6 提高到 0.85，线路损耗降 50% 以上。

2）可以提高设备的利用率，提高电网的输送能力。电气设备的视在功率用下式表示：

$$S=\frac{P}{\cos\phi} \tag{4-22}$$

由上式可知，在保持 S 不变时，功率因数提高后，可多输送有功功率，或在 P 不变时，设备的安装容量可减少。这对新安装的设备，可减少初投资。

3）可使发电机按照额定容量输出。同步发电机在额定功率因数运行时，可以输出额定功率。如果低于额定功率因数运行，为了保证电枢电流和励磁电流不超过额定值，则发电机的视在容量和有功功率都要降低，使其运行于不经济状态。

4）可以改善电压质量。从式 $\Delta U=\frac{PR+QX}{U_{\mathrm{N}}}$ 可知，提高功率因数，减少线路输送的无功负荷 Q，ΔU 将有所下降。目前电网电压不足的主要原因是无功电源小。因此，为了提高电压质量，降低线路电压损耗，从电网的安全经济运行出发，做好无功补偿工作，实行无功功率就地补偿，并适当安装有载调压变压器是解决电压质量的关键所在。

2. 提高功率因数的方法

提高功率因数的实质，就是解决无功电源问题。采用降低各用电设备所需的无功功率改善其功率因数的方法，称为提高自然功率因数法；采用供应无功功率的设备以补偿用电设备所需的无功功率，以提高其功率因数的方法，称为提高功率因数的补偿法。

（1）提高自然功率因数的方法

自然功率因数即是未经补偿的实际功率因数。在供电系统中，使功率因数变化的主要用电设备是异步电动机和变压器。它们是提高自然功率因数的主要对象。

异步电动机需要的无功功率大部分用来建立磁场，即励磁功率，它主要决定于外加电压，与负荷大小没关系。当电压升高时，励磁功率增加，功率因数下降。

异步电动机在空载时，由于转速接近同步转速，转差率 $S\approx0$，所以转子电流近似等于零，定子从电网吸收的电流基本上用于建立磁场，所以功率因数很低。随着负荷的增加，定子电流中的有功分量增加，定子的功率因数也增高，当为额定负载时，功率因数为额定值。因此，异步电动机提高自然功率因数主要方法是提高负荷系数。另外，应尽量缩短空载运行的时间，必要时装设空载限制器：即电动机空载时自动将其从电源上切除。

如条件允许，一些设备可采用直流电源，如起重机和电焊机等，可以减少无功功率的需求量。

对新安装的电动机，要正确计算所需要的功率和起动转矩。负荷系数要合适，合理的选择电动机的容量，容量选择过大，不但会因为负荷系数低而使功率因数恶化，增加线路有功损耗，而且还会造成浪费。

与异步电动机相似，变压器所需要无功功率大部分是励磁功率，它决定于变压器的铁心结构、铁心材料、加工工艺和外加电压，与负荷大小无关，一般用空载电流占额定电流的百分数表示。当变压器的平均负荷低于额定负荷的 30% 时，应考虑更换合适的变压器。

（2）提高功率因数的补偿法

采用补偿方法来提高功率因数，一般有两方法：一是采用同期调相机；二是装设电力电容器。

同期调相机就是空载运行的同步电动机，在过励磁情况下，输出感性的无功功率。与采用电力电容器补偿相比，有功功率的单相损耗较大，具有旋转部分，需专人监护，运行时有噪声。但在短路故障时较为稳定，损坏后可修复继续使用。由于其容量较大，一般用于电力系统较大的变电站中，工业企业较少采用。在工业企业中普遍采用的补偿方法是装设电力电容器，与同期调相机相比，移相电力电容器有下列优点：无旋转部件，不需专人维护管理；安装简单；可以自动投切，按需要增减其补偿量；有功功率损耗小。缺点：电力电容器的无功功率与其端电压的平方成正比，因此电压波动对其影响较大；寿命短，损坏后不易修复；对短路电流的稳定性差；切除后有残留电荷，危及人身安全。

尽管如此，电力电容器的优点是主要的，所以依旧被广泛用来提高功率因数。

3. 采用电力电容器的补偿方式

所谓补偿方式，是指电力电容器安装在何处补偿效果好。为了使电网安全经济运行和保证用户的正常用电，首先要减少无功功率在电网中的流动。因此，无功补偿的基本原则就是就地补偿，尽量做到电网少送无功负荷。为此在用户处安装电力电容器，就地解决用户对无功功率的需要。企业的补偿方法可分个别补偿、分组补偿和集中补偿 3 种。

1）个别补偿。个别补偿主要用于低压配电网，电力电容器直接接在用电设备附近，如图 4-38 所示。这样可以减少对企业供电线路和企业内部低压配电线路及配电变压器无功功率的供应，相应地减少了线路和变压器中的有功电能损耗。适当地配置低压电容器，可以减少车间线路的导线截面面积及变压器的容量，对已运行的线路和变压器，则可提高其输出容量，是最佳的补偿方法。其缺点是电容器的利用率低，投资大。另外，操作不当还可能产生自励现象而使电动机受到损坏。所以个别补偿只适用于运行时间长的大容量电动机，其所需要补偿的无功负荷很大，且由较长线路供电的情况。

2）分组补偿。将移相电容器接于车间的低压配电母线上，如图 4-39 所示。其特点是能补偿变电站低压母线前变压器的无功需要和所有有关高压系统的无功功率。因此补偿效果不如个别补偿好。但是这种补偿方式可以减小变压器的视在功率，可使主变压器的容量选得小一些。这种补偿方式在企业中使用得很普遍。

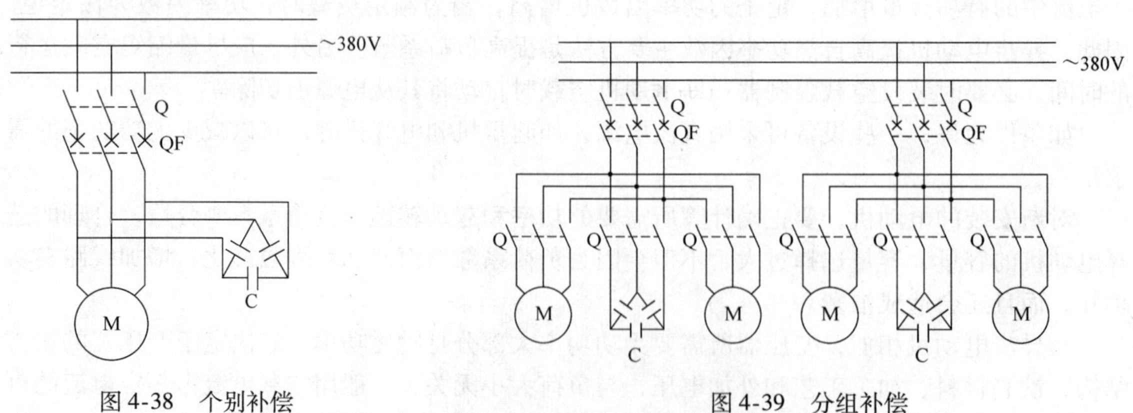

图 4-38　个别补偿　　　　图 4-39　分组补偿

3）集中补偿。将高压电容器组集中装设在工厂变配电站的 6 ~ 10kV 母线上。这种补偿方式只能补偿 6 ~ 10kV 母线以前线路上的无功功率，而母线后的厂内线路的无功功率得不到补偿，所以这种补偿方式的经济效果较前两种补偿方式差。但这种补偿方式的初投资较少，便于集中运行维护，而且能对工厂高压侧的无功功率进行有效的无功补偿，以满足工厂总功率因数的要求，所以这种补偿方式在一些大中型工厂中应用得相当普遍。

图4-40是接在变配电站6～10kV母线上的集中补偿的并联电容器组接线图。这里的电容器组采用△联结，装在成套电容器柜内。为了防止电容器击穿时引起相间短路，所以三角形联结的各边，均接有高压熔断器保护。

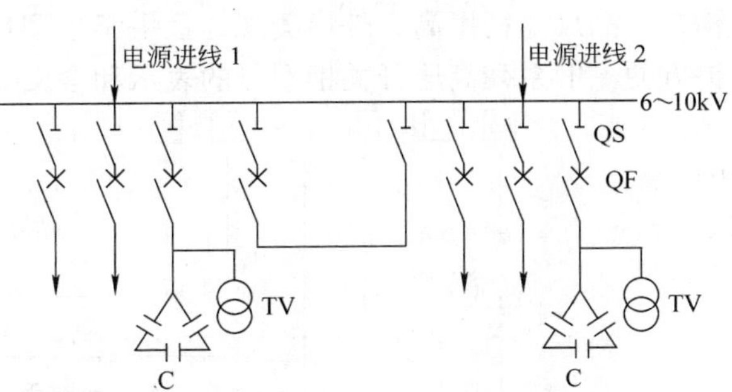

图4-40　集中补偿的并联电容器组接线图

由于电容器从电网上切除时有残余电压，残余电压最高可达电网电压的峰值，这对人是很危险的，因此必须装设放电装置，图4-40中的电压互感器TV一次线圈就是用来放电的。为了确保可靠放电，放电回路中不得装设熔断器或开关。室内高压电容器装置宜设置在单独的电容器室内，当电容器组的容量较小时，可设置在高压配电室内，但与高压配电装置的距离不得小于1.5m。

4. 电力电容器的控制

电容器组的控制方式分为手动投切和自动调节两种。对于补偿低压基本无功功率的电容器组以及常年稳定的无功功率和投切次数较少的高压电容器组，宜采用手动投切。为避免过补偿或在轻载时电压过高，造成某些用电设备损坏等，宜采用自动投切。由于高压电容器组采用自动补偿时对电容器组回路中的切换元件要求较高、价格贵、检修困难，所以当在采用高、低压自动补偿效果相同时，宜采用低压自动补偿装置。

4.6 成套配电装置

成套配电装置是由制造厂制造的各种开关柜组合而成的，是成套供应的设备。开关电器、测量仪表、保护设备、母线和辅助设备都装在封闭或半封闭的柜中，在制造厂中装配完成。成套配电装置是变、配电站中的重要元件之一。在接收和分配电能过程中，成套配电装置起着重要的作用：①在电力系统正常工作状态时，起着接收和分配电能的作用；②在系统故障时，起着保护、切断故障、迅速恢复正常运行的作用。发电机、变电器、电动机往往要通过配电装置相互联系，以6～10kV配电装置为例：35～110kV总降压变电站的变压器将35～110kV电压降为6～10kV电压，由6～10kV配电装置接收，再把电能分配给6～10kV用电设备和车间变电站。由此可知，配电装置是供电系统中各元件相互联系过程中不可缺少的中间环节。

4.6.1 高压开关柜

高压开关柜也称为高压成套配电装置，是除进出线外，完全被金属外壳包住的开关设备。

高压开关柜分为半封闭式高压开关柜、金属封闭式高压开关柜和绝缘封闭式高压开关柜。3～35kV高压配电装置目前以选用金属封闭式高压开关柜为多数，金属封闭式开关柜又分为铠装式、间隔式和箱式 3 种类型。

金属封闭式开关柜仍以空气绝缘为主，有固定式和移出式两种。固定式高压开关柜结构简单，易于制造，相对成本较低，但尺寸偏大且不便于检修维护。移出式开关柜采用组装结构，产品尺寸精度高，外形美观，且手车小型化，主开关可移至柜外，手车可互换，检修维护方便。旧系列高压开关柜型号的表示和含义如下：

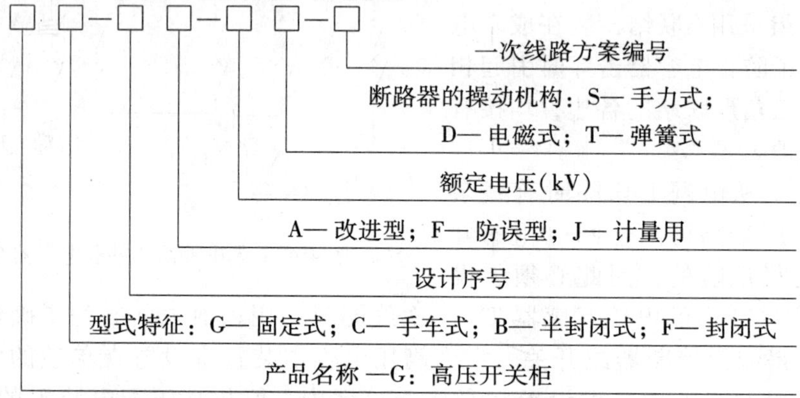

新系列高压开关柜型号的表示和含义如下：

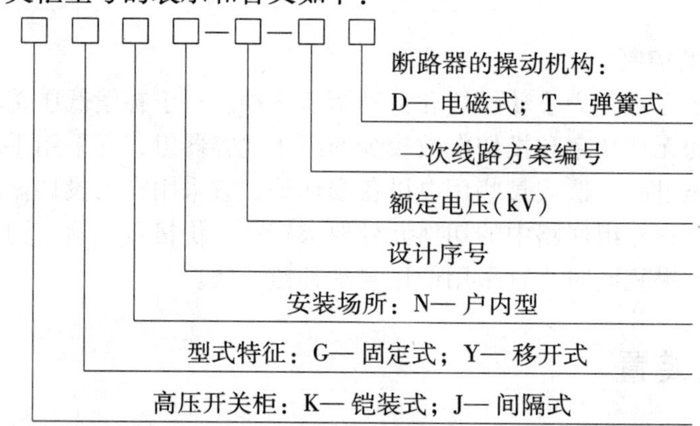

我国近年来生产的高压开关柜都是“五防型”的。所谓“五防”是指：①防止误分、合断路器；②防止带负荷分、合隔离开关；③防止带电挂地线；④防止带地线合闸；⑤防止误入带电间隔。

“五防”柜从电气和机械联锁上采取的措施，实现了高压安全操作程序化，防止了误操作，提高了安全性和可靠性。

1. 手车式(又称为移出式)高压开关柜

手车式高压开关柜的主要电气设备如断路器等是装在手车上的。断路器等设备需要检修时，可将故障手车拉出，然后推入同类备用手车，即可恢复供电，因此采用手车式开关柜，检修安全、供电可靠性高，但价格较贵。

GC-10(F)型手车式高压开关柜的外形结构图如图 4-41 所示。

2. 固定式高压开关柜

固定式高压开关柜由于比较经济，在一般中小型工厂中被广泛使用。但故障时需要停电检修，且停电时间长，且检修人员要进入带电间隔，检修好方可供电。GG-1A(F)型固定式高压开关柜的结构如图 4-42 所示。

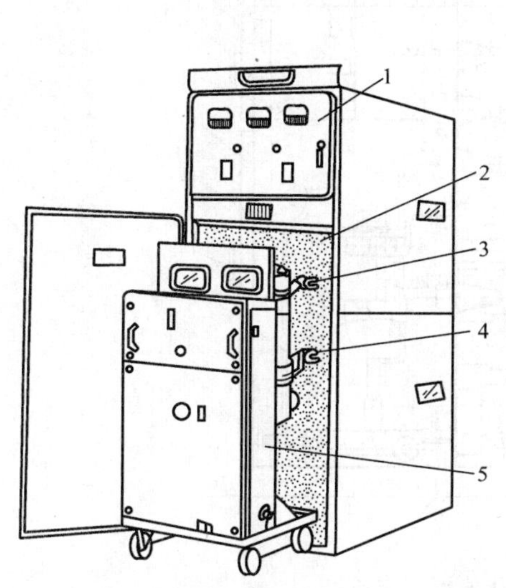

图 4-41 GC-10(F)型手车式高压开关柜的外形结构图（断路器手车柜未推入）

1—仪表屏 2—手车室 3—上触头（兼起离开关作用） 4—下触头（兼起离开关作用） 5—SN10-10 断路器手车

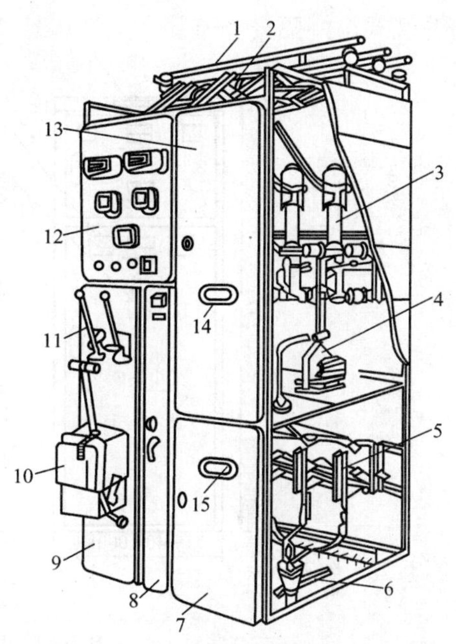

图 4-42 GG-1A(F)型固定式高压开关柜（断路器柜）的结构图

1—母线 2—母线隔离开关（QS1、GN8-10 型） 3—少油断路器（QF、SN10-10 型） 4—电流互感器（TA、LQJ-10 型） 5—线路隔离开关（QS2、GN6-10 型） 6—电缆头 7—下检修门 8—端子箱门 9—操作板 10—断路器的手动操作机构（CS2 型） 11—隔离开关的操动机构手柄 12—仪表继电器屏 13—上检修门 14、15—观察口

3. 间隔式开关柜

间隔式开关柜由固定式壳体和手车两部分组成。如图 4-43 为 JYN2-10 型开关柜的结构图。

壳体用钢板和绝缘板分隔成手车室、母线室、电缆室和继电器及仪表室 4 个部分。壳体的前上部位是继电器、仪表室，下门内是手车室及断路器的排气通道，门上装有观察窗，底部左下侧为二次电缆进线孔，后上部为主母线室，下封板与接地开关有联锁，仪表板上面装有电压指示灯，当母线带电时灯亮，表示不能拆卸上封板。

手车用钢板制成，底部装有四只滚轮，可以沿水平方向移动，还装有接地触头导向装置，脚踏锁定机构及手车杠杆推进机构的扣擎，手车分断路器手车、电压互感器手车、电流互感器手车、避雷器手车、所用变压器手车、隔离开关手车及接地手车七种。

4. 箱式开关柜

如图 4-44 为 XGN2-10 型箱式开关柜结构图。柜内分为断路器室、母线室、电缆室和继电器室，室与室之间用钢板隔开。

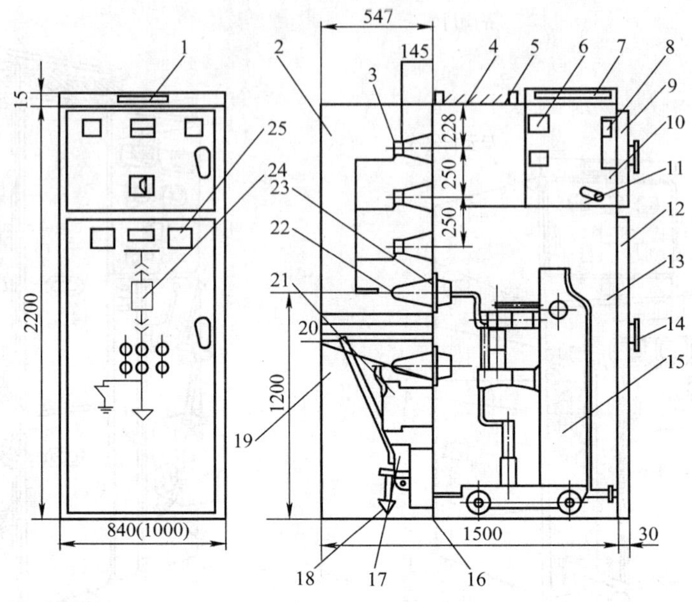

图 4-43　JYN2-10 型开关柜结构图

1—回路铭牌　2—主母线室　3—主母线　4—盖板　5—吊环　6—继电器　7—小母线室　8—电度表　9—二次仪表门　10—二次仪表室　11—接线端子　12—手车门　13—手车室　14—门锁　15—手车（图内为真空断路器手车）　16—接地主母线　17—接地开关　18—电缆　19—电缆室　20—下静触头　21—电流互感器　22—上静触头　23—触电盒　24—一次接线方案　25—观察窗

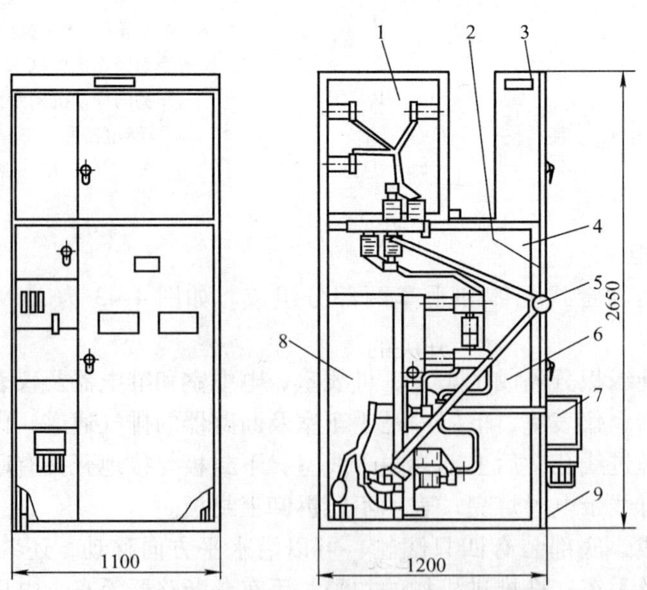

图 4-44　XGN2-10 型箱式开关柜结构图

1—母线室　2—压力释放通道　3—仪表室　4—组合开关室　5—手力操动及联锁构　6—主开关室　7—电磁或弹簧机构　8—电缆室　9—接地母线

断路器室在柜体下部，断路器的传动由拉杆和操动机构联挂，断路器上接线端子与电流互感器连接，电流互感器与上隔离开关的接线端子连接，断路器下接线端子与下隔离开关的接线端子连接，断路器室还设有压力通道。开关柜为双面维护，前面检修断路器室的二次元件，维护操作机构，机械联锁及传动部分，检修断路器。后面维护主母线和电缆终端。在断路器室和电缆室均装有照明灯。前方的下部设有和柜宽方向平行的接地铜母线。

5. 铠装式开关柜

图 4-45 为 KGN-10 型铠装式开关柜结构图。柜内以接地金属隔板分成母线室、断路器室、电缆室、操作机构室、继电器室及压力释放通道。

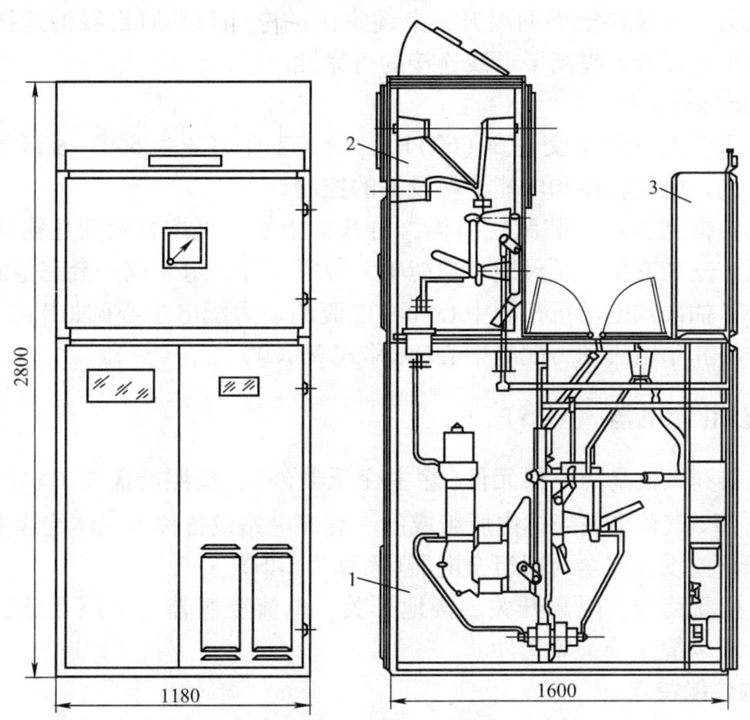

图 4-45　KGN-10 型铠装式开关柜结构图

1—断路器室　2—母线室　3—继电器室

母线室在柜体后上部，带接地开关的隔离开关也装在本室，以便于和主母线进行电气连接。断路器室在柜体后下部，断路器传动通过上下拉杆和水平轴在电缆室与操作机构连接，并设压力释放通道，断路器灭弧时，气体可经排气道将压力释放。

继电器室在柜体前上方，室内的安装板和端子排架，可装各种继电器。门上可安装指示仪表、信号开关、操作开关等。

电缆室在柜体的下部中间，除作电缆连接外，还装有带接地开关的隔离开关。

操作机构室在柜前下部，内装操作机构、合闸接触器、熔断器及联锁板等机构，其门上装有主母线带电指示灯。

4.6.2　低压成套配电装置

低压成套配电装置包括电压等级 1kV 以下的开关柜、动力配电柜、照明箱、控制屏

（台）、直流配电屏及补偿成套装置。这些设备作为动力、照明配电及补偿之用。

1. GCS 型低压抽出式开关柜

GCS 型低压抽出式开关柜适用于发、供电等行业，作为三相交流频率为 50(60)Hz、额定工作电压为 380(660)V、额定电流为 4000A 及以下的发、供电系统中的配电、电动机集中控制、电抗器限流、无功功率补偿。

开关柜构架采用全拼装和部分焊接两种结构形式。装置严格区分的各功能单元室、母线室、电缆室；各相同单元室互换性强；各抽屉面板有合、断、试验、抽出等位置的明显标识。母线系统全部选用 TMY-T2 系列硬铜排，采取柜后平置式排列的布局，以提高母线的动稳定、热稳定能力并改善接触面的温升；电缆室内的电缆与抽屉出线的连接采用专用连接件，简化了安装工艺过程，提高了母线连接的可靠性。

2. MNS 型低压开关柜

MNS 型低压开关柜适用于交流 50(60)Hz，额定工作电压为 660V 及以下的系统，用于发电、输电、配电、电能转换和电能消耗设备的控制。

该设备的基本框架为组合装配式结构，由基本柜架，再按方案变化需要，加上相应的门、封板、隔板、安装支架以及母线、功能单元等零部件，组装成一台完整的装置。可组合成动力配电中心、抽出式电动机控制中心和小电流的动力配电中心（抽出式 MCC）、可移动式电动机控制中心和小电流动力配电中心（可移式 MCC）。

4.6.3 全封闭组合电器（GIS）

将 SF_6 断路器和其他高压电器元件（除主变压器外），按照所需要的电气主接线安装在充有一定压力的 SF_6 气体金属壳体内所组成的一套变电站设备称为气体绝缘变电站，有时也可称为气体绝缘开关设备或全封闭组合电器（简称为 GIS）。

GIS 一般包括断路器、隔离开关、接地开关、电流互感器、电压互感器、避雷器、母线、进出线套管或电缆连接头等元件。

1. GIS 结构性能特点

1）由于采用 SF_6 气体作为绝缘介质，导电体与金属地电位壳体之间的绝缘距离大大缩小，因此 GIS 的占地面积和安装空间只有相同电压等级常规电器的百分之几到百分之二十左右。电压等级越高，占地面积比例越小。

2）全部电器元件都被封闭在接地的金属壳体内，带电体不暴露在空气中，运行中不受自然条件的影响，其可靠性和安全性比常规电器好得多。

3）SF_6 气体是不燃不爆的惰性气体，所以 GIS 属防爆设备，适合在城市中心地区和其他防爆场所安装使用。

4）只要产品的制造和安装调试质量得到保证，在使用过程中除了断路器需定期维修外，其他元件几乎无需检修，因而维修工作量和年运行费用大为降低。

5）GIS 设备结构比较复杂，要求设计制造安装调试水平高。GIS 价格也比较贵，变电站建设一次性投资大。但选用 GIS 后，变电站的土建费用和年运行费用很低，因而从总体效益讲，选用 GIS 有很大的优越性。

2. GIS 的母线筒结构

1）全三相共体式结构。三相母线、三相断路器和其他电器元件都采用共箱筒体。三相共箱式结构的体积和占地面积小、消耗钢材少、加工工作量小，但其技术要求高。额定电压越高，制造难度越大。

2）不完全三相共体式结构。母线采用三相共箱式，而断路器和其他电器元件采用分箱式。

3）全分箱式结构。包括母线在内的所有电器元件都采用分箱式筒体。

在 GIS 内部各电器元件的气室间设置使气体互不相通的密封气隔。设置气隔有以下好处：可以将不同 SF_6 气体压力的各电器元件分隔开；特殊要求的元件(如避雷器等)可以单独设立一个气隔；在检修时可以减少停电范围；可以减少检修时 SF_6 气体的回收和充放气工作量；有利于安装和扩建工作。

3. GIS 断路器的布置

GIS 断路器按布置方式可分为立式和卧式；断路器开断装置因断口数量不同有 2 ~ 3 个灭弧室(一个断口对应一个灭弧室)以及相应的开断装配；GIS 断路器操动机构基本为液压操动机构、压缩空气操动机构和弹簧操动机构。

4. GIS 的出线方式

GIS 的出线主要有以下 3 种：

1）架空线引出方式。在母线筒出线端装设充气(SF_6)套管。

2）电缆引出方式。在母线筒出线端直接与电缆头组合。

3）母线筒出线端直接与主变压器对接。此时连接套管一侧充有 SF_6 气体，另一侧则有变压器油。

5. 126-GLKA 型 GIS

126-GLKA 型 GIS 由日本三菱电机与中国西安高压开关厂联合制造，目前有额定电压为 126kV、252kV、363kV、550kV 的系列产品。

126kV 产品，其断路器及其他电器元件均采用三相共箱式结构；252kV 产品的母线为三相共箱式，而断路器等则采用分箱式构造；363 ~550kV 产品为全分箱式结构。

每一间隔单元配有就地控制柜，在就地控制柜上可对本间隔单元所有设备进行控制，也可通过切换开关切换到主控室的集控屏上进行控制。

断路器配用气动操动机构，采用集中供气的压缩空气系统，压缩空气系统一次压力为 3MPa，经减压阀降压至 1.5MPa 后供气到操动机构。

该型号 GIS 装用的断路器型号为 126-SFMT-320C，其灭弧室和瓷柱式 SFMT 型 SF_6 断路器的完全相同。所有三相灭弧室装在同一的金属筒体内，并用绝缘件分隔开，以减少邻相间的影响。126-SFMT 型断路器的结构如图 4-46 所示。断路器气室的 SF_6 气体额定压力为 0.5MPa，比其他电器元件气室高 0.1MPa。

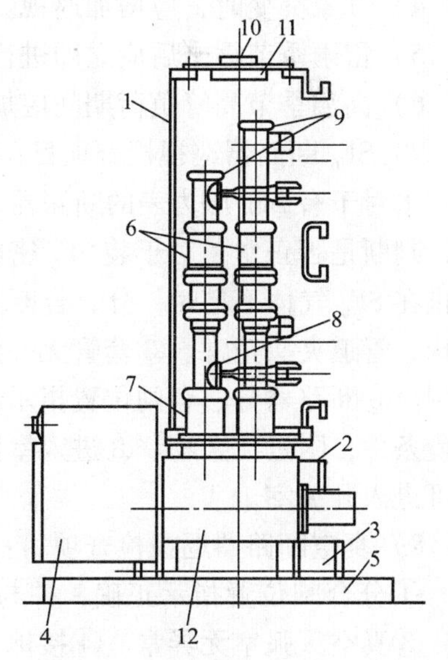

图 4-46　126-SFMT 型断路器的结构图

1—外壳　2—下壳　3—储气筒　4—操动机构　5—基座　6—灭弧室　7—绝缘支撑　8—下接头　9—上接头　10—防爆孔盖板　11—吸附剂　12—连接箱

4.7 电气设备的运行、维护及事故处理

4.7.1 断路器的运行、维护及事故处理

1. 高压断路器运行的一般要求

1）断路器应有制造厂铭牌，断路器应在铭牌规定的额定值内运行。

2）断路器的分、合闸指示器应易于观察且指示正确，油断路器应有易于观察的油位指示器和上下限监视线；SF_6 断路器应装有密度继电器或压力表，液压机构应装有压力表。

3）断路器的接地金属外壳应有明显的接地标志。

4）每台断路器的机构箱上应有调度名称和运行编号。

5）断路器外露的带电部份应有明显的相色漆。

6）断路器允许的故障跳闸次数，应列入《变电站现场运行规程》。

7）每台断路器的年动作次数应作出统计，正常操作次数和短路故障开断次数应分别统计。

2. 断路器的巡视检查

1）运行和备用的断路器必须定期进行巡视检查。巡视检查的周期：有人值班的变电站每天当班巡视不少于三次，无人值班的变电站每周不少于一次。

2）新投运断路器的巡视检查，周期应相对缩短，每天不少于四次。投运 72h 后转入正常巡视。

3）夜间闭灯巡视，有人值班的变电站每周一次，无人值班的变电站每月两次。

4）气象突变时，应增加巡视。

5）雷雨季节雷击后应立即进行巡视检查。

6）高温季节高峰负荷期间应加强巡视。

7）SF_6 断路器巡视检查项目：

①对于有 SF_6 压力表的断路器，每日定时检查 SF_6 气体压力，并和对应温度下的水平比较，判断是否正常；对于装 SF_6 密度继电器的断路器，应监视密度继电器动作及闭锁情况；禁止在 SF_6 气体不足时，分、合断路器。②断路器各部分及管道无异声（漏气声、振动声）及异味，管道夹头正常。③套管无裂痕，无放电声和电晕。④引线连接部位无过热，引线弛度适中。⑤断路器分、合闸位置指示正确，并和当时实际运行工况相符。⑥接地完好。⑦巡视环境条件，附近无杂物。⑧进入室内检查前，应先抽风 3min，使用监测仪器检查无异常后，方可进入开关室。

8）真空断路器巡视检查项目：

①分合闸位置指示正确，并与当时实际运行工况相符。②支持绝缘子无裂痕及放电异常。③真空灭弧室无异常。④接地完好。⑤引线接触部位无过热，引线弛度适中。

9）电磁机构巡视检查项目：

①机构箱门平整、开启灵活，关闭紧密。②检查分、合闸线圈及合闸接触器线圈无冒烟异味。③直流电源回路线端子无松脱，无铜绿或锈蚀。④定期测试合闸保险完好。

10）液压操作机构巡视检查项目：

①机构箱门平整，开启灵活，关闭紧密。②检查油箱油位正常，无渗漏油。③高压油的

油压在允许范围内。④每天记录油泵启动次数。⑤机构箱内无异味。⑥记录巡视检查结果，在运行记录簿上记录检查时间，巡视人员姓名和设备状况。

3. 断路器的正常运行和维护

1）断路器的正常运行维护项目：

①不带电部分的定期清扫。②配合停电进行传动部位检查，清扫瓷瓶积存的污垢及处理缺陷。③按设备使用说明书规定对机构添加润滑油。④SF_6 断路器根据需要补气，渗油处理。⑤检查合闸熔丝是否正常，核对容量是否相符。

2）执行了断路器正常维护工作后应记入记录簿待查。

4. 断路器的操作

1）断路器操作的一般要求如下：

①断路器经检修恢复运行，操作前应检查检修中的安全措施是否全部拆除，防误闭锁装置是否正常。②长期停运的断路器在正式执行操作前应通过远方控制方式进行试操作 2 ~ 3 次，无异常后方能按操作票拟定的方式操作。③操作前应检查控制回路、控制电源或液压回路均正常，储能机构已储能，继电保护和自动装置已按规定投入，即具备运行操作条件。④操作中应同时监视有关电压、电流、功率等表计的指示及红绿灯的变化。操作把手不宜返回太快(一般等红、绿灯变化正常后再放手)。⑤装有重合闸装置的断路器，正常操作分闸前，应先停用重合闸。⑥当液压机构正在打压时，不得操作断路器。⑦当断路器故障跳闸与规定允许次数只差 1 次时，应将重合闸装置停用，如已达到规定次数，应立即安排检修，不应再将其投入运行。

2）正常运行的断路器操作时应注意检查 SF_6 断路器的气体压力在规定的范围内。

3）操作断路器时操作机构应满足：

①电磁机构在合闸操作前，检查合闸母线电压、控制母线电压均在合格范围。②操作机构箱门关好，栅栏门关好并上锁，脱扣部件均在复归位置。③SF_6 断路器压力正常。④液压机构压力正常。

4）运行中断路器几种异常操作的规定：

①电磁机构严禁用杠杆或千斤顶进行带电合闸操作。②无自由脱扣的机构严禁就地操作。③液压操作机构，如因压力异常导致断路器分、合闸闭锁时，不准擅自解除闭锁进行操作。

5）断路器故障状态下的操作规定：

①断路器运行中，由于某种原因造成 SF_6 断路器气体压力异常(如突然降至零等)，严禁对断路器进行停、送电操作，应立即断开故障断路器的控制(操作)电源，及时采取措施，将故障断路器退出运行。②分相操作的断路器操作时，发生非全相合闸，应立即将已合上相拉开，重新操作合闸一次，如仍不正常，则应拉开已合上相，切断该断路器的控制(操作)电源，查明原因。③分相操作的断路器操作时，发生非全相分闸，应立即切断控制(操作)电源，手动将拒动相分闸，查明原因。

5. 断路器的异常运行和事故处理

(1) 运行中的不正常现象及处理

1）运行人员在断路器运行中发现任何不正常现象(液压机构异常、SF_6 气压下降或有异声,分合闸指示不正确等)时，应及时予以消除，不能及时消除的，报告上级领导并记入相应运行记录簿和设备缺陷记录簿内。

2）运行人员若发现设备有威胁电网安全运行且不停电难以消除的缺陷时，应向值班调度员汇报，及时申请停电处理，并报告上级领导。

（2）断路器有下列情形之一者，应立即申请停电处理

1）套管有严重破损和严重放电现象。

2）SF_6 气室严重漏气发出操作闭锁信号(或气压低于下限)。

3）真空断路器出现真空破坏的“咝咝”声。

4）液压机构压力降低，操作闭锁。

（3）电磁操作机构常见的异常现象及可能的原因

1）拒绝合闸。

①操作电源及二次回路故障(直流电压低于允许值,熔丝熔断,辅助接点接触不良,二次回路断线,合闸线圈或合闸接触器线圈烧坏等)，如将操作开关的手柄置于合闸位置信号灯不发生变化，可能是操作回路断线或熔断器熔断造成的。②操作把手返回过早。③机械部分故障(机构卡死,连接部分脱扣等)，如：跳闸信号消失，合闸信号灯发光，但随即熄灭而跳闸信号灯复亮。这可能是机械部分有故障而使锁住机构未能将操作机构锁在合闸位置造成的。应注意，当操作电压过高时也会发生这种现象，此时由于合闸时产生强烈的冲击，因此也会产生不能锁住的现象。④SF_6 开关因气体压力降低而闭锁。⑤SF_6 开关弹簧机构合闸弹簧未储能。⑥液压机构压力降低至不许合闸。

2）拒绝分闸。

①操作电源及二次回路故障(熔丝熔断、辅助接点接触不良、跳闸线圈断线等)。②机械部分故障。③SF_6 开关因气体压力降低而闭锁。④液压机构压力降低至不许分闸。

3）电磁操作机构区别电气和机械故障，在操作时应检查直流合闸电流，如没有冲击说明是电气故障，有冲击则说明是机械故障。

（4）液压操作机构的异常现象及处理

1）压力异常，压力表压力指示与贮氮筒行程杆位置不对应，与正常情况比较，压力表指示过高为液压油进入贮氮筒，压力表指示低为贮氮气泄漏；此时应申请调度，停用该开关。

2）液压机构低压油路漏油，如果压力未降低至闭锁位置，可以短时维护运行；但要注意监视油压的变化并申请调度停用重合闸装置，汇报上级主管部门安排处理。有旁路的应申请调度用旁路开关代替运行，无旁路开关的应由调度安排停电处理。

3）液压机构压力降低至不允许分合闸时，不许用该开关进行解列、闭合环网操作。

4）液压机构压力降低，但未降至不许油泵打压的压力时(液压机构无漏油现象)，可以手动打压至正常；降低至不许打压位置时则不允许打压；压力降低至不许分合闸时，应立即对开关采取防慢分措施(用卡子卡住该开关传动机构并将该开关转为非自动)，汇报调度用旁路开关代替其运行或直接停用。

5）液压机构压力过高，若压力过高而电触点压力表的电接点可以断开油泵电源时，应适当放压至合格压力，汇报主管部门安排处理；若压力过高而压力表电接点未能断开油泵电源时，运行人员应立即拉开油泵电源隔离开关，放压至合格压力，通知上级主管部门立即处理。

（5）断路器的事故处理

1）断路器动作分闸后，运行人员应立即记录故障发生时间，停止音响信号，并立即进行事故巡视检查，判断断路器本身有无故障。

2）断路器对故障分闸线路实行强送后，无论成功与否，均应对断路器外观进行仔细检查。

3）断路器故障分闸时发生拒动，造成越级分闸，在恢复系统送电时，应将发生拒动的断路器脱离系统并保持原状，待查清拒动原因并消除缺陷后方可投入。

4）SF_6 断路器发生意外爆炸或严重漏气等事故，运行人员接近设备要慎重，室外应选择从顺风向接近设备，室内必须要通风，戴防毒面具，穿防护服。

4.7.2 高压隔离开关的运行与检修

1. 隔离开关的操作方法

1）无远方操作回路的隔离开关，拉动隔离开关时保证操作动作正确，操作后应检查隔离开关位置是否正常。

2）必须正确使用防误操作装置，运行人员无权解除防误操作装置(事故情况除外)。

3）手动操作，合闸时应迅速果断，但不宜用力过猛，以防震碎瓷瓶，合上后检查三相接触情况。合闸时发生电弧应将隔离开关迅速合上，禁止将隔离开关再行拉开。拉隔离开关时应缓慢而谨慎，刚拉开时如发生异常电弧应立即反向，重新将隔离开关合上。如已拉开，电弧已断，则禁止重新合上。拉、合隔离开关结束后，机构的定位闭锁销子必须正确就位。

4）电动操作，必须确认操作按钮分、合标志，操作时看隔离开关是否动作，若不动作要查明原因，防止电动机烧坏。操作后，检查刀片分、合角度是否正常并拉开电动机电源隔离开关。倒闸操作完后，拉开电动操作总电源隔离开关。

5）带有地刀的隔离开关，主、地隔离开关间装有机械闭锁，不能同时合上，但都在断开位置时，相互间不能闭锁。这时应注意操作对象，不可错合隔离开关，防止事故发生。

2. 运行中的故障及处理

（1）隔离开关拒分拒合或拉合困难

1）传动机构的杆件中断或松动、卡涩。如销孔配合不好、间隙过大、轴销脱落、铸铁件断裂、齿条啮合不好、卡死等，无法将操动机构的运动传递给主触头。

2）分、合闸位置限位止钉调整不当。合闸止钉间隙太小甚至为负值，未合到后位被提前限位，至使合不上。间隙太大，当合闸力很大时易使四连杆杆件超过死点，致使拒分。

3）主触点因冰冻、熔焊等特殊原因导致拒分或分闸困难。

4）电动机构电气回路或电动机故障造成拒分拒合。

在检修时要仔细观察，对症修理，切勿在超过死点的情况下强行操作。

（2）隔离开关接触部分过热

隔离开关及引线接点温度一般不得超过70℃，极限温度为110℃。接触部分过热由下列原因引起：

1）接触表面脏污或氧化使接触电阻增大，应用汽油洗去脏污，铜表面氧化可用00号砂布打磨；镀银层氧化可用25%的氨水浸泡20min后用清水冲洗干净，再用硬尼龙刷除去表面硫化银层，复装后接触表面涂一层中性凡士林。

2）触头调整不当，接触面积小，应重新调整触头接触面，使符合要求。

3）触头压紧弹簧变形或压紧螺栓松动，应更换弹簧或重新压紧螺栓，调整弹簧压力。

4）隔离开关选择不当，额定电流偏小，或负荷电流增加，应更换额定电流较大的隔离开关。

3. 隔离开关的检修

（1）小修周期和项目

隔离开关的小修一般每年进行一次，污秽严重的地区应适当缩短周期。小修的项目：绝缘子的清洁检查；传动系统和操动机构的清洁检查；导电部分的清洁检查、修理；接线端子及接地端的检查；分、合闸操作试验。

（2）大修周期和项目

隔离开关每3~5年或操作达1000次时应进行一次大修，大修的项目：支柱绝缘子及底座的检修；导电回路的检修；传动系统和操动机构的检修；除锈刷漆；机械调整与电气试验。

（3）支柱绝缘子及底座的检修

1）清除隔离开关绝缘子表面的灰尘、污垢，检查有无机械损伤，若有不影响机械和电气强度的小片破损，可用环氧树脂加石英砂调好后修补，损伤严重的应予更换。

2）检查绝缘子与铁件间的胶合剂是否发生了膨胀、收缩、松动。若有不良情况，应重新胶合或更换。

3）污秽地区的支柱绝缘子表面应涂防污涂料。

4）检查并旋紧支持底座或构架的固定螺钉；接地端、接地线应完整无损，紧固良好。

（4）导电回路的检修

1）清洁并检查导电部分有无损坏变形，轻微变形应予以校正，严重的应更换。对工作电流接近于额定电流的隔离开关或因过热而更换新触头、导电系统拆动较大的隔离开关，应进行接触电阻试验。

2）用汽油清洗掉触头部分的脏污和油垢，用细砂布打磨掉触头接触表面的氧化膜，用锉刀修整烧斑，在接触表面涂上中性凡士林。检查所有的弹簧、螺钉、垫圈、开口销、屏蔽罩、软连接、轴承等应完整无缺陷，修整或更换损坏的元件，轴承上润滑油后装复。

3）清洗打磨闸刀接线端子，涂一层电力复合脂后上好引线。

4）合闸后用0.05mm×10mm塞尺检查触头的接触压力，对于线接触的应塞不进去。

（5）传动部分的检修

1）清扫掉外露部分的污垢与锈蚀，检查拉杆、拐臂、传动轴等部分应无机械变形或损伤，动作灵活，销钉齐全，配合适当。

2）活动部分的轴承、涡轮等处用汽油清洗掉油泥后加钙基脂或注入适量的润滑油。

3）根据检查情况决定是否吊起传动支柱绝缘子，对下面的转动轴承进行清洗并加润滑脂。

4）检查动作部分对带电部分的绝缘距离应符合要求。限位器、制动装置应安装牢固，动作准确。

（6）操动机构的检修

手动操动机构：

1）检查手动操动机构紧固情况，特别是当操作机构装在开关柜中的钢板或夹紧在水泥构架上时，应检查有无受力变位的情况，发现异常应进行调整或加固。

2）清洁检查手动机构，对转动部分加润滑脂或润滑油，操作应灵活无卡涩。

3）调节机构的机械闭锁达到：隔离开关在合闸位置时闭锁接地开关不能合闸；接地开

关在合闸位置时闭锁隔离开关不能合闸。

电动操动机构：

1）用手柄操动机构检查各转动部件是否灵活，辅助开关和行程开关能否正常切换。

2）检查所有连接件，紧固件有无松动现象。

3）检查齿轮、丝杠、丝母、联板拐臂等主要部件应无损坏变形，清洁后在各转动部分加润滑脂。

4）检查电动机完好无缺陷，转向正确，必要时给电动机轴承加润滑脂。

5）检查控制回路导线，二次电气元件有无损坏，接触是否良好，分合闸指示是否正确。

（7）辅助开关的检修

辅助开关除了保证其动作灵活，分、合接触可靠之外，对于常开接点应调整在隔离开关主刀闸与静触头接触后闭合；常闭接点则应在主刀闸完成其全部分闸过程的75%以后打开。

检修完毕，当确信机构各部件一切正常，并在转动摩擦部位都涂上工业用润滑油脂后，先用手动操作3～5次，然后接通电源，试用电动操作。

对隔离开关的支持底座（构架）、传动、操动机构的金属外露部分除锈刷漆，根据需要涂相色漆等。

4.7.3 高压负荷开关的运行与检修

1）负荷开关在出厂前均应经严格装配、调整并试验。所以一般情况下，其内部不需要再拆卸或重新调整。

2）投入运行前，绝缘子应擦干净，各传动部分应涂润滑油。

3）进行几次空载分、合闸的操作，触头系统和操作机构均无任何呆滞、卡死现象。

4）接地处的接触表面要处理打光，保证良好接触。

5）母线固定螺栓要拧紧，同时负荷开关的连接母线要配置合适，不应使负荷开关受到来自母线的机械应力。

6）负荷开关只能开断和关合一定的负荷电流，一般不允许在短路情况下操作。

7）负荷开关的操作一般比较频繁，注意并预防紧固零件在多次操作后松动，当总的操作次数达到规定限度时，必须检修。

8）当负荷开关与熔断器组合使用时，高压熔件的选择，应考虑在故障电流大于负荷开关的开断能力时，必须保证熔件先熔断，然后负荷开关才能分闸。

9）产气式负荷开关在检修以后，要按规定调整行程和闸刀张开角度。

10）对油负荷开关要经常检查油面，缺油时要及时注油，以预防在操作时引起爆炸，并为了安全起见应将这种油浸式负荷开关的外壳可靠接地。

4.8 电气设备的在线监测与状态检修

4.8.1 在线监测与状态检修简介

1. 在线监测

随着传感器技术、信号处理技术和计算机技术的发展与应用，利用集中型绝缘在线监测装置连续自动监测电容型设备的绝缘参数、监测环境温度、湿度和系统谐波、频率以及电压等非绝缘参数。监测所得的参数经相应的软硬件综合处理分析，可以对被监测设备绝缘状况进行定时监视或随时监视。当有设备出现“超标”等异常情况时，监测系统即自动报警，将绝缘监测从预防性阶段进入到预知性阶段，使测试的有效性、灵敏性都大大提高。集中连续自动的绝缘在线监测是高压电力设备绝缘监测的重要手段，也是输变电设备开展状态检修的重要支撑。

在线监测系统的主要功能可实现对电力设备状态的参数的连续检测、传输和分析处理，并可实现越限报警，提示设备可能有潜在缺陷。根据设备状态综合诊断的需要，在线监测系统一般宜采取对多个状态量进行综合监测的方式，并可扩展到整个变电站。

根据实际需要，在线监测系统可以进行必要的简化配置，如仅由检测单元组成，有的就地显示监测数据（如避雷器泄漏电流表）或通过通信设备实时远距离传输数据，或定期采集数据等。

2. 设备状态的划分

对于在线监测系统所获取的数据，应进行综合比较和分析，并结合被监测设备的运行工况、交接和预防性试验数据及其他信息，进行全面分析。进行设备状态评价。

设备状态一般分为正常状态、注意状态、异常状态和严重状态 4 种。

1）正常状态。运行数据稳定，所有状态量符合标准，各种状态量处于稳定且在规程规定的标准限值以内，可以正常运行的设备状态。

2）注意状态。单项或多项状态量变化趋势朝接近标准限值方向发展，但未超过标准限值，仍可以继续运行，但应加强运行监视的设备状态。

3）异常状态。单项重要状态量变化较大，或几个状态量明显异常，已接近或略微超过标准限值，已影响设备的性能指标或可能发展成严重状态，设备仍能继续运行但应监视运行，并应适时安排停电检修的设备状态。

4）严重状态。单项或几个重要状态量严重超过标准限值，需要尽快安排停电检修的设备状态。

3. 状态检修

状态检修也称预知性维修，这种维修方式以设备当前的实际工作状况为依据，通过高科技状态检测手段，识别故障的早期征兆，对故障部位、故障严重程度及发展趋势做出判断，从而确定最佳维修时机。状态检修是当前耗费最低、技术最先进的维修制度。它为设备安全、稳定、长周期和全性能优质运行提供了可靠的技术和管理保障。

4.8.2 断路器的在线监测与状态检修

1. 断路器的状态监测技术在状态检修中的应用

断路器状态检修的关键在于如何及时、正确判断其性能和状态，利用在线监测技术，可以实时监测和预知断路器的运行状态，可以为断路器的状态检修提供最真实可靠的依据，这样就可以实现预警式检修，减少停电、操作和检修次数，降低检修和维护费用，彻底摆脱因无检测手段所呈现的不该修也修、该修不修和出事以后再修的盲目被动局面，将断路器的隐患控制在萌芽之中，保证断路器始终处于完好状态。目前，断路器在线监测的项目和内容主要如下：

1）灭弧室电寿命的监测与诊断动作次数，记录合分次数，过限报警。

2）断路器机械故障的监测与诊断。合分线圈电流波形监测，非正常报警；合分线圈回路断线监测；监测行程，过限报警；监测合分速度，过限报警；机械振动，非正常报警；液压机构打压次数、打压时间、压力等；弹簧机构弹簧压缩状态，电动机工作时间；关键部分的机械振动信号；合、分闸线圈电流和电压波形的测检；线圈电流波形中包含着许多操作系统的信息，如线圈是否接通、铁心是否卡涩，脱扣是否有障碍等；合、分闸机械特性，即速度、过冲、弹跳和撞击等，这些信息也可从振动波形中有所反映；控制回路通断状态监测。这对因辅助开关不到位或接触不良造成的拒分、拒合故障有很好的监视作用；操动机构储能完成状况。

3）绝缘状态的监测。绝缘状态的监测内容包括气体断路器气体压力、过限报警、闭锁和局部放电。

4）载流导体及接触部位温度的监测。

5）SF_6其他成分的监测。主要通过测量SF_6分解物判断内部的放电情况。

2. 断路器状态信息的收集

重视断路器运行、检修、试验数据的积累和分析，建立一套包括交接验收资料、运行情况资料和检修试验资料等在内完整的断路器档案，并最好实行设备档案的动态计算机化管理，是开展断路器状态检工作的基础和首要任务。SF_6高压断路器状态信息必备的资料如下：

1）原始资料。原始资料主要包括铭牌参数、型式试验报告、订货技术协议、设备建造报告、出厂试验报告、运输安装记录以及交接验收报告等。

2）运行资料。运行资料主要包括运行工况记录信息、历年缺陷及异常记录、巡检情况和不停电检测记录等。

3）检修资料。检修资料主要包括检修报告、例行试验报告、诊断性试验报告、部件更换情况和检修人员对设备的巡检记录等。

4）其他资料。其他资料主要包括同型（同类）设备的运行、修试、缺陷和故障的情况、其他影响断路器安全稳定运行的因素等。

3. 断路器状态的划分、评价

正确判断断路器的状态是选择断路器检修策略的依据。断路器及其部件的状态分为正常状态、注意状态、异常状态和严重状态4种。断路器状态的评价分为部件状态评价和整体状态评价两部分。

1）断路器部件状态评价。断路器有许多功能相对独立的单元或部件，它们能否正常运行直接影响断路器的健康运行水平。根据SF_6高压断路器各部件的独立性，将断路器分为本体、操动机构（液压机构、弹簧机构、液压弹簧机构和气动机构等）、并联电容和合闸电阻4个部件，所以对断路器的状态量的评价可按部件划分分别确定评价标准。

2）断路器整体状态评价。断路器整体评价应综合其部件的评价结果。当所有部件评价为正常状态时，整体评价为正常状态；当任一部件状态为注意状态、异常状态或严重状态时，整体评价应为其中最严重的状态。

4. 断路器状态检修

SF_6 高压断路器检修工作分为A类检修、B类检修、C类检修和D类检修4类。其中A、B、C类是停电检修，D类是不停电检修。

1）A 类检修。A 类检修指 SF_6高压断路器的整体解体性检查、维修、更换和试验，主要包括现场全面解体检修、返厂检修。

2）B 类检修。B 类检修指 SF_6高压断路器局部性的检修，部件的解体检查、维修、更换和试验，主要包括本体部件更换、本体主要部件处理和操动机构部件更换等。

3）C 类检修。C 类检修指对 SF_6高压断路器常规性检查、维护和试验，主要包括预防性试验、清扫、维护、检查和修理等。

4）D 类检修。D 类检修指对 SF_6高压断路器在不停电状态下进行的带电测试、外观检查和维修，主要包括绝缘子外观目测检查、对有自封阀门的充气口进行带电补气工作、对有自封阀门的密度继电器/压力表进行更换或校验工作、防锈补漆工作（带电距离够的情况下）、更换部分二次元器件。

根据设备评价结果，制定相应的检修策略。

1）正常状态的检修策略。被评价为正常状态的 SF_6高压断路器，执行 C 类检修。C 类检修可按照正常周期或延长一年并结合例行试验安排，在 C 类检修之前可以根据实际需要适当安排 D 类检修。

2）注意状态的检修策略。被评价为注意状态的 SF_6高压断路器，执行 C 类检修。如果单项状态量扣分导致评价结果为注意状态时，应根据实际情况提前安排 C 类检修。如果仅由多项状态量合计扣分导致评价结果为注意状态时，可按正常周期执行，并根据设备的实际状况，增加必要的检修或试验内容。在 C 类检修之前可以根据实际需要适当加强 D 类检修。

3）异常状态的检修策略。被评价为异常状态的 SF_6高压断路器，根据评价结果确定检修类型，并适时安排检修。实施停电检修前应加强 D 类检修。

4）严重状态的检修策略。被评价为严重状态的 SF_6 高压断路器，根据评价结果确定检修类型，并尽快安排检修。实施停电检修前应加强 D 类检修。

断路器状态检修策略选择的应注意：

1）装配和安装不当是造成断路器运行故障的因素。因此，断路器状态监测应从产品监造、施工监理及验收等环节抓起，重视工频耐压等出厂、交接试验，确保投入运行的断路器处于良好状态。

2）SF_6气体含水量超标，应更换吸附剂、换气及干燥处理。必要时检查气室密封情况。

3）SF_6气体异常泄漏时，应确定泄漏部位，视漏气严重程度作相应处理。

4）断路器等效开断次数或累计开断的电流值达到标准极限值时应进行解体检修，必要应更换本体。

5）当断路器等效开断次数或累计开断电流值达到极限值时，应进行预防性试验项目检查，在有条件的情况下，可采用新的测试方法检查触头磨损量，如动态电阻测试等以确定是否需要检修。

6）当断路器、隔离开关导电回路电阻值超标时，应结合负荷电流、故障电流大小及开断情况综合分析，以确定开关的检修方案。

7）当断路器操动机构机械特性不符合要求，或机构变形、卡涩、拒分、拒合，泄漏、压力异常及其他缺陷时，应检查、检修机构。

8）断路器投运一年后，宜进行机械特性的测试和机构的维护、检查，开关本体大修时，应同时进机构的检修，机构的全面检查一般不宜超过 5 年，或按制造厂要求进行。

4.9 技能训练

4.9.1 真空断路器的检修与调整

1. 实训目的

1）学会真空断路器灭弧室的真空度的检测及判断。

2）学会灭弧室触头电磨损值的检测和处理。

3）学会对真空断路器机械参数进行调整。

2. 灭弧室的真空度及其检测

根据相关规定，要满足真空灭弧室的绝缘强度，真空度不能低于 6.6×10^{-2}Pa，工厂制造的新真空灭弧室要达到 7.5×10^{-4}Pa。

真空灭弧室中真空度降低的原因有以下两点：①真空灭弧室漏气：主要是焊缝不严密，或密封部位存在微小漏孔造成的。②真空灭弧室内部金属材料含气释放：在真空灭弧室最初几次电弧放电过程中，触头材料中会释放出一些残存的微量气体，使真空度在一段时间内降低。当这些微量气体排尽之后，真空度将维持不变。

由于真空灭弧室中真空度会降低，当其降低到一定数值时会影响它的工作性能和耐压水平，因此必须在真空断路器大、小修时测量真空灭弧室的真空度。目前采用的检测方法有以下几种。

（1）火花计法

火花计法比较简单，但只适合玻璃管真空灭弧室。使用时，让火花探漏仪在灭弧室表面移动，在其高频电场作用下内部有不同的发光情况。可以根据发光的颜色来判断真空灭弧室的真空度。若管内有淡青色辉光，则其真空度在 10^{-3}Pa 以上；如呈蓝红色，说明管子已经失效；如管内已处于大气状态，则不会发光。

（2）观察法

观察法只能对玻璃管真空灭弧室进行观察并作定性的判断。真空灭弧室内部真空度降低时常常伴随着电弧颜色改变及内部零件氧化，所以应定期对玻璃外壳的真空灭弧室进行观察。正常时内部的屏蔽罩等部件表面颜色很明亮，在开断电流时发出的是蓝色弧光；当真空度降低严重时，内部的屏蔽罩等部件表面颜色就会变得灰暗，开断电流时发出的是暗红色弧光。

（3）工频耐压法

工频耐压法在检修中比较常用。对于真空断路器，要定期对断路器主回路对地、相间及断口进行交流耐压试验。检测方法如下：断路器处于分闸状态时，在触头间施加额定电压，如果真空灭弧室内部发生持续火花放电，则表明真空度严重降低，否则就表明真空度符合要求。对于真空度严重劣化的真空灭弧室，采用工频耐压法是一种简单有效的方法。

（4）真空度测试仪

相对以上方法，利用真空度测试仪定量测量真空度要准确得多，目前比较精确的方法是磁控法。主要使用的真空度测试仪有 VCTT-ⅢA 型和 ZKZ-Ⅲ型等。该方法较适用于制造厂对真空灭弧室的真空度的检测。

3. 灭弧室触头电磨损值的检测和处理

（1）触头电磨损原因及规定值

真空灭弧室的触头接触面经过多次开断电流后会逐渐被磨损烧灼（通常称为电磨损），触头厚度减小，波纹管行程变大，接触电阻增大，这对开关的灭弧性能和导电性能会产生不良影响。制造厂对各种型号真空灭弧室触头的电磨损值都有明确规定，当电磨损值达到规定时，灭弧室就不能继续使用。

（2）检测方法

真空断路器在第一次安装调试中应测量出动导电杆露出某一基准线的长度，并做好记录，以此作为原始参考。在以后每次检修时复核该长度，其值与第一次原始值之差就是触头的电磨损值。

也可通过定量的方法判断触头的电磨损值，也就是测量接触电阻。在检修时要测量导电回路的电阻，一般要求测量值不大于出厂值的1.2倍。

（3）处理方法

触头的电磨损值达到或超过规定值时（不超过2mm），必须更换真空管。更换时，最好三相一起更换，并把它们调整到规定的尺寸，通过相关试验后再使用。这是因为原来的触头已有磨损，真空管的波纹管由于安装尺寸的关系，与新管已经不一样了，不加以调整将降低波纹管的使用时间。如果触头的电磨损值未达到厂家规定值，或接触电阻明显增大但未超过规定，可对触头间隙进行调整后继续使用，但应检测灭弧室的真空度。如真空度不满足要求，应更换灭弧室。调节触头时要注意触头的弹跳，两者要协调考虑，寻找一个动态的平衡点。

4. 真空断路器机械参数的调整

（1）触头开距调整

1）触头开距对真空灭弧室的影响。触头开距指断路器在分闸状态时，灭弧室动、静触头间的距离。根据使用电压的不同，触头开距的选择一般为3～6kV开距为8～10mm，12kV开距为10～15mm，40.5kV开距为20～25mm。触头开距选择与触头材料也有关系。

触头开距对真空灭弧室绝缘影响很大，开距尺寸从零开始增大，绝缘水平也随之提高。当开距增大到某一数值后，绝缘水平的变化就不大了，若继续增大开距，将严重影响真空灭弧室的机构寿命。

2）触头开距调整方法。在灭弧室动、静触头刚接触时，参照灭弧室固定部件上的任意一点在动触杆上做一个标记，然后将动触杆分闸到位，参照固定部件同一点在动触杆上再做一个标记，动触杆上两个标记点之间的距离即为触头开距。旋转动触杆连接件来调整开距。对以橡胶垫、毡垫作为分闸定位的真空断路器，增加垫的厚度，可减小开距、反之则增大开距。

（2）压缩行程调整

真空灭弧室动触头由分闸位置运动与静触头接触后，触头弹簧被压缩的距离，称为压缩行程。压缩行程调整很重要，其重要性在于：①在一定程度的电磨损状态下，保证触头有较大的接触压力；②保证动触头合闸过程中的缓冲；③提高断路器分闸瞬间的速度，改善灭弧性能。

不同型号的真空断路器，在测量压缩行程时都有其指定的位置。通常用调节绝缘拉杆长度和操动机构输出连杆长度来调整单相或三相的压缩行程。

（3）分、合闸速度测试

断路器的分、合闸速度，一般是指触头在闭合前或分离后，一段行程内的平均速度。真空断路器在出厂前，分、合闸速度已由厂家调试合格，故在安装和检修中一般可不再测试，但出现下列情况之一时，必须进行测试：①更换了真空灭弧室；②重新调整了触头行程；③更换或改变了触头弹簧、分闸弹簧或弹簧机构的合闸弹簧；④操动机构或传动机构进行了解体检修。

由于真空断路器触头行程较小，通常采用附加触点配合机械特性测试仪或示波器来测量真空断路器分、合闸速度。

收紧分闸弹簧，可以提高分闸速度，但过多地收紧分闸弹簧，会导致断路器分闸末期受到大的机械冲击力并且降低合闸速度，所以在调试中要综合考虑这些因素。

（4）三相同期性调整

结合压缩行程调整，通过旋转动触杆连接，可以调整三相触头分、合闸时触头接触和分离时的同步性。

4.9.2 跌落式熔断器的操作

1. 实训目的

1）掌握跌落式熔断器的操作流程。

2）学会正确地操作方法，掌握操作要领安全注意事项。

2. 操作前的准备

1）填写检修工作票、倒闸操作票。

2）将变压器的负荷侧全部停电。

3）穿绝缘靴、戴绝缘手套及护目镜，使用绝缘杆，站在绝缘台垫上进行操作。

4）一人操作，一人监护。

3. 操作安全要点

1）送电操作时，先合两边相，后合中相。

2）停电操作时，先拉中相，后拉两边相。

3）有风时，先拉下风侧边相，后拉上风侧边相，防止弧光短路。

4. 更换熔丝的操作

1）取下熔丝管，RW3 型用绝缘杆顶静触头(鸭嘴)；RW4 及 RW7 型则拉熔丝管上端的操作环(即 3 顶、4 拉)。

2）打磨被电弧烧伤的熔丝管静、动触头。

3）调整熔丝管静、动触头的距离及紧固件，熔丝应位于消弧管的中部偏上处。

4）更换熔丝前应检查熔丝管与产气管是否良好无损伤，损坏应更换。

5）更换熔丝时应压接牢固，接触良好，防止造成机械损伤。

6）送电操作时，先用绝缘杆金属端钩穿入操作环，令其绕轴向上转到接近静触头的地方，稍加停顿，看到上动触头确已对准上静触头，迅速向上推，使上动触头与上静触头良好接触，并被锁紧机构锁在这一位置，然后轻轻退下绝缘杆。

4.9.3 电容器实训

1. 实训目的

1）学会电容器双极对外壳的绝缘电阻测量的方法。

2）掌握用电流电压表法测量电容器的电容量。

2. 实训项目

项目 1：双极对壳的绝缘电阻测定。

（1）操作步骤

1）绝缘电阻表的选用：低压电容器使用 1000V 绝缘电阻表，对于高压电容器采用 2500V 绝缘电阻表。

2）试验前先将电容器充分放电，确认电荷放净后，将套管擦干净。

3）所有引出线端子短路后接绝缘电阻表的“L”端子上，绝缘电阻表的“E”端子接在绝缘拉杆上。

4）将绝缘电阻表摇至额定转速(120r/min)后，绝缘拉杆触及电容器的外壳。

5）待表针稳定后，读取数值，即为双极对壳的绝缘电阻。

（2）注意事项

1）读数后，先将绝缘杆离开外壳，再停止转动绝缘电阻表。否则，由于电容器放电，可能将绝缘电阻表烧坏。

2）试验后应双极对地放电。

（3）结果分析及处理

1）对于新安装的电容器应大于 2000MΩ，对于运行中的电容器应大于 1000MΩ。

2）极对外壳绝缘电阻不合格的电容器，大部分是由于装配套管内部受潮引起的。因此，将外瓷套卸下，用干燥的布将外瓷套的内表面及内瓷套的外表面擦干净，消除潮气后，一般绝缘电阻是能恢复的。

项目 2：用电流电压表法测量电容器的电容值。

（1）操作步骤

用电流电压表法测量电容器的电容值如图 4-47 所示。

在被测电容器两端加低电压（~220V），测得电流 I_C，由 $X_C=\dfrac{U}{I_C}$可得：

$$C=\frac{I_C}{2\pi fU}\times 10^6 \tag{4-23}$$

式中，C 为测得的电容值（μF）；I_C 为电流表的读数（A）；U 为电压表读数（V）；f 为电源频率（Hz）。

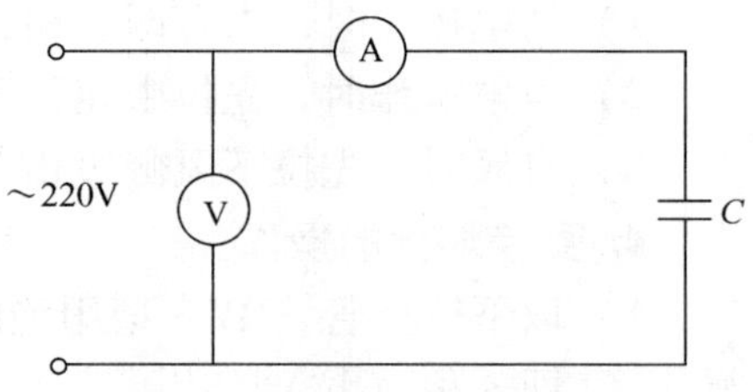

图 4-47 用电流电压表法测量电容器的电容值

（2）结果分析

电容器当其介质受潮，元件击穿短路时，电容器的电容值将比正常值大；出现严重缺油等其他缺陷时，电容值可能减少。因此，电容器电容值的变化反映了电容器的内部状态。为此规程规定：电容器电容值的偏差不应超过额定值的 ±10%。

（3）注意事项

1）对于元件串有熔丝保护的电容器，投入运行后，由于允许在断开部分不良并联元件的情况下，继续运行，对这种电容器运行中测得的电容值只供对比用，不作为是否可以继续运行的判断依据。

2）某些已经击穿的电容器元件，在长期停止运行后，由于油蜡的作用，击穿点呈高阻状态。因此，用低压进行电容测量时，效果不够灵敏。若用高压测量就比较理想，因为在高压作用下，故障元件会被击穿。因此，测量的电容值能反映客观实际。为使低电压测量电容器的电容值能反映实际情况，最好在电容器从电网切除后，24h 内进行测量，或在耐压试验后立即进行。

4.10 习题

1. 电弧的产生和熄灭需要经过哪几个过程？
2. 开关电器中常用的灭弧方法有哪些？
3. 高压断路器有何作用？按灭弧介质的不同可分为哪几类？
4. 简述断路器、隔离开关和负荷开关的区别。
5. 断路器的操动机构有几种？
6. 简述高压隔离开关的用途。
7. 熔断器有何作用，如何分类？
8. 母线有何作用？常用的母线材料有几种，各有何特点？
9. 常用的硬母线的型式有几种，各有何特点？
10. 简述电压互感器的作用、工作原理和特性。
11. 电压互感器在运行中应注意什么？
12. 电压互感器的电压比误差和角误差是什么？
13. 电压互感器的准确度等级是什么？如何表示？
14. 电压互感器常见的故障有哪些？简述其产生的原因。
15. 简述电流互感器的作用、工作原理和特性。
16. 电流互感器在运行中应注意什么？
17. 电流互感器的准确度等级是什么？如何规定？
18. 造成电流互感器开路的原因有哪些？有何现象？如何处理？
19. 分别画图说明电压互感器和电流互感器的接线方式。
20. 在电力系统中电容器的作用是什么？电容器端电压的变化对电容器有何影响？
21. 电容器在接线时必须注意什么问题？在什么情况下电容器需要串联？什么情况下电容器需要并联？
22. 单相电容器组接入三相电网时采用三角形联结或星形联结？各有何特点，国标上如何规定？
23. 电容器为何要加装放电电阻？对放电装置有何要求？
24. 运行中的电容器组的过电压是如何引起的？
25. 什么是电容器的合闸涌流？
26. 电容器组的操作应注意哪些问题？
27. 电容器运行中的异常情况有哪些？如何处理？
28. 提高功率因数的方法有几种？提高功率因数的补偿方法有几种？各有何特点？
29. 高压开关柜的“五防”指的是什么？
30. 你了解的高压开关柜有几种？高压开关柜中装有哪些配电元件？

31. 全封闭组合电器(GIS)是什么？包括哪些元件？
32. 真空灭弧室的真空度的检测方法有几种？
33. 操作跌落式熔断器时，应注意什么？
34. 什么是在线监测？设备的状态如何划分？
35. 如何根据断路器的设备评价结果，制定相应的检修策略。

第 5 章　电力变压器

5.1　电力变压器的工作原理、结构和联结组别

5.1.1　概述

电力变压器是应用电磁感应原理，在频率不变的基础上将电压升高或降低，以利于电力的输送、分配和使用。

电力变压器按功能分为升压变压器和降压变压器两大类。在电力系统中，发电厂用升压变压器将电压升高；工厂变配电站用降压变压器将电压降低。二次侧为低压的降压变压器，称为“配电变压器”。

电力变压器按容量系列分为 R8 系列和 R10 系列两大类。所谓 R8 系列，是指容量等级是按 $R8=\sqrt[8]{10}\approx1.33$ 倍数递增的。在我国，旧的变压器容量等级采用此系列，如 100kV · A、135kV · A、180kV · A、240kV · A、560kV · A、750kV · A、1000kV · A 等。所谓 R10 系列，是指容量等级是按 $R10=\sqrt[10]{10}\approx1.26$ 倍数递增的。R10 系列的容量等级较密，便于合理选用，这是国际电工委员会(IEC)推荐的，我国新的变压器容量等级均采用此系列，如100kV · A、125kV · A、160kV · A、200kV · A、250kV · A、315kV · A、400kV · A、500kV · A、630kV · A、800kV · A、1000kV · A 等。

电力变压器按相数分为三相变压器和单相变压器。电力变压器按结构形式分为心式变压器和壳式变压器。如果绕组包在铁心外围，则为心式变压器。如果铁心包在绕组外围，则为壳式变压器。电力变压器按调压方式分为无励磁调压和有载调压变压器两大类。电力变压器按绕组数目分为双绕组变压器、三绕组变压器和自耦变压器 3 大类。电力变压器按冷却介质分为干式、油浸式和充气式等。而油浸式变压器又分为油浸自冷式、油浸风冷式和强迫油循环风冷(或水冷)式 3 种类型。电力变压器按其绕组导体材料分为铜绕组和铝绕组两种类型。由于铜绕组变压器在运行中损耗低，现在被广泛应用，如 S9 系列。电力变压器的全型号的表示和含义如下：

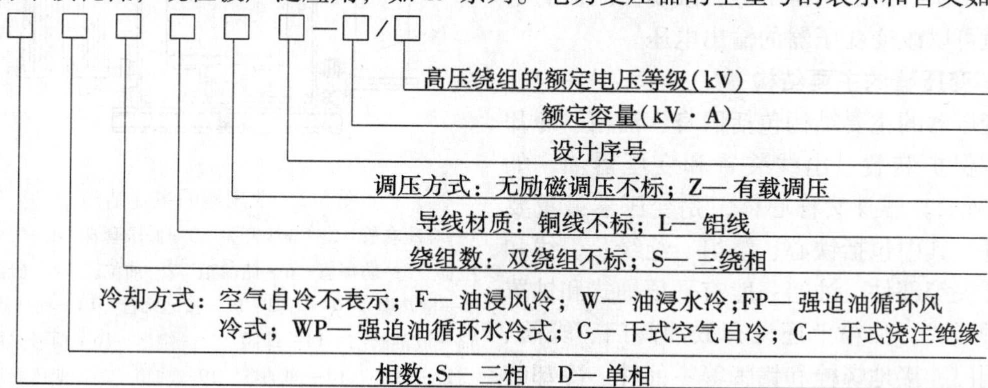

5.1.2 电力变压器的工作原理和结构

1. 变压器的工作原理

图5-1是单相变压器原理图，在闭合的铁心上，绕有两个互相绝缘的绕组，和电源连接的一侧称为一次侧绕组；输出电能的一侧称为二次侧绕组。当交流电源电压 $\dot{U}_1$ 加到一次侧绕组后，就有交流电流 $\dot{I}_1$ 通过该绕组，在铁心中产生交变的磁通 $\boldsymbol{\Phi}$。交变的磁通 $\boldsymbol{\Phi}$ 沿铁心闭合，同时交链一、二次绕组，在两个绕组中分别产生感应电动势 $\dot{E}_1$ 和 $\dot{E}_2$。如果二次侧带负载，便产生二次电流 $\dot{I}_2$，即二次绕组有电能输出。

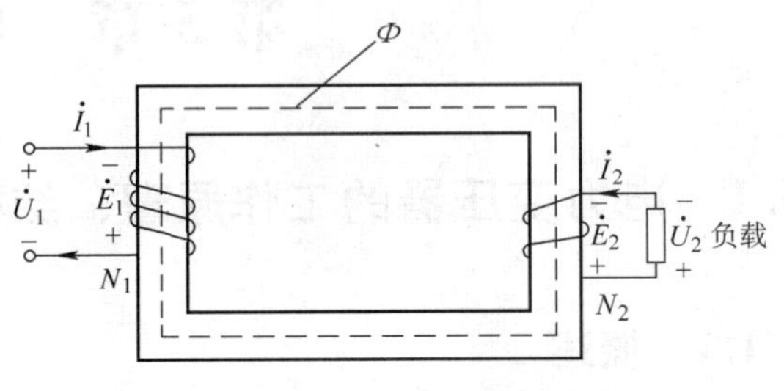

图5-1 单相变压器原理图

由电磁感应定律可得：

一次绕组的感应电动势的有效值为

$$E_1 = 4.44 f N_1 \Phi_m \tag{5-1}$$

二次绕组的感应电动势的有效值为

$$E_2 = 4.44 f N_2 \Phi_m \tag{5-2}$$

式中，f 为电源的频率(Hz)；N_1、N_2 分别为一、二次侧绕组的匝数；Φ_m 为主磁通的最大值。

由式(5-1)、(5-2)可得：

$$\frac{E_1}{E_2} = \frac{N_1}{N_2} \tag{5-3}$$

由式(5-3)可知：变压器一、二次侧的感应电动势之比等于一、二次绕组的匝数之比。

若忽略变压器一、二次侧的漏电抗和电阻，可以近似的认为

$$\frac{E_1}{E_2} = \frac{N_1}{N_2} \approx \frac{U_1}{U_2} = K \tag{5-4}$$

式(5-4)中，K 为变压器的电压比。

可见，变压器一、二次侧的匝数不同，导致一、二次绕组的电压不等，改变变压器的电压比就可以改变变压器的输出电压。

2. 变压器的主要结构

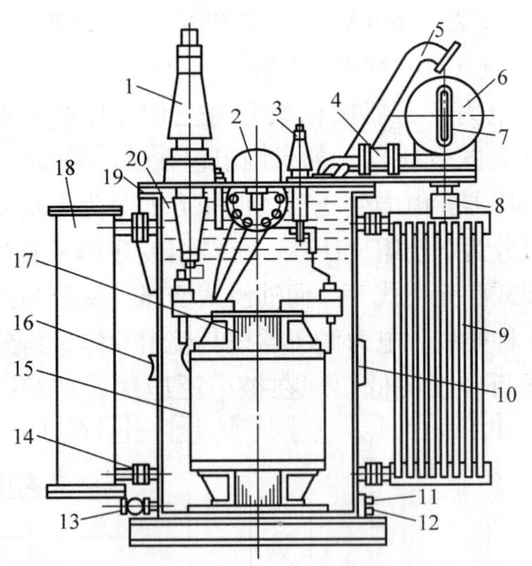

图5-2 变压器的主要结构

1—高压套管 2—分接开关 3—低压套管 4—气体继电器 5—防爆管 6—储油柜 7—油位表 8—吸湿器 9—散热器 10—铭牌 11—接地螺栓 12—油样阀门 13—放油阀门 14—蝶阀 15—绕组 16—信号温度计 17—铁心 18—净油器 19—油箱 20—变压器油

变压器的主要结构包括器身、油箱、冷却装置、保护装置、出线装置和变压器油，如图5-2所示。器身又称心体，是变压器最重要的部件，其中包括铁心、绕组、绝缘、引线和分接开关等部件。油箱一般有平顶桶式和钟罩式两种形式。油箱上还设有放油阀门、蝶阀、油样阀门、接地螺栓和铭牌等零部件。冷却装

置包括散热器。保护装置包括储油柜、油表、防爆管、吸湿器、测温元件、热虹吸（净油器）和气体继电器等。出线装置包括高、中、低压套管等。

器身装配成一个整体后放在油箱之中，再装上以上辅助装置，充满变压器油即完成了一台变压器的组装。

（1）铁心

变压器的铁心结构有两种：壳式和心式。心式又叫内铁式，是变压器最常采用的结构，目前绝大多数变压器都是心式。铁心是变压器的磁路部分，为了提高磁路的磁导率并降低铁心的涡流损耗，铁心采用了高磁导率的冷轧硅钢片，其厚度一般为0.25～0.35mm。硅钢片表面涂有绝缘漆，主要是为了降低涡流损耗。铁心截面的形状，如图5-3所示。小容量变压器一般做成方形或长方形，而大型变压器为了节省材料并充分利用线圈内圆空间，铁心的截面都做成多级阶梯形，并在铁心中设计了散热油道，将铁心运行时产生的热量通过循环绝缘油带走，达到良好的冷却效果。

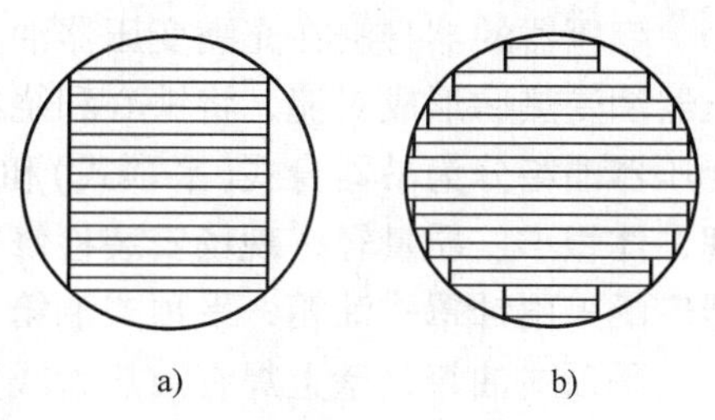

图5-3　铁心截面的形状

a）矩形截面　b）多级阶梯形截面

变压器在运行中，必须将铁心及各金属零部件可靠地接地，与油箱同处于地电位。铁心及固定铁心的金属结构、零部件均处在强电场中。在电场作用下，它们具有较高的对地电位。如果不接地，它与接地的夹件及油箱之间有电位差产生，在电位差的作用下，易引发放电和短路故障，短路回路中将有环流产生，使铁心局部过热。另外，在绕组周围铁心及各零部件几何位置不同，感应出来的电动势大小不同，若不接地，也会存在持续性的微量放电。持续的微量放电及局部放电现象将逐步使绝缘击穿。因此，通常是将铁心的任意一片及金属构件经油箱接地。硅钢片之间的绝缘用来限制涡流的产生，其绝缘电阻值很小，不均匀的电场、磁场产生的高压电荷可以通过硅钢片从接地处流向大地。

铁心不允许多点接地，多点接地会通过接地点形成回路在铁心中造成局部短路，产生涡流，使铁心发热，严重时将使铁心绝缘损坏甚至导致变压器烧毁。

（2）绕组

绕组是变压器的电路部分，它一般用绝缘的铜或铝导线绕制。绕制线圈的导线必须包扎绝缘，最常用的是纸包绝缘，也有采用漆包线直接绕制的。电力变压器的绕组采用同心式结构，如图5-4所示。同心式的高、低压绕组同心地套在铁心柱上，在一般情况下，总是将低

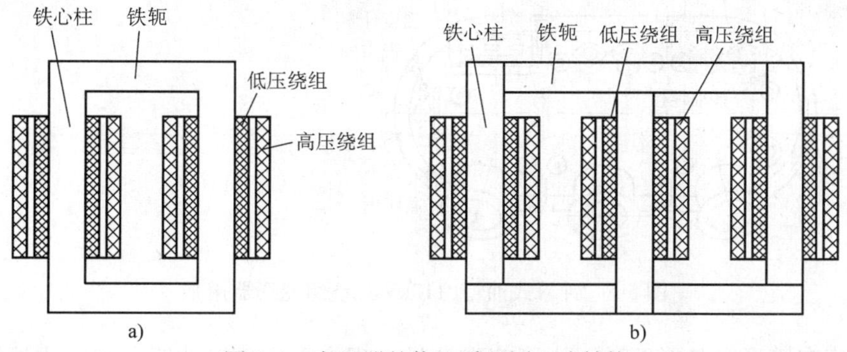

图5-4　变压器的绕组采用同心式结构

a）单相　b）三相

压绕组放在靠近铁心处，将高压绕组放在外面。高压绕组与低压绕组之间，以及低压绕组与铁心柱之间都留有一定的绝缘间隙和散热通道(油道或气道)，并用绝缘纸筒隔开。绝缘距离的大小，取决于绕组的电压等级和散热通道所需要的间隙。当低压绕组放在靠近铁心柱时，因为低压绕组与铁心柱所需的绝缘距离比较小，所以绕组的尺寸可以缩小，整个变压器的体积也就减小了。

(3) 油箱与冷却装置

变压器的器身浸在充满变压器油的油箱里。变压器油既是绝缘介质，又是冷却介质，变压器油受热后形成对流，将铁心和绕组的热量带到箱壁及冷却装置，再散发到周围空气中。变压器油箱分为吊器身式(平顶式)和吊箱壳式(钟罩式)两种形式。由于钟罩式油箱结构合理，体积小、质量轻，现场安装检修不需要重型起吊设备和运输工具等优点，现在大型变压器广泛采用钟罩式油箱，平顶式油箱只在容量较小的变压器中使用。

平顶式油箱箱壁上焊有散热管或安装散热管和净油器的连接法兰盘、吊耳、放油阀门、铭牌等；箱盖上开有安装各种附件的孔洞；底部设有带运输滚轮的底座。

钟罩式油箱分为上节油箱和下节油箱两部分，在上节油箱的拱顶及箱壁上焊有装设各个附件的结构件，如高、中、低压套管升高座；高、中压分接开关的升高座；散热器管接头及挂钩、电风扇支持件及进线盒底板、储油柜连接法兰及柜脚固定板、端子箱及配线底板、铭牌底板、吊拌等，钟罩式油箱如图5-5所示。

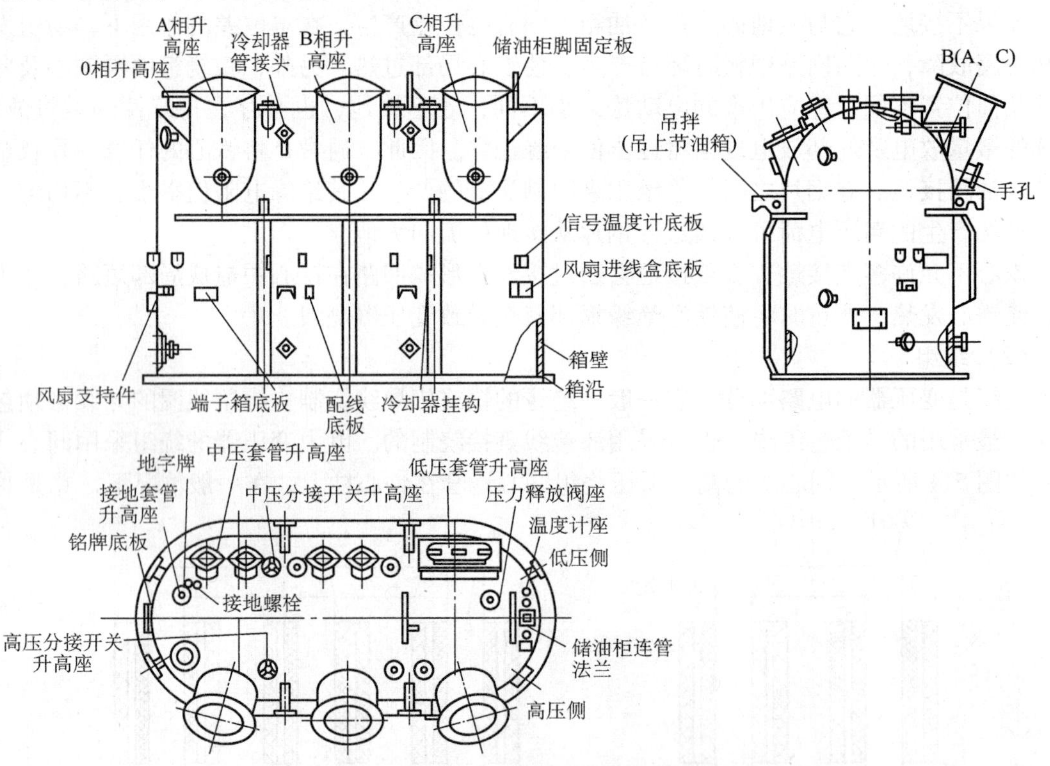

图5-5　钟罩式油箱(110kV三绕组变压器用)

下节油箱有槽形和盘形两种，为了节省油量，现多采用槽形油箱，钟罩式油箱的下节油箱外形如图5-6所示。在下节油箱上布置有器身定位件、放油阀门管接头、密封胶条护框、吊轴及吊轴槽钢、小车底板、接地螺栓等。在下节油箱底部还焊有 4 或 8 块千斤顶底板，用于顶起变压器。

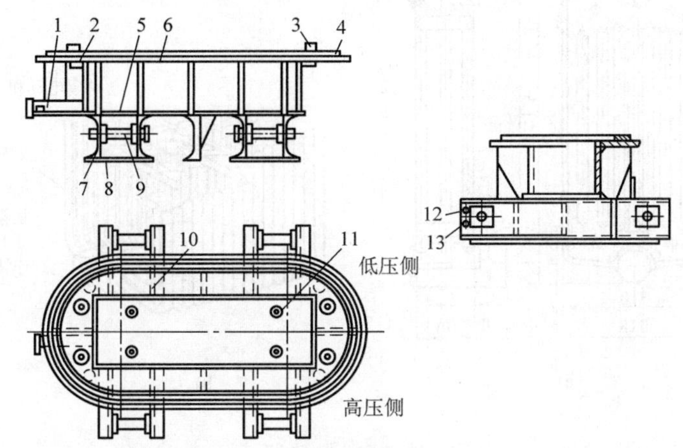

图 5-6 钟罩式油箱的下节油箱(用于 110kV 级)外形图

1—放油门管接头 2—千斤顶底板 3—器身定位件 4—密封胶条护框 5—槽底 6—箱底 7—吊拌槽钢 8—小车底板 9—吊轴 10—槽壁 11—定位钉 12—地字牌 13—接地螺栓

变压器的冷却装置用于将变压器在运行中产生的热量散发出去，以保证变压器安全运行。变压器的冷却介质有变压器油和空气，干式变压器直接由空气进行冷却，油浸变压器通过油的循环将变压器内部的热量带到冷却装置，再由冷却装置将热量散发到空气中。

变压器线圈及铁心通过油流进行冷却的方式有 3 种：自然循环冷却、强迫油循环冷却和强迫油循环导向冷却。

自然循环冷却是依靠油的温差形成自然循环带走热量的一种冷却方式：铁心和线圈产生的热量将油加热，温度高的油向上流动，温度低的油向下流动，热油流上升经散热器冷却后又降到底部，如此往复循环，不断带走线圈和铁心的热量，使其冷却。这种冷却方式效果一般，只适用于小型变压器。

强迫油循环冷却方式是通过潜油泵使油产生压力，在油道中加速流动，把线圈和铁心中的热量带走，进行冷却。这种冷却方式虽大大地提高了冷却效果，但由于油流按自然阻力进行分配，方向性不强，冷却效果还不算最好。

强迫油循环导向冷却方式针对以上问题，在强迫油循环的基础上增设了油流的导向装置，使油流按照指定的路线快速流过线圈和铁心的冷却油道，迅速带走热量，进一步提高了冷却效果。目前大型电力变压器都采用这种冷却方式。

冷却装置一般可以拆卸，不强迫油循环的称为散热器，强迫油循环的称为冷却器。具体分为以下 4 种：

1）自然冷却装置，又称为不吹风散热器，用于小容量变压器，分为片式和扁管式两种，如图 5-7 所示。扁管式散热器一般为可拆卸型，散热容量较小时，散热片或管也可直接焊在变压器上。片式散热器省料、质量小，节省变压器油，但机械强度较差，焊接工艺要求高。

2）吹风冷却装置，又称为风冷散热器，用于中等容量的变压器中。在不吹风散热器的

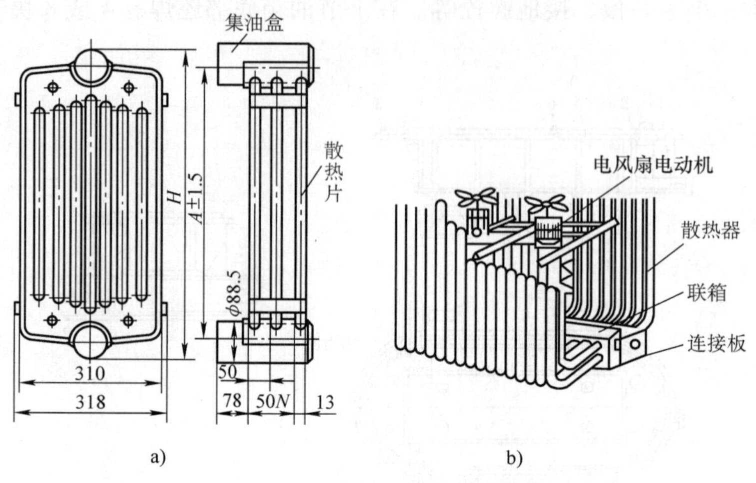

图 5-7　散热器

a）片式（固定）　b）扁管式

基础上增加电风扇就成为风冷散热器，管式风冷散热器使用比较普遍，要求风冷扁管散热器在不吹风时的散热能力达到额定散热量的 60%。散热器的电风扇有不自动控制和自动控制两种方式，自动控制方式可按变压器负载电流或上层油温来控制电风扇的启停。

3）强油风冷冷却装置，简称为风冷却器，用于大容量变压器中。它与风冷散热器的区别就是增加了强迫油循环系统，使油流速度加快，冷却效率提高。该冷却器由冷却管、上下集油室、潜油泵、电风扇、油流继电器和净油器等组成，如图 5-8 所示。为增大散热面积，冷却管上装有金属片或缠绕金属带，与集油室焊接成一整体。集油室内设有隔板，将冷却管分为 3 或 5 个部分，以使油流折流，增强冷却效果。净油器内装活性氧化铝吸附剂，装于冷

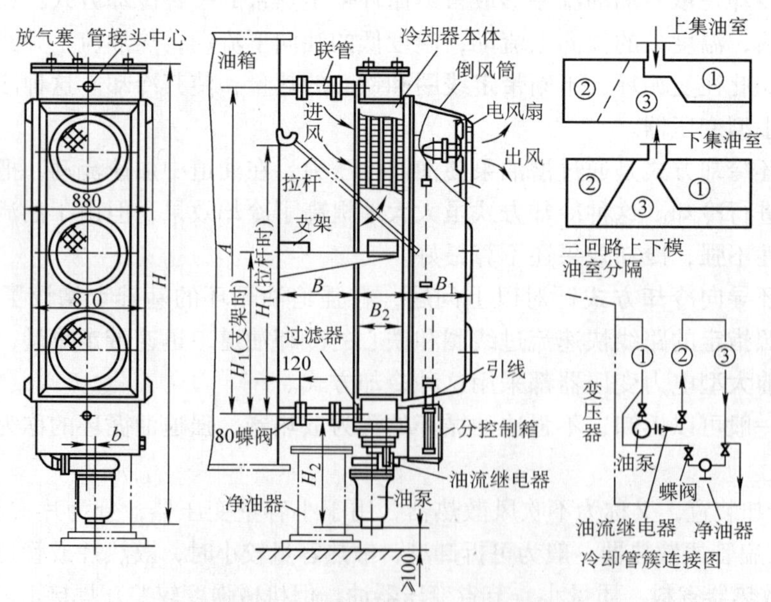

图 5-8　强油风冷冷却装置

却器下部，与下集油室连接。运行时潜油泵将变压器顶层的高温油送入冷却管内经几次折流后将热量传给冷却管壁，再由管壁向空气中散发。同时由电风扇强制吹风，带走放出的热量，加速冷却，冷却后的油从冷却器下端进入变压器油箱。

4）强油水冷却器，简称为水冷却器，是以水作为冷却介质的强迫油循环冷却装置，用于大容量变压器且冷却水源较好的场所。水冷却器本体外形为一圆钢筒，钢筒上、下部为水室，水室之间连着若干冷却水管，其余空间为油室，油室有许多隔板，用以增加油的折行路径。

（4）绝缘套管

变压器套管是将线圈的高、低压引线引到箱外的绝缘装置，它起到引线对地(外壳)绝缘和固定引线的作用。套管装于箱盖上，中间穿有导电杆，套管下端伸进油箱与绕组引线相连，套管上部露出箱外，与外电路连接。套管一般有瓷绝缘套管、冲油式套管、电容式套管等。瓷绝缘套管以瓷作为套管的内外绝缘，用于40kV及以下的电压等级。充油式套管以纸绝缘筒和绝缘油作为套管的主绝缘物质，瓷套为外绝缘的一种套管，用于60kV及以上的电压等级。电容式套管以绝缘纸绕制的电容芯子为主绝缘，配以瓷套及其他附件组成，用于110kV及以上电压等级。

（5）保护装置

变压器的保护装置包括：储油柜、吸湿器、净油器、气体继电器、防爆管、事故排油阀门、温度计和油标等。

1）储油柜。储油柜安装在变压器顶部，通过弯管及阀门等与变压器的油箱相联。储油柜侧面装有油位计，储油柜内油面高度随变压器油的热胀冷缩而变动。储油柜的作用是保证变压器油箱内充满油，减少油与空气的接触面积，缓解绝缘油在温度升高或降低时体积变化的影响，防止绝缘油的受潮和氧化。储油柜的大小根据变压器的油量来确定，一般为变压器油箱容积的8%~10%。

2）吸湿器。吸湿器作用是清除和干燥进入储油柜空气中的杂质和潮气，吸湿器通过一根联管引入储油柜内高于油面的位置。柜内的空气随着变压器油位的变化通过吸湿器吸入或排出。吸湿器内装有硅胶，硅胶受潮后变成红色，应及时更换或干燥。

3）净油器。净油器是用于改善运行中绝缘油的性能，防止绝缘油继续老化的装置，其外形如图5-9所示。主体是一个用钢板焊成的圆筒形油罐，内装活性氧化铝吸附剂，通过联管和阀门装在变压器油箱上，靠上下层油的温差使油通过净油器进行环流，同时吸附剂将油中的水分、渣滓、酸和氧化物等滤去，使油保持清洁和延缓老化。

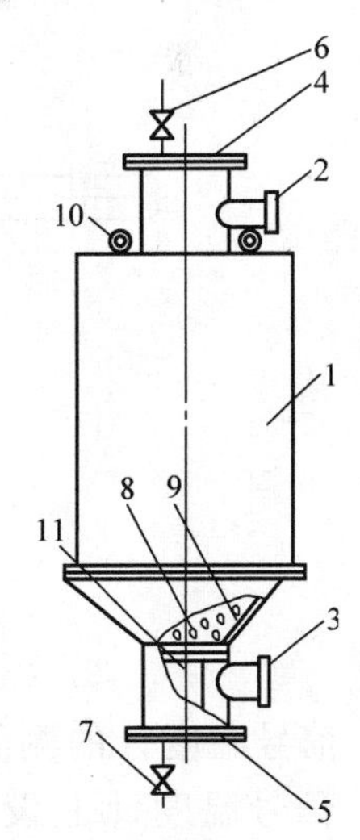

图5-9 净油器外形图
1—容器 2、3—法兰 4—上盖 5—底盖 6、7—阀门 8—滤网 9—除酸硅胶 10—吊环 11—支撑架

4）防爆管(压力释放器)。防爆管是变压器的安全装置，作为变压器内部故障时的过压力保护，安装在变压器的油箱盖上，规定800kV·A以上的变压器必须装设。防爆管的主体是一根长的钢质圆管，其端部管口装有3mm厚玻璃片密封，当变压器内部发生故障时，温度急剧上升，使油剧烈分解产生大量气体，箱内压力

剧增，玻璃将破碎，气体和油从管口喷出，流入储油坑，防止油箱爆炸起火和变形。防爆管下面有一小联通管与储油柜相通，目的是达到油面一致、压力一致，防止气体继电器误动作。图 5-10 是变压器防爆管、吸湿器、气体继电器的安装位置。压力释放器在全密封变压器中替代了防爆管，作用相同，结构较为复杂，安装后不得随意打开，否则油将溢出。压力释放器带有信号接点，动作时会发出信号。

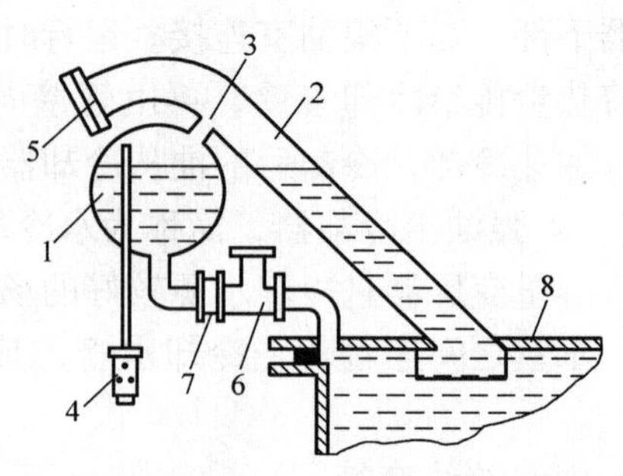

图 5-10　变压器防爆管、吸湿器、气体继电器的安装位置示意图

1—储油柜　2—防爆管　3—联通管　4—吸湿器　5—防爆膜　6—气体继电器　7—蝶阀　8—箱盖

5）气体继电器。气体继电器安装在储油柜与变压器的联管中间，作为变压器内部故障的主保护。当变压器内部发生故障产生气体或油箱漏油使油面降低时，气体继电器动作，发出信号，若事故严重，可使断路器自动跳闸，对变压器起保护作用。

6）温度计。变压器的温度计直接监视着变压器的上层油温，可分为水银温度计、信号温度计、电阻温度计 3 种类型，所有油浸变压器均设有水银温度计；1000kV · A 及以上增装信号温度计；8000kV · A 及以上再增装电阻温度计。信号温度计如图 5-11 所示。

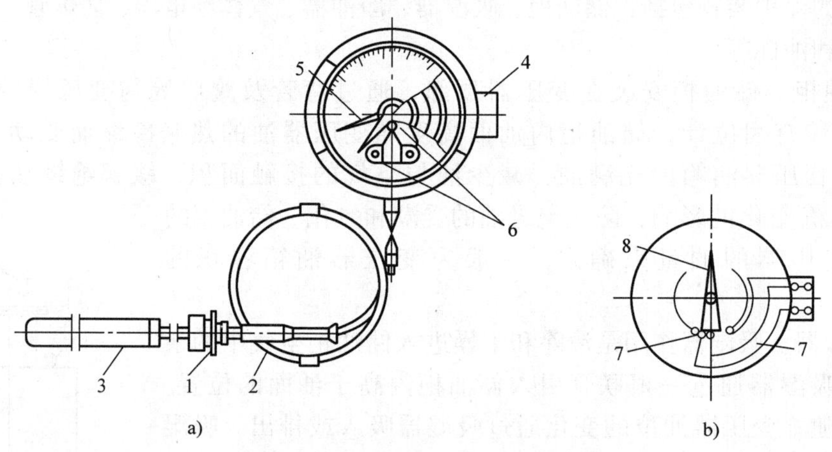

图 5-11　信号温度计

a）结构图　b）回路图

1—管接头　2—金属软管　3—测温管　4—接线盒　5—指针

6—上下限触点指针的位置　7—下限触点　8—动触点

信号温度计的测温管插入箱盖上的注油管座中，而温度计安装在箱壁上，以便于观察。信号温度计上设有电接点，当油温达到整定值时会发出信号或者自动启动冷却风扇。

7）油位计。油位计是用来监视变压器油箱内油位变化的装置。变压器的油位计都装在储油柜上，管式油位计应用比较广泛，为便于观察，在油管附近的油箱上标出油温在 -30℃、+20℃和 +40℃温度下的 3 个油面线标志。

（6）分接开关

为了使配电系统得到稳定的电压，必要时需要利用变压器调压。变压器调压的方法是在高压(中压)绕组上设置分接开关，用以改变线圈匝数，从而改变变压器的变压比，进行电压调整。抽出分接的这部分线圈电路称为调压电路。这种调压的装置称为分接开关，或称为调压开关，俗称为“分接头”。

变压器的调压电路设在高压线圈上是因为高压线圈套在中低压线圈的外面，引出分接抽头相对简单，且高压线圈电流较小，技术上难度小、节省材料、较易制造。

变压器的调压方式分为无励磁调压和有载调压两种。当二次侧不带负载，一次侧与电网断开时的调压是无励磁调压(无载调压)。适用于电压较稳定，调整范围和频度都不大的地方；有载调压可在变压器带负荷运行的情况下进行，这种调压方式效果好，不受条件限制，但变压器价格较贵。对应以上两种调压方式，变压器的分接开关也分为两大类：无励磁分接开关和有载分接开关。

1）无励磁分接开关。按照高压线圈抽头方式的不同，无励磁分接开关可分为中性点调压、中性点反接调压、中部调压和中部并联调压 4 种方式。其调压电路的原理图如图 5-12 所示。

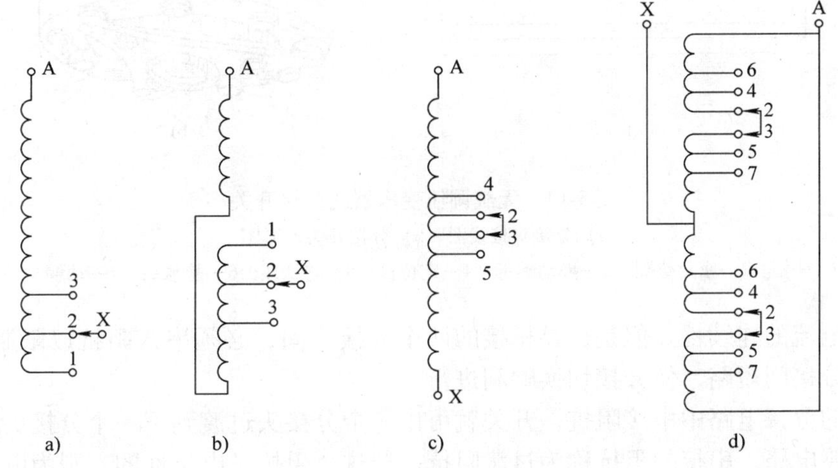

图 5-12　无励磁调压电路的原理图

a）中性点调压　b）中性点反接调压　c）中部调压　d）中部并联调压

调压范围均为 ±5%(分接开关有 3 个分接位置：-5%、0%、+5%)或 ±2×2.5%(分接开关有 5 个分接位置：-5%、-2.5%、0%、+2.5%、+5%)，0% 挡即一次绕组是接在额定电压的电源上，二次绕组则输出额定电压。如果电源电压比一次绕组的额定电压低时，可以把分接头移到 -5% 或 -2.5% 挡。如果电源电压比一次绕组的额定电压高时，可以把分接头移到 +5% 或 +2.5% 挡。因为变压器的主磁通幅值 $\Phi_{m} \approx \frac{U_1}{4.44fN_1}$，当电源电压升高(降低)时，匝数增加(减少)，才能保证主磁通 Φ_{m} 不变和二次侧的输出电压为额定值不变。调压的原则是“低往低调，高往高调”。无载调压变压器的分接开关如图 5-13 所示。

2）有载调压分接开关。有载调压分接开关是在变压器带负荷(励磁)的状态下，切换分接头位置的。因此，切换分接头的过程中必然要在某一瞬间同时连接两个分接头(桥接)，

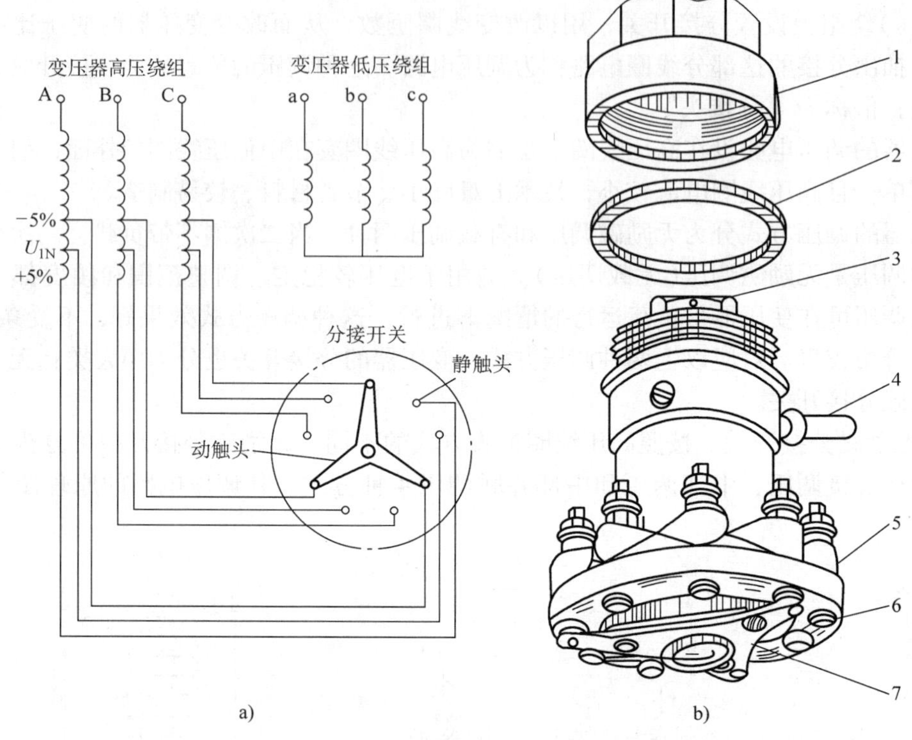

图 5-13　无载调压变压器的分接开关

a）分接头接线图　b）分接开关外形图

1—帽　2—密封垫圈　3—操动螺母　4—定位钉　5—绝缘座　6—静触头　7—动触头

以保证负载电流的连续性。但是，在桥接的两个分接头间，必须串入阻抗以限制循环电流，保证不发生分接间短路，使分接切换顺利进行。

在短路的分接电路中串接阻抗，开关就可由一个分接头过渡到下一个分接头。因此，该电路称为过渡电路，串接的阻抗称为过渡阻抗。若这个阻抗是电抗性的，则为电抗式有载分接开关；若这个阻抗是电阻性的，则称为电阻式有载分接开关。通常采用电阻式有载分接开关。

目前使用的有载调压分接开关是有触点的、机电式的，切换开关的触头系统结构很多，也较为复杂，T 型有载调压分接开关是一种典型的有载调压分接开关。有载调压分接开关的电路分为调压电路、选择电路和过渡电路 3 个部分。调压电路与无载调压分接开关一样，是变压器线圈调压时所形成的电路；选择电路是选择线圈分接头所设计的一套电路，相应的机构为分接头选择器和转换选择器等。而过渡电路就是短路分接头间串接阻抗的电路，相应的机构为切换开关(包括快速机构)。此外，开关的操作还有电动的驱动机构。有载调压分接开关的工作示意图，如图 5-14 所示。图中各分接通过引线接到选择器的相应触头上，为防止选择器触头烧伤，分接抽头的选择必须在不带负荷的情况下进行。为此，分接与选择电路的动、静触头分为单双数两组。当双数组分接经动触头 S2 及切换开关带负载工作时，单数组的动触头 S1 处于空载状态，可进行分接选择。同样，单数组动触头工作时，双数组的动触头可在不带负载的情况下选择一个分接。

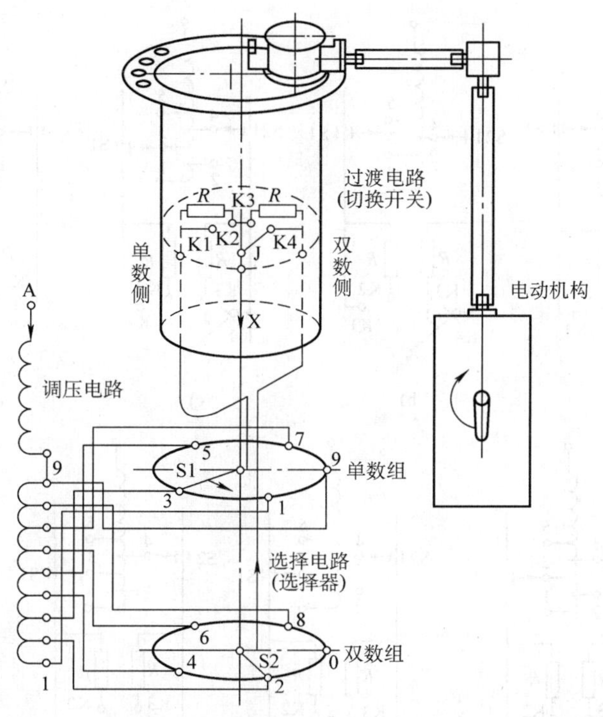

图 5-14　有载调压分接开关的工作示意图(只示一相)

调压电路中：A—线圈端，1～9—分接头；选择电路中：1～9—静触头，S1、S2—动触头；过渡电路中：K1、K2、K3、K4—静触头，J—动触头，R—过渡电阻，X—电流引出线

过渡电路的静触头同样分为单数侧触头和双数侧触头，单数侧静触头 K1 与选择电路中单数组动触头 S1 的引出线连接，双数组静触头 K4 和动触头 S2 的引出线相连，而两个过渡电阻支路则分别接到静触头 K2 及 K3 上。切换时动触头 J 在弹簧储能释放机构的带动下快速由 K1 顺序切换到 K4 或由 K4 顺序切换到 K1。在切换过程中，动触头 J 需开断桥接回路中的循环电流。为增加触头的使用寿命，采取了加过渡电阻限流、触头上加焊铜钨合金、快速切换等措施，可使触头的电寿命达到 5 万次以上。

图 5-15 给出了有载调压分接开关选择电路和过渡电路切换分接的工作程序。图中只画出了变压器的 A 相绕组。整个切换过程可归纳为接通某一分接→选择下一分接→选择结束→切换开始→桥接两分接→切换结束→接通下一分接。

5.1.3　电力变压器的联结组别

电力变压器的联结组别，是指变压器一、二次绕组因联结方式不同而形成变压器一、二次侧对应的线电压之间的不同相位关系。为了形象地表示一、二次绕组线电压之间的关系，采用“时钟表示法”，即把一次绕组的线电压作为时钟的长针，并固定在“12”上，二次绕组的线电压作为时钟的短针，短针所指的数字即为三相变压器的联结组别的标号，该标号也是将二次绕组的线电压滞后于一次绕组线电压的相位差除以 30°所得的值。这里介绍配电变压器常见的几种联结组别。

（1） Y yn0 联结的配电变压器

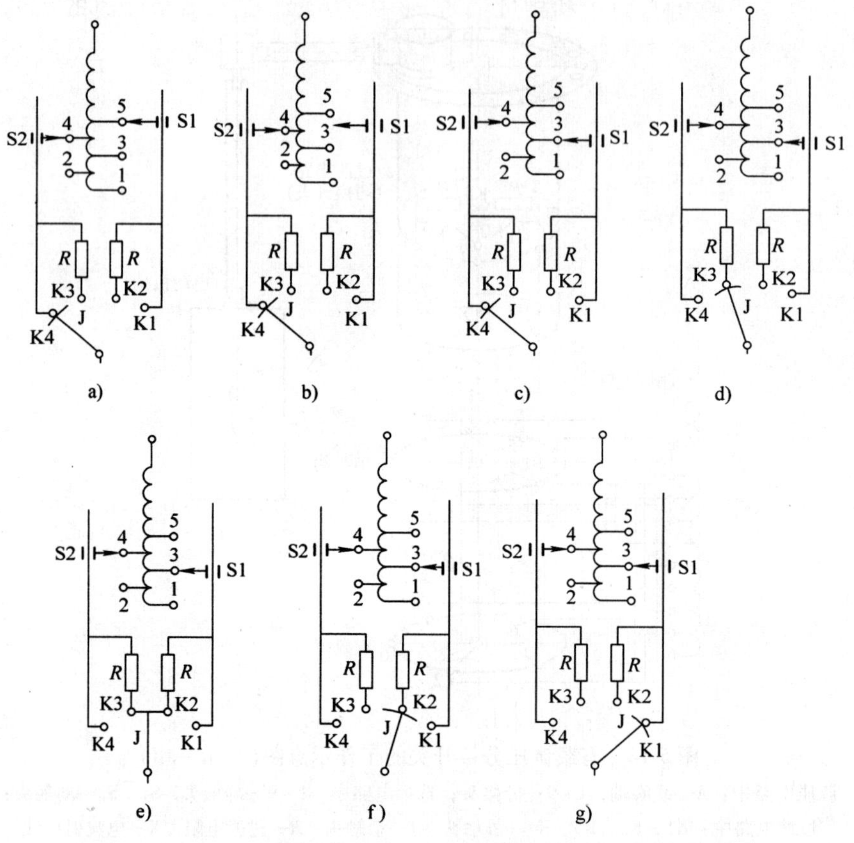

图 5-15　有载调压分接开关选择电路和过渡电路切换分接的工作程序

a）接通 4 分接　b）向 3 分接选择　c）选择到 3 分接　d）向单数侧切换

e）桥接 4、3 分接　f）切换到单数侧　g）切换结束，接通 3 分接

变压器 Y yn0 联结的接线图和相量图如图 5-16 所示。图中“·”表示同名端，其一次线电压与对应的二次线电压之间的相位差为 0°。联结组别的标号为零点。

（2）D yn11 联结的配电变压器

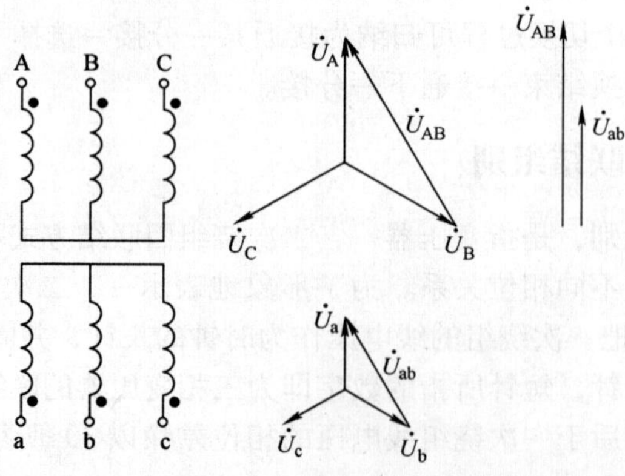

图 5-16　变压器 Y yn0 联结的接线图和相量图

变压器 D yn11 联结的接线图和相量图如图 5-17 所示。其二次侧绕组的线电压滞后于一次侧绕组线电压 330°，联结组别的标号为 11 点。

(3) 采用 Y yn0 和 D yn11 联结的特点

1) 采用D yn11 联结的变压器，其3n次(n 为正整数)谐波电流在其三角形联结中的一次绕组内形成环流，因此比采用 Y yn0 联结的变压器有利于抑制高次谐波电流。

2) 由于采用 D yn11 联结的变压器的零序阻抗比采用 Y yn0 联结的变压器小得多，导致二次侧单相接地短路电流比 Y yn0 联结的变压器大得多，因此采用 D yn11 联结的变压器更有利于低压侧单相接地保护动作。

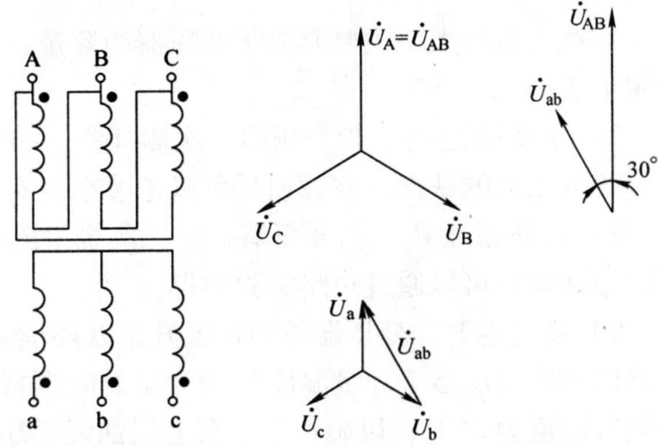

图 5-17 变压器 D yn11 联结的接线图和相量图

3) 由于采用 D yn11 联结的变压器的中性线允许通过的电流达到低压侧额定相电流的 75% 以上，比采用 Y yn0 联结的变压器的中性线允许电流大得多。因此采用 D yn11 联结的变压器承受不平衡负荷电流的能力比采用 Y yn0 联结的变压器大得多。Y yn0 联结的变压器中性线允许电流不能超过低压侧额定相电流的 25%。

4) 由于采用 Y yn0 联结的变压器一次绕组的绝缘强度要求比采用 D yn11 联结的变压器低，因此制造成本也低于采用 D yn11 联结的变压器。

5.2 电力变压器的运行及维护

5.2.1 电力变压器的允许运行方式

1. 变压器的技术参数

1) 额定容量 S_N(kV · A)。指在额定工作状态下变压器能保证长期输出的容量。由于变压器的效率很高，规定一、二次侧的容量相等。

2) 额定电压 U_N(kV 或 V)。指变压器长时间运行时所能承受的工作电压。一次额定电压 U_{1N}是指规定加到一次侧的电压；二次额定电压 U_{2N}是指变压器一次侧加额定电压时，二次侧空载时的端电压，在三相变压器中，额定电压指的是线电压。

3) 额定电流 I_N(A)。变压器的额定电流是变压器在额定容量下允许长期通过的电流。三相变压器的额定电流指的是线电流。对于单相变压器 $S_N = U_N I_N$；对于三相变压器 $S_N = \sqrt{3} U_N I_N$。

4) 额定频率 f_N(Hz)。我国规定的标准频率为 50Hz。

5) 阻抗电压 U_d%。将变压器二次侧短路，一次侧施加电压并慢慢升高电压，直到二次侧产生的短路电流等于二次额定电流 I_{2N}时，一次侧所加的电压称为阻抗电压 U_d，用相对于额定电压的百分数表示：$U_d\% = \frac{U_d}{U_{1N}} \times 100\%$。

6）空载电流 $I_0\%$。当变压器二次侧开路，一次侧加额定电压 U_{1N} 时，流过一次绕组的电流为空载电流 I_0，用相对于额定电流的百分数表示：$I_0\% = \frac{I_0}{I_{1N}} \times 100\%$。

空载电流的大小主要取决于变压器的容量、磁路的结构、硅钢片质量等因素，它一般为额定电流的3%~5%。

7）空载损耗 P_0。指变压器二次侧开路，一次侧加额定电压 U_{1N} 时变压器的损耗，它近似等于变压器的铁损。空载损耗可以通过空载实验测得。

8）短路损耗 P_d。指变压器一、二次绕组流过额定电流时，在绕组的电阻中所消耗的功率。短路损耗可以通过短路实验测得。

9）额定温升。变压器的额定温升是以环境温度为 +40℃ 作参考，规定在运行中允许变压器的温度超出参考环境温度的最大温升。国标规定，绕组的温升限值为65℃，上层油面的温升限值为55℃，以确保变压器上层油温不超过95℃。

10）冷却方式。为了使变压器运行时温升不超过限值，通常要进行可靠的散热和冷却处理，变压器铭牌上用相应的字母代号表示不同的冷却循环方式和冷却介质。

2. 变压器额定运行的允许温度和温升

变压器在额定使用条件下，全年可按额定容量运行。为了保证变压器的安全运行，在运行中必须监视变压器的允许温度和温升。

1）允许温度。变压器的允许温度，是根据变压器所使用材料的耐热强度而规定的最高温度。

油浸式电力变压器的绝缘属于A级，即浸渍处理过的有机材料，如纸、木材和棉纱等，其允许温度为105℃。变压器在运行中温度最高的部件是线圈，其次是铁心，变压器的油温最低。线圈的匝间绝缘是电缆纸，超过允许温度，在几秒钟内就会烧毁。所以线圈的允许温度，就是电缆纸的允许温度。能测量的是线圈的平均温度，运行时线圈的温度不超过95℃。

变压器上层油的温度一般比线圈温度低10℃。为了便于监视变压器运行时各部件的平均温度，规定以变压器上层油温来确定变压器的允许温度。在正常情况下，为了使变压器油不过快氧化，规定上层油温不超过85℃。为了防止油质劣化，规定变压器上层油温最高不超过95℃。

变压器在运行时，电流在线圈中要产生线圈损耗(铜损)；磁通在铁心中交变要产生铁心损耗(铁损)，这两部分损耗全部转变为热量，使线圈和铁心发热，变压器的温度升高，对于油浸自冷(自然空气冷却)和油浸风冷(油浸吹风冷却)的变压器来说，铁心和线圈产生的热量，一部分使自身的温度升高，另一部分则传递给变压器油，再由变压器油传递给油箱和散热器。当变压器油的温度高于周围介质的温度时，变压器油就向外散热，变压器的温度与周围介质的温差越大，向外散热越快。当单位时间内变压器内部产生的热量等于单位时间内散发出的热量时，变压器的温度不再升高，达到了热稳定状态。若此温度没有超过允许温度，变压器在热强度方面是没有问题的，否则变压器绝缘的老化速度将加快，温度超过允许温度越高，老化的越快，当绝缘老化到一定程度时，其机械强度大为降低。在电动力的作用下，会使绝缘层破裂，而失去绝缘作用，很容易在高电压作用下击穿，使变压器不能运行，所以变压器的绝缘不允许超过允许温度。

用电阻法测出的变压器线圈温度是平均温度。变压器运行中线圈的最高温度较其平均温度高10℃左右。因此，规定变压器运行时线圈温度不超过95℃，就是为了保证线圈最高温度不超过105℃。

根据变压器运行经验，变压器线圈温度连续地维持在95℃时，可以保证变压器有较经济的寿命（约20年），影响这个寿命的主要原因就是温度。

变压器油的温度，由油箱下部至箱盖是逐渐升高的。下层和中层的油温要比上层油温低，规定的油温是指上层油的允许温度。上层油温最高不超过95℃，是为了在周围介质温度为40℃时，线圈的温度不超过105℃。

油温超过85℃时，油的氧化加快。试验数据表明：油温从85℃开始每升高10℃，氧化速度增加一倍。油的氧化速度越快，油老化的越快，其绝缘性能和冷却效果越低。因此在运行中要严格控制油的温度。

2）允许温升。变压器的允许温度与周围空气最高温度之差为允许温升。周围空气最高温度规定为40℃。同时还规定：最高日平均温度为30℃，最高年平均温度为20℃，最低气温为-30℃，并且海拔高度不超过1000m。

由于变压器内部热量传播不均匀，因此变压器内部各部位的温差很大，这不但对变压器的绝缘级强度有很大影响，而且温度升高时，绕组的电阻还会增加，使其损耗增加。因此，要对变压器在额定负荷时，各部分温升做出规定：绕组（A级绝缘油浸自冷或非导向强迫油循环）温升限值为65℃，上层油的温升限值为55℃。

3）允许温度与允许温升的关系。允许温度=允许温升+40℃（周围空气的最高温度）。

当周围空气温度超过40℃后，就不允许变压器带满负荷运行，因为这时变压器温度与周围空气温度之差减少了，散热困难，会使线圈发热。当周围空气温度低于40℃时，尽管变压器温度与周围空气温度之差增大，有利散热，但线圈散热能力受结构参数的限制，提高不了。例如：一台油浸自冷式变压器，当周围空气温度为32℃时，其上层油温为60℃，这时变压器上层油温度没超过95℃，上层油的温升为60℃-32℃=28℃，没超过允许温度值55℃，变压器可正常运行。若周围空气温度为44℃，上层油温为99℃，虽然上层油的温升99℃-44℃=55℃，没有超过允许值，但上层油温度却超过了允许值，故不允许运行。若周围空气温度为-20℃，上层油温为45℃，这时上层油温虽未超过95℃最高允许值，但上层油的温升为[45-(-20)]℃=65℃，却超过了允许的温升值，也不允许运行。

因此，只有变压器的上层油温及其温升值均不超过允许值时，才能保证变压器安全运行。

3. 变压器的允许过负荷运行方式

变压器有一定的过负荷能力，允许变压器可以在正常和事故的情况下过负荷运行。所谓变压器的过负荷能力是指变压器在较短的时间内所输出的最大容量。即在不损坏变压器的线圈绝缘和不降低变压器使用寿命的条件下，变压器的输出容量可大于变压器的额定容量。变压器的过负荷能力可分为正常过负荷能力和事故过负荷能力。

（1）变压器的正常过负荷

根据国家标准（GB 1094—1996）规定，变压器正常使用的最高年平均气温为20℃。如果变压器的安装地点的平均气温 $Q_{0.\mathrm{av}} \neq 20℃$时，则每升高1℃，变压器的容量就要减少1%，因此变压器的实际容量 S_T 为

$$S_T = \left(1 - \frac{Q_{0.av} - 20}{100}\right) S_{N.T} \tag{5-5}$$

应该指出，一般所说的平均气温是指户外温度。由于变压器运行时发热，一般室内温度按高于户外8℃考虑。因此室内变压器的实际容量 S_T 为

$$S_T = \left(0.92 - \frac{Q_{0.av} - 20}{100}\right) S_{N.T} \tag{5-6}$$

油浸式电力变压器在必要时可以过负荷运行而不致影响其使用寿命。变压器的正常过负荷与下列因素有关：

1）由于昼夜负荷不均衡而允许过负荷。变压器因昼夜负荷不均衡而允许的过负荷系数 K_{OL}，可根据日负荷率 β 和最大负荷持续时间 t 的关系曲线查图5-18求得。

如果缺乏负荷率资料，也可根据过负荷前变压器油箱上层油温升值，参照表5-1来确定变压器允许过负荷系数及允许过负荷的持续时间。

2）由于夏季负荷轻而允许冬季过负荷。根据变压器的典型负荷曲线，如果在夏季(6～8月)最大负荷低于变压器的实际容量时，则夏季负荷每降低1%，在冬季(11、12、1、2四个月)可过负荷1%，但以15%为限。其允许过负荷倍数 K'_{OL} 可按下式计算：

$$K'_{OL} = 1 + \frac{S_T - S_{max}}{S_T} \leqslant 1.15 \tag{5-7}$$

上述两种过负荷规定可以叠加使用，但总的过负荷倍数对于室外的变压器不超过30%，对于室内的变压器不超过20%。即变压器总的过负荷能力可用下式表示：

$$S_{T(OL)} = (K_{OL} + K'_{OL} - 1) S_T \leqslant (1.2 \sim 1.3) S_T \tag{5-8}$$

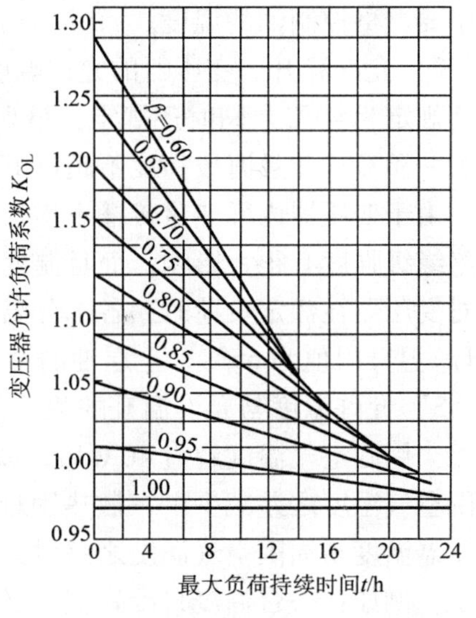

图5-18 油浸式变压器允许过负荷系数与日负荷率及最大负荷持续时间的关系曲线

式中，系数1.2适用于室内的变压器，系数1.3适用于室外的变压器。干式变压器一般不考虑正常过负荷。

表5-1 自然冷却或风冷却油浸电力变压器允许过负荷系数及允许过负荷时间(h:min)

过负荷系数	过负荷前上层油温升/℃					
	18	24	30	36	42	48
1.05	5:50	5:25	4:50	4:00	3:00	1:30
1.10	3:50	3:25	2:50	2:10	1:25	0:10
1.15	2:50	2:25	1:50	1:20	0:35	
1.20	2:05	1:40	1:15	0:45		
1.25	1:35	1:15	0:50	0:25		
1.30	1:10	0:50	0:30			
1.35	0:55	0:35	0:15			
1.40	0:40	0:25				
1.45	0:25	0:10				
1.50	0:15					

【例 5-1】 某一 10/0.4kV 车间变电站，室内装有一台 1000kV · A 油浸式电力变压器。已知该车间的平均日负荷率 $\beta = 0.7$，最大负荷持续时间 $t = 8\text{h}$，夏季的平均日最大负荷为 850kV · A，当地平均气温为 15℃。试求该变压器的实际容量和冬季时的过负荷能力。

解：1）先求变压器的实际容量。由式(5-6)得：

$$S_{\mathrm{T}} = \left(0.92 - \frac{15-20}{100}\right) \times 1000 = 970\text{kV} \cdot \text{A}$$

2）变压器冬季时的过负荷能力。由 $\beta = 0.7$、最大负荷持续时间 $t = 8\text{h}$ 查图 5-18 得 $K_{\mathrm{OL}} = 1.12$，由式(5-7)可得：$K'_{\mathrm{OL}} = 1 + \dfrac{970-850}{970} = 1.12$。

总的过负荷系数为 $K_{\mathrm{OL}} + K'_{\mathrm{OL}} - 1 = 1.12 + 1.12 - 1 = 1.24$

由于室内变压器总的过负荷倍数不允许超过 1.2，故该变压器的冬季最大过负荷能力为 $S_{\mathrm{T(OL)}} = 1.2S_{\mathrm{T}} = 1.2 \times 970 = 1164\text{kV} \cdot \text{A}$

（2）事故过负荷

当电力系统或工厂变配电站发生事故时，为保证对重要车间和设备的连续供电，允许变压器短时间过负荷，即事故过负荷。此时变压器效率的高低，绝缘损坏率的增加等已退居次要地位，主要考虑的是不造成重大经济损失，确保人身和设备安全。因此在确定过负荷倍数和允许时间时要对绝缘的寿命做些牺牲，但也不能使变压器有显著的损坏。

事故过负荷规定，只允许在事故情况下使用，对于自然和风冷的油浸式变压器，允许的事故过负荷倍数和时间可参考表 5-2。若有制造厂家规定的资料时，应按制造厂规定执行。

表 5-2 变压器允许事故过负荷的倍数和时间

过负荷倍数	1.3	1.45	1.60	1.75	2.00	2.40	3.00
允许持续时间/min	120	80	30	15	705	3.5	1.5

（3）变压器过负荷运行时的注意事项

变压器正常过负荷运行前，应投入全部工作冷却器，必要时投入备用冷却器；事故过负荷时，工作冷却器和备用冷却器应全部投入。变压器出现过负荷时，运行人员应立即汇报当值调度员，设法转移负荷。变压器过负荷期间应每 0.5h 抄表一次，并加强监视。变压器过负荷运行后，应将过负荷的大小和持续时间等作详细记录。对严重过负荷事故，还应在变压器技术档案内详细记载。

4. 变压器电源电压允许变化范围

变压器的外加一次电压可以比额定电压高，但不得超过相应分接头电压值的 105%，无论分接头在何位置，如果所加一次电压不超过相应额定电压的 5%，则变压器二次侧可带额定负荷。有载调压变压器在各分接位置的容量，应遵守制造厂的规定，并在《变电站现场运行规程》中列出。无载调压变压器在额定电压 ±5% 范围内改变分接头位置，其额定容量不变。

电源电压低于变压器所用分接头的额定电压，将使变压器的输出电压降低，影响电压的质量，但对变压器本身没有危害。但是，当电源电压高于变压器所用分接头的额定电压太多时，对变压器的运行将产生不良影响。因为变压器电源电压升高时，变压器的主磁通增加，可能使铁心饱和，使变压器铁损增加，使变压器的温度升高，对变压器的运行不利。因此规定变压器的外加一次电压不得超过相应分接头电压值的 105%。就变压器本身来讲，解决电源电压高的唯一办法是利用变压器的分接头进行调压。

5.2.2　电力变压器运行中的检查和维护

1. 变压器的检查与维护

（1）检查周期

在有人值班的变电站，所内变压器每天至少检查一次，每周应有一次夜间检查；无人值班的变电站每周至少检查一次；室外柱上变压器应每月巡视检查一次；新设备或经过检修的变压器在投运 72h 内、在变压器负荷变化剧烈、天气恶劣（如大风、大雾、大雪、冰雹、寒潮等）、变压器运行异常或线路故障后，应增加特殊巡视。

（2）变压器的定期外部检查

1）变压器的油温、油位和油色应正常，储油柜的油位应与温度相对应，各部位应无渗、漏油。

变压器上层油温不应高于 85℃。变压器油温突然增高，可能是其内部有故障或散热装置有堵塞所致。

油温升高可导致油面过高。若油面过低，有两种可能：一是漏油严重；二是油表管上部排气孔或吸湿器排气孔堵塞而出现的假油面。

储油柜内油的颜色应是透明微带黄色和半蓝色，如呈红棕色则有两种可能：一是油面计本身脏污，二是由于变压器油老化变质所致。一般变压器油每年应进行一次滤油处理，以保证变压器油在正常状态下运行。

2）检查变压器的声音是否正常。当变压器正常运行时，有一种均匀的“嗡嗡”电磁声，如果运行中有其他声音，则属于声音异常。

3）检查套管是否清洁，有无破损裂纹和放电痕迹，套管油位应正常。

4）各冷却器手感温度应相近，电风扇、油泵运转正常，油流继电器工作正常。

5）检查引线是否过松、过紧，接头的接触应良好不发热，无烧伤痕迹。检查电缆和母线有无异常情况，各部分电气距离是否符合要求，无发热迹象；检查变压器的接地线，是否接地良好。

6）吸湿器应畅通，吸湿剂干燥，不应饱和、变色。

7）压力释放器或安全气道防爆膜应完好无损。

8）气体继电器的油阀门应打开，应无渗漏油。

9）变压器的所有部件不应有漏油和严重渗油，外壳应保持清洁。

10）室内安装的变压器，应检查门、窗、门闩是否完整，房屋是否漏雨，照明和温度是否适宜，通风是否良好。

（3）新装或检修后变压器投入运行前的检查项目

1）各散热管、净油器及瓦斯继电器与油枕间阀门开闭应正常。

2）要注意安全排除内部空气，强油循环风冷变压器在投入运行前应启用全部冷却设备，使油循环运转一段时间，将残留气体排出，如轻瓦斯保护装置连续动作，则不得投入运行。

3）检查分接头位置正确，并作好记录。

4）吸湿器应畅通，油封完好，硅胶干燥未变色，数量充足。

5）气体继电器安装方向，净油器进出口方向，潜油泵电风扇运转方向正确；变压器外壳接地、铁心接地、中性点接地情况良好，电容式套管电压抽取端应不接地。

2. 变压器的负荷检查

1）应经常监视变压器电源电压的变化范围，应在 ±5% 额定电压以内，以确保二次电压质量。如电源电压长期过高或过低，应通过调整变压器的分接开关，使二次电压趋于正常。

2）对于安装在室外的变压器，无计量装置时，应测量典型负荷曲线。对于有计量装置的变压器，应记录小时负荷，并画出日负荷曲线。

3）测量三相电流的平衡情况。对 Y yn0 接线的三相四线制的变压器，其中线电流不应超过低压线圈额定电流的 25%，超过时应调节每相的负荷，尽量使各相负荷趋于平衡。

3. 变压器的投运和停运

1）在投运变压器之前，运行人员应仔细检查，确认外部无异物，临时接地线已拆除，分接开关位置正常，各阀门状态正确。变压器及其保护装置在良好状态，具备带电运行条件。

2）新安装或停用两个月及以上的变压器投运前，应进行试验，合格后方可投运。

3）新投运的变压器必须在额定电压下做冲击合闸试验，新安装的变压器做 5 次；大修后的变压器做 3 次。

4）变压器投运或停运操作顺序应在《变电站现场运行规程》中加以规定，并须遵守下列各项：

①强油循环风冷变压器投运前应先启用冷却装置。②变压器的充电应当在装有保护装置的电源侧进行。③新装、大修、事故检修或换油后的变压器，在施加电压前静置时间不应少于以下规定：35kV 及以下：3～5h；110kV 及以下：24h；220kV：48h；待消除油中的气泡后，方可投入运行。

5）在 110kV 及以上中性点直接接地的系统中，投运和停运变压器时，操作前必须先将中性点接地。正常运行时中性点运行方式由调度确认。

4. 瓦斯保护装置的运行

1）变压器运行时，本体和有载分接开关的重瓦斯保护装置均应投入运行，动作于跳闸。

2）变压器在运行中滤油、补油、换潜油泵或更换净油器的吸附剂时，应将重瓦斯改投动作于信号。

3）当油位计的油面异常升高或呼吸系统有异常现象，需要打开放气或放油阀门时，应先将重瓦斯改投动作于信号。

5. 变压器分接开关的运行维护

（1）无载调压变压器分接开关的运行维护

无载调压变压器，当变换分接头位置时，应先正反方向转动 5 圈，再调至所需位置，测量直流电阻合格后，方可运行。对运行中不需要改变分头位置的变压器，每年应结合预防性试验将分接头正反方向转动 5 圈，并测量直流电阻合格，方可运行。

（2）有载调压变压器分接开关的运行与维护

1）运行人员应根据调度下达的电压曲线，自行调压操作。操作后应认真检查分头动作和电压电流的变化情况，并作好记录。每天操作次数不准超过 10 次(每调一个分接头为一次)，每次间隔最少 1min。

2）当变压器过负荷 1.2 倍及以上时，禁止操作有载分接开关。

3）运行中调压开关重瓦斯保护应投跳闸。当轻瓦斯信号频繁动作时，应作好记录，汇报调度，并停止进行调压操作，分析原因及时处理。

4）有载调压开关应每半年取油样进行试验，其耐压不得低于 30kV，当油耐压在 25 ~ 30kV 之间，应停止调压操作，若低于 25kV 时，应立即安排换油。当运行时间满一年或调压次数达 4000 次时应换油。

5）新投入的调压开关，第一年需吊心检查一次，之后在切换次数达 5000 次或运行时间达 3 年，应将切换部分吊出检查。

6）两台有载调压变压器并列运行时，允许在变压器 85% 额定负荷下调压，但不得在单台主变压器上连续调节两档，必须在一台主变压器调节一档后再调节另一台主变压器一档，每调一档后要检查电流变化情况，是否过负荷。降压时应先调节负荷电流大的一台，再调节负荷电流小的一台；升压时与此相反。调节完毕应再次检查主变压器分接头是否在同一位置，并注意负荷的分配。

(3）变压器有载调压开关巡视检查项目

1）电压表指示应在变压器规定的调压范围内。

2）位置指示灯与机械指示器的指示应正确反映调压档次。

3）计数器动作应正常并及时做好动作次数的记录。

4）油位、油色应正常，无渗漏。

5）气体继电器应正常，无渗漏。

(4）有载调压开关电动操作出现“连动”（即操作一次，调节 2 个及以上分头）现象时，应在指示盘上出现第二个分头位置后立即切断电动机电源，然后用手摇到适当的分头位置，汇报并组织检修。

5.3 电力变压器常见故障及处理

运行人员发现运行中的变压器有不正常现象(如漏油、油位过高或过低、温度异常、声响不正常及冷却系统异常等)时，应立即汇报，设法尽快消除故障。

1. 变压器内部的异常声音

变压器在正常运行时，由于周期性变化的磁通在铁心中流过，而引起硅钢片间的振动，产生均匀的“嗡嗡”声，这是正常的，如果产生不均匀的其他声音，均是不正常现象。

变压器运行发生异常声音有以下几种可能：

1）过负荷及大负荷起动造成负荷变化大。变压器由于外部原因，像过电压(如中性点不接地系统中单相接地，铁磁共振等)均会引起较正常声音大的“嗡嗡”声，但也可能随负载的急剧变化，呈现“割割割”突击的间歇响声，同时电流表，电压表也摆动，是容易辨别的。

2）个别零件松动。铁心的夹紧螺栓或方铁松动，可发出非常惊人的锤击和刮大风之声。如“叮叮叮”或“呼…呼…”之声。此时指示仪表和油温均正常。

3）内部接触不良放电打火。铁心接地不良或断线，引起铁心对其他部件放电，而发生劈裂声。

4）系统有接地或短路及铁磁谐振。由于铁心的穿心螺栓或方铁的绝缘损坏，使硅钢片短路而产生大的涡流损耗，致使铁心长期过热，硅钢片片间绝缘损坏，最后形成“铁心着火”而发出不正常的鸣音。

由于线圈匝间短路，造成短路处严重局部过热，以及分接开关接触不良局部发热，使油局部沸腾发出“咕噜咕噜”像水开了似的声音。

上述情况，变压器保护装置应动作，将变压器从电网上切除。否则，应手动切除防止事故扩大。

2. 温度不正常

在正常冷却条件下，变压器的温度不正常，且不断升高。此时，值班人员应检查：

1）变压器的负荷是否超过允许值。若超过允许值，应立即调整。

2）校对温度表，看其是否准确。

3）检查变压器的散热装置或变压器的通风情况。若温度升高的原因是散热系统的故障，如蝶阀堵塞或关闭等，不停电即能处理，应立即处理，否则应停电处理。若通风冷却系统的电风扇有故障，又不能短时间修好，可暂时调整负荷，使其为风机停止时的相应负荷。若经检查结果证明散热装置和变压器室的通风情况良好，温度不正常，油温较平时同样负荷时高出10℃以上，则认为是变压器内部故障。应立即将变压器停运修理。

3. 储油柜内油位的不正常变化

若发现变压器储油柜的油面，比此油温正常油面低时，应加油。加油时，将气体保护装置改接到信号。加油后，待变压器内部空气完全排除后，方可将气体保护装置恢复正常状态。

如大量漏油使油面迅速下降时，禁止将气体继电器动作于信号，必须采取停止漏油的措施，同时加油至规定油面。

为避免油溢，当油面因温度升高而逐渐升高，在可能高出油面指示计时，应放油，使油面降至适当高度。

4. 储油柜喷油或防爆管喷油

储油柜喷油或防爆管薄膜破碎喷油，表示变压器内部已经严重损伤，喷油使油面下降到一定程度时，气体保护动作，使变压器两侧断路器跳闸。若气体保护未动，油面低于箱盖时，由于引线对油箱绝缘的降低，造成变压器内部有“吱吱”的放电声，此时，应切断变压器的电源，防止事故扩大。

5. 油色明显变化

油色明显变化时，应取油样化验，可以发现油内有碳质和水分，油的酸价增高，闪点降低，绝缘强度降低。这说明油质急剧下降，容易引起线圈对地放电，必须停止运行。

6. 套管有严重的破损和放电现象

套管瓷裙严重破损和裂纹，或表面有放电及电弧的闪络时，会引起套管的击穿。由于此时发热很剧烈，套管表面膨胀不均，而使套管爆炸。此时变压器应停止运行，更换套管。

7. 气体保护装置动作时的处理

气体保护装置动作分两种情况：一是动作于信号，不跳闸；二是气体保护既动作于信号又动作于跳闸。

1）瓦斯保护装置动作于信号而不跳闸。当瓦斯保护装置信号动作而不跳闸时，值班人员应停止声音信号，对变压器进行外部检查，查明原因。其原因可能是因漏油、加油和冷却系统不严密，以致空气进入变压器内；因温度下降和漏油，致使油面缓慢降低；变压器故障，产生少量气体；由于保护装置二次回路故障等原因引起的。

当外部检查未发现变压器有异常现象时，应查明气体继电器中气体的性质。

若气体不可燃，而且是无色无嗅的，混合气体中主要是惰性气体，氧气含量大于16%，油的闪点不降低，说明是空气进入变压器内，变压器可以继续运行。

若气体是可燃的，则说明变压器内部有故障：如气体为黄色不易燃，说明是木质绝缘损坏。若气体为灰黑色且易燃，氢气的含量在30%以下，有焦油味，闪点降低，说明油因过热而分解或油内曾发生过闪络故障。若气体为浅灰色且带强烈臭味，可燃，说明是纸或纸板绝缘损坏。

若上述分析对变压器内潜伏性的故障不能正确判断，则可采用气相色谱分析法作出适当的判断。

2）气体继电器动作于跳闸其原因可能是变压器内部发生严重故障；油位下降太快；保护装置二次回路有故障；在某些情况下，如变压器修理后投入运行，油中空气分离出来的太快，也可能使断路器跳闸。

在未查明变压器跳闸的原因前，不准重新合闸。

8. 变压器的自动跳闸

变压器移自动跳闸时，如有备用变压器应将备用变压器投入，然后查明原因。如检查结果不是由内部故障所引起的，而是由于过负荷、外部短路或保护装置二次回路故障所造成的，则变压器可不经外部检查重新投入运行，否则需进行内部检查，测量线圈的绝缘电阻等，以查明变压器的故障原因。原因查明并处理后方可投入运行。

9. 变压器着火

变压器着火时，应首先断开电源，停用冷却器，使用灭火装置灭火。若油溢在变压器顶盖上着火时，则应打开下部油门放油至适当油位；若是变压器内部故障引起着火，则不能放油，以防变压器发生爆炸。如有备用变压器，应将其投入运行。

10. 分接开关故障

若发现变压器油箱内有“吱吱”的放电声，电流表随着响声发生摆动，气体继电器可能发出信号，经化验油的闪点降低，此时可初步认为是分接开关故障，其故障原因可能是：

1）分接开关弹簧压力不足，触头滚轮压力不均，使接触面积减少，以及因镀银层的机械强度不均而严重磨损等引起分接开关在运行中烧毁。

2）分接开关接触不良，引出线焊接不良，经不起短路冲击而造成分接开关故障。

3）分接开关操作有误，使分接头位置切换错误，而使分接开关烧毁。

4）分接开关绝缘材料性能降低，在大气过电压和操作过电压下绝缘击穿，造成分接开关相间短路。

有载分接开关故障可能有下列原因：

1）过渡电阻在切换过程中被击穿烧毁，在烧断处发生闪络，引起触头间的电弧越拉越长，并发生异常声音。

2）分接开关由于密封不严而进水，造成相间闪络。

3）由于分接开关滚轮卡住，使分接开关停在过渡位置上，造成相间短路而烧毁。

5.4 电力变压器的在线监测及状态检修

5.4.1 在线监测和检测技术在变压器状态检修中的应用

变压器状态评估的关键是状态信息的收集，变压器的运行工况状态信息可通过巡视检查和定期试验项目获得。日常巡视和常规测量技术无法满足及时获取变压器状态信息的需要，应积极应用一些先进的在线监测技术，及时掌握和跟踪变压器状态参量的变化开展变压器状态检修。目前，成熟的在线监测技术如：变压器红外测温故障诊断、油中溶解气体、局部放电、铁心电流、套管介损、器身振动等得到了较为广泛的发展和应用。

1. 变压器红外监测

目前，设备事故在全部事故中占的比率最高，而在众多的停电事故中，因设备局部过热引起的停电检修时有发生。传统监测温度的办法是“接触式”的，工作量大，浪费时间且不经济，测温范围狭窄，结果不准确，操作不方便、不安全。基于以上所述，电力设备的温度监测必须改变测温的接触方式，寻找新途径，开展遥感遥测技术，在不接触运行设备的前提下，进行不停电、不停机的测温。非接触红外测温技术，恰好满足了电力系统的要求。

通过对变压器红外测温，可以直观、明了地发现诸如接头发热、本体局部过热、冷却系统堵塞，储油柜、套管虚假油位、油路堵塞、套管受潮介损增大等缺陷，对变压器状态评价起着不可估量的作用。

2. 色谱在线监测

在变压器故障诊断中，变压器油色谱分析是最灵敏和有效的方法。变压器油中气体离线色谱分析的基本做法是在现场从变压器中提取试油样，将试油样送到化学分析实验室，由专家进行分析和评价，试验环节较多，操作手续较烦琐，检测周期较长，而且难以即时发现类似匝间绝缘缺陷等突发性故障。因而国内外都致力于在线监测装置的研制，以实现连续检测，及时发现故障。目前国内一些厂家和院校已经研制并开发出在线分离和分别检测变压器油中 H_2、CO、CH_4、C_2H_2、C_2H_4和 $C_2H_6$6 种溶解气体的在线监测装置并在电力系统中得到广泛的应用。

3. 变压器局部放电监测

变压器油纸绝缘中如含有气隙，由于气体介质的介电常数小而击穿场强比油、纸都低，因而在外施高压下气隙将是最薄弱环节。但刚放电时，一般放电量较小，如不超过几百皮库；当外施高压下油中也出现局部放电时，放电量可能有几千到几十万皮库。强烈的局部放电（如 106pC 以上），即使时间很短（如几秒钟），就会引起纸层损坏。而持续时间较短强度不大的局部放电，并不会马上损伤纸层；但如果局部放电在工作电压下不断发展，会加速油质老化、气泡扩大、形成高分子量的蜡状物等，更促使局部放电的加剧。

目前，取得较好应用效果的局部放电在线监测方法主要有脉冲电流法、超声法和超高频法 3 种方法。

4. 变压器器身振动在线监测

运行中变压器器身的振动是由于变压器本体（铁心、绕组等的统称）的振动及冷却装置的振动产生的，国内外的研究表明，变压器本体振动的根源在于：①硅钢片的磁滞伸缩引起的铁心振动；②硅钢片接缝处和叠片之间存在着因漏磁而产生的电磁吸引力，从而引起铁心的振动；③当绕组中有负载电流通过时，负载电流产生的漏磁引起绕组的振动。

由于变压器在制造过程中已采取了必要的措施来减小冷却装置的振动，冷却装置的振动引起的变压器器身振动可忽略不计，可以看出变压器器身表面的振动与变压器绕组及铁心的压紧状况、绕组的位移及变形密切相关。因此，利用振动在线监测电力变压器夹件、绕组和铁心等松动故障是可能的。

5.4.2 电力变压器状态信息的收集、变压器状态的划分与评价

设备信息收集与管理是开展状态检修评估的基础，要在设备制造、投运、运行、维护、检修和试验等全过程中，通过对投运前基础信息、运行信息、试验检测数据、历次检修报告和记录、同类型设备的参考信息等特征参量进行收集、汇总，为设备状态的评价奠定基础。

1. 变压器状态信息的必备的资料

变压器的状态信息源包括设备的静态信息、动态信息和环境信息 3 大类。静态信息是指运行前的原始资料信息，可作为判断设备状态所提供的原始“指纹”信息，也是状态检修的基础信息；动态信息来源于设备运行和检修等各环节的信息，该信息是判断设备状态和检修决策的直接依据；环境信息是判断设备状态的重要基础参考信息。静态信息与动态信息组合分析，可以描述设备的变化趋势，对状态判断与检修决策具有重要意义。而通过环境信息的收集和积累，逐步找出其影响设备健康状况的内在规律，可以更加科学地指导状态检修的开展。

变压器状态信息的主要资料如下：

1）原始资料。原始资料包括铭牌参数、型式试验报告、订货技术协议、设备监造报告、出厂试验报告、运输安装记录以及交接验收报告等。

2）运行资料。运行资料包括运行工况记录信息、历年缺陷及异常记录、巡检情况和不停电检测记录等。

3）检修资料。检修资料包括检修报告、例行试验报告、诊断性试验报告、有关反事故措施执行情况、部件更换情况和检修人员对设备的巡检记录等。

4）其他资料。其他资料包括同型（同类）设备的运行、修试、缺陷和故障的情况、相关反事故措施执行情况和其他影响变压器安全稳定运行的因素等。

2. 变压器状态的划分、评价

1）变压器状态的划分。变压器的状态分为正常状态、注意状态、异常状态和严重状态。

2）变压器状态评价。变压器状态评价分为部件状态评价和整体状态评价两部分。

① 变压器部件状态评价。变压器部件可分为本体、套管、分接开关、冷却系统以及非电量保护（包括轻重瓦斯、压力释放阀以及油温油位等）5 个部件。所以对变压器的状态量

的评价可按部件划分分别确定评价标准。

② 变压器整体状态评价。变压器的整体评价应综合其部件的评价结果，当所有部件评价为正常状态时，整体评价为正常状态；当任一部件状态为注意状态、异常状态或严重状态时，整体评价应为其中最严重的状态。

3. 变压器状态量评价周期

1）设备的状态评价分为定期评价和动态评价，定期评价在编制年度检修计划之前进行一次，一般在8月进行。动态评价在设备状态量（巡检、红外检测、高压试验和油化验等数据）及运行工况（系统短路冲击和过电压）发生异常时，对具体设备有针对性地进行。

2）新设备投运后（即经过投运前的全项目高压试验、各部位检查和投运后的巡检及红外检测）第40天进行一次初始评价。

3）停运6个月以上的备用设备重新投运后，并经巡检及红外检测，第10天进行一次评价。

4）对列入当年检修计划的设备，在检修前30天及检修完成后10天内各评价一次。

5.4.3 电力变压器状态检修策略的选择

检修策略以设备状态评价结果为基础，参考风险评估结果，在充分考虑电网发展、技术进步等情况下，对设备检修的必要性和紧迫性进行排序，并依据国家电网公司相关输变电设备状态检修导则等技术标准确定检修方式、内容，并制定具体检修方案。

变压器检修工作分为A类检修、B类检修、C类检修和D类检修4类。各地区应根据检修工作实际情况，对照分类原则确定检修类别。

A类检修指吊罩、吊心检查，本体油箱及内部部件的检查、改造、更换、维修，返厂检修，相关试验。

B类检修包括：油箱外部主要部件更换（套管或升高座、储油柜、调压开关、冷却系统、非电量保护装置和绝缘油）；主要部件处理（套管或升高座、储油柜、调压开关、冷却系统、绝缘油）；现场干燥处理，停电时的其他部件或局部缺陷检查、处理、更换工作，相关试验。

C类检修包括：按《输变电设备状态检修试验规程》规定进行试验；清扫、检查、维修。

D类检修包括：带电测试（在线和离线）；维修、保养；带电水冲洗；检修人员专业检查巡视；冷却系统部件更换（可带电进行时）；其他不停电的部件更换处理工作。

5.5 电力变压器的经济运行

5.5.1 电力变压器并列运行的条件

1. 变压器并列运行的目的

1）提高变压器运行的经济性。当负荷增加到一台变压器的容量不够用时，可并列投入第二台变压器，而当负荷减少到不需要两台变压器同时供电时，可将一台变压器退出运行。

这样，可尽量减少变压器本身的损耗，达到经济运行的目的。

2）提高供电可靠性。当并列运行的变压器有一台损坏时，只要迅速将其从电网中切除，其他变压器仍可正常供电；检修某台变压器时，也不影响其他变压器的正常运行。这样可减少故障和检修时的停电范围。

2. 两台变压器并列运行必须满足的条件

1）联结组别标号相同。也就是所有并列变压器的一次电压和二次电压的相序和相位都应分别地对应相同，否则不能并列运行。假设两台并列运行的变压器，一台为 Y，yn0 联结，另一台为 D，yn11 联结，则它们的二次电压将出现 30°的相位差，从而在两台变压器的二次绕组间产生电位差，此电位差将在两台变压器的二次侧产生一个很大的环流，可能使变压器绕组烧毁。

2）电压比相等(即所有并列变压器的额定一次电压和二次电压必须对应相等)。如果并列变压器的电压比不同，则并列变压器二次绕组的回路内将出现环流，即二次电压较高的绕组将向二次电压较低的绕组供给电流，引起电能损耗，导致绕组过热甚至烧毁。所以并列运行的变压器的电压比必须相等，允许差值范围为 ±5%。

3）短路阻抗相等。由于并列变压器的负荷是按其阻抗电压值成反比分配的，如果并列变压器的阻抗电压不同，将导致阻抗电压较小的变压器过负荷甚至烧毁。因此并列变压器的阻抗电压必须相等，允许差值范围为 ±10%。

电压比不同(允许相差 ±5%)和阻抗电压不同(允许相差 ±10%)的变压器，在任何一台都不会过负荷的情况下，可以并列运行。

5.5.2 电力变压器的损耗和经济运行

1. 变压器的损耗和效率

变压器的效率是很高的。变压器的一次绕组从电源侧获得有功功率 P_1 的大部分都转变为输出功率 P_2。变压器在运行中产生的内部损耗包括：变压器铁损和铜损两部分。

（1）变压器的铁损 P_{Fe}

变压器一次侧加交流电压时，在铁心中产生交变的磁通，从而在铁心中产生的磁滞损耗和涡流损耗，称为变压器的铁损。变压器在空载运行时的损耗为

$$P_0 = I_0^2 R_1 + P_{Fe} \tag{5-9}$$

由于空载电流 I_0 和一次绕组电阻 R_1 都比较小，所以 $I_0^2 R_1$ 可以忽略不计，因此变压器的空载损耗主要是铁损。铁损与电源电压、频率有关，而与负载电流的大小和性质无关。

（2）变压器的铜损 P_{Cu}

当有电流通过变压器一、二次绕组时，就要产生一定的功率和电能损耗，即铜损：

$$P_{Cu} = I_1^2 R_1 + I_2^2 R_2 \tag{5-10}$$

可见变压器铜损的大小主要取决于负荷电流的大小。若 P_{CuN} 为变压器在额定负载时的铜损，其值近似为变压器的短路损耗，可通过短路试验测得，则变压器的在任意负载下的铜损可以表示为

$$P_{Cu} = I_1^2 R_1 + I_2^2 R_2 = \left(\frac{I_2}{I_{2N}}\right)^2 P_{CuN} = \beta^2 P_{CuN} \tag{5-11}$$

其中，$\beta = \frac{I_2}{I_{2N}}$为变压器的负载系数。可见变压器的铜损与负载系数的平方成正比。

（3）变压器的效率 η

变压器的效率：$\eta = \frac{P_2}{P_1} \times 100\% = \frac{P_2}{P_2 + P_{Fe} + P_{Cu}} \times 100\%$ (5-12)

变压器的效率一般在95%以上。当变压器负载的功率因数一定时，变压器的效率与负载系数的关系称为变压器的效率特性，如图5-19所示。从图中可以看出，当变压器的输出功率为0时，效率也为0，随着输出功率的增加，效率也增加，当输出功率达到最大值后，随着负载电流的增加效率开始降低。这是因为变压器的铁损基本不变，而铜损则与负荷电流的平方成正比，当负载电流增加到一定程度后，铜损很快增大使得变压器的效率下降。可以证明，当变压器的铜损与铁损相等时，变压器的效率达到最大值。一般变压器的最大效率出现在负载系数为0.5～0.6时。

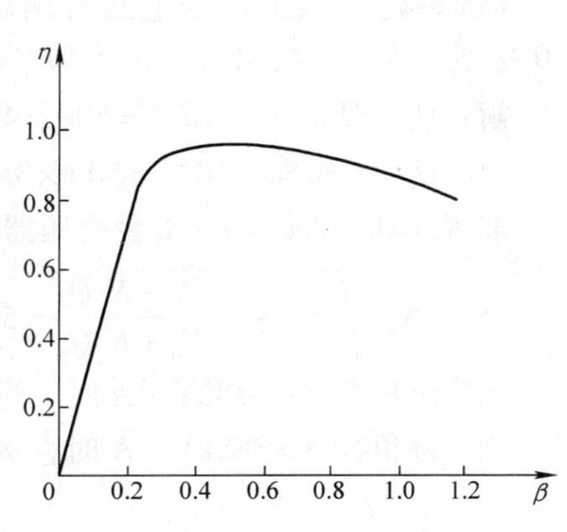

图5-19 变压器的效率特性

2. 变压器的经济运行

所谓经济运行就是损耗最小、效率最高的运行方式。因为变压器的铜损等于铁损时效率最高，此时变压器带的负载最经济，所以通常以此作为变压器经济运行的依据。变压器的损耗按其性质可分为有功损耗和无功损耗。变压器在传递有功功率时产生的损耗，称为有功损耗，供给无功功率时产生的损耗，称为无功损耗。在研究并列变压器的经济运行时，应当把无功损耗折算成有功损耗，因此引入一个无功经济当量系数 K_q，其单位是kW/kvar。

当 n 台容量相同的变压器并列运行时，要使其经济运行，必须符合下面的条件：

$$n\left(\frac{S}{nS_N}\right)^2 (P_d + K_q Q_d) = n(P_0 + K_q Q_0) \tag{5-13}$$

式中，S 为总负荷(kV·A)；S_N 为一台变压器的额定容量(kV·A)；n 为运行变压器的台数；P_0 为变压器空载运行时的有功功率(铁损)(kW)；Q_0 为变压器空载运行时的无功功率(kvar)；P_d 为变压器短路时的有功功率(铜损)(kW)；Q_d 为变压器满载时的无功损耗(kvar)；K_q 为无功经济当量系数(kW/kvar)；工厂变电站 $K_q = 0.02 \sim 0.15$。

其中，$Q_0 = I_0\% S_N \times 10^{-2}$，$I_0\%$表示空载电流占额定电流的百分数，为变压器铭牌数据。

$Q_d = U_d\% S_N \times 10^{-2}$，$U_d\%$表示阻抗电压的百分数，为变压器的铭牌数据。

式(5-13)中：$n\left(\frac{S}{nS_N}\right)^2 (P_d + K_q Q_d)$为 n 台变压器并列运行时总的线圈损耗；$n(P_0 + K_q Q_0)$为 n 台变压器并列运行时总的铁心损耗；

式(5-13)说明：当总负荷为 S 时投入 n 台变压器并列运行最经济。若负荷增加，铜损大于铁损，变压器的效率开始降低。当 n 台变压器的铜损大于 $n+1$ 台变压器的铁损时，再投入一台变压器就可以达到新的经济运行点；对已经处于经济运行点的并列运行的变压器，若负荷减小时，也会偏离经济运行点。当负荷减小到 n 台变压器的铜损小于或等于 $n-1$ 台变压器的铁损时，应停运一台变压器，使其回到经济运行点。由式(5-13)可得当总负荷变化时，同型号、同容量变压器并列运行的台数，即若 n 台变压器并列运行，当负荷增加时，$S>S_N\sqrt{n(n+1)\frac{P_0+K_qQ_0}{P_d+K_qQ_d}}$时，投入 $n+1$ 台比较经济；当负荷减少时，$S<S_N\sqrt{n(n-1)\frac{P_0+K_qQ_0}{P_d+K_qQ_d}}$时，投入 $n-1$ 台比较经济。

【例 5-2】 某工厂变电站有两台 SL7—500/10 电力变压器，电压比为 10/0.4kV，Y，yn0 接线，$U_d\%=4$，$I_0\%=3.2$，$P_0=1.08\text{kW}$，$P_d=6.9\text{kW}$。计算变压器的经济运行方式？

解： $Q_d=U_d\%S_N\times10^{-2}=500\times4\times10^{-2}\text{kvar}=20\text{kvar}$

$Q_0=I_0\%S_N\times10^{-2}=500\times3.2\times10^{-2}\text{kvar}=16\text{kvar}$

取 $K_q=0.1$，n 与 $n-1$ 台变压器的临界负荷为

$$S_{cr}=S_N\sqrt{n(n-1)\frac{P_0+K_qQ_0}{P_d+K_qQ_d}}=500\sqrt{2\times(2-1)\frac{1.08+0.1\times16}{6.9+0.1\times20}}\text{kV}\cdot\text{A}=388\text{kV}\cdot\text{A}$$

当实际负荷 $S<388\text{kV}\cdot\text{A}$ 时，运行一台变压器比较经济。

当实际负荷 $S>388\text{kV}\cdot\text{A}$ 时，运行二台变压器比较经济。

5.6 技能训练

5.6.1 电力变压器的一般检修

1. 实训目的

1）了解变压器一般检修的全过程。

2）掌握变压器一般检修的具体内容和技术要求。

2. 准备工作

300mm、200mm 活动扳手各一把，细砂布一张，导电复合脂少许，棉纱少许，绝缘棒(令克棒)一副，验电器一个。

3. 操作步骤

1）了解需检修配电变压器所在位置、数量、额定容量、存在缺陷等详细情况。

2）接到工作负责人“该线路已由运行转检修，接地线已封好，可以工作”的命令后赶赴现场。

3）到现场后首先核对停电线路、杆号、及所检修的配电变压器是否与所接受的任务相符。

4）用验电器验电。确定该线路确实停电后，拉开配电变压器的低压刀闸。

5）用绝缘棒(令克棒)断开跌落式熔断器。

6）检查配电变压器油标是否在规定位置，油色是否正常，并由此判断是否需补充或更换变压器油。

7）检查吸湿器的干燥剂是否变色，必要时更换干燥剂。

8）检查高、低压瓷套管有无裂纹、伤痕、渗油现象，必要时更换或紧固瓷套管。

9）用 200mm 活动扳手沿顺时针方向拧住设备线夹下面的螺母，用 300mm 活动扳手沿逆时针方向徐徐用力卸下设备线夹上面的螺母。

10）卸下设备线夹，检查设备线夹有无烧痕，用细砂布打磨其导电接触部位，并涂上

一层导电复合脂。

11）用细砂布打磨锈蚀的螺母、垫片，并在导电连接部位涂抹导电复合脂。

12）装上设备线夹，用棉纱擦拭瓷套管、油标、吸湿器。

13）检查变压器箱盖螺栓紧固情况，检查像胶垫有无损坏。如橡胶垫处有渗、漏油时，均匀紧固箱盖螺栓。

14）检查散热片是否有渗、漏油现象，并擦净油污。

15）检查变压器接地极、接地线，处理锈蚀、断股、松动现象。

16）用绝缘棒(令克棒)合上跌落式熔断器。

17）合上低压刀开关。

18）向工作负责人汇报检修工作已结束，可以送电。

4. 技术要求

1）油标应在规定位置，油色无混浊现象。

2）配电变压器本体、冷却装置及所有附件无缺陷，且不渗、漏油。

3）变压器顶盖上应无遗留杂物。

4）接地引下线无断股现象，接地可靠。

5）变压器各部位应清扫干净。

5.6.2 用钳型电流表测量配电变压器负荷电流

1. 实训目的

1）学会正确使用钳型电流表测量变压器的负荷电流。

2）掌握带电操作的安全注意事项，培养带电操作的安全意识。

2. 准备工作

T-301 型钳型电流表一块。

3. 操作步骤

1）选择量程。

2）钳入导线。

3）正确读数。

4. 技术要求

1）测量前应对被测电流进行粗略的估计，选择适当的量程。如果被测电流无法估计，应先把钳型电流表的量程放到最大档位，然后根据被测电流指示值，由大到小，转换到合适的挡位。倒换量程挡位时，应在不带电的情况下进行。

2）测量时将钳型电流表的钳口张开，钳入被测导线，闭合钳口使导线尽量位于钳口中心，在表盘上找到相应的刻度线。由表计的指示位置，根据电流表所在量程，直接读出被测电流值。

3）测量时，钳型电流表的钳口应闭合紧密。每次测量后，要把调节电流量程的档位放在最高档位。

4）测量 5A 以下电流时，为得到较为准确的读数，在条件允许时可将导线多绕几圈，放进钳口进行测量。测得的电流值除以钳口内的导线根数即为实际电流值。

5）测量时一人操作，一人监护，操作人员对带电部分应保持安全距离。此方法只适用于被测线路电压不超过500V的情况。

5.6.3　测量配电变压器的绝缘电阻

1. 实训目的

1）掌握测量变压器绝缘电阻的全过程及安全注意事项。

2）学会测量变压器绝缘电阻，并对测量结果进行分析。

2. 需要测量变压器绝缘电阻的情况

1）安装好的变压器在投入运行前，做交接试验时。

2）变压器大修后。

3）油浸式变压器运行1~3年，干式和充气式变压器运行1~5年。

4）搁置或停运6个月以上的变压器，投入运行前测量绝缘电阻并做油耐压试验。

3. 测量接线图

1）测量高压绕组对低压绕组及外壳之间的绝缘电阻，其接线如图5-20所示。绝缘电阻表的“E”端接低压绕组及外壳，“G”端接高压瓷套管的瓷裙，“L”端接高压绕组。

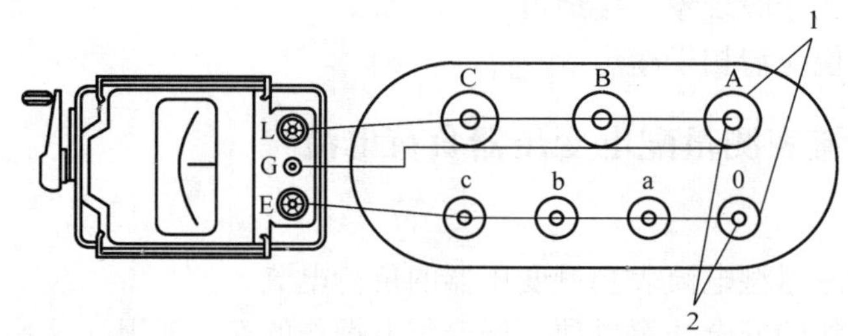

图5-20　测量高压绕组对低压绕组及外壳之间的绝缘电阻

1—瓷裙　2—接线端子

2）测量低压绕组对高压绕组及外壳之间的绝缘电阻，其接线如图5-21所示。绝缘电阻表的“E”端接高压绕组及外壳，“G”端接低压瓷套管的瓷裙，“L”端接低压绕组。

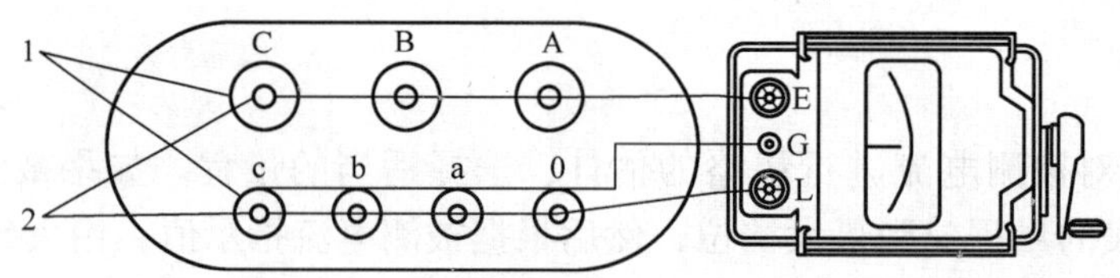

图5-21　测量低压绕组对高压绕组及外壳之间的绝缘电阻

1—瓷裙　2—接线端子

4. 操作的全过程

1）绝缘电阻表的选用。主要考虑绝缘电阻表的额定电压和测量范围是否与被测电气设备的绝缘等级相适应。测量3kV及以上变压器的绝缘电阻应选用2500V绝缘电阻表。

2）绝缘电阻表的检查。检查外观完好无破损；仪表进行开路试验时，表针应指向无穷大；仪表进行短路试验时，表针应“瞬间”指零；测试线的绝缘应良好，不得使用双绞线或平行线。

3）测量项目。

①高压绕组对低压绕组及外壳的绝缘电阻，简称为高对低及地。②低压绕组对高压绕组及外壳的绝缘电阻，简称为低对高及地。

4）操作过程。

①将被测变压器退出运行，并执行验电、放电、装设临时接地线等安全技术措施；测量工作须由两人进行，应戴绝缘手套。②拆除变压器高、低压两侧的母线或导线。③将变压器高、低压瓷套管擦拭干净，然后用裸铜线在每个瓷套管的瓷裙上绕 2～3 圈，将高、低压瓷套管分别连接起来。④将变压器高压 A、B、C 和低压 O、a、b、c 接线端用裸铜线分别短接。⑤测量时应先将 E 和 G 与被测物连接好，用绝缘物挑起 L 线，待绝缘电阻表转速达 120r/min，再将“L”线搭接在高压绕组(或低压绕组)接线端子上，测量时仪表应水平放置，以120r/min的转速匀速摇动绝缘电阻表的手柄，待表针稳定 1min 后读取数据，撤下“L”线，再停摇表。⑥测量前后均应进行绕组对地放电；测量完毕后，拆除相间短路线，并恢复原来接线。

5. 绝缘电阻合格值的标准

1）本次测得的绝缘电阻值与上次测得的数值，换算到同一温度下相比较，本次数值比上次数值不得降低 30%。

2）吸收比 $R_{60''}/R_{15''}$(即测量中 60s 与 15s 时绝缘电阻的比值)在 10～30℃时，应为 1.3 倍及以上。

3）3～10kV 变压器在不同温度下变压器绝缘电阻合格值，如表 5-3 所示。

表 5-3 3～10kV 变压器在不同温度下变压器绝缘电阻合格值(3～10kV)

温度/℃	10	20	30	40	50	60	70	80
良好值/MΩ	900	450	225	120	64	36	19	12
最低值/MΩ	600	300	150	80	43	24	13	8

4）新安装的和大修后的变压器，其绝缘电阻合格值应符合上述规定。运行中的变压器则不得低于 10MΩ。

6. 操作过程中的安全注意事项

1）被测变压器，应执行停电、验电、放电、装设临时接地线、悬挂标示牌和装设临时遮栏等安全技术措施，并应拆除高低压侧母线。

2）测量工作应两人进行，需带绝缘手套。

3）测量前、后必须进行放电。

4）测量时，应先摇动绝缘电阻表摇柄，再搭接“L”线。测量结束时，应先撤下“L”线，再停止摇动(即“先摇后搭、先撤后停”)。

5）测量过程中不应减速或停摇。

6）必要时，记录测量时变压器的温度。

5.6.4 油浸式配电变压器倒分接开关的操作

1. 实训目的

1）学会油浸式配电变压器倒分接开关的操作方法。

2）掌握变压器分接开关进行切换操作的全过程及安全注意事项。

3）学会用电桥测量变压器的直流电阻。

2. 变压器分接开关进行切换操作的全过程及步骤

切换无载调压分接开关，应在变压器停止运行的情况下进行。变压器停电后执行的有关安全技术措施：应拆开高压侧的母线，并擦净高压瓷套管；切换分接开关前、后均应测试高压绕组直流电阻；倒分接开关和测试高压绕组直流电阻应由两人进行。

变压器分接开关进行切换操作的全过程如下：

1）填写工作票、操作票，应设专人监护，操作人应戴绝缘手套。

2）执行安全技术措施，进行停电、验电、放电、装设临时接地线和悬挂标示牌等操作。

3）拆开高压侧母线。

4）先用万用表粗测高压绕组的直流电阻，再用电桥精确测量R_{UV}、R_{VW}、R_{WU}直流电阻，并作记录，测试前后应放电（具体测量方法见后面的内容）。

5）切换分接开关挡位。倒分接开关具体操作方法如下：

①取下分接开关的护罩，松开并提起定位螺栓（或销子）。②反复转动分接开关的手柄（左右各5圈），以去除分接开关触头上的油污及氧化物。③调至预定的位置后，放下并紧固好定位螺栓（或销子）。

6）切换后，再用电桥精确测量R_{UV}、R_{VW}、R_{WU}直流电阻（测试前后应放电），并与切换前的测量数据作比较，其三相之间差别应不大于三相平均值的2%，即：

$$\frac{R_{大}-R_{小}}{R_{平}}\times 100\% \leqslant 2\% \qquad R_{平}=\frac{R_{UV}+R_{VW}+R_{WU}}{3}$$

7）确认直流电阻合格后，拆除测试线，恢复变压器原接线。

8）执行工作票，拆除临时接地线及标示牌后，方可按操作票进行变压器送电操作。

3. 正确使用电桥（QJ-23型）测量直流电阻

1）电桥平稳放置后，应检查外接检流计和外接电源的联片是否短接好；检查电源B和检流计G两个开关是否在断开位置；带锁扣的检流计应将锁扣打开；调整检流计调零器使表针指0。

2）被测变压器应经充分放电，并用万用表欧姆挡粗测高压绕组的直流电阻。

3）将被测绕组通过测试线接在电桥R_X接线端钮上，测试线截面面积应较大、不宜过长，且连接点接触应良好。

4）根据万用表粗测数值选择合适的比率臂倍率，以便使比较臂的4挡都能充分利用。选择比率臂倍率的原则：被测电阻R_X阻值为1～9.999选0.001挡；R_X为10～99.99Ω选0.01挡；R_X为100～999.9Ω选0.1挡；R_X为1000～9999Ω选1挡；R_X为10～99.99kΩ选10挡；R_X为100～999.9kΩ选100挡。例如，用万用表粗测电阻值为5.5Ω，则应选0.001挡。

5）选好比率臂挡位后，根据粗测值调好比较臂，如粗测值为5.5Ω，比较臂×1000挡应置于5，×100挡应置于5，×10挡应置于0，×1挡应置于0。选好预置数，是为了防止损坏检流计并缩短测量时间。

6）测量时，应先按下B钮并锁住，等数分钟（变压器容量越大，充电时间越长），待测试电流稳定后，再按G钮。如按G钮时，检流计表针向“+”方向偏转，则需增大比较臂数值，如表针向“-”方向偏转，则需减小比较臂数值。增大或减小数值的大小，应视表针偏转幅度大小而定。表针基本稳定时，可将G钮锁住后进行细调，即调整倍率最小(×1)的比较臂，直至检流计表针指0为止。

7）正确读取测量值，若测量结果比较臂4个挡位的数字如下：×1000挡为5，×100挡为5，×10挡为6，×1挡为8；比率臂为0.001挡，测量结果即为5568×0.001=5.568Ω。

8）测量完毕后，应先断开检流计G钮，再断开电源B钮，然后进行放电，再拆除测试线。

9）电桥用毕后，带锁扣的检流计应将锁扣锁好，防止把表针打坏；不带锁扣的，应将左下侧检流计的3个接线钮由“内接”改为“外接”。

10）电桥电源的电压不足时，会影响电桥的灵敏度(表现为表针不能指0)，应及时更换电池。

4. 操作的安全注意事项

切换变压器无载调压分接开关必须在变压器停电后进行，安全注意事项如下：

1）停电后的变压器应做好相应的安全技术措施，并拆除高压侧引线。

2）切换前，应初测高压绕组的直流电阻并记录，初测前后应放电。

3）切换时，要反复转动分接开关手柄，以消除触头上的氧化物和油污。

4）切换后，应再测高压绕组的直流电阻并与初测记录值对比，测量前后应放电。

5）使用电桥测量直流电阻时，按下“B”钮并锁住，待充电电流稳定后，再点按“G”钮。测量后，先释放G钮，再释放B钮。

5.7 习题

1. 变压器如何分类？
2. 变压器的主要组成部分有哪些？各有何作用？
3. 变压器的铁心为何必须接地？是否允许变压器的铁心多点接地，为什么？
4. 简述同心式绕组的结构特点。
5. 变压器线圈及铁心通过油流进行冷却的方式有几种？各有何特点？
6. 变压器的调压方法有几种？简述有载调压的过程。
7. 什么是电力变压器的联结组别，常用的联结组别有几种，各有何特点？
8. 什么是变压器的允许温度和温升，为保证安全运行，对其有何规定？
9. 什么是变压器的过负荷能力，分几种过负荷？变压器总的过负荷倍数如何规定？
10. 变压器的电源电压变化范围是如何规定的？
11. 变压器的负荷检查包括哪些内容？
12. 变压器常见的故障有哪些，如何处理？
13. 无载调压变压器如何进行分接开关的倒换操作？
14. 什么是变压器的经济运行？变压器的损耗有几种，和什么因素有关？
15. 变压器并列运行的条件是什么？
16. 画出测量变压器绝缘电阻的接线图，并简述操作过程。
17. 哪些在线监测技术在变压器状态检修中得到了应用？

第 6 章　电气主接线与倒闸操作

6.1　主接线的基本形式

发电厂和变电站的电气主接线是由发电机、变压器、断路器、隔离开关、互感器、母线和电缆等电气设备，按一定顺序连接，用以表示生产、汇集和分配电能的电路。电气主接线一般以单线表示。

6.1.1　对电气主接线的基本要求

1）电气主接线应根据系统和用户的要求，保证供电的可靠性和电能质量。

2）电气主接线应具有一定的工作灵活性，以适应电气装置的各种工作情况，要求主接线不但在正常工作时能保证供电，而且接线中一部分元件检修，也不应对用户中断供电，并应保证检修工作的安全。

3）电气主接线应简单清晰，操作方便。使电气装置的各个元件切除或接入时，所需的操作步骤最少。

4）发电厂和变电站的主接线，在满足工作可靠性，保证电能质量，灵活性及运行方便的基础上，必须在经济上是合理的。应使电气装置的基建投资和运行费用最少。

5）电气主接线应具有扩展的可能性。

6.1.2　变配电站电气主接线

在电气主接线图中，所有电器均用规定的图形符号表示，按“正常状态”画出，所谓“正常状态”就是电器处在无电及无任何外力作用的状态。

1. 单母线接线

（1）不分段的单母线接线

不分段的单母线接线如图 6-1 所示。其主要优点：接线简单清晰，操作方便，所用电气设备少，配电装置的建造费用低。

不分段的单母线接线有下列缺点：

1）母线和母线隔离开关检修时，在检修全过程中，各个回路都必须全部停止工作。

2）当母线和母线隔离开关短路及断路器母线侧绝缘套管损坏时，所有电源回路的断路器都会因此由继电保护动作而自动断开，结果使整个配电装置在修复的时间内停止工作。

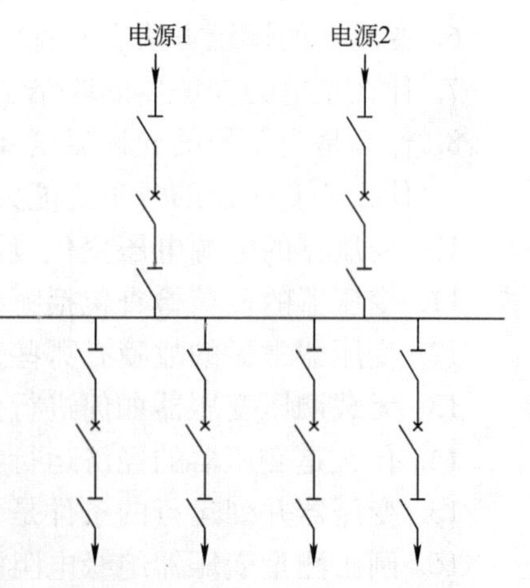

图 6-1　不分段的单母线接线

3）引出线回路的断路器检修时，该回路要停止供电。

因此，不分段的单母线接线的工作可靠性和灵活性较差，故这种接线主要用于小容量特别是只有一个供电电源的变电站中。

（2）用断路器分段的单母线接线

为了提高单母线接线的供电可靠性和灵活性，可采用断路器分段的单母线接线方式。用断路器分段的单母线接线，如图 6-2 所示。分段的数目决定于电源的数目和功率，应尽量使各分段上的功率平衡。

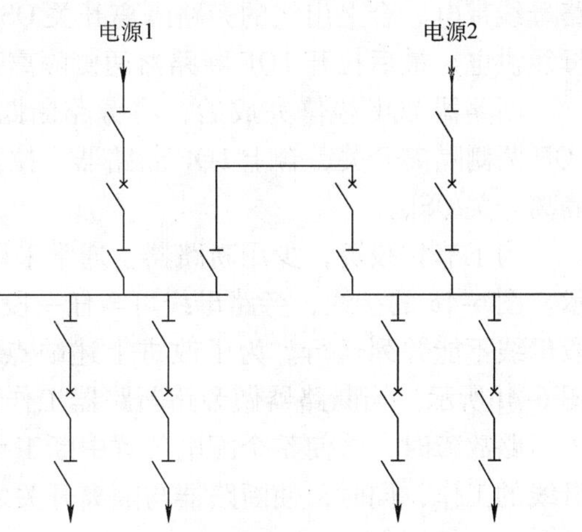

图 6-2 用断路器分段的单母线接线

单母线分段接线的优缺点：

1）在母线发生短路故障的情况下，仅故障段停止工作，非故障段仍可继续工作。

2）对重要用户，可采用从不同母线分段引出的双回线供电，以保证向重要负荷可靠地供电。

3）当母线的一个分段故障或检修时，必须断开该分段上的电源和全部引出线。因此，使部分用户供电受到限制和中断。

4）对任一回路断路检修时，该回路必须停止工作。

因此，为了克服这种接线的缺点，对于电压为 35kV 及以上的配电装置，当引出线较多时，广泛采用单母线分段带旁路母线的接线。

（3）单母线分段带旁路母线的接线

单母线分段带旁路母线的接线，除工作母线外，还有一组旁路母线，每组母线装设一台旁路断路器 QF_P 与旁路母线连接，每一回路均装有一组旁路隔离开关 QS_P 与旁路母线连接，其接线如图 6-3 所示。

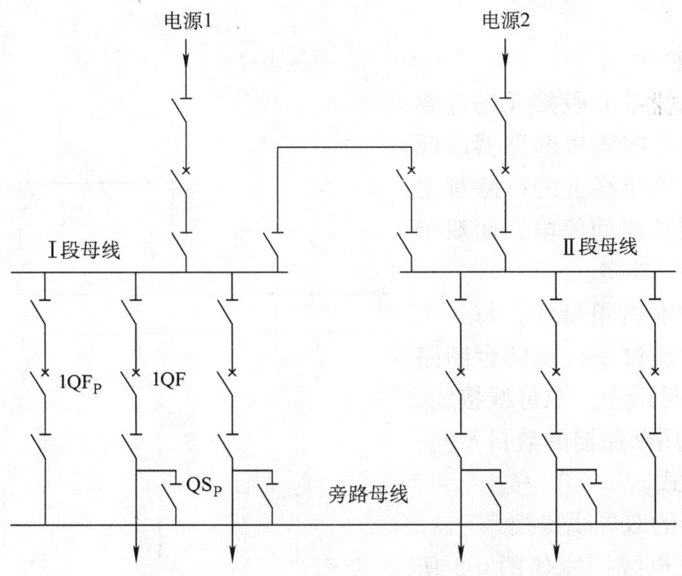

图 6-3 单母线分段带旁路母线的接线

平时，旁路断路器 QF_P 及旁路隔离开关 QS_p 都是断开的。当检修出线断路器时（例如检修1QF 断路器）首先合上旁路断路器 $1QF_P$ 两侧的隔离开关，再合上旁路断路器 $1QF_P$，使旁路母线带电。合上出线的旁路隔离开关 QS_p，此时再拉开出线断路器 1QF，出线继续由旁路母线供电，最后拉开 1QF 断路器两侧隔离开关，做好安全措施即可进行检修工作。

断路器 1QF 检修完成后，将旁路断路器 $1QF_P$ 退出，恢复正常工作的操作步骤：合上 1QF 两侧隔离开关，合上 1QF 断路器，拉开旁路断路器 $1QF_P$ 及两侧的隔离开关和出线旁路隔离开关 QS_P。

为了节省投资，少用断路器，通常采用分段断路器兼做旁路断路器的接线，如图 6-4 所示。图 6-4a 的接线，旁路母线可与任一段母线连接，但在断路器做旁路断路器工作时，两段母线不能并列运行。为了改进上述缺点，在两段母线之间，装设一组分段隔离开关，如图 6-4b所示。当断路器做旁路断路器工作时，两段母线可以并列运行，但当任一段母线发生短路故障时，将使整个配电装置中断工作，必须在拉开分段隔离开关后，才能恢复非故障母线的工作，同时，使断路器与隔离开关之间的闭锁复杂。

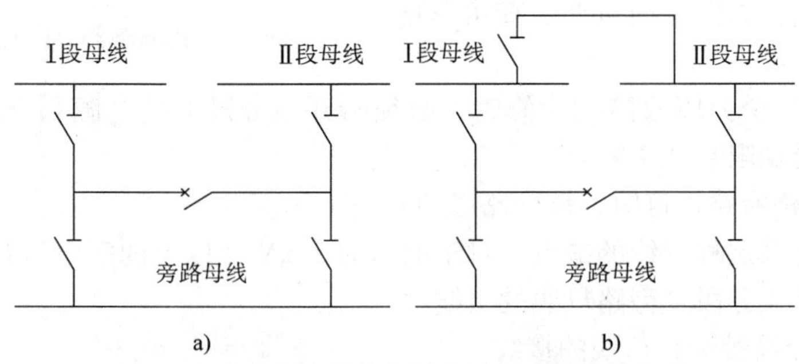

图 6-4　分段断路器兼旁做旁路断路器的接线图

a）接线方式一　b）接线方式二

单母线分段带旁路母线的接线，在检修任何回路的断路器时，该回路可以不停电，提高了供电的可靠性。

2. 双母线接线

单母线及单母线带分段接线的主要缺点是在母线或者母线隔离断路器故障或检修时，连接在该母线上的回路都要在故障或检修期间长时间停电，而双母线接线则克服了这一弊病。

双母线接线中有两组母线，每一电源或每条引出线，通过一台或两台断路器，分别接到两组母线上。双母线接线，根据每一回路中所用断路器的数目不同，有以下几种接线方式。

（1）单断路器的双母线接线

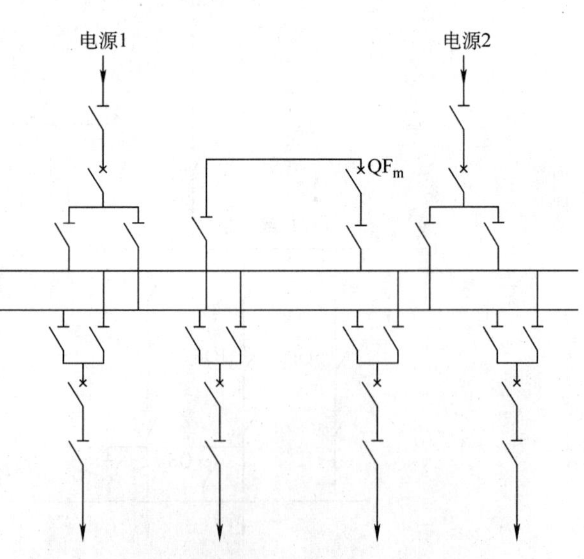

图 6-5　单断路器的双母线接线图

单断路器的双母线接线如图 6-5 所示，每个电源和引出线，通过一台断路器和两组隔离开关，连接在两组母线上。

正常运行时，双母线接线中的任意一组母线，都可以是工作母线或备用母线。工作母线或备用母线利用母线联络断路器 QF_m 连接起来，它平时是断开的。所以提高了装置工作的可靠性和灵活性，下面分述该接线的特点。

优点如下所述。

1）轮流检修母线时，不中断配电装置工作和向用户供电。

2）检修任一回路的母线隔离开关时，只需断开这一条回路。

3）工作母线发生故障时，配电装置能迅速地恢复正常工作。

4）运行中任一回路的断路器，如果拒绝动作或因故不允许操作时，可利用母线联络断路器来代替断开该回路。

单断路器双母线接线，有较高的可靠性和灵活性。目前，在我国大容量的重要发电厂和变电站中已广泛采用。

单断路器双母线接线的缺点及消除措施。

单断路双母线接线的主要缺点是操作过程比较复杂，容易造成错误操作。其次是双母线接线平时只有一组母线工作。因此，当工作母线短路时，仍要使整个配电装置短时停止工作。在检修任一回路的断路器时，此回路仍需停电。

为了消除这种接线的上述缺点，在实际工作中可采用如下措施。

1）为了防止错误操作，要求运行人员必须熟悉操作规程，另外还应在隔离开关与断路器之间装设特殊的闭锁装置，以保证正确的操作顺序。

2）为了避免因工作母线故障而导致的整个配电装置停止工作，可以用双母线同时工作的运行方式，双母线同时工作时，母线联络断路器平时是接通的，电源和引出线均衡的分配在两组母线之间。当一组母线故障时，母线联络断路器和连接在该组母线上的电源回路的断路器断开。将所有接于故障母线的回路换至另一组母线后，因母线故障而停电的部分就可以恢复工作。但母线保护较复杂。

3）消除工作母线故障停电的另一方法是将双母线接线中的一组母线用断路器分段，如图 6-6 所示。平时分段的一组母线作为工作母线，另一组为备用母线。工作母线的每一分

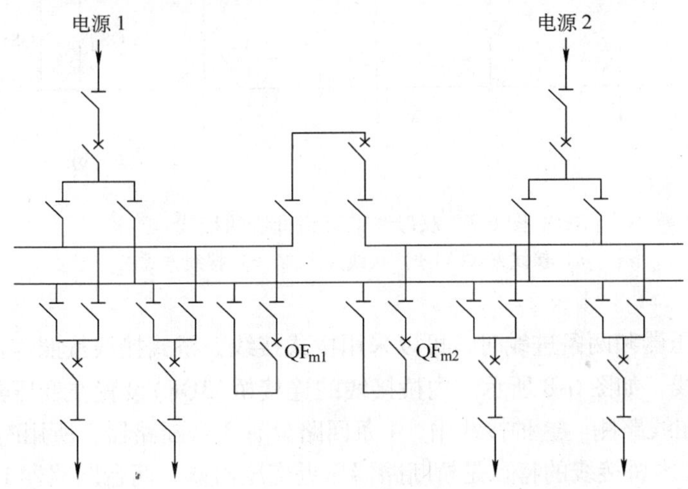

图 6-6　一组母线用断路器分段的双母线接线图

段，分别装有母线联络断路器 QF_{m1} 和 QF_{m2}。当检修任一段工作母线时，将连接在该段上的电源和所有引出线，全部转移到备用母线上去。此时，检修母线段的联络断路器和分段断路器是断开的，其两侧隔离开关打开。非检修母线段联络断路器是接通的，作为分段断路器使用，通过该断路器，两个电源仍可保持并联运行。

（2）双母线带旁路母线的接线

当检修某一回路中的断路器时，为了不使该回路停电，可采取增设旁路母线的方法，如图 6-7a 所示。关于带旁路母线接线的工作特点，前面已经讨论过。为了减少断路器的数量，可以将母线联络断路器 QF_m 和旁路断路器 QF_P 合用一台而不设专用的旁路断路器。当检修任一回路中的断路器时，它起旁路断路器的作用，代替被检修断路器的工作，平时运行中，可以起母线联络断路器的作用。当运行方式以旁路断路器为主时，可采用图 6-7b 所示的接线，其缺点是当断路器作为母线联络断路器使用时，必须通过 QS_1、QF_{Pm}、QS_2、QS_3 形成回路，此时旁路母线带电。当运行方式以母线联络断路器为主时，则采用图 6-7c 所示的接线，其缺点是当断路器作旁路断路器使用时，旁路断路器只能接在一组母线上（图中只能接在Ⅰ母线上）。不设专用旁路断路器的接线，只能应用在回路数较少的情况下。如果回路数较多，检修各回路断路器时，母线联络断路器将经常被占用，两组母线不能并联工作，会给运行带来许多不便，引出线较多时，应装设专用的旁路断路器。

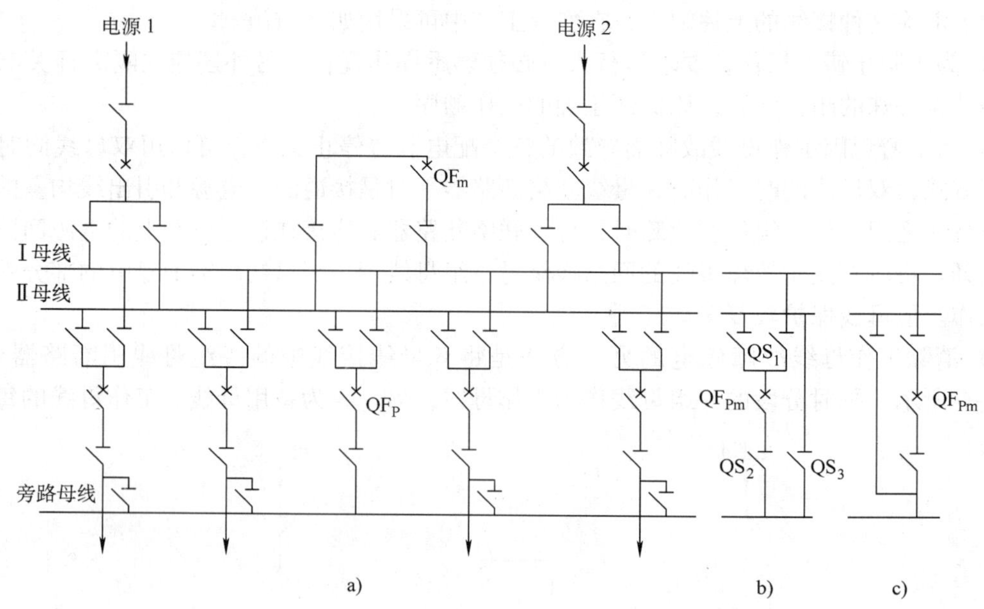

图 6-7　双母线带旁路母线的接线

a）接线方式一　b）接线方式二　c）接线方式三

3. 桥式接线

当只有两台变压器和两条进线时，可以采用桥式接线。桥式接线按照连接桥的位置可分为内桥接线和外桥接线，如图 6-8 所示。内桥接线的连接桥（3QF）设置在变压器侧，外桥接线的连接桥（3QF）设置在线路侧。这种接线中，4 条回路只有 3 台断路器，所用断路器的数量较少。

1）内桥接线。内桥接线的特点是桥断路器靠近变压器侧，两台断路器 1QF 和 2QF 接在进线侧，因此，电源进线的切换和投入是比较方便的。如当线路 WL1 发生故障或停电检修时，仅需将故障线路 WL1 的断路器 1QF 断开，投入桥断路器 3QF，即可由 WL2 恢复对变压器 T1 的供电。但是，当变压器发生故障时，例如变压器 T1 故障，与变压器 T1 连接的两台断路器 1QF 和 3QF 都将断开，从而停掉了一路电源。内桥接线一般适用于电源线路较长，发生故障或停电检修的情况较多，而变压器不需要经常切换的运行方式。这种接线运行灵活性较好。

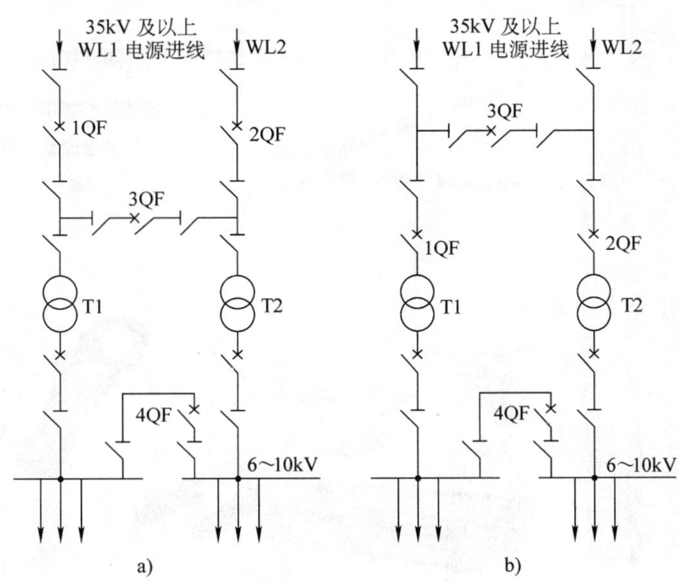

图 6-8　桥式接线

a）内桥接线　b）外桥接线

2）外桥接线。外桥接线的特点：它与内桥接线相反，桥断路器 3QF 靠近电源进线侧。这种接线和内桥接线适用的场合有所不同。如变压器 T1 发生故障或运行中需要切换时，先投入 4QF，对其低压负荷供电，然后断开本回路的断路器 1QF，再合上 3QF，可使两条电源进线都继续运行。因此，外桥接线适用于供电线路较短，工厂用电负荷变化较大，变压器按经济运行需要经常切换的情况。

3）桥式接线的优点及应用。桥式接线具有工作可靠、灵活、使用的电气设备少、装置简单清晰和建造费用低等优点，且它特别容易发展为单母线分段或双母线接线。因此，为了节省投资，当配电装置建造初期负荷较小，引出线数目不多时，宜采用桥式接线。随着负荷的增大，引出线数目增多时，则需逐步发展为单母线或双母线接线。

6.2　倒闸操作

6.2.1　电工安全用具及使用

电工安全用具是保证操作者安全地进行电工作业，防止触电、防止电弧烧伤、高空坠落等必不可少的工具。它包括绝缘安全用具、一般防护安全用具及登高作业安全用具。

1. 绝缘安全用具

绝缘安全用具按用途可分为基本绝缘安全用具和辅助安全用具。

(1) 基本绝缘安全用具　绝缘程度足以长时间承受电气设备的工作电压，能直接用来操作带电设备或接触带电体的工器具，称为基本绝缘安全用具。此类的安全用具有高压绝缘棒、绝缘夹钳、验电器、高压核相器以及钳型电流表等，如图6-9所示。

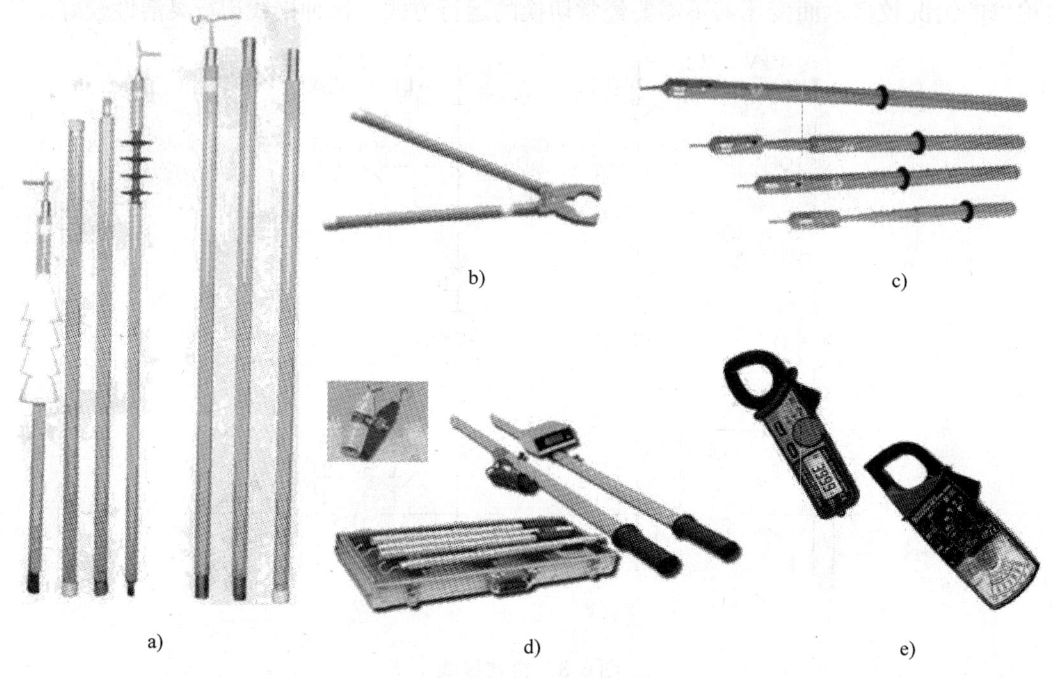

图6-9　基本绝缘安全用具

a）高压绝缘棒　b）绝缘夹钳　c）验电器　d）高压核相器　e）钳型电流表

1）绝缘棒又称为绝缘杆或操作杆。主要用来闭合或断开高压隔离开关、跌落式熔断器、柱上油断路器及安装和拆除临时接地线等。也可用于放电操作，处理带电体上的异物，以及进行高压测量、试验等。因此必须具有良好的绝缘性能和足够的机械强度。

高压绝缘棒由工作部分、绝缘部分、护环和握手部分组成，其结构如图6-10所示。工作部分一般用金属制成，用来直接接触带电设备。

绝缘棒使用注意事项：

①使用前应先检查是否在有效期范围内，绝缘棒表面是否完好，连接是否紧固。②操作前，应用干布擦试棒的表面以保持清洁、干燥。③绝缘棒的使用必须符合被操作设备的电压等级，切不可任意选用。④使用绝缘棒，必须戴相应电压等级的绝缘手套，穿绝缘鞋或站在绝缘垫(台)上进行操作，手握部位不得超过护环。⑤雨天使用绝缘棒时应在绝缘部分安装防雨罩，户外操作时还应穿绝缘靴。⑥当接地网接地电阻不符合要求或不了解接地网情况时，晴天操作也必须穿绝缘靴。⑦使用时应有监护人监护，操作要准确、迅速、有力，尽量缩短与高压接触时间。⑧绝缘棒应统一编号，存放在特制的木架上。

2）绝缘夹钳。用于带电安装和拆卸高压熔断器或执行其他类似工作的工具，主要用于35kV及以下电力系统，35kV以上电力系统不使用。它是由工作钳口，绝缘部分(钳身)和握手部分(钳把)组成，其结构如图6-9b所示。

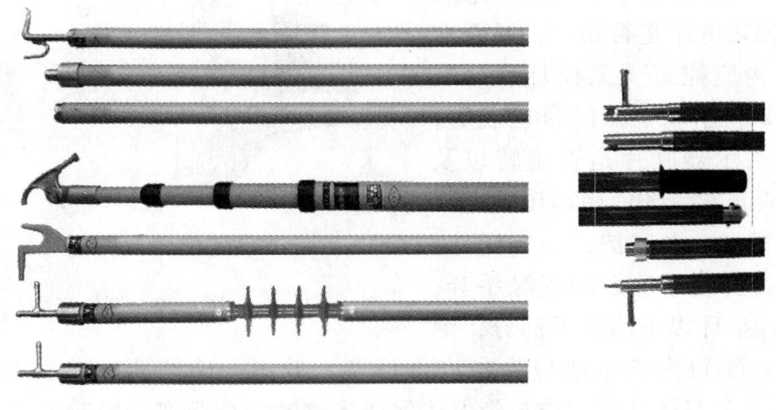

图 6-10　高压绝缘棒结构

绝缘夹钳使用时的注意事项。

①使用前应测试其绝缘电阻，并保持钳体应无损伤，表面清洁干燥。②使用时，绝缘钳口上不允许装接地线，防止接地线晃荡而造成接地短路和触电事故。③使用时，操作人员应戴护目眼镜，绝缘手套，穿绝缘靴或站在绝缘垫（台）上，手握绝缘夹钳时，要精力集中，保持平衡。必须在切断负载的情况下进行操作。④操作时必须有监护人监护。⑤雨天在室外操作时，应使用带有防雨罩的绝缘夹钳。⑥绝缘夹钳应放置在室内干燥、通风良好的地方，以防受潮，不用时要防止磨损。

3）验电器。验电器是检验电气线路和电器设备上是否有电的一种专用安全用具，因验电的电压等级不同，分为高压和低压两种。

①低压验电器又称为电笔，适用于测试 60～550V 交直流电路是否有电和检查电气用具或电力导线是否漏电等故障（矿用验电器测量电压的范围是 100～1000V）的专用安全用具，其种类可分钉旋具笔式、螺钉旋具式和组合式，它由氖管、电阻、弹簧、笔身、笔尖金属帽等组成，如图 6-11 所示。使用时必须按图 6-12 所示的方法握笔。②高压验电器。高压验电器中普遍使用的是回转验电器和具有声光信号的验电器，广泛应用于高压交流系统中，做为验电工具使用。

为检查指示器工作是否正常，可利用试验开关，按下后即发出音响和灯光信号，表示指示器工作正常。

高压验电器使用时的注意事项。

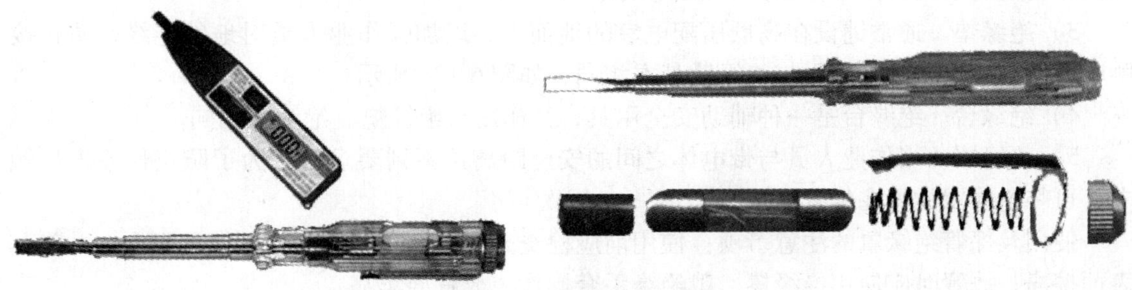

图 6-11　低压验电器

①使用前，应检查验电器的工作电压与被测设备的额定电压是否相符，是否在有效期内。结构应完好、无损坏、无裂纹、无污垢。②利用验电器的自检装置，检查验电器的指示器叶片是否旋转以及声、光信号是否正常。③使用高压验电器时，应两人进行，一人监护、一人操作，操作人必须戴符合耐压等级的绝缘手套，必须握在绝缘棒护环以下的握手部分，绝不能超过护环。④每次验电前应先在有电设备上验电，确认验电器有效后方可使用。⑤验电时，操作人的身体各部位应与带电体保持足够的安全距离。用验电器的金属接触电极逐渐靠近被测设备，一旦验电器开始回转，且发出声光信号，即说明该设备有电。此时应立即将金属接触电极离开被测设备，以保证验电器的使用寿命。⑥验电时，若指示器的叶片不转动，也未发出声、光信号，说明验电部位无电。⑦在停电设备上验电时，必须在设备进出线两侧各相分别验电，以防可能出现一侧或其中一相带电而未被发现。⑧验电时，验电器不应装接地线，除非在木梯木杆上验电，不接地不能指示者，才可装接地线。⑨验电器应按电压等级统一编号，并明示在验电器盒的外壳上。⑩验电器使用后应装盒并放入指定位置，保持干燥，避免积灰和受潮。

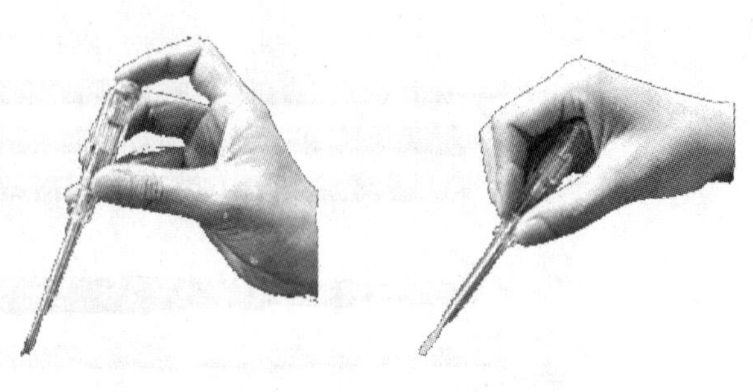

图 6-12　握笔姿势

（2）辅助安全用具

辅助安全用具是指绝缘强度不足以承受电气设备的工作电压，只是用来加强基本安全用具的保安作用，用来防止接触电压、跨步电压和电弧烧伤等对操作人员造成伤害的用具。属于这一类的安全用具有绝缘手套、绝缘鞋、绝缘垫、绝缘台、绝缘绳、绝缘隔板和绝缘罩等，如图 6-13 所示。不能用辅助安全用具直接接触高压电气设备的带电部分。

1）绝缘手套：绝缘手套是用绝缘性能良好的特种橡胶制成的，外观如图 6-13a 所示。

使用和保管绝缘手套的注意事项。

①使用前，应检查是否在有效期范围内。②使用前，应进行外部检查，查看是否完好，表面有无损伤、磨损、破漏和划痕等。如有粘胶破损或漏气现象，严禁使用。

气密性检查：用两手抓住绝缘手套的上口两侧，将手套朝手指方向卷曲，当卷到一定程度时，内部空气因体积减小、压力增大，若手套的手指鼓起，不漏气，即为良好。

2）绝缘靴(鞋)。其作用是使人体与地面绝缘，防止试验电压范围内的跨步电压触电。只能作辅助安全用具使用，如图 6-13b 所示。

3）绝缘垫。通常铺设在高低压配电室的地面上，以加强作业人员对地的绝缘，防止接触电压和跨步电压，其作用与绝缘靴基本相同，如图 6-13c 所示。

4）绝缘台。绝缘台是一种辅助安全用具，其作用与绝缘垫、绝缘靴相同。

5）绝缘罩。当作业人员与带电体之间的安全距离达不到要求时，为了防止作业人员触电，可将绝缘罩放置在带电体上。

使用及保管绝缘罩的注意事项：使用前应检查是否完好，是否在有效期范围内，并将其表面擦净；放置时应使用绝缘棒，戴绝缘手套操作，放置要牢靠。

6）绝缘隔板。绝缘隔板是在停电检修时，为防止检修人员接近带电设备而在两设备之间放置的辅助安全用具。

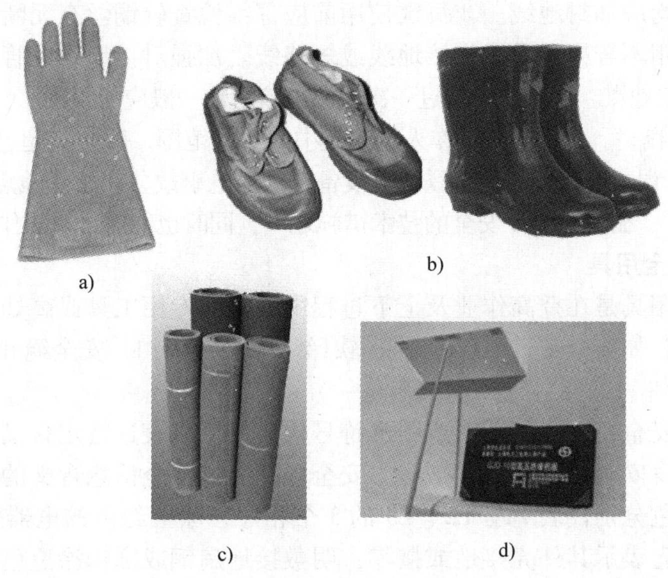

图 6-13　辅助安全用具

a）绝缘手套　b）绝缘鞋　c）绝缘垫　d）绝缘隔板

2. 一般防护安全用具

一般防护安全用具是指那些本身没有绝缘性能但可以起到作业中防止工作人员受到伤害的安全用具，它分为人体防护用具和安全技术防护用具。

（1）人体防护用具

此类防护用具的主要作用是保护人身安全。当工作人员穿戴必要的防护用具时，可以防止外来伤害，如安全帽、护目镜、防护面罩和防护工作服等。

（2）安全技术防护用具

1）携带型接地线又称为三相短路接地线，是在电气设备和电力线路停电检修时，防止突然来电，确保作业人员的安全，免遭伤害采取保证安全的技术措施。在全部停电或部分停电的电气设备向可能来电的各侧装设地线，悬挂标志牌并加装遮栏，其结构主要由线夹、绝缘操作棒、多股软铜线和接地端等部件组成如图 6-14 所示。

多股软铜线是接地线的主要部件，其中 3 根短软铜线是为连接三相导线，接在线夹上，另一端共同连接接地线，接地线的另一端（接地端）连接接地装置，要求导电性能好，其截面面积应不小于 25mm^2，最好选用软铜线外面包有透明的绝缘塑料护套，以预防外伤断股。

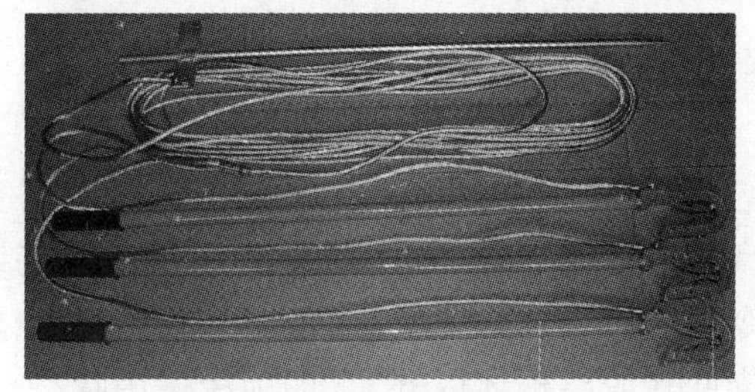

图 6-14　接地线组成

使用和保管接地线的注意事项。

①接地线截面面积的选择应根据使用地点的短路容量来确定。②装拆顺序要正确，即装设时先接接地端，后接导线端；拆除时先拆导线端，后拆接地端。连接要牢固，严禁用缠绕方法进行接地或短路。接地点和工作设备之间

不允许连接开关和熔断器。操作时必须两人进行，一人操作、一人监护，多电源的线路及设备停电时，各回路均应加封地线。③每次使用前应仔细检查软铜丝有无断股、损坏，各连接处要牢固，严禁使用不合格的导线作接地线或短路线。加强对接地线的管理，每组接地线均应编号，存放在固定地点。④接地线通过一次短路电流后，一般应予报废。

2）临时遮栏、栅栏。为了限制工作人员作业中的活动范围，防止其超过安全距离或在危险地点接近带电部分，误入带电间隔，误登带电设备发生触电事故，在工作地点邻近带电设备和工作地点周围安装遮栏、栅栏是保证安全的技术措施之一，同时也能防止非工作人员进入。

3. 登高作业安全用具

登高作业安全用具是在登高作业及上下过程中使用的专用工具或高处作业时防止高处坠落制作的防护用具，如安全带、竹(木)梯、软梯、踩板、脚扣、安全绳和安全网等。

4. 安全标志

安全标志是由安全色，几何图形或图形符号构成的用以表达特定含义的安全信息，是保证电气工作人员人身安全的重要技术措施。安全色是表达安全信息含义的颜色。在电气工程中用黄、绿、红 3 色分别代表 L1、L2、L3 的 3 个相序，涂上红色的电器外壳表示其外壳带电；灰色的电器外壳表示其外壳接地或接零；明敷接地扁钢或圆钢涂黑色；交流回路中的黄绿双色绝缘导线代表保护线，浅蓝色代表中性线(工作零线)；在直流回路中，棕色代表正极，兰色代表负极。

6.2.2 倒闸操作的基本原则

1. 倒闸操作的基本概念

电力系统中运行的电气设备，常常遇到检修、调试及消除缺陷等工作，这就需要改变电气设备的运行状态或改变电力系统的运行方式。

当电气设备由一种状态转到另一种状态或改变电力系统的运行方式时，需要进行一系列的操作，这种操作称为电气设备的倒闸操作。

1）电气设备的状态。变电站电气设备分为 4 种状态：运行状态、热备用状态、冷备用状态和检修状态。

运行状态：电气设备的隔离开关及断路器都确在合闸位置带电运行，如图 6-15 所示。

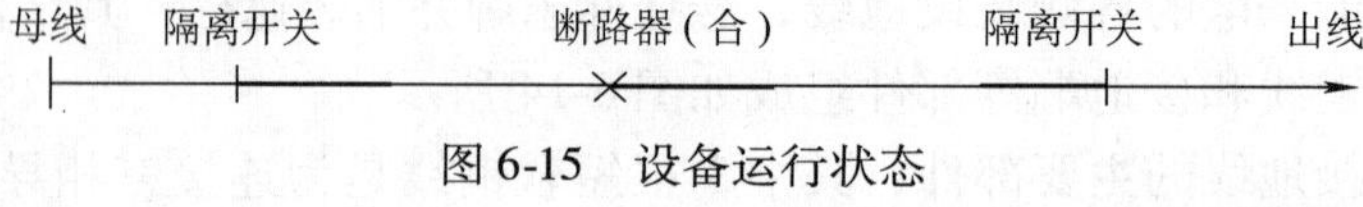

图 6-15 设备运行状态

热备用状态：电气设备的隔离开关在合闸位置，只有断路器在断开位置，如图 6-16 所示。

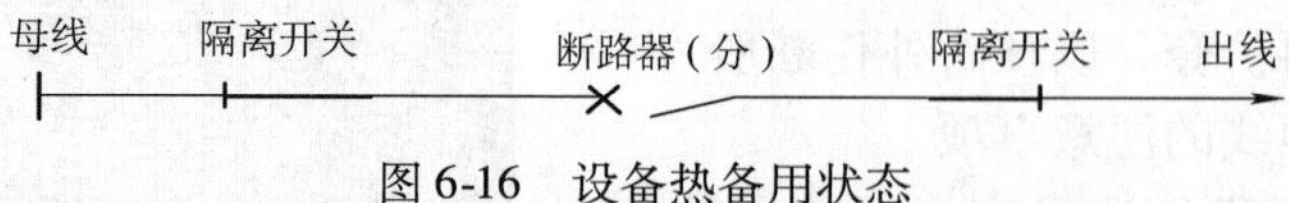

图 6-16 设备热备用状态

冷备用状态：是指电气设备的隔离开关及断路器都在断开位置（见图 6-17）。断路器在冷备用状态时不用断开操作机构储能电源。对于手车式断路器指断路器断开，拉至“试验”位置（脱离柜体以外），即为冷备用状态。

检修状态：是指电气设备的所有隔离开关及断路器均确在断开位置，在有可能来电端挂好地线（见图6-18）。断路器检修是指断路器处于冷备用后，操作、合闸电源断开，按工作需要在断路器两侧合上了接地开关（或装设了接地线）。手车式断路器指断路器断开，拉至“柜外”位置（脱离柜体以外），二次插头取下，操作、合闸电源断开即为检修状态。

图6-17　设备冷备用状态

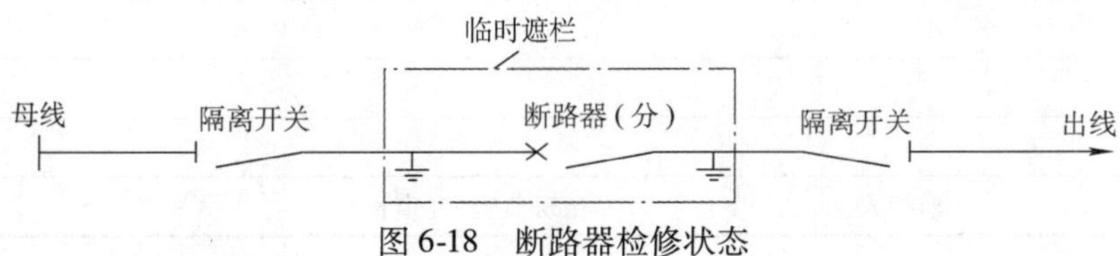

图6-18　断路器检修状态

倒闸操作可以通过就地操作、遥控操作、程序操作完成。遥控操作、程序操作的设备应满足有关技术条件。

2）倒闸操作的主要内容：电力线路的停、送电操作；电力变压器的停、送电操作；发电机的起动、并列和解列操作；电网的合环与解环；母线接线方式的改变（倒母线操作）；中性点接地方式的改变；继电保护自动装置使用状态的改变；接地线的安装与拆除等。

上述绝大多数操作任务是靠拉、合某些断路器和隔离开关来完成的。此外，为了保证操作任务的完成和检修人员的安全，需取下、装上某些断路器的操作熔断器和合闸熔断器。这两种被称为保护电器的设备，也像开关电器一样进行频繁操作。

2. 典型的操作票填写方法

（1）线路、断路器的检修

根据某变电站一次电气主接线图，如图6-19所示，断路器检修操作票见表6-1，线路检修操作票见表6-2。

表6-1　断路器检修操作票

变电站（发电厂）倒闸操作票

单位＿＿＿＿＿＿＿＿　　编号＿＿＿＿＿＿＿＿

发令人		受令人		发令时间：	年　月　日　时　分
操作开始时间： 年　月　日　时　分				操作结束时间： 年　月　日　时　分	
（　　）监护下操作		（　　）单人操作		（　　）检修人员操作	
操作任务：孔三站1011开关由运行转检修					
顺序	操作项目				√
1	拉开孔三站1011开关				
2	检查孔三站1011开关在开位				
3	拉开孔三站1011开关合闸保险				
4	拉开孔三站1011-2刀闸				
5	拉开孔三站1011-1刀闸				

（续）

顺序	操作项目	√
6	在孔三站 1011 开关与 1011-2 刀闸间验明确无电压	
7	在孔三站 1011 开关与 1011-2 刀闸间装设 6kV1#地线一组	
8	在孔三站 1011 开关与 1011-1 刀闸间验明确无电压	
9	在孔三站 1011 开关与 1011-1 刀闸间装设 6kV2#地线一组	
10	拉开孔三站 1011 开关控制保险	

备注：

操作人：　　　　监护人：　　　　值班负责人(值长)：

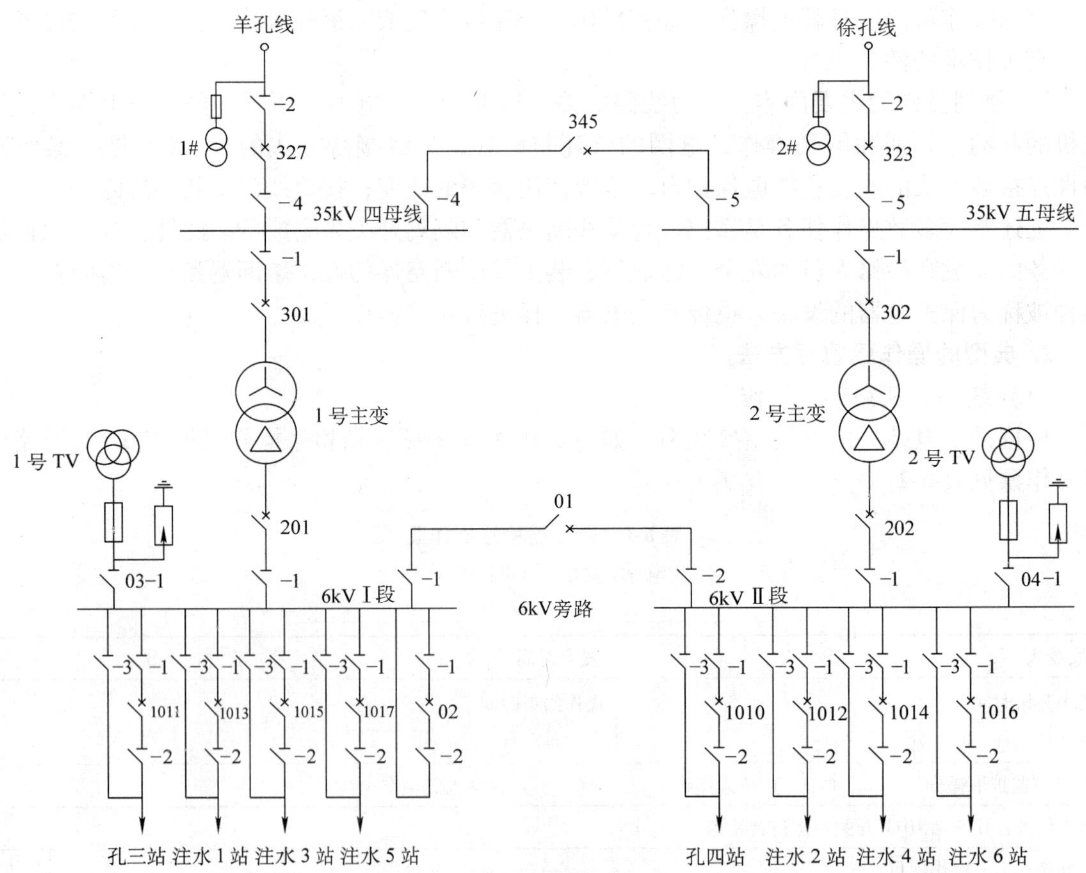

图 6-19　××变电站一次电气主接线图

操作票中的操作任务可由调度布置的操作任务或工作票的工作内容一栏确定。如果工作要求是检修断路器 1011，那么变电站值班人员的任务是对 1011 断路器停电，并采取措施保证检修人员的安全。因此操作票中的“操作任务”一栏应写明：“孔三站 1011 开关由运行转检修”。这一栏是要能体现出倒闸操作的目的。如果是线路检修，则写明“孔三站 1011

线路由运行转检修”，其区别在于所装设接地线位置不同。

根据倒闸操作的技术原则，这个操作的第一项应该是拉开 1011 开关(但该线路如装有自动装置,应提前考虑是否要退出相应的自动装置,并填写在拉开断路器项目之前)，并确保断路器确已拉开。检查断路器位置的目的是防止拉隔离开关时断路器实际并未断开而造成带负荷拉隔离开关的误操作。另外，第 3 项中的“拉开孔三站 1011 开关合闸保险”应根据具体设备规定考虑，例如电磁操动机构断路器是防止在拉隔离开关的操作过程中断路器因某种意外误合闸。因为合闸保险是断路器自动合闸的电源通路，取下合闸保险后就排除了意外合闸的电源，但对非电磁操动机构的断路器上述这项意义就不大了。

拉隔离开关操作，也是根据倒闸操作的技术原则，遵循一定顺序停电操作，必须按照断路器、非母线侧隔离开关、母线侧隔离开关顺序依次操作，送电操作顺序与此相反。现在结合表 6-1 断路器检修操作票说明这一顺序，可以看出：1011 断路器两侧各有一组隔离开关，图 6-19 中编号为 1011-1 的隔离开关是与母线相连的，称为母线侧隔离开关(也称为电源侧隔离开关)。根据部颁《电业安全工作规程》或国家电网公司颁发的《电力安全工作规程》规定，停电操作时应先拉开非母线(负荷)侧隔离开关，后拉开母线(电源)侧隔离开关。这样规定的目的是防止停电时可能会出现的两种误操作：一是断路器没拉开或虽经操作而并未实际拉开，误拉隔离开关；二是断路器虽已拉开但拉隔离开关时走错间隔，拉错停电设备，造成带负荷拉隔离开关。线路检修操作票如表 6-2 所示。

表 6-2　线路检修操作票

变电站(发电厂)倒闸操作票

单位＿＿＿＿＿＿＿　编号＿＿＿＿＿＿＿

发令人		受令人		发令时间：	年　月　日　时　分
操作开始时间： 年　月　日　时　分				操作结束时间： 年　月　日　时　分	
(　　)监护下操作　　(　　) 单人操作　　(　　) 检修人员操作					
操作任务：孔三站 1011 线路由运行转检修					

顺序	操作项目	√
1	拉开孔三站 1011 开关	
2	检查孔三站 1011 开关在开位	
3	拉开孔三站 1011-2 刀闸	
4	拉开孔三站 1011-1 刀闸	
5	在孔三站 1011-2 刀闸线路侧验明确无电压	
6	在孔三站 1011-2 刀闸线路侧装设 6kV3#地线一组	
7	在孔三站 1011-2 刀闸操作把手上悬挂“禁止合闸，线路有人工作”标示牌	

备注：

操作人：　　　　监护人：　　　　值班负责人(值长)：

假设断路器没断开。先拉负荷侧隔离开关，弧光短路发生在断路器保护范围以内(短路电流流经 TA)，出线断路器跳闸，切除了故障，缩小了事故范围，如图 6-20 所示。

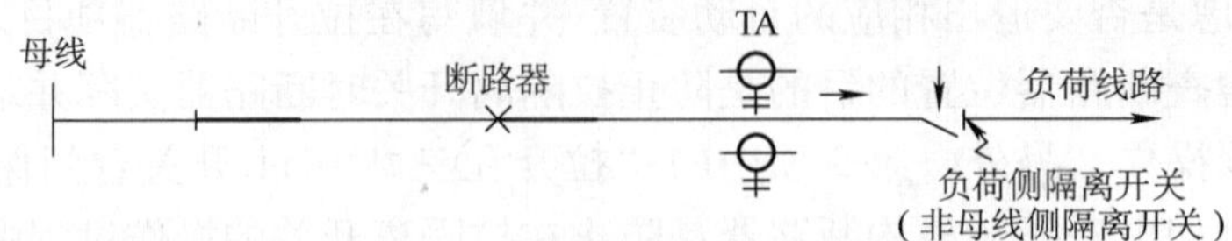

图 6-20　先拉负荷侧隔离开关，断路器跳闸

倘若先拉母线侧隔离开关，弧光短路发生在出线断路器保护范围以外，由图 6-21 可以看出，由于误操作而引起的故障电流并未通过 TA，该保护不动作，断路器不会跳闸，将造成母线短路并使母线保护动作，跳开所有连接在该母线上的断路器，或者使上一级断路器跳闸，扩大了事故范围，延长了停电时间。因为母线侧隔离开关烧坏，在修复期间，该母线不能带电运行，往往在较长时间内影响着汇集母线上全部出线的送电。

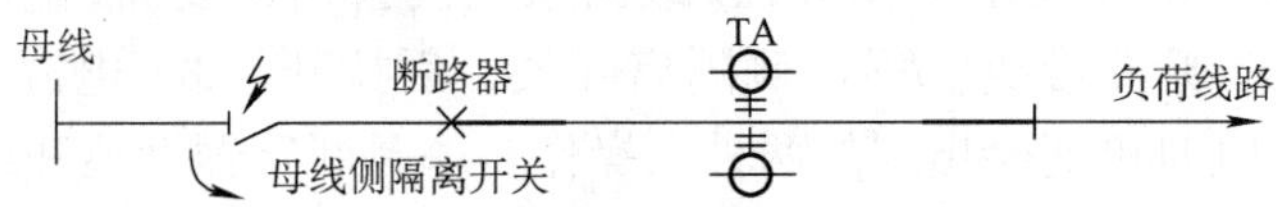

图 6-21　先拉母线侧隔离开关，断路器不会跳闸

送电时，如果断路器在误合位置便去合隔离开关，假如先合负荷侧隔离开关，后合母线侧隔离开关，则等于用母线侧隔离开关带负荷送线路，一旦发生弧光短路便造成母线故障。

反之即使发生了事故，检修负荷侧隔离开关时只需停一条线路，而检修母线侧隔离开关却要停用母线，造成大面积停电。

操作票进行到第 5 项是设备由运行状态转为冷备用状态的操作，要将设备转为检修状态需要布置安全措施，即后 5 项的内容。

由前 5 项的操作项目可以看出，制定操作方案时始终围绕着一个“严防带负荷拉隔离开关”及在误操作情况下尽量缩小事故范围这样一个原则。

操作票的第 10 项是拉开该断路器的操作熔断器。操作熔断器一般安装在控制盘的背后，拉开操作熔断器后就切断断路器的直流操作电源，由于它既控制了断路器的跳闸回路又控制了断路器的合闸回路，所以操作熔断器起双重作用。拉开这个熔断器能更可靠地防止在检修断路器期间，断路器意外跳闸、合闸而发生设备损坏或人身事故。

在被检修设备两侧装设临时接地线是保证检修人员安全的措施之一。装设接地线后，如果有感应电压或因意外情况突然来电，电流经三相短路接地，如图 6-22 所示，使上一级断路器跳闸，从而保证了检修人员所在工作区域内的安全。其装设原则是对于可能送电至停电设备的各方面

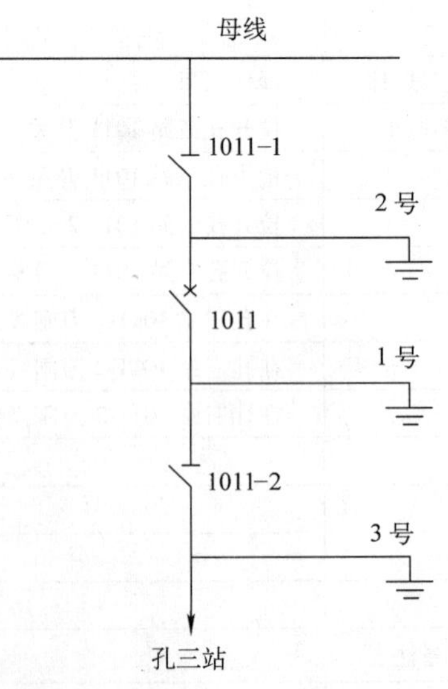

图 6-22　接地线的装设地点

或停电设备可能产生感应电压的都要装设接地线，接地线装设地点必须在操作票上详细写明（见表6-1断路器检修操作票第6项至第9项），以防止发生带电挂地线的误操作事故。同时为防止这一事故发生，装设接地线前必须先进行验电，以证明该处确无电压。所装接地线与被检修设备间不能有断开点，如图6-22中的1号接地线要装在靠近断路器侧，不能用3号接地线代替。因为检修断路器时1011-2隔离开关已拉开，3号接地线对检修人员不起保护安全作用。3号接地线一般在检修线路中作为保护接地使用。

所装接地线应给予编号，并在操作票上注明，以防送电前拆除接地线时因错拆或漏拆而发生带接地线合闸事故(在执行多项操作任务时,注意接地线编号不要重复填写)。

如果一个操作任务的操作项目较多，一张操作票填不完时，应在第一张操作票最后一行填写下接××号倒闸操作票字样。

下面总结填写这类操作票的5个要点。

1）设备停电检修，必须把各方面电源完全断开，禁止在只经断路器断开的电源设备上工作，在被检修设备与带电部分之间应有明显的断开点。

2）安排操作项目时，要符合倒闸操作的基本规律和技术原则，各操作项目不允许出现带负荷拉隔离开关的可能性。

3）装设接地线前必须先在该处验电，并详细地写在操作票上。

4）要注意一份操作票只能填写一个操作任务。所谓一个操作任务是指根据同一个操作命令且为了相同的操作目的而进行不间断的倒闸操作过程。

5）单项命令是指变电站值班员在接受调度员的操作命令后所进行的单一性操作，需要命令一项执行一项。在实际操作中，凡不需要与其他单位直接配合即可进行操作的，调度员可采取综合命令的方式，由变电站自行制订操作步骤来完成。

（2）主变压器检修

填票前应明确所内设备的运行状态，××变电站一次电气主接线图，如图6-19所示。其2#主变压器停电检修操作票，见表6-3。

表6-3　2#主变压器停电操作票

变电站(发电厂)倒闸操作票

单位＿＿＿＿＿＿＿＿　编号＿＿＿＿＿＿＿＿

<table>
<tr><td>发令人</td><td></td><td>受令人</td><td></td><td>发令时间：</td><td>年　月　日　时　分</td></tr>
<tr><td colspan="4">操作开始时间：
年　月　日　时　分</td><td colspan="2">操作结束时间：
年　月　日　时　分</td></tr>
<tr><td colspan="6">（　）监护下操作　　（　）单人操作　　（　）检修人员操作</td></tr>
<tr><td colspan="6">操作任务：2#主变由运行转检修</td></tr>
<tr><td>顺序</td><td colspan="4">操作项目</td><td>√</td></tr>
<tr><td>1</td><td colspan="4">核对主变负荷</td><td></td></tr>
<tr><td>2</td><td colspan="4">拉开2#主变202开关</td><td></td></tr>
<tr><td>3</td><td colspan="4">检查2#主变202开关在开位</td><td></td></tr>
<tr><td>4</td><td colspan="4">拉开2#主变302开关</td><td></td></tr>
<tr><td>5</td><td colspan="4">检查2#主变302开关在开位</td><td></td></tr>
<tr><td>6</td><td colspan="4">拉开2#主变202-1刀闸</td><td></td></tr>
</table>

(续)

顺序	操作项目	√
7	拉开 2#主变 302-1 刀闸	
8	在 2#主变 302 开关与 302-1 刀闸间验明确无电压	
9	在 2#主变 302 开关与 302-1 刀闸间装设 35kV1#地线一组	
10	在 2#主变 202 开关与 202-1 刀闸间验明确无电压	
11	在 2#主变 202 开关与 202-1 刀闸间装设 6kV2#地线一组	
备注:		
操作人:　　监护人:　　值班负责人(值长):		

对主变压器的停电，在一般情况下退出一台变压器前要先考虑负荷的重新分配问题，以保证运行的另一台变压器不过负荷。那么操作票的第一项应是检查负荷分配(见表 6-3　2#主变压器停电操作票)，这是与线路倒闸操作所不同的。其目的是确定 2 号主变压器停电后 1 号主变压器不会过负荷。此项操作可通过主变压器电源侧的电流表指示来确定。

变压器停电时也要根据先停负荷侧、后停电源侧的原则，图 6-19 中的 202 断路器为主变压器 6kV 断路器，也就是负荷侧断路器(主变压器为降压变压器,故 6kV 侧为负荷侧)；302 为主变压器 35kV 断路器，也就是电源侧断路器。

根据上述原则，操作的第 2 项应是拉开主变压器负荷侧 202 断路器，使变压器先进入空载运行状态；然后拉开主变压器 302 高压侧断路器；最后拉开各侧隔离开关，变压器再退出运行。

由操作票的内容可以看出：这一类型的操作与线路倒闸操作有些差异，比如拉开断路器后，不是接着取合闸熔断器而是拉开另一台(高压侧)断路器。这是因为变电站的主变压器高、低压侧断路器的操作把手一般都装在控制室的主变压器控制屏面上，为减少往返时间、提高操作效率，可以就近分别拉开两个断路器，再拉开相应断路器的两侧隔离开关。

(3) 电压互感器检修

变电站往往同时检修多台设备，如要检修上述 2 号变压器的同时，也检修 2 号电压互感器(以下将电压互感器简称 TV)，这就需要重新填写一份操作票。2 号主变压器与 2 号 TV 的停电不是同一个操作任务。由图 6-19 可以看出，2 号主变压器停电后 6kV Ⅱ 段母线依旧带电，则 2 号 TV 与 2 号主变压器不属于同一个电气连接部分。2 号 TV 的二次电压回路联系示意图，如图 6-23 所示。在进行 TV 检修操作前，有时要考虑继电保护的配置问题，如退出低

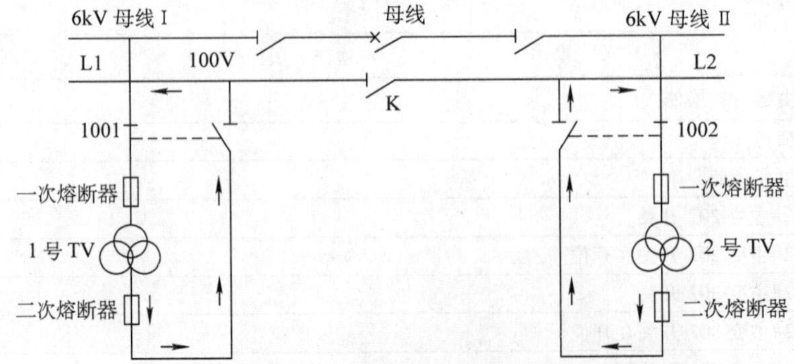

图 6-23　2 号 TV 的二次电压回路联系示意图

频率、低电压等保护装置，以防其因失压而误动。还有的变电站应事先对TV进行人工切换，倒换TV负荷。对于两台6kV的TV能自动切换的变电站，可不考虑上述问题，直接进行TV的停电检修。2号电压互感器停电检修操作票，见表6-4。

表6-4中第1项，先拉开2号TV的二次保险是为了防止停电时因TV隔离开关的辅助触点未分离出现意外，其道理可由图6-23说明。

表6-4　2号电压互感器停电检修操作票

变电站(发电厂)倒闸操作票

单位＿＿＿＿＿＿＿＿＿　编号＿＿＿＿＿＿＿＿＿

发令人		受令人		发令时间：	年　月　日　时　分
操作开始时间： 年　月　日　时　分				操作结束时间： 年　月　日　时　分	
(　　)监护下操作		(　　)单人操作		(　　)检修人员操作	
操作任务：6kVⅡ段04PT由运行转检修					

顺序	操作项目	√
1	拉开6kVⅡ段04PT二次保险	
2	拉开6kVⅡ段PT04-1刀闸	
3	在6kVⅡ段04PT与04-1刀闸之间明确无电压	
4	在6kVⅡ段04PT与04-1刀闸之间装设6kV4#地线一组	
备注：		
操作人：　　　　监护人：　　　　值班负责人(值长)：		

当两段母线均正常分段运行时，各段母线上的电压互感器TV将通过二次侧熔断器分别提供两段母线的二次100V电压。此时切换继电器K断开，两个TV分别反映相应的母线电压。

当两段母线联络运行(母联断路器运行)时，TV将通过中央信号屏上TV二次并列切换开关切换到并列位置。

如果拉开2号TV隔离开关，1号TV将通过辅助触点及闭合的继电器K的触点向原2号TV的负荷提供母线二次电压，Ⅱ段电压小母线L2依旧带电。假设在检修2号TV时未取下其二次侧熔断器，万一2号TV辅助触点又没有完全断开，1号TV的一次电压将会通过这个触点和二次侧熔断器向2号TV的二次绕组反送电，使被检修的2号TV一次侧感应出高电压，这是十分危险的。为防止电源向检修设备反送电，必须取下这一设备的二次侧熔断器。在日常操作中TV隔离开关虽已拉开，但辅助触点并未断开的情况是有的。上述可能性，还将引起运行的TV负荷电流增加，若因此而使运行的TV熔断器熔断，将会造成继电保护失压而致使误动作的人为事故，因此这项操作不能忽视。

操作票中第2项的04-1是2号TV隔离开关的编号，由于正常运行的电压互感器空载电流很小，因此可以用隔离开关拉合。根据工作需要，若有必要取下电压互感器的一次高压熔断器，也要填写在操作票上。

（4）断路器检修转为运行

断路器由检修转为运行的操作票，见表6-5，可以发现其中的规律如下：

1）送电操作的第一项，即停电操作后一项（表6-1断路器检修操作票）的相反操作。

2）送电操作的顺序与停电操作的顺序相反。

3）对于线路等送电的操作，在填写合隔离开关的操作项目前，应填写“检查××断路器确在断开位置”，以防发生带负荷合隔离开关的误操作，这是送电操作的原则。

表6-5 断路器由检修转为运行的操作票

变电站（发电厂）倒闸操作票

单位________ 编号________

发令人		受令人		发令时间：	年 月 日 时 分
操作开始时间： 年 月 日 时 分				操作结束时间： 年 月 日 时 分	
（ ）监护下操作		（ ）单人操作		（ ）检修人员操作	
操作任务：孔三站1011开关由检修转运行					

顺序	操作项目	√
1	合上孔三站1011开关控制保险	
2	拆除孔三站1011开关与1011-1刀闸间6kV2#地线一组	
3	拆除孔三站1011开关与1011-2刀闸间6kV1#地线一组	
4	检查孔三站1011开关在开位	
5	合上孔三站1011-1刀闸	
6	合上孔三站1011-2刀闸	
7	合上孔三站1011开关合闸保险	
8	合上孔三站1011开关	
9	检查孔三站1011开关在合位	

备注：

操作人： 监护人： 值班负责人（值长）：

根据上述方法和原则，可制订送电的操作项目。

需要说明的是，票中“合上控制保险”这一项看起来虽与操作本身无直接关系，但能在误操作情况下缩小事故范围。这一操作必须在合隔离开关前进行，这样即使发生合隔离开关误操作，保护动作也可使断路器跳闸。

表6-6和表6-7列出手车式断路器的一些操作票。仅供参考。

表6-6　变电站（发电厂）倒闸操作票

单位＿＿＿＿＿＿＿＿　编号＿＿＿＿＿＿＿＿

发令人		受令人		发令时间：	年　月　日　时　分
操作开始时间： 年　月　日　时　分				操作结束时间： 年　月　日　时　分	
（　　）监护下操作　　（　　）单人操作　　（　　）检修人员操作					
操作任务：＊＊kV（＊＊＊＊）线（＊＊＊）号开关由运行转为检修					

顺序	操作项目	√
1	拉开（＊＊＊＊）线（＊＊＊）号开关	
2	检查（＊＊＊＊）线（＊＊＊）号开关电流指示正确	
3	检查（＊＊＊＊）线（＊＊＊）号开关确已拉开	
4	将（＊＊＊＊）线（＊＊＊）号开关操作方式开关切至就地位置	
5	将（＊＊＊＊）线（＊＊＊）号小车开关由运行位置摇至试验位置	
6	检查（＊＊＊＊）线（＊＊＊）号小车开关确已摇至试验位置	
7	拉开（＊＊＊＊）线（＊＊＊）号开关控制电源	
8	拉开（＊＊＊＊）线（＊＊＊）号开关储能电源	
9	拉开（＊＊＊＊）线（＊＊＊）号开关保护电源	
10	取下（＊＊＊＊）线（＊＊＊）号小车开关二次插头	
11	将（＊＊＊＊）线（＊＊＊）号小车开关由试验位置拉至检修位置	
备注：		
操作人：　　　监护人：　　　值班负责人（值长）：		

表6-7　变电站（发电厂）倒闸操作票

单位＿＿＿＿＿＿＿＿　编号＿＿＿＿＿＿＿＿

发令人		受令人		发令时间：	年　月　日　时　分
操作开始时间： 年　月　日　时　分				操作结束时间： 年　月　日　时　分	
（　　）监护下操作　　（　　）单人操作　　（　　）检修人员操作					
操作任务：＊＊kV（＊＊＊＊）线（＊＊＊）号开关由检修转为运行					

顺序	操作项目	√
1	检查（＊＊＊＊）线（＊＊＊）号间隔送电范围内无接地短路线	
2	将（＊＊＊＊）线（＊＊＊）号小车开关由检修位置推至试验位置	
3	检查（＊＊＊＊）线（＊＊＊）号小车开关确已推至试验位置	

（续）

顺序	操作项目	√
4	装上（＊＊＊＊）线（＊＊＊）号小车开关二次插头	
5	合上（＊＊＊＊）线（＊＊＊）号开关控制电源	
6	合上（＊＊＊＊）线（＊＊＊）号开关储能电源	
7	合上（＊＊＊＊）线（＊＊＊）号开关保护电源	
8	检查（＊＊＊＊）线（＊＊＊）号开关保护投入正确	
9	检查（＊＊＊＊）线（＊＊＊）号开关确在拉开位置	
10	将（＊＊＊＊）线（＊＊＊）号小车开关由试验位置摇至运行位置	
11	检查（＊＊＊＊）线（＊＊＊）号小车开关确已摇至运行位置	
12	将（＊＊＊＊）线（＊＊＊）号开关操作方式开关切至就地位置	
13	合上（＊＊＊＊）线（＊＊＊）号开关	
14	检查（＊＊＊＊）线（＊＊＊）号开关电流指示正确	
15	检查（＊＊＊＊）线（＊＊＊）号开关确已合好	
备注：		
操作人：	监护人：　　　　值班负责人（值长）：	

6.2.3 电气作业的安全技术措施

电气设备上工作保证安全的技术措施包括：停电、验电、接地、悬挂标示牌和装设遮栏（围栏）。以上技术措施由运行人员或有权执行操作的人员执行。

1. 停电

在电气设备上的工作，停电是一个很重要的环节，在工作地点，应停电的设备如下：

1）检修的设备。

2）与工作人员在进行工作中正常活动范围的距离小于表 6-8 规定的设备。

表 6-8 工作人员工作中日常活动范围与带设备的安全距离

电压等级/kV	10 及以下(13.8)	20、35	63(66)、110	220	330	500
安全距离/m	0.35	0.60	1.50	3.00	4.00	5.00

注：表中未列电压按高一档电压等级的安全距离。

3）在 35kV 及以下的设备处工作，安全距离虽大于表 6-8 中的规定，但小于表 6-9 中的规定，同时又无绝缘挡板、安全遮栏措施的设备。

表 6-9 设备不停电时的安全距离

电压等级/kV	10 及以下(13.8)	20、35	63(66)、110	220	330	500
安全距离/m	0.70	1.00	1.50	3.00	4.00	5.00

4）带电部分在工作人员后面、两侧、上下，且无可靠安全措施的设备。

5）其他需要停电的设备。

在检修过程中，对检修设备进行停电，应把各方面的电源完全断开(任何运用中的星形联结设备的中性点,应视为带电设备也应断开)。禁止在只经断路器断开电源的设备上工作。应拉开隔离开关，手车开关应拉至试验或检修位置，应使各方面有一个明显的断开点(对于有些设备无法观察到明显断开点的除外)。与停电设备有关的变压器和电压互感器，应将设备各侧断开，防止向停电检修设备反送电。

严禁在开关的下口进行检修、清扫工作，必须断开前一级开关后进行。

与停电设备有关的变压器和电压互感器必须从高、低压两侧断开、以防止向停电检修的设备和线路反送电。

变配电站全部停电检修时，必须拉开进户第一刀闸。

注意：严禁利用事故停电的机会进行检修工作。

2. 验电

验电时，应使用相应电压等级而且合格的接触式验电器，在装设接地线或合接地刀闸处对各相分别验电。验电前，应先在有电设备上进行试验，确证验电器良好；无法在有电设备上进行试验时可用高压发生器等确证验电器良好。如果在木杆、木梯或木架上验电，不接地线不能指示者，可在验电器绝缘杆尾部接上接地线，但应经运行值班负责人或工作负责人许可。

高压验电应戴绝缘手套。验电器的伸缩式绝缘棒长度应拉足，验电时手应握在手柄处不得超过护环，人体应与验电设备保持安全距离。雨雪天气时不得进行室外直接验电。

对无法进行直接验电的设备，可以进行间接验电。即检查隔离开关的机械指示位置、电气指示、仪表及带电显示装置指示的变化，且至少应有两个及以上指示已同时发生对应变化；若进行遥控操作，则应同时检查隔离开关的状态指示、遥测、遥信信号及带电显示装置的指示进行间接验电。

表示设备断开和允许进入间隔的信号、经常接入的电压表等，如果指示有电，则禁止在设备上工作。

3. 接地

在检修的设备或线路上，接地的作用：保护工作人员在工作地点防止突然来电、消除邻近高压线路上的感应电压、放净线路或设备上可能残存的电荷、防止雷电电压的威胁。

装设接地线应由两人进行(经批准可以单人装设接地线的项目及运行人员除外)。

当验明设备确已无电压后，应立即将检修设备三相短路并接地。电缆及电容器接地前应逐相充分放电，星形联结电容器的中性点应接地，串联电容器及与整组电容器脱离的电容器应逐个放电，装在绝缘支架上的电容器外壳也应放电。

对于可能送电至停电设备的各方面都应装设接地线或合上接地刀闸，所装接地线与带电部分应考虑接地线摆动时仍符合安全距离的规定。

对于因平行或邻近带电设备导致检修设备可能产生感应电压时，应加装接地线或工作人员使用个人保安线，加装的接地线应登记在工作票上，个人保安接地线由工作人员自装自拆。

检修部分若分为几个在电气上不相连接的部分(如分段母线以隔离开关或断路器隔开分成几段)，则各段应分别验电后再接地短路。降压变电站全部停电时，应将各个可能来电侧的部分接地短路，其余部分不必每段都装设接地线或合上接地刀闸。

接地线、接地刀闸与检修设备之间不得连有断路器或熔断器。若由于设备原因，接地刀闸与检修设备之间连有断路器，在接地刀闸和断路器合上后，应有保证断路器不会分闸的措施。

在配电装置上，接地线应装在该装置导电部分的规定地点，这些地点的油漆应刮去，并划有黑色标记。所有配电装置的适当地点，均应设有与接地网相连的接地端，接地电阻应合格。接地线应采用三相短路式接地线，若使用分相式接地线时，应设置三相合一的接地端。

装设接地线应先接接地端，后接导体端，接地线应接触良好，连接应可靠。拆接地线的顺序与此相反。装、拆接地线均应使用绝缘棒并戴绝缘手套。人体不得碰触接地线或未接地的导线，以防触及感应电。

成套接地线应用有透明护套的多股软铜线组成，其截面面积不得小于25mm^2，同时应满足装设地点短路电流的要求。禁止使用其他导线作接地线或短路线。

接地线应使用专用的线夹固定在导体上，严禁用缠绕的方法进行接地或短路。

严禁工作人员擅自移动或拆除接地线。高压回路上的工作(如测量母线和电缆的绝缘电阻,测量线路参数,检查断路器触头是否同时接触等)，需要拆除全部或一部分接地线后才能进行工作。如拆除一相接地线；拆除接地线，保留短路线；将接地线全部拆除或拉开接地刀闸，应征得运行人员的许可(根据调度员指令装设的接地线,应征得调度员的许可)，方可进行。工作完毕后应立即恢复。

4. 悬挂标示牌和装设遮栏(围栏)

标示牌的悬挂应牢固正确，位置准确。正面朝向工作人员。标示牌的悬挂与拆除，应按工作票的要求进行。

在以下地点应该装设的遮拦和悬挂的标示牌。

1）在一经合闸即可送电到工作地点的断路器和隔离开关的操作把手上，均应悬挂“禁止合闸，有人工作!”的标示牌。如果线路上有人工作，应在线路断路器和隔离开关操作把手上悬挂“禁止合闸，线路有人工作!”的标示牌。

2）对由于设备原因，接地刀闸与检修设备之间连有断路器，接地刀闸和断路器合上后，在断路器操作把手上，应悬挂“禁止分闸!”的标示牌。

3）在显示屏上进行操作的断路器和隔离开关的操作处均应相应设置“禁止合闸，有人工作!”或“禁止合闸，线路有人工作!”以及“禁止分闸!”的标记。

4）部分停电的工作，安全距离小于表6-19规定距离以内的未停电设备，应装设临时遮栏，临时遮栏与带电部分的距离，不得小于表6-18的规定数值，临时遮栏可用干燥木材、橡胶或其他坚韧绝缘材料制成，装设应牢固，并悬挂“止步，高压危险!”的标示牌。

5）35kV及以下设备的临时遮栏，如因工作特殊需要，可用绝缘挡板与带电部分直接接触。但此种挡板应具有高度的绝缘性能。

6）在室内高压设备上工作，应在工作地点两旁及对面运行设备间隔的遮栏(围栏)上并在禁止通行的过道遮栏(围栏)上悬挂“止步，高压危险!”的标示牌。

7）高压开关柜内手车开关拉出后，隔离带电部位的挡板封闭后禁止开启，并设置“止步，高压危险!”的标示牌。

8）在室外高压设备上工作，应在工作地点四周装设围栏，其出入口要围至临近道路旁边，并设有“从此进出!”的标示牌。工作地点四周围栏上悬挂适当数量的“止步，高压危险！”标示牌，标示牌应朝向围栏里面。若室外配电装置的大部分设备停电，只有个别地点保留有带电设备而其他设备无触及带电导体的可能时，可以在带电设备四周装设全封闭围栏，围栏上悬挂适当数量的“止步，高压危险！”标示牌，标示牌应朝向围栏外面。

9）在工作地点设置“在此工作！”的标示牌。

10）在室外构架上工作，则应在工作地点邻近带电部分的横梁上，悬挂“止步，高压危险！”的标示牌。在工作人员上下铁架或梯子上，应悬挂“从此上下！”的标示牌。在邻近其他可能误登的带电架构上，应悬挂“禁止攀登，高压危险！”的标示牌。

部分停电的工作，安全距离小于规定距离以内的未停电设备，应装设遮栏或围栏，将施工部分与其他带电部分明显隔离开。

禁止工作人员在工作中移动、越过或拆除遮栏进行工作。

6.2.4 电气防误操作闭锁装置

防误闭锁装置的作用是防止误操作，凡有可能引起误操作的高压电气设备，均应装设防误闭锁装置。防误闭锁装置应实现以下功能(简称为五防)：防止误分、合断路器；防止带负荷拉、合隔离开关；防止带电挂(合)地线(接地刀闸)；防止带地线(接地刀闸)合断路器(隔离开关)；防止误入带电间隔。

变电站常用的防误闭锁装置有机械闭锁、电气闭锁、电磁闭锁、程序锁和微机闭锁等。

1. 机械闭锁

机械闭锁是靠机械结构制约而达到闭锁目的的一种闭锁装置。

机械闭锁示意图如图 6-24 所示，当开关处于合闸状态时，CD 机构的 1 电动操作机构的脱扣连杆通过 2 杠杆传动到 7 转轴，从而将 3 联锁把手顶住，使得连锁把手不能转动，刀闸的 5 定位销不能拔出，这样，刀闸被 5 定位销锁住不能进行操作。

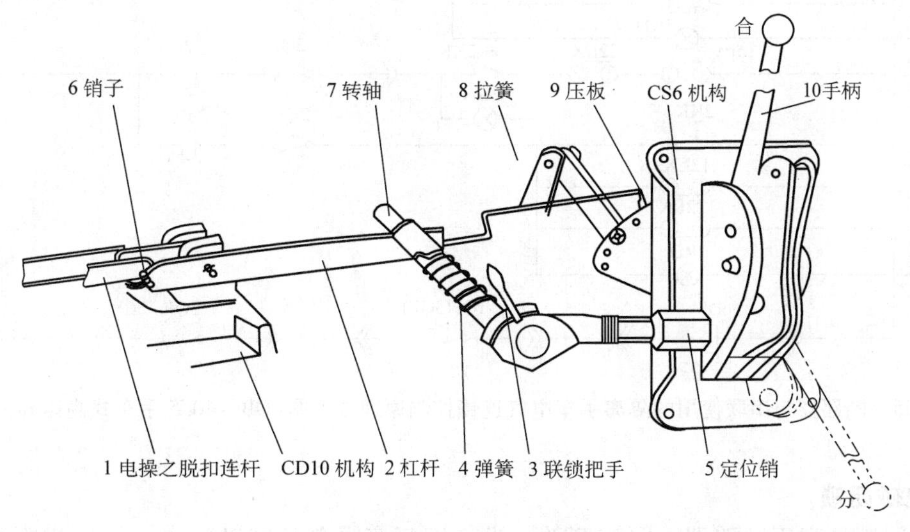

图 6-24　机械闭锁示意图

机械闭锁只能在隔离开关与本处的接地开关或者是在断路器与本处的隔离开关间实现闭锁，如果与其他断路器或其他隔离开关实现闭锁，使用机械闭锁就难以实现。为了解决这一问题，常采用电磁闭锁和电气闭锁。

2. 电气闭锁

电气闭锁是利用断路器、隔离开关的辅助触头，接通或断开电气操作电源，从而达到闭锁目的的一种闭锁装置，普遍应用于断路器与隔离开关、电动隔离开关与电动接地开关闭锁上。

断路器与串联使用的隔离手车电器连锁控制原理参考图如图 6-25 所示，隔离手车行程开关(11LX)与被联锁的 1QF 断路器合闸回路串联，此时进行手动合闸 1KK 接点接通，合闸回路被接通的，该断路器才能合闸，当隔离手车离开工作或实验位置，碰块即脱离行程开关(即 11LX 复位)，合闸回路被切断，同时分闸回路被接通，该断路器立即分闸且不能被再合闸。

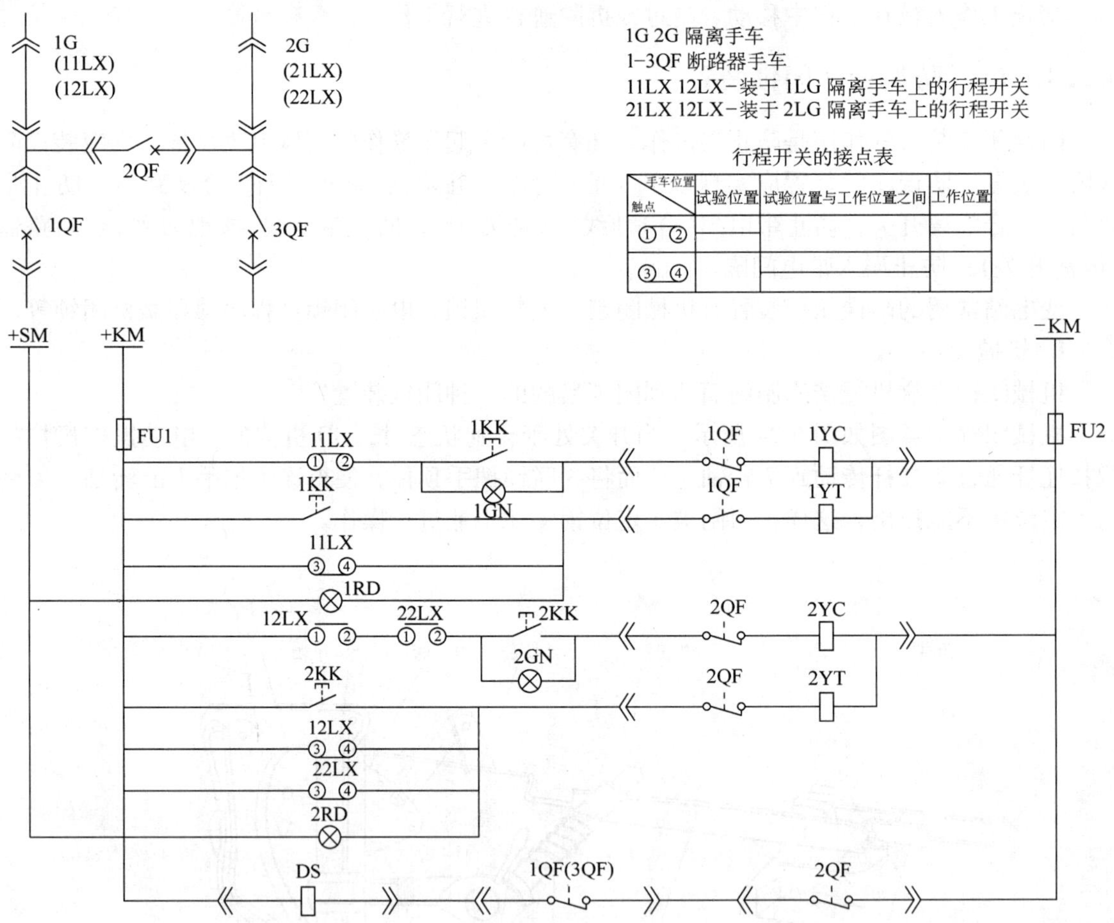

图 6-25　断路器与串联使用的隔离手车电气连锁控制原理参考图(GBC-40.5 手车式高压开关柜)

3. 电磁闭锁

电磁闭锁是利用断路器、隔离开关、设备网门等设备的辅助触点，接通或断开隔离开关、设备网门的电磁锁电源，从而达到闭锁目的的一种闭锁装置。

如图 6-26 所示，当有关断路器(1QF、2QF、3QF)处于合闸状态的，装于隔离手车操作手柄上的电磁锁(DS)回路将被反映有关断路器位置的辅助开关(QF)的常闭接点所切断，电磁锁(DS)线圈失去电源，电磁锁轴销紧锁在CS6机构的锁孔内，如图6-24所示，从而保证了处于工作或实验位置的隔离手车不能被拉动。

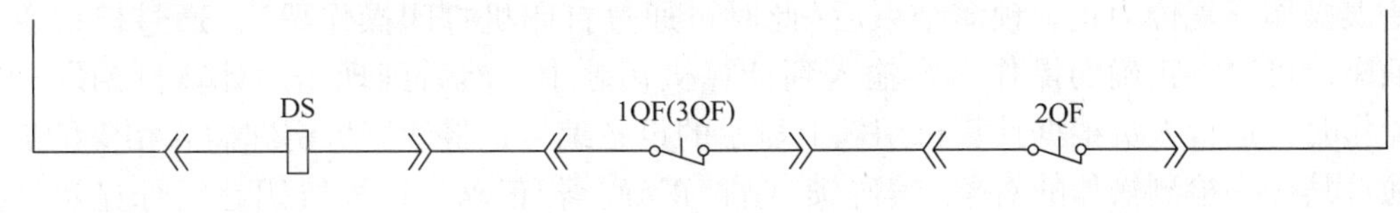

图6-26 电磁闭锁示意图

4. 程序锁

电气防误程序锁(以下简称:程序锁)具有“五防”功能，程序锁的锁位与电气设备的实际位置一致，控制开关、断路器、隔离开关利用钥匙随操作程序传递或置换而达到先后开锁操作的目的。

图6-27所示为JSN(W)1系列防误机械程序锁，是一种高压开关设备专用机械锁。该锁强制运行人员按照既定的安全操作程序，对电器设备进行操作，从而避免了电器设备的误操作，较为完善的达到了“五防”要求。使用过程中设有可以开启任何锁具的总钥匙，以备在设备出厂、调试或设备投入运行后的带电工作等非程序操作中使用。

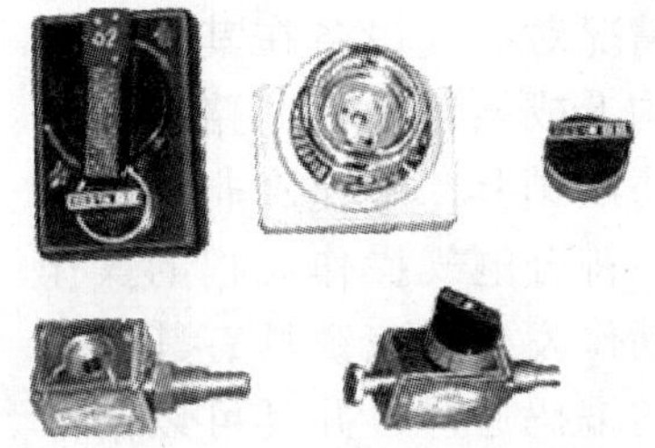

图6-27 JSN(W)1系列防误机械程序锁

JSN(W)1系列防误机械程序锁可以作为控制开关锁取代原控制开关面板和把手，将程序钥匙插入锁具面板下部的孔中，然后插上红牌顺时针方向转动把手进行合闸操作，换绿牌逆时针方向转动把手进行分闸操作，在预分位置时，程序钥匙不取出，该锁有紧急解锁装置(白牌)。

JSN(W)1系列防误机械程序锁也可以作为刀闸锁，分闸时：将钥匙在标有合字的位置槽处插入，钥匙向顺时针方向转动，使钥匙上的刻线对齐。拔出锁销，操作隔离开关手柄。分闸后，锁销自动复位，钥匙继续向顺时针方向转动到位，从标有分字的位置槽中取出钥匙，即锁住，与分闸时对齐。合闸时，将钥匙在标有分字的位置槽处插入，钥匙向逆时针方向转动，使钥匙上的刻线与锁体上的刻线对齐。拔出锁销，操作隔离开关手柄。合闸后，锁销自动复位，钥匙继续向逆时针方向转动到位，从标有合字的位置槽中拔出钥匙，即锁住。与合闸时对齐。

JSN(W)1系列防误机械程序锁作为柜网门锁时，开门操作，将钥匙插入网门锁的锁孔中，钥匙顺时针方向转动到位，取出钥匙开网门。关门操作，将钥匙插入网门锁的锁孔中，关好门，钥匙向逆时针方向转动到位，取出钥匙即锁住网门。

除控制开关锁外，其他锁体上，每套锁都有其操作顺序序号。即用钢印打上1、2、3、4(分闸顺序)，按此顺序分闸或按4、3、2、1顺序合闸即可。

5. 微机闭锁

微机型防误操作闭锁装置(计算机模拟盘)是由计算机模拟盘、计算机钥匙、电编码开锁和机械编码锁等几部分组成。微机型防误操作闭锁装置，可以检验和打印操作票，能对所有一次设备的操作强制闭锁，具有功能强、使用方便、安全简单、维护方便的优点。

此装置以计算机模拟盘为核心设备，在主机内预先储存所有设备的操作原则，模拟盘上所有的模拟原件都有一对触头与主机相连。当运行人员接通电源在模拟盘上预演操作时，微机就根据预先储存好的操作原则，对每一项操作进行判断，如果操作正确发出表示正确的声音信号，如果操作错误则通过显示器显示错误操作项的设备编号，并发出持续的报警声，直至将错误操作项复位为止。预演结束后(此时可通过打印机打印操作票)，通过模拟盘上的传输插座，可以将正确的操作内容输入到计算机钥匙中，然后到现场用计算机钥匙进行操作。操作时，运行人员根据计算机钥匙上显示的设备编号，将计算机钥匙插入相应的编码锁内，通过其探头检测操作的对象(编码锁)是否正确。若正确，计算机钥匙闪烁显示被操作设备的编号，同时开放其闭锁回路或机构，就可以进行操作了，此时，计算机钥匙自动显示下一项操作内容。若走错间隔开锁，计算机钥匙发出持续的报警，提醒操作人员，编码锁也不能够打开，从而达到强制闭锁的目的。

使用计算机模拟盘闭锁装置，必须保证模拟盘与现场设备的实际位置完全一致，这样才能达到防误装置的要求，起到防止误操作的作用。

图 6-28 为南瑞继保电气公司的 RCS9200 型微机五防系统结构配置图。根据现场的实际情况对电气设备在其操作机构上或电气操作回路中安装防误锁具，不允许非法的和不符合电气操作规程的操作动作发生。该锁具有其唯一的编码序号，并且可以向计算机钥匙提供编码信号和所监视设备的工作状态。其次在系统后台主机上将一次系统的电气设备和其相对应的锁具编号通过数据库关联起来，在进行电气设备的操作之前主机通过采集 RTU 或综合自动化的实时遥信信息，以及原先计算机钥匙返送的一次设备信息，使主机的五防图与现场电气设备的实际状态保持一致。在这个基础之上操作人员根据操作任务的要求在五防图上模拟操作过程，RCS9200 五防机的运行界面如图 6-29 所示，主机软件自动利用规则库检验每一步骤操作的合理性，如果违反操作规程，主机立即报警，如果符合操作规程则生成一步操作票。每步有效操作票的内容(不含提示性操作)有动作形式、操作对象、操作结果、锁的编号或其他提示性的内容。在模拟结束后自动生成完整的操作票供查阅、打印。然后传送给计算机钥匙。操作人员用下载了操作票的计算机钥匙，到现场按照它的各种文字提示按正确顺序和锁号打开锁具，然后再将相应的设备操作到所要求的位置，检查电气设备的最终位置满足操作任务的要求时才能进入下步操作，直至完成整个操作任务。

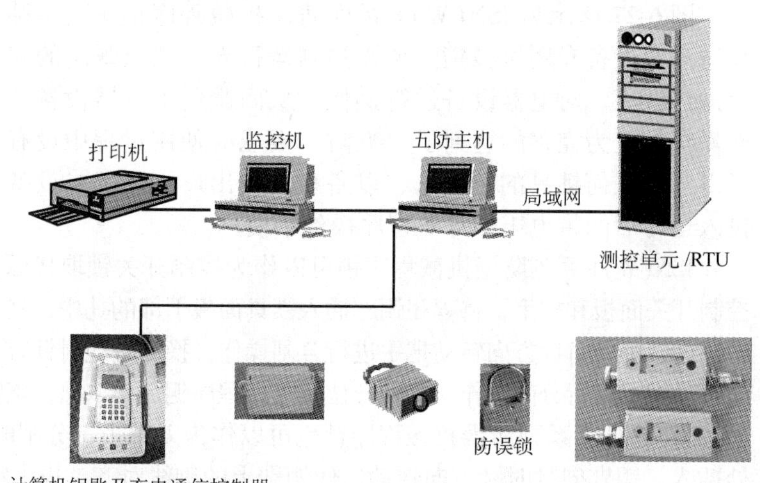

图 6-28　RCS9200 型微机五防系统结构配置图

五防闭锁操作流程如图 6-30 所示。

五防闭锁操作过程分为两步：操作票预演生成和实际闭锁操作。

操作票预演生成，RCS9200 五防模拟开票界面如图 6-31 所示。《电力系统安全运行规程》中明确规定：电气倒闸操作时必须填写倒闸操作票，并进行操作预演。正确无误后，操作人在监护人的监护下严格按所开的倒闸操作票操作。开出符合五防闭锁规则的倒闸操作票是防误操作的基础。

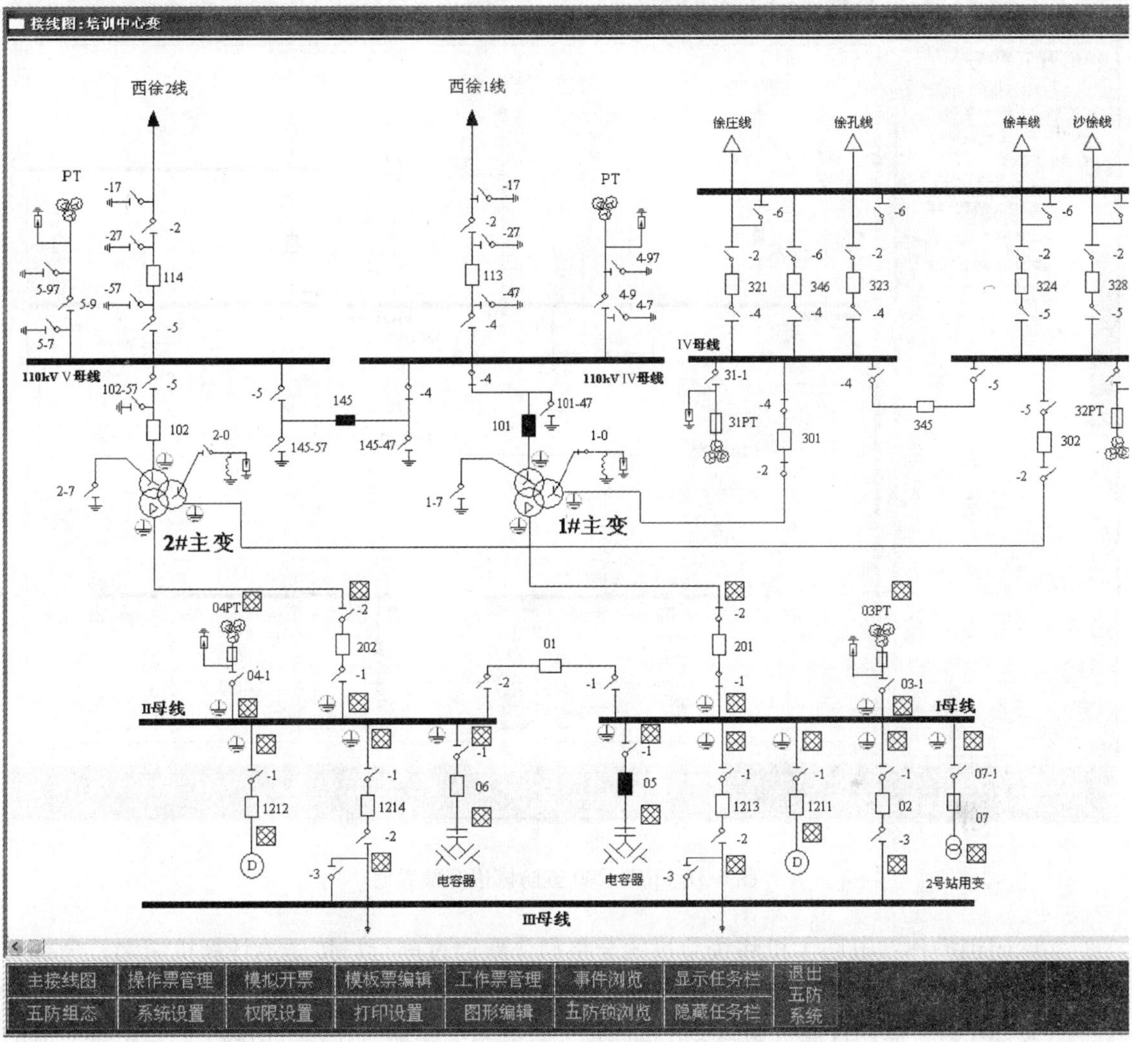

图 6-29 RCS9200 五防机的运行界面

RCS9200 五防系统事先将系统参数、元件操作规则、电气防误操作接线图（简称为五防图）存入五防主机中，当操作人员在五防图上进行操作预演时，系统会根据当前实际运行状态检验其预演操作是否符合五防规则。若操作违背了五防规则，系统将给出具体的提示信息；若符合五防规则，系统将确认其操作，直至结束。

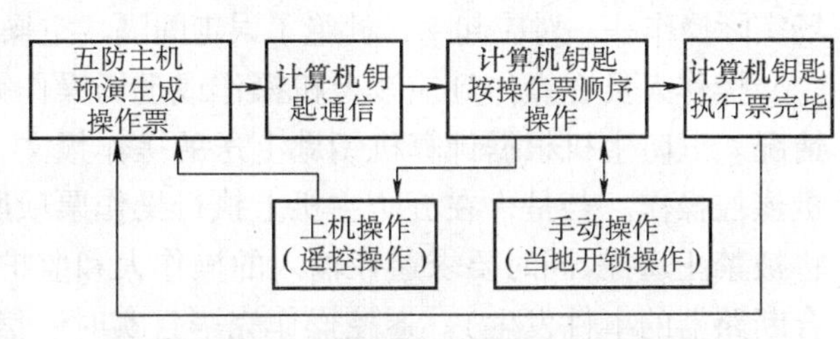

图 6-30 五防闭锁操作流程图

基于元件的操作规则和实时信息，使不满足五防要求的操作项不能出现在操作票中，从而开出满足五防闭锁规则的倒闸操作票。

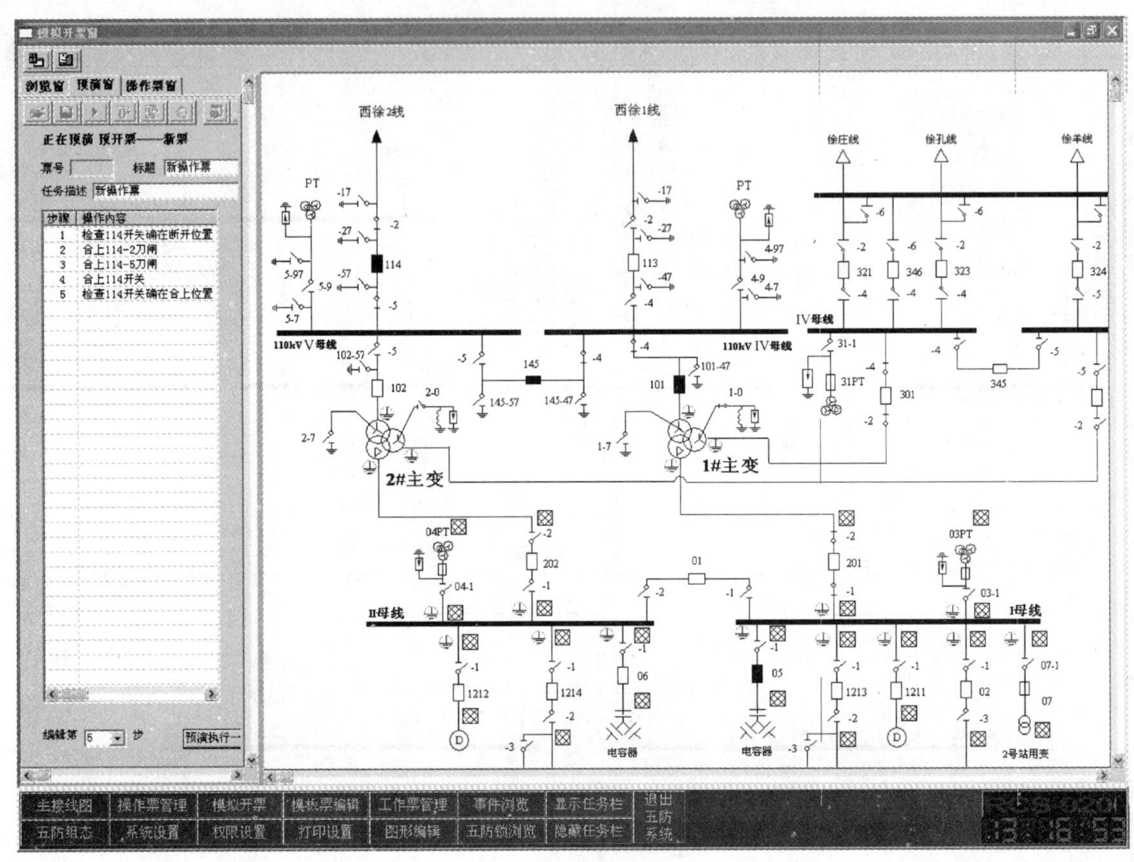

图 6-31　RCS9200 五防模拟开票界面

实际闭锁操作：五防主机将校验过的合格操作票通过串行口传送给计算机钥匙，全部实际操作将被强制严格按照预演生成的操作票步骤进行。

现场操作时，需用计算机钥匙去开编码锁，只有当编码锁与计算机钥匙中的执行票对应的锁号与锁类型完全一致时，才能开锁，进行操作。计算机钥匙具有状态检测功能，只有当真正进行了所要求的操作，钥匙才确认此项操作完毕，可以进行下一项操作。这样就将操作票与现场实际操作一一对应起来，杜绝了误走间隔、空操作事故的发生，保证了现场操作的正确性。

操作人员在操作到应该上机操作或现场操作完毕时，计算机钥匙将向五防主机汇报操作情况。五防主机根据计算机钥匙上送的操作报文，结合正执行的操作票，判断是否该进行上机遥控操作。若是，在五防主机上执行操作票项所对应设备的指定遥控操作（选错操作元件将被禁止遥控，同时要求遥控输入的操作人和监护人名称密码与操作票生成时一致，防止误分合断路器的事件发生）。遥控操作完毕且实时遥信状态返回正确后，才可进行下一步操作。

在遥控之后还需计算机钥匙进行现场开锁时，五防主机将当前操作步骤传给计算机钥匙，再进行计算机钥匙的操作。如此反复，直到整个操作结束。

可以看出，整个实际操作过程均在五防主机、计算机钥匙和编码锁的严格闭锁下，强制操作人员按照所开的经过校验合格的操作票进行，从而达到软、硬件全方位的防误闭锁操作。

6.3 技能训练

6.3.1 验电、挂接地线

1. 训练目的

1）掌握常用安全用具的检查方法。

2）学会正确使用高压验电器进行验电并对设备封挂接地线。

2. 训练内容

（1）准备工作

1）穿戴好劳保服装。

2）检查绝缘手套有效期、外观和气密性。

3）检查绝缘靴有效期、外观和磨损程度。

4）选择符合该系统电压等级的验电器，检查有效期、外观并做试验。

5）检查接地线。

（2）验电

使用高压验电器时，应二人进行，一人监护、一人操作，操作人必须戴符合耐压等级的绝缘手套，必须握在绝缘棒护环以下的握手部分，绝不能超过护环。

验电前应先在有电设备上验电，确认验电器有效后方可使用。

验电时，操作人的身体各部位应与带电体保持足够的安全距离。当验电器的金属接触电极逐渐靠近被测设备，一旦验电器发出声光信号，即说明该设备有电。此时应立即将金属接触电极离开被测设备，以保证验电器的使用寿命。

在停电设备上验电时，必须在设备进出线两侧(如断路器的两侧、变压器的高低压侧等)以及需要短路接地的部位，各相分别验电，以防可能出现一侧或其中一相带电而未被发现。

（3）挂地线

当验明设备无电后，应立即三相短路并接地。操作时，先接接地端，接触必须牢固，然后在检修设备所规定的位置接地。在设备上接地时，应先接靠近人体那相，然后再接其他两相，接地线不要触及人身。拆除接地线时顺序相反。所挂接地线应与带电设备保持安全距离。

6.3.2 倒母线倒闸操作

1. 训练目的

1）请根据图 6-19 所示一次系统图，按照下列操作任务正确填写电气倒闸操作票。

①1#主变由运行转检修。②1#主变由检修转运行。③孔四站 1010 线路由运行转检修。④孔四站 1010 线路由检修转运行。⑤注水 1 站 1013 开关由运行转检修(要求线路不停电由旁路 02 开关代路)。⑥注水 1 站 1013 开关由检修转运行。

2）掌握进行倒闸操作步骤。

3）掌握正确操作隔离开关、断路器的动作要领。

2. 训练内容

1）准备工作。

穿戴好劳保服装；检查绝缘手套有效期、外观和气密性；检查绝缘靴有效期、外观和磨损程度。

2）隔离开关操作动作要领。

①拉合隔离开关前必须查明有关断路器和隔离开关的实际位置，隔离开关操作后应查明实际分合位置。②手动合上隔离开关时，必须迅速果断。在隔离开关快合到底时，不能用力过猛，以免损坏支持绝缘子。当合到底时发现有弧光或为误合时，不准再将隔离开关拉开，以免由于误操作而发生带负荷拉隔离开关，扩大事故。③手动拉开隔离开关时，应慢而谨慎。如触头刚分离时发生弧光应迅速合上并停止操作，立即检查是否为误操作而引起电弧。值班人员在操作隔离开关前，应先判断拉开该隔离开关是否会产生弧光(切断环流、充电电流时也会产生弧光)、在确保不发生差错的前提下，对于会产生的弧光的操作则应快而果断，尽快使电弧熄灭，以免烧坏触头。④装有电磁闭锁的隔离开关当闭锁失灵时，应严格遵守防误装置解锁规定，认真检查设备的实际位置，在得到当班调度员同意后，方可解除闭锁进行操作。⑤电动操作的隔离开关如遇电动失灵，应查明原因和与该隔离开关有闭锁关系的所有断路器、隔离开关、接地开关的实际位置，正确无误才可拉开隔离开关操作电源而进行手动操作。⑥隔离开关操作机构的定位销操作后一定要销牢，以免滑脱发生事故。⑦隔离开关操作后，检查操作应良好，合闸时三相同期且接触良好；分闸时判断断口张开角度或闸刀拉开距离应符合要求。

隔离开关合闸不到位：主要是检修调试时未调试好或隔离开关操作机构有卡涩现象等原因而引起的。可重新合一次闸，如无效，可用绝缘棒推入。若为电动操作机构的，可用手柄按隔离开关合上方向摇上，但不能用力过猛，以免机构断裂。必要时可申请检修。

3）断路器操作动作要领。

①用控制开关拉合断路器，不要用力过猛，以免损坏控制开关。操作时不要返回太快，以免断路器合不上或拉不开。②设备停电操作前，对终端线路应先检查负荷是否为零。对并列运行的线路，在一条线路停电前应考虑有关整定值的调整，并注意在该线路拉开后另一线路是否过负荷。如有疑问应问清调度后再操作。断路器合闸前必须检查有关继电保护是否已按规定投入。③断路器操作后，应检查与其相关的信号，如红、绿灯的变化，测量表计的指示。装有三相电流表的设备，应检查三相表计，并到现场检查断路器的机械位置以判断断路器分合的正确性，避免由于断路器假分假合造成误操作事故。④操作主变压器断路器停电时，应先拉开负荷侧后拉开电源侧，复电时顺序相反。⑤如装有母差保护，当断路器检修或二次回路工作后，断路器投入运行前应先停用母差保护再合上断路器，充电正常后才能用上母差保护(有负荷电流时必须测量母差不平衡电流并应为正常)。⑥断路器出现非全相合闸时，首先要恢复其全相运行(一般两相合上一相合不上,应再合一次,如仍合不上则将合上的两相拉开;如一相合上两相合不上,则将合上的一相拉开)，然后再作其他处理。⑦断路器出现非全相分闸时，应立即设法将未分闸相拉开，如仍拉不开应利用母联或旁路进行倒换操作，之后通过隔离开关将故障断路器隔离。⑧对于储能机构的断路器，检修前必须将能量释放，以免检修时引起人员伤亡。检修后的断路器必须放在分开位置上，以免送电时造成带负荷合隔离开关的误操作事故。⑨断路器累计分闸或切断故障电流次数(或规定切断故障电流

累计值）达到规定时，应停电检修。还要特别注意当断路器跳闸次数只剩有一次时，应停用重合闸，以免故障重合时造成跳闸引起断路器损坏。

4）倒闸操作的程序。

①接令：倒闸操作必须根据调度人员的命令进行，接受操作命令应由值长接令，接令时应双方互通姓名，接受操作命令人员应根据调度命令做好记录，同时应使用录音机做好录音，记录好后对调度人员进行复诵。如有疑问应及时向调度人员提出，对于有计划的复杂操作和大型操作应在操作前一天下达操作命令，以便操作人员提前做好准备。②宣布命令：值长接令后应对当值值班员宣布操作命令，并指定操作人和监护人，并由操作人填写操作票。原则上值长一般不担任监护人，只有在复杂的大型操作中才担任监护人。③填写操作票：填写操作票由操作人进行填写，在填写中应使用统一的操作术语。操作票每页错误不得超过三个字，并在修改处应加盖名章，名章应清晰。对于关键的字不得修改（如拉开、合上等）。每个设备编号只有一个。④操作票的审核：操作票填好后应由操作人进行检查，无误后再由监护人和变电站正值长进行审核，检查后再由电力调度或所长进行最终审核。审核后在操作票的最后一行加盖“以下空白”章。⑤模拟操作：操作人、监护人应先在模拟图上按照操作票所列操作顺序进行预演。审核后的操作票，由操作人和监护人在模拟图上进行模拟操作，模拟操作时由监护人唱票，操作人复诵，操作人在指定操作的设备模拟开关或隔离开关的拉合方向，监护人在操作人对所要操作的设备复诵和拉合方向正确后下达“对，可以操作”的命令，操作人方可将所要操作的开关或隔离开关转换到指定的位置上，这项操作后监护人对模拟操作的内容检查无误后，在模拟项上画一对号（√）进行确定，直到操作票的所有项模拟操作完毕。在对操作票模拟操作确认无误后操作人、监护人、值班负责人分别在操作票上签名。⑥电力调度下复令：在正式操作前电力调度员发布操作任务和命令。⑦操作监护：每操作一项监护人按照操作票上顺序高声唱票，操作人在听到监护人的操作命令时眼看铭牌，核对监护人所发命令的正确性。操作人认为监护人命令发布正确后用手指铭牌，逐字高声复诵并做操作手势，复诵完毕后手指指向要操作设备。监护人在看到、听到操作人复诵正确，应发出“对，可以操作”的命令。操作人在听到该命令后，方可进行实际操作。⑧每操作一项后应由监护人用红笔勾项，操作人也需看清勾项步骤和内容。勾项时不得先勾项后操作，操作人和监护人应现场检查操作的正确性，然后监护人在操作完的项目上打“√”。⑨最后一项操作完毕后，操作人和监护人应在现场复查操作票上全部操作项目的正确性。监护人在操作票上填写操作结束时间，并向电力调度人员汇报。

6.4 习题

1. 什么是发电厂和变电站的电气主接线？
2. 变配电站电气主接线主要有哪几种形式？
3. 简述双母线接线比单母线接线的优缺点。
4. 变配电站常用的绝缘安全用具有哪些？
5. 简述绝缘靴、绝缘手套的检查方法。
6. 简述电气设备 4 种状态的含义。
7. 停电操作过程中，为什么要先拉开断路器再拉开隔离开关？为什么先拉开负荷侧刀闸再拉电源侧刀闸？

8. 在电气设备上工作保证安全的组织措施和技术措施包括哪些内容？

9. 变配电站操作中的“五防”指哪些内容？

10. 电气防误操作闭锁装置包括哪几类？

11. 根据图 6-25，分析 2QF 断路器的闭锁原理。

第7章　变电站的防雷保护与接地

7.1　大气过电压的基本形式

1. 大气过电压及雷电的形成

大气过电压产生的根本原因是雷云放电。在雷雨季节里，太阳把地面一部分水分蒸发为蒸汽。蒸汽向上升起。由于太阳不能直接使空气变热，所以上部空气为冷空气。上升的蒸汽遇到冷空气后凝结成水滴，随着水滴的增多逐渐形成云。水滴受到空中强烈气流的吹袭，分裂为一些小水滴或积聚成较大的水滴，水滴在气流的吹袭下发生摩擦和碰撞，形成带正、负电荷的雷云。当带电雷云临近地面时，由于静电感应，在大地感应出与雷云极性相反的电荷，两者组成了一个巨大的电容器。

电荷在雷云中的分布是不均匀的，当雷云中电荷密集处的电场强度达到25～30kV/cm时，就会使附近的空气电离，形成导电通道。电荷就沿着这个通道由电荷密集中心向地面扩展，这种现象称先导放电。当先导放电通道到达地面时，大地的电荷与雷云中的电荷产生强烈的中和，出现了极大的电流，伴随着雷鸣和闪光，这就是主放电阶段。主放电存在的时间极短，约50～100μs，电流可达数千安至几十万安，是雷电流的主要部分。主放电的过程是逆着先导通道发生的，当主放电到达云端时，主放电就结束。主放电结束后，雷云中的残余电荷还会沿着主放电通道进入地面，称为余光放电。余光放电电流是雷电流的一部分，约数百安。

雷云中可能存在几个电荷密集中心，当第一个电荷密集中心的上述放电完成之后，有时可以引起第二、第三个中心向第一个中心形成的通道放电。因此，雷电往往是多重性的，称为重复雷击。每次放电间隔时间很短，放电数目平均2～3次(因此有时听到的雷声不止一个)。但第二次及以后的放电电流一般较小，最高几万安。

2. 大气过电压的基本形式

雷云对大地的放电，将产生有很大破坏作用的大气过电压，其基本形式有3种：

1）直击雷过电压(直击雷)。雷云直接击中房屋、杆塔、电力装置等物体时，强大的雷电流经过该物体的阻抗泄入大地，在该物体上产生较高的电压降，称为直击雷过电压。雷电流通过被击物体时，将产生有破坏作用的热效应和机械效应。

2）感应过电压(感应雷)。当雷云在架空导线(或其他物体)上方时，由于静电感应，在架空导线上积聚了大量异性束缚电荷，架空线路上的静电感应过电压如图7-1所示。在雷云向大地等处由先导放电发展为主放电阶段而对大地放电时，线路上的电荷被释放，形成自由电荷流向线路两端，产生很高的过电压(高压线路可达几十万伏，低压线路达几万伏)，将对电力网络造成危害。这种过电压，就是对电力装置有危害的静电感应过电压。

3）侵入波(行波)过电压。架空线路遭受直接雷击或感应雷而产生的高电位雷电波，可能沿架空线路侵入变电站(配电站)而造成危险。这种波称为侵入波。据统计，这种雷电侵入波占电力系统雷害事故的50%以上。因此，对其防护问题应相当重视。

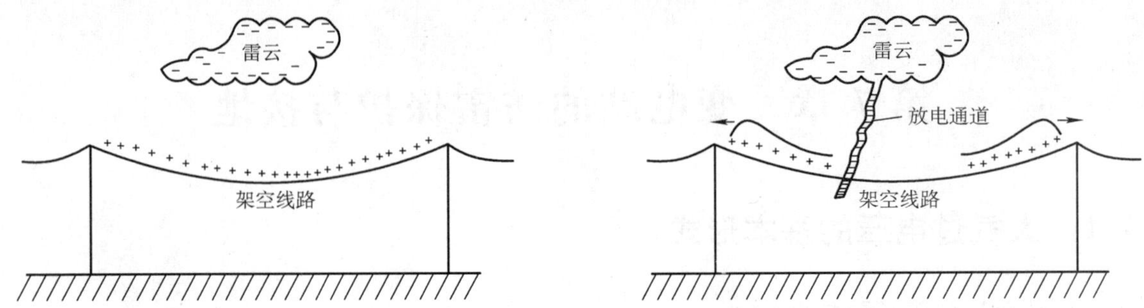

图 7-1 架空线路上的静电感应过电压

3. 有关雷电的名词

雷暴日：一天内只要听到雷声，即称一个雷暴日。

少雷区：年平均雷暴日不超过 15 天的地区。

多雷区：年平均雷暴日超过 40 天的地区。

雷电活动特别强烈地区：年平均雷暴日超过 90 天的地区以及危害特别严重的地区。

雷暴小时：一个小时内只要听见雷声，即称一个雷暴小时。我国大部分地区一个雷暴日，约折合三个雷暴小时。

7.2 避雷针、避雷线和避雷器

7.2.1 避雷针和避雷线的结构和保护范围

1. 避雷针和避雷线的作用和结构

避雷针和避雷线是防止雷击的有效措施。避雷针作用是吸引雷电，并将其安全导入大地，从而保护附近的建筑和设备免受雷击。

避雷针由接闪器、引下线和接地体 3 部分组成。独立避雷针还需要支持物，支持物可以是混凝土杆、木杆，也可以由角钢、圆钢焊接而成。

接闪器是避雷针最重要的组成部分，是专门用来接受雷云放电的，可采用直径为10 ~ 20mm，长为 1 ~ 2m 的圆钢，或采用直径不小于 25mm 的镀锌金属管。

引下线是接闪器与接地体之间的连接线，它将接闪器上的雷电流安全引入接地体，所以应保证雷电流通过时不致熔化，引下线一般采用直径为 8mm 的圆钢或截面面积不小于 $25mm^2$ 的镀锌钢绞线。如果避雷针的本体采用铁管或铁塔形式，则可以利用其本体做引下线，还可以利用钢筋混凝土杆的钢筋作引下线。

接地体是避雷针的地下部分，其作用是将雷电流直接泄入大地。接地体埋设深度不应小于 0. 6m，垂直接地体的长度不应小于 2. 5m，垂直接地体之间的距离一般不小于 5m。接地体一般采用直径为 19mm 的镀锌圆钢。

引下线与接闪器及接地体之间，以及引下线本身接头，都要可靠连接。连接处不能用绞合的方法，必须用烧焊或线夹、螺钉。

避雷线主要用来保护架空线路。它由悬挂在空中的接地导线，接地引下线和接地体组成。

2. 单根避雷针保护范围的确定

保护范围是指被保护物在此空间范围内不致遭受雷击。保护范围的大小与避雷针的高度有关。应采用滚球法对避雷针、避雷线进行保护范围的计算。

滚球法是以 h_r 为半径的一个球体，沿需要防止雷击的部位滚动，当球体只触及接闪器(包括被利用作为接闪器的金属物)或接闪器和地面(包括与大地接触能承受雷击的金属物)，而不触及需要保护的部位时，该部位就在接闪器的保护范围之内，如图 7-2 所示。不同防雷建筑物的滚球半径的确定如表 7-1 所示。

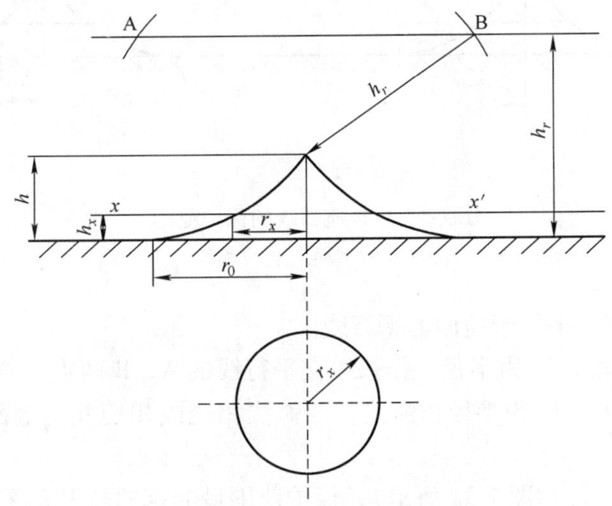

图 7-2　单根避雷针的保护范围

表 7-1　滚球半径的确定

建筑物防雷类别	第一类	第二类	第三类
滚球半径/m	30	45	60

1）当避雷针的高度 $h \leqslant h_r$ 时，保护范围的确定方法如下：

①距地面 h_r 处作一平行于地面的平行线。②以避雷针的针尖为圆心，h_r 为半径，作弧线交于平行线的 A、B 两点。③分别以 A、B 两点为圆心，h_r 为半径作弧线，该弧线均与针尖相交，并与地面相切，从此弧线起到地面止的整个锥体空间就是避雷针的保护范围。④在被保护物的高度 h_x 水平面上的保护半径为

$$r_x = \sqrt{h(2h_r - h)} - \sqrt{h_x(2h_r - h_x)} \tag{7-1}$$

避雷针在地面上的保护半径为

$$r_0 = \sqrt{h(2h_r - h)} \tag{7-2}$$

式中，h 为避雷针的高度；h_x 为被保护物的高度(m)；h_r 为滚球半径，按表 7-1 确定；r_x 为避雷针在 h_x 高度的水平面上的保护半径(m)；r_0 为避雷针在地面上的保护半径(m)。

2）当 $h > h_r$ 时，除在避雷针上取高度 h_r 的一点代替避雷针针尖作圆心外，其余的做法同 1)，但在式(7-1)和式(7-2)中 h 用 h_r 代替。

3. 单根架空避雷线保护范围的确定

单根架空避雷线保护范围，当避雷线的高度 $h \geqslant 2h_r$ 时，无保护范围；当避雷线高度 $h < 2h_r$时应按下列方法确定保护范围(如图 7-3 所示)。

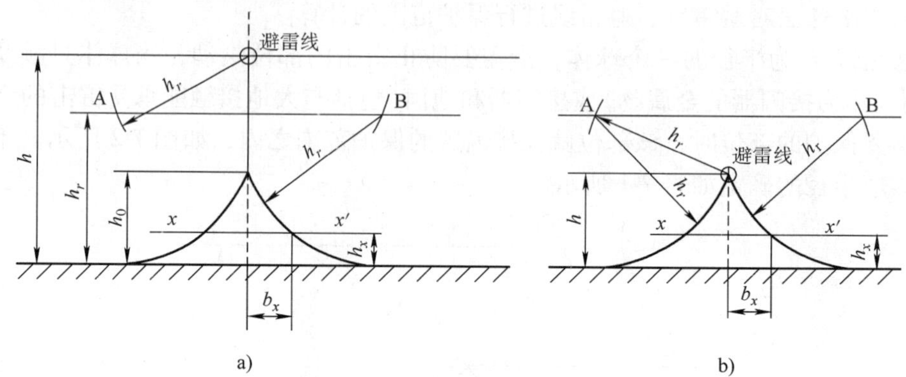

图 7-3　单根避雷线的保护范围

a) $h_r < h < 2h_r$　b) $h \leqslant h_r$

1) 距地面 h_r 处作一平行于地面的平行线。

2) 以避雷线为圆心，h_r 为半径，作弧线交平行线的 A、B 两点。

3) 以 A、B 为圆心，h_r 为半径作弧线，两弧线相交或相切并与地面相切。从两弧线起到地面都是保护范围。

4) 当 $h_r < h < 2h_r$ 时(如图 7-3a 所示)，保护范围最低点的高度 h_0 按下式计算：

$$h_0 = 2h_r - h \tag{7-3}$$

5) 避雷线在 h_x 高度的平面 xx'上的保护宽度，按下式计算：

$$b_x = \sqrt{h(2h_r - h)} - \sqrt{h_x(2h_r - h_x)} \tag{7-4}$$

式中，b_x 为避雷线在 h_x 高度 xx'平面上的保护宽度(m)；h 为避雷线的高度；h_x 为被保护物的高度(m)；h_r 为滚球半径，按表 7-1 确定。$h \leqslant h_r$ 的情况(7-3b)与(7-3a)确定保护范围和保护空间的方法相同。

7.2.2　避雷器的结构原理

避雷器是防止雷电波侵入的主要保护设备，与被保护设备并联。当雷电冲击波侵入时，避雷器能及时放电，并将雷电波导入地中，使电气设备免遭雷击。而过电压消失后，避雷器又能自动恢复到初始状态。同时避雷器还能保护操作过电压。常见的避雷器有阀形避雷器、管形避雷器、保护间隙避雷器和金属氧化物避雷器。

1) 阀形避雷器。阀形避雷器是由装在密封瓷套管中的火花间隙和阀片(非线性电阻)串联组成的。在瓷套管的上端有接线端子，下端通过接地引下线与接地体相连，阀形避雷器的结构和外形如图 7-4 所示。

火花间隙按网络额定电压的高低，采用若干个单间隙叠合而成，单个平板形火花间隙如图 7-5 所示。

单个平板形火花间隙由两个圆形黄铜电极 1 和一个垫在中间的云母片 2 叠合而成。由于

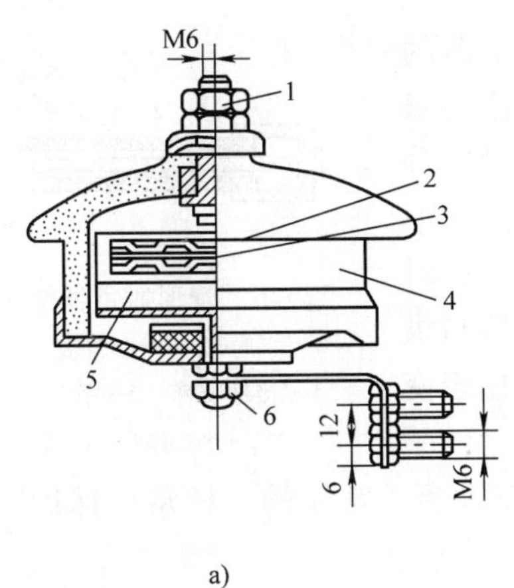

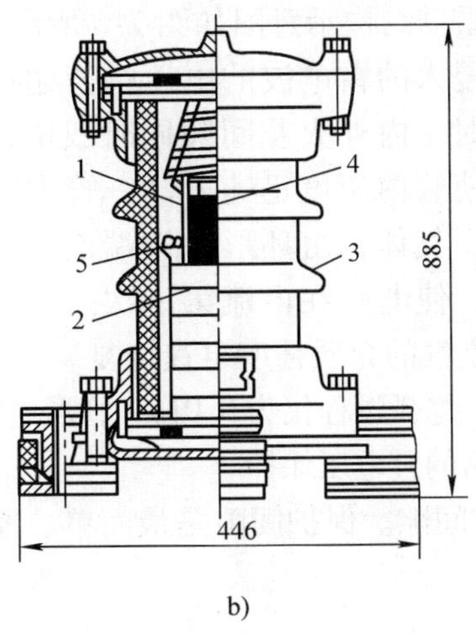

图 7-4 阀形避雷器的结构

a）FS-0.38 型 1—上接线端子 2—火花间隙 3—云母片 4—瓷套管 5—阀片 6—下接线端

b）FZ-10 型 1—火花间隙 2—阀片 3—瓷套管 4—云母片 5—分路电阻

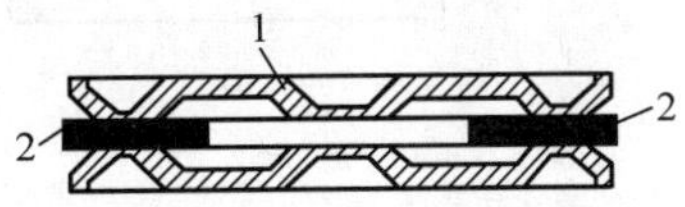

图 7-5 单个平板形火花间隙

1—黄铜电极 2—云母片

两黄铜电极的间距小，面积较大，因而电场较均匀，可得到较平缓的放电伏秒特性，并能熄灭 80A 的工频续流电弧。阀片是由金刚砂(SiC)细粒(占 70%)、石墨(占 10%)和水玻璃(占 20%)在一定的高温下烧结而成，呈圆饼状。阀片具有良好的非线性电阻特性及较高的通流能力。阀片的电阻不是常数，过电压时，阀片电阻变得很小，因而在通过较大雷电流时，不会使残压 U_v(阀形避雷器火花间隙击穿后,雷电流在阀片上产生的电压降为残压)过高；雷电流过后，线路恢复为正常工频电压时，阀片电阻很大，限制了较小的工频续流，有利于火花间隙切断工频续流，使避雷器和电网恢复正常的运行状态。阀片最大通流能力达 30～40kA。阀片的数目是随网络额定电压的高低变化的。

阀形避雷器主要分为普通型和磁吹型两大类。普通型分 FS 和 FZ 两种；磁吹型分 FCD 和 FCZ 两种。

阀形避雷器的型号中的符号含义如下：F 表示阀形；S 表示线路用；Z 表示电站用；D 表示保护电动机用；C 表示磁吹型，字母后的数字表示避雷器的额定电压。

FS 系列阀形避雷器阀片直径小，火花间隙无分路电阻(均压电阻)，通流容量较小，一般用来保护小容量配电装置，在 10kV 及以下小型工厂的配电系统中，广泛用于变压器及电气设备的保护。FZ 系列阀形避雷器的阀片直径较大，火花间隙有均压电阻，通流容量较大，残压 U_v 和冲击放电电压(在大气过电压的作用下,避雷器的动作电压)都比 FS 型避雷器小，因此，通常用于 35kV 及以上大、中型工厂的总降压变电站的电气设备的保护。磁吹型避雷器的 FCD 系列由于冲击放电电压和残压均低于同级电压的其他型避雷器，常用于旋转类电动机的保护；FCZ 系列因阀片的直径较大，通流容量也大，常用于变电站的高压电气设备的保护。

2）管形避雷器(又称为排气式避雷器 FE)。管形避雷器由产气管、内部间隙和外部间隙 3 部分组成。而产气管由纤维、有机玻璃或塑料组成。它是一种灭弧能力很强的保护间隙。管形避雷器结构示意图如图 7-6 所示。

当沿线侵入的雷电波的电压幅值超过管形避雷器的击穿电压值时，内外火花间隙同时放电，内部火花间隙的放电电弧使管内温度迅速升高，管内壁的纤维材料分解出大量高压气体，由环形电极端面的管口 5 喷出，形成强烈纵吹，使电弧在电流第一次过零时就熄灭。这时外部间隙中空气的介质强度迅速恢复，使管形避雷器与供电系统隔离。熄弧过程仅为0.01s。管形避雷器主要用于变电站进线线路的过电压保护。

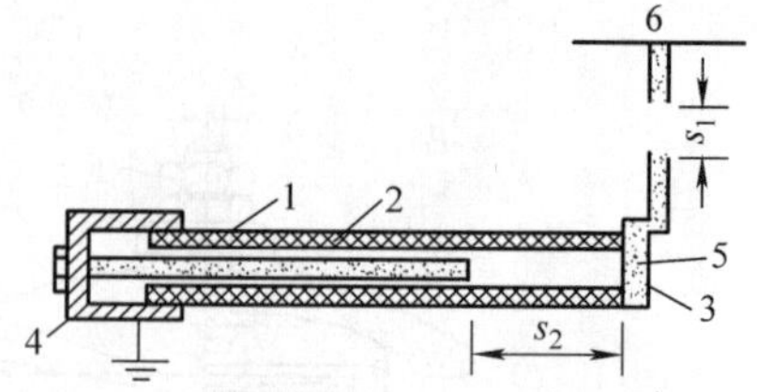

图 7-6　管形避雷器结构示意图
1—产气管　2—棒形电极　3—环形电极
4—接地支座　5—管口　6—线路
s_1—外间隙　s_2—内间隙

3）保护间隙。保护间隙是最简单、经济的防雷设备。常见的 3 种角形保护间隙结构如图 7-7 所示。

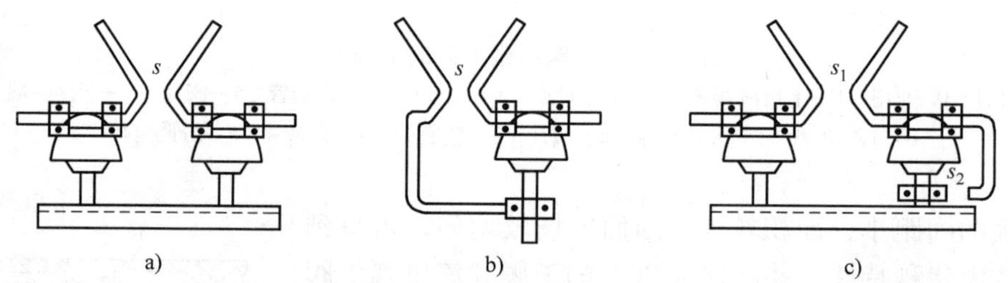

图 7-7　角形保护间隙结构图
a）双支持绝缘子单间隙　b）单支持绝缘子单间隙　c）双支持绝缘子双间隙
s—保护间隙　s_1—主间隙　s_2—辅助间隙

这种角形保护间隙又称为羊角避雷器。其中一个电极接于线路，另一个电极接地。当线路侵入雷电波引起过电压时，间隙击穿放电，将雷电流导入大地。为了防止间隙被外物(如鸟、兽等)短接而造成短路故障，通常在其接地引下线中还串接一个辅助间隙 s_2，如图 7-7c 所示，这样即使主间隙被外物短接，也不致造成接地短路。

保护间隙保护性能差，灭弧能力弱，只用于室外且负荷不重要的线路上。

4）金属氧化物避雷器。金属氧化物避雷器的阀片以氧化锌(ZnO)为主要原料，阀片具有较理想的伏安特性，当作用在氧化锌阀片上的电压超过某一值(此值称为动作电压)时，阀片将“导通”，而后在阀片的残压与流过其本身的电流基本无关。在工频电压下，阀片的电阻值极大，能迅速抑制工频续流，因此可以不串联火花间隙来熄灭工频续流引起的电弧。阀片通流能力强，阀片直径小。金属氧化物避雷器具有无间隙、无续流、体积小、重量轻等优点，而且保护性能好，阀片的残压比阀形避雷器的低。由于雷电流通过氧化锌避雷器没有工频续流的问题，因此可以承受多重雷击。

7.3　变配电站的防雷保护

7.3.1　变配电站的直击雷保护

变配电站内有很多电气设备(如变压器等)的绝缘性能远比电力线路的绝缘性能低，

而且变配电站又是电网的枢纽，如果变配电站内发生雷害事故，将会造成很大损失，因此必须采用防雷措施。变配电站对直击雷的防护，一般装设避雷针，装设避雷针应考虑两个原则。

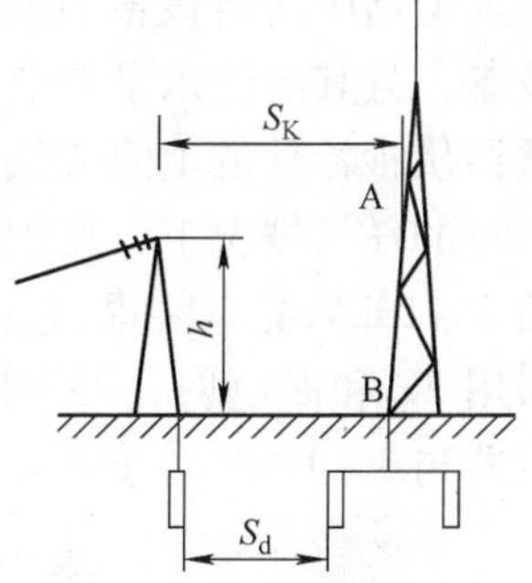

图 7-8 独立避雷针与被保护设备间的距离

1）所有被保护的设备均应处于避雷针的保护范围之内，以免受到直接雷击。

2）当雷击避雷针后，雷电流沿引下线入地时，对地电位很高，如果它与被保护设备之间的绝缘距离不够，就有可能在避雷针受雷击之后，从避雷针至被保护设备发生放电，这种情况叫逆闪络或反击。独立避雷针与被保护设备间的距离如图 7-8 所示，为防止反击，避雷针和被保护物之间应保持足够的安全距离 S_K，被保护物的外壳和避雷针的接地体在地中的距离 S_d 应分别满足下式的要求：

$$S_K > 0.3R_{Sh} + 0.1h \tag{7-5}$$

$$S_d > 0.3R_{Sh} \tag{7-6}$$

式中，R_{Sh}为避雷装置的冲击接地电阻(Ω)；h 为被保护设备的高度。

为了降低雷击避雷针时所造成的感应过电压的影响，在条件许可时，S_K 和 S_d 应尽量增大，一般情况下 S_K 不应小于 5m，S_d 不应小于 3m。避雷针的接地电阻不能太大，若太大，S_K 和 S_d 都将增大，从而使避雷针的高度也要增加，很不经济。因此一般土壤中的工频接地电阻不宜大于 10Ω。

变配电站内的避雷针分为独立避雷针和构架避雷针两种。独立避雷针和接地装置一般是独立的。构架避雷针是装设在构架上或厂房上的，其接地装置与构架或厂房的地相联，因而与电气设备的外壳也联在一起。

35kV 及以下配电装置的绝缘较弱，所以其构架或房顶上不宜装设避雷针，而需用独立的避雷针来保护。独立避雷针及其接地装置，不应装设在工作人员经常通行的地方，并应距离人行道路不小于 3m，否则要采取均压措施，或铺设厚度为 50 ~ 80mm 的沥青加碎石层。

60kV 及以上的配电装置，由于电气设备或母线的绝缘水平较强，不易造成反击，所以为降低造价便于布置，可将避雷针(线)装于架构或房顶上，成为架构避雷针(线)。

架构避雷针的接地利用变电站的主接地网，但应在其附近装设辅助集中接地装置，同时为了避免雷击避雷针时主接地网电位升高太多造成反击，应保证避雷针接地装置与接地网的连接点距离 35kV 及以下设备的接地线的入地点沿接地体中的距离大于 15m。由于变压器在变配电站中较为贵重，并且绝缘较弱，在其门型架上不得安装避雷针。任何架构避雷针的接地引下线入地点到变压器接地线的入地点，沿接地体地中距离不得小于 15m，以防止反击击穿变压器的低压绕组。

7.3.2 变配电站配电装置的过电压保护

为防止侵入变配电站的行波损坏电气设备，应从两方面采取保护措施：一是使用阀形避雷器；二是在与变配电站适当的距离内装设可靠的进线保护。

使用阀形避雷器后，可将侵入变配电站的雷电波通过避雷器放电限制在一定的数值内。

变配电站中所有设备的绝缘都要受到阀形避雷器的可靠保护。变压器在变电站中是最贵重的设备，且其绝缘水平较低，故避雷器设置应尽量靠近变压器。为了对变压器有保护作用，避雷器伏秒特性的上限应低于变压器伏秒特性的下限。避雷器应安装在变配电站的母线上，在运行的任何情况下，变配电站均应受到避雷器的保护，各段母线上均应装设避雷器。变配电站 3 ~ 10kV 配电装置(包括电力变压器)，应在每组母线和架空进线上装设阀形避雷器(分别采用 FZ 和 FS 型)，并采用图 7-9 所示的变配电站 3 ~ 10kV 侧的过电压保护。母线上阀形避雷器与 3 ~ 10kV 主变压器的最大电气距离表 7-2 所示。

表 7-2 阀形避雷器与 3 ~ 10kV 主变压器的最大电气距离

雷季经常运行的进线路数	1	2	3	≥4
最大电气距离/m	15	20	25	30

为了可靠地保护电气设备，使用阀形避雷器必须考虑：侵入雷电流的幅值不能太高；侵入雷电流的陡度不能太大。为了限制当近处雷击时流过母线上避雷器 FZ 的雷电流，应在 3 ~ 10kV 的每路出线上装 FS 型阀形避雷器，使雷电流在此处分流一次。如变配电站的出线有电缆段，则此 FS 型避雷器应装在电缆头附近，其接地应和电缆金属外壳相联。如电缆段后面装有限流电抗器 L，它对雷电波的波阻抗很大，雷电波在传播的过程中效果等同于遇到了开路，使雷电流产生全反射，雷电压增加一倍。所以在 L 的前面还应装设一组 FS 型避雷器以保护电缆的末端和电抗器。

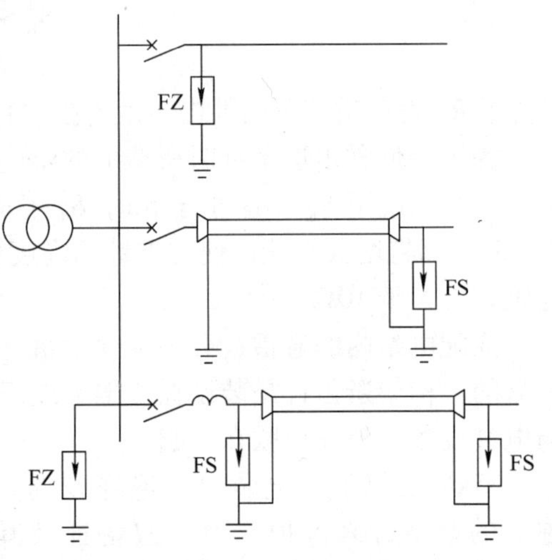

图 7-9 变配电站 3 ~ 10kV 侧的过电压保护

7.3.3 变配电站的进线保护

为了使变配电站内的阀形避雷器能可靠地保护变压器，必须设法使避雷器中流过的雷电流幅值 I 不超过 5kA。如果进线没有架设避雷线，那么当变配电站进线上遭雷击时，流过变配电站内的避雷器幅值可能超过 5kA，其陡度也会超过允许值。因此，这种架空线路靠近变配电站的一段进线上必须加装避雷线或避雷针。图 7-10 为 35 ~ 110kV 无避雷线线路的变配电站进线段的保护接线。进线段长度为 1 ~ 2km，其接地电阻应小于 10Ω。进线段的避雷线保护角 α，如图 7-11 所示，不宜超过 20°，最大不应超过 30°，以减少在这一段发生绕击的可能性。当雷击进线段以外的导线上时，由于导线的波阻抗和避雷器串联，故有限流作用，使流过变配电站的避雷器幅值不超过 5kA。

在图 7-10 中，对铁塔和铁横担、瓷横担的钢筋混凝土杆线路，以及全线有避雷线的线路，其进线段首端，一般不装设管形避雷器 FE1。只在对冲击绝缘水平较高的线路上(如木杆线路时)才装设，其接地电阻不宜超过 10Ω，目的是限制流过变配电站内阀形避雷器的雷电流幅值不超过 5kA。

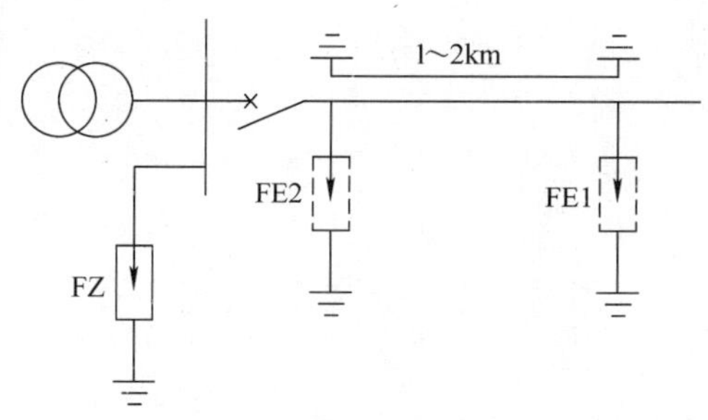

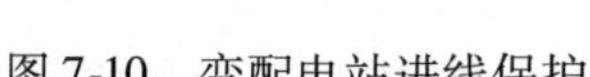

图 7-10　变配电站进线保护

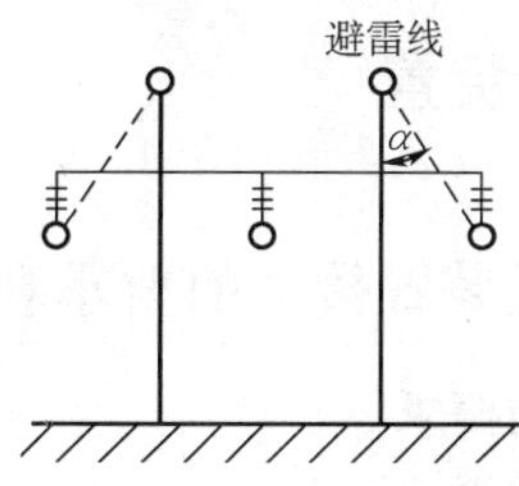

图 7-11　进线段的避雷线保护角 α

在雷季，如变配电站进线断路器或隔离开关可能经常断路运行，同时线路侧又带电，则必须在靠近隔离开关或断路器处装设一组管形避雷器 FE2。因为在这种情况下，当雷击线路时，雷电波沿线路传播到隔离开关或断路器断开处产生反射而电压升高。这种过电压使断开处设备发生闪络，这样在线路侧带电的情况下，将会引起工频短路，将绝缘支座烧毁，威胁设备安全运行，故必须装设 FE2 加以保护。

FE2 外间隙值应整定在断路器断开时能可靠地保护隔离开关及断路器；而在闭路运行时不应动作。即处于站内阀形避雷器的保护范围内。

对于具有 35kV 以上电缆进线的变配电站，其进线段保护可采用图 7-12 所示的保护接线，在架空线路与电缆进线的连接处必须装设阀形避雷器，其接地线应与电缆金属外皮连接后共同接地，这样可利用电缆金属外皮的分流作用，使很大一部分雷电流沿电缆外皮流入大地，同时产生磁通，这个磁通全部与电缆芯线交链，结果芯线上感应出与外加电压相等、方向相反的电动势，这个电动势将阻止雷电流沿电缆芯线侵入变配电站中的配电装置，从而降低配电装置上的过电压幅值。

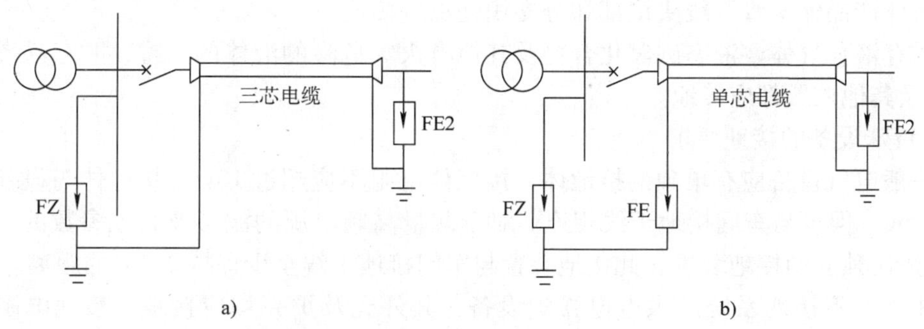

图 7-12　具有 35kV 及以上电缆段的变配电站的进线保护接线

对于三芯电缆，末端的金属外壳应直接接地。如图 7-12a。

对于单芯电缆，应经保护间隙(FE)接地，如图 7-12b。这样当雷电波浸入时，很高的过电压将保护间隙击穿，使雷电流泄入大地，从而降低过电压幅值。另外，在正常运行的情况下，由于保护间隙在低电压下有很高的电阻，相当于电缆金属外皮一端开路，工作电流不会在金属外皮上感应出环流，从而有效地阻止了由于环流造成烧损电缆金属外皮和由于环流发热而降低电缆的载流量等问题。

7.4 接地装置

7.4.1 电气装置接地的要求和范围

1. 接地的要求

（1）一般要求

1）为保证人身和设备安全，电气设备的外壳宜接地。交流电气设备应充分利用自然接地体，但应校验自然接地体的稳定。

2）直流电力回路中，不应利用自然接地体作为电流回路的接地线或接地体。

3）设计安装接地装置时，应考虑土壤干燥或冻结等季节变化的影响，接地电阻在一年四季中均能保证所要求的电阻值。

4）不同用途和不同电压的电气设备，除另有规定外，应使用一个总的接地体。但电气设备的工作接地和保护接地，应与防雷接地分开，并保持一定的安全距离以防止雷击。

5）在中性点直接接地的供用电系统中，应装设能迅速自动切除接地短路故障的保护装置。在中性点非直接接地的供用电系统中，应装设能迅速反映接地故障的信号装置，必要时，也可装设延时自动切除故障的装置。

（2）防静电接地要求

1）车间内每个系统的设备和管道应可靠连接，接头处接触电阻在0.03Ω以下。

2）车间内和栈桥上等平行管道，其相距约10cm时，每隔20m要互相连接一次；相交或相距近于10cm的管道，应该在该处互相连接，管道与金属构架在相距10cm处也要互相连接。

3）气体产品输送管干线头尾部和分支线处都应接地。

4）贮存液化气体、液态碳氢化合物及其他有火灾危险的液体的贮罐，贮存易燃气体的贮气罐以及其他贮器都应接地。

（3）特殊设备的接地要求

1）一般电气设备应有单独的接地体，接地体电阻不应超过10Ω，接地体与设备的距离应不大于5m，但可与车间接地干线相连。对于测量高频电源的波形及其他参数的工业电子设备，宜采用独立的接地装置，此接地装置与车间接地干线至少保持2.5m的距离。

2）中性点不接地系统的供电电弧炉设备，其外壳及炉壳均应接地，接地电阻不超过4Ω。中性点接零的系统供电的电弧炉设备，外壳和炉壳应采用接零保护。

3）高压试验室接地网的接地电阻应为1～4Ω，冲击设备宜有独立接地网，并自成回路，且接地电阻应小于10Ω。

2. 接地的应用范围

1）1000V以上的电气设备，在各种情况下，均应进行保护接地，而与变压器或发电机的中性点是否直接接地无关。

2）1000V以下的电气设备，在变压器中性点不接地的电网中，应采用保护接地。在中性点直接接地的电网中，应采用保护接零，如果没有中性线，也可采用保护接地。

3）同一台发电机或变压器，或者由几台发电机、变压器的同一段母线供电的低压线路，只能采用一种保护方式，不可对一部分电气装置采用保护接地，而对另一部分电气装置采用保护接零。因为接地接零混合使用时，当采用保护接地的设备发生绝缘击穿时，接地电流受到接地电阻的影响，使短路电流大大减小，从而使保护开关不能动作，但这时变压器中性点的电位上升，使同一系统中采用接零保护的电气设备外壳带电，这是非常危险的。所以，在同一系统中，绝对不允许一部分设备保护接地，而另一部分设备保护接零。

3. 电气装置中必须接地的部分

1）电机、变压器、断路器及其他电气设备的金属底座、外壳。

2）断路器、隔离开关等电气装置的操作机构。

3）配电盘与控制盘的柜架。

4）电流互感器及电压互感器的二次线圈。

5）室内及室外配电装置的金属构架。

6）电力电缆的金属外皮；电缆终端头金属外壳；导线的金属保护管等。

7）居民区内，无避雷线的小接地电流线路的金属杆塔和钢筋混凝土杆。

8）有架空避雷线的电力线路杆塔。

9）装在配电线路构架上的电气设备的金属外壳。

10）避雷针、避雷器、避雷线及各种过电压保护间隙。

4. 电气装置中不需接地的部分

1）安装在已接地的金属构架上的电气设备的金属外壳。

2）安装在配电盘和控制盘或配电装置上的电气测量仪表，继电器和其他低压电器等的外壳。

3）控制电缆的金属外皮。

4）额定电压为220V及以下的蓄电池室内的金属支架。

5）在干燥场所，交流额定电压为127V及以下，直流额定电压为110V及以下的电气设备外壳。

6）在木质、沥青等不良导电地面的干燥房间内，交流380V及以下，直流440V及以下的电气设备外壳（维护人员可能同时触及电气设备外壳和接地物件时除外）。

7.4.2 接地电阻的要求

电气设备接地电阻的要求值，主要是根据电力系统中性点的运行方式、电压等级、设备容量，特别是根据允许的接触电压来确定的。其具体要求如下。

1. 电压在1kV及以上的大接地短路电流系统

这种情况下，单相接地就是单相短路，线路电压又很高，所以接地电流很大。因此，当发生接地故障时，在接地装置及其附近所产生的接触电压和跨步电压很高，要将其限制在很小的安全电压以下，实际上是不可能的。但是对于这样的系统，当发生单相接地短路时，继电保护立即动作，出现接地电压的时间极短，产生危险较少。对于这样的系统，规程允许接地网的对地电压升高不超过2kV，因此，接地电阻规定为

$$R \leqslant 2000/I_{ck} \tag{7-7}$$

式中，R为接地电阻（Ω）；I_{ck}为计算用的接地短路电流（A）。

由上式可以看出，当接地电流$I_{ck}=4000$A时，接地装置的电阻应不大于0.5Ω。当接地

电流大于4kA时，规程规定接地装置的接地电阻在一年内任何季节均不超过0.5Ω即可。

2. 电压在1kV及以上的小接地短路电流系统

这种情况下，规程规定，接地电阻在一年内任何季节均不得超过以下数值：

1）高压和低压电气设备共用一套接地装置，则对地电压要求不超过120V，因此

$$R \leqslant 120/I_{ck} \tag{7-8}$$

2）当接地装置仅用于高压电气设备时，要求对地电压不要超过250V，这时

$$R \leqslant 250/I_{ck} \tag{7-9}$$

在上述两种情况下，接地电流即使很小，接地电阻也不允许超过10Ω。

3. 1kV以下中性点直接接地系统

1kV以下的中性点直接接地的三相四线制系统，发电机和变压器的中性点接地装置的接地电阻，不应大于4Ω。容量不超过100kV·A时，接地电阻要求不大于10Ω。

零线的每一重复接地的接地电阻不应大于10Ω。容量不超过100kV·A，且当重复接地点多于三处时，每一重复接地装置的接地电阻可不大于30Ω。

4. 1kV以下的中性点不接地系统

这种系统发生单相接地时，不会产生很大的接地短路电流，在设计时，采用10A作为计算值，把接地电阻规定为不大于4Ω，亦即发生接地时的对地电压不超过10A×4Ω=40V，这就保证小于50V的安全电压值。对于小容量的电气设备(1kW及以下)，由于其接地短路电流更小，故规定其接地电阻不大于10Ω。

5. 降低接地电阻的方法

为了保证人身和设备的安全，需使接地装置的接地电阻满足规定的要求，为此，接地装置的接地体应尽可能埋设在土壤电阻率较低的土层内。如果变配电站和杆塔处的土壤电阻率很高，而附近有较低土壤电阻率的土层时，可以用接地线引至土壤电阻率较低的土层处再做集中接地，但引线不宜超过60m。此外可考虑换土的方法，即在接地沟内换用土壤电阻率较低的土壤。

如果电阻率较低的土壤距离太远，不便于引线或换土，则可使用化学处理方法，即用土壤重量的10%左右的食盐，加木炭与土壤混合，或用长效网胶减阻剂与土壤混合。这样对降低接地电阻效果明显。

7.4.3 接地装置的铺设

1. 接地体的选用

（1）自然接地体

在敷设接地装置时，应首先利用自然接地体，以便节省施工费用。可以作为自然接地体的有：敷设在地下的各种金属管道(自来水管、下水管、热力管。液体燃料和爆炸性气体的金属管道除外)；建筑物与构筑物的基础等。

（2）人工接地体

为了避免腐烂，人工接地体应尽量选用钢材，一般常用角钢或钢管。角钢一般选用40mm×40mm×5mm，或选用50mm×50mm×5mm两种规格；钢管一般选用直径为50mm，壁厚不小于3.5mm的钢管。在有腐蚀性的土壤中，应使用镀锌钢材或增大接地体的尺寸。

接地体按敷设方式可分为水平接地体和垂直接地体。水平接地体是用圆钢或扁钢水平铺

设在地面以下的0.5~1m的坑内，其长度为5~20m为宜。垂直接地体是用角钢，圆钢或钢管垂直理入地下，其长度一般不小于2.5m。接地体距离地面距离不得小于0.8m。

垂直接地体的间距，一般要求不小于5m。因为当多根接地体相互靠拢时，接地电流的散流将互相受到排挤，如图7-13所示。这种影响接地电流的散流的现象，称为屏蔽作用。由于这种屏蔽作用使接地装置的利用率下降。所以垂直接地体的间距不应小于接地体长度的两倍；水平接地体的间距，也不应小于5m。

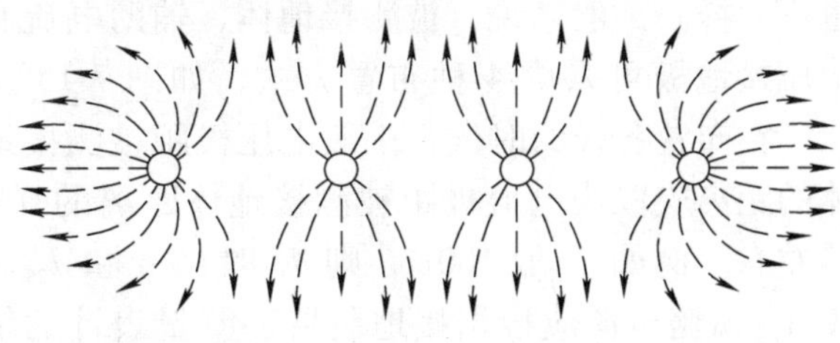

图7-13　接地体的电流屏蔽作用

埋设接地体时，应注意不要埋设在垃圾、炉渣和有强烈腐蚀土壤处，若遇有这些情况应换土。

2. 接地线的选用

埋入地中的各接地体必须用接地线将其互相连接构成接地网。接地线必须保证连接牢固，和接地体一样，除应尽量采用自然接地线外，一般选用扁钢或钢管作为人工接地线。接地线的截面面积除应满足热稳定的要求外，同时也应满足机械强度的要求。接地体和接地线的最小规格表7-3的规定。

表7-3　接地体和接地线的最小规格

种　类	规格及单位	地　上		地　下
		屋　内	屋　外	
圆钢	直径/mm	6	8	8/10
扁钢	截面面积/mm^2	24	48	48
	厚度/mm	3	4	4
角钢	厚度/mm	2	2.5	4
钢管	管壁厚度/mm	2.5	2.5	3.5/2.5

注：架空线路杆塔的接地极引出线，其截面面积不应小于50mm^2，并应热镀锌。

7.5　技能训练

7.5.1　测量接地电阻

1. 实训目的

1）掌握接地电阻的测量方法。

2）学会接地电阻表的使用和选择。

2. 实训内容

接地电阻的测量方法如下：

（1）电流—电压法

用电流—电压表测量接地电阻的试验接线，如图7-14所示，电流极B和电压极Z为两个辅助接地极。

测量不同接地装置的接地电阻，电极的布置也不一样。一般来说，被测接地体、辅助电流和电压接地极可采取4种布置方式，如图7-15所示。在布置各极的时候，一般电压极距被测接地体的距离应取为电流极距被测接地体距离的0.6倍左右。例如 d_{13} 取100m，则 d_{12} 取60m和 d_{23} 取40m。试验电源应根据接地装置和测量表计的情况进行选择，独立使用足够容量的变压器。测量大接地装置可选用30~50A的电流，测量单接地体装置选用10~20A的电流。连接时，应根据电流的大小选择有足够截面面积且有足够机械强度的绝缘导线。试验通电前，应检查导线的连接情况，导线连接处若有金属外露，应包扎绝缘，以防止人员触及和接地。进行试验时，通以适当的电流，用电压极前后移动变动测量位置，每次移动的距离为 $d_{13}\times5\%$，测量3次，平均后求得接地电阻值。

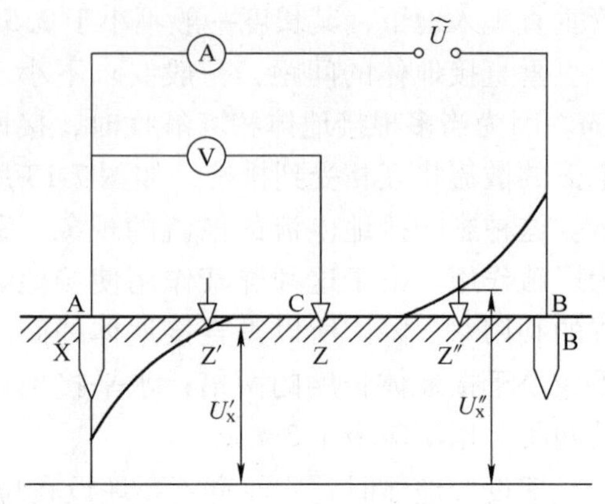

图7-14　电流—电压表法测量接地电阻接线图

X—被测接地极　Z—电压极　B—电流极　$\widetilde{U}$—测量电源　A—交流电流表　V—交流电压表

一般对重要工程且接地电阻较小时，采用电流电压法较好；接地电阻偏大时，可采用专用仪器测量。

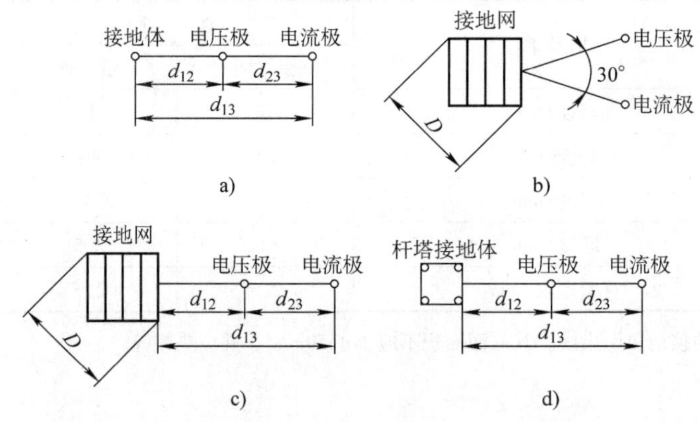

图7-15　电压接地极的4种布置方式

a）测量单接地电阻时的电极布置图　b）测量接地电网接地电阻时的电极布置图（三角形）

c）测量接地电网接地电阻时的电极布置图（直线型）　d）测量线路杆塔接地体接地电阻时的电极布置图

（2）ZC-8型接地电阻表的结构、工作原理

接地电阻测试仪又称为接地电阻表或接地绝缘电阻表，主要用于测量各种接地装置的接地电阻值，还可测量不超过其测量范围的低值电阻。有四个接线端钮的接地电阻表还可测量土壤电阻率。

ZC-8型接地电阻表由手摇交流发电机G、相敏整流放大器、电位器 R_S、电流互感器TA、检流计及量程档位转换开关组成，全部密封于铝合金铸造的外壳内。

仪表附件有辅助接地极探测针两只，测试导线3根，其长度分别为5m、20m、40m。

ZC-8 型接地电阻表有三接线端钮和四接线端钮两种，其工作原理分别见图 7-16 和图 7-17。主要区别在于三接线端钮的接地电阻表有 C、P、E 三个接线端钮，其量程挡位开关的倍率分别为 ×1 挡测量范围 0 ~ 10Ω，×10 挡测量范围 0 ~ 100Ω，×100 挡测量范围 0 ~ 1000Ω，在 ×1 挡时最小分格值为 0. 1Ω。

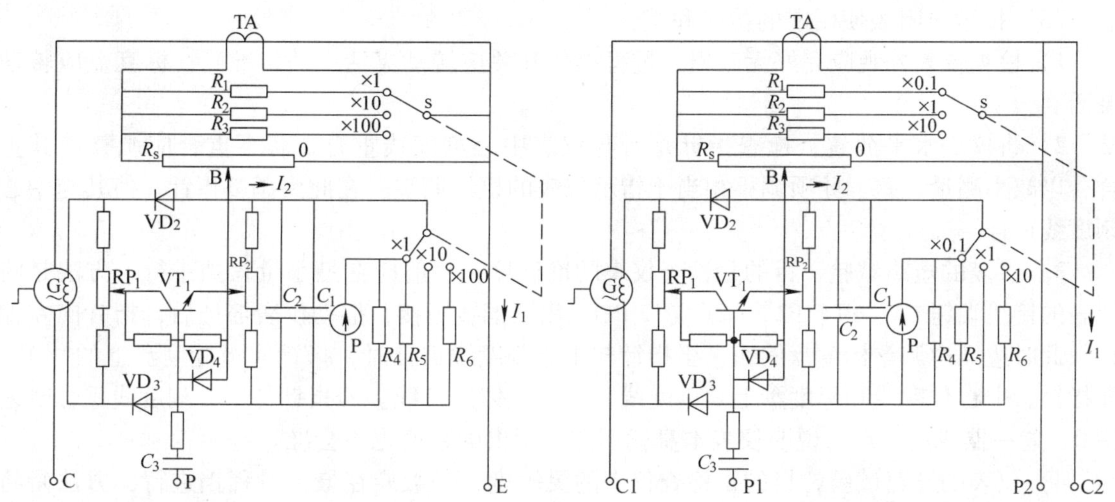

图 7-16 三接线端 ZC-8 型接地电阻表工作原理　　图 7-17 四接线端 ZC-8 型接地电阻表工作原理

四接线端钮的接地电阻表有 C1、P1、P2、C2 4 个接线端钮，其量程挡位开关的倍率分别为 ×0. 1 挡测量范围 0 ~ 1Ω，×1 挡测量范围 0 ~ 10Ω，×10 挡测量范围 0 ~ 100Ω，在 ×0. 1挡时最小分格值为 0. 01Ω。在实际应用中，一般 P2、C2 用短路片连接，即相当于三接线端钮的 E。

可见，三接线端钮的仪表虽然测量的电阻值大，可达 1000Ω，但精度低；四接线端钮的仪表测量的电阻值小，但精度高。

测量时，仪表的接线端钮 E(或 P2、C2)，与被测接地极连接，端钮 P(或 P1)与电位辅助接地探针连接，端钮 C(或 C1)与电流辅助接地探针连接；两个辅助接地探针分别在距被测接地极 20m 和 40m 的地方插入土壤中。

摇测接地电阻时，电流 I_1 从手摇发电机 G 流出经电流互感器 TA 一次绕组→被测接地极→大地→电流辅助接地探针流回发电机；由电流互感器 TA 二次绕组产生的电流 I_2 接于电位器 R_s，当检流计 P 表针偏转时，调节电位器 R_s(即标度盘旋钮)的可动触头 B，使其达到平衡(即表针与中心刻度线重合)。此时 E 和 P 之间的电位差与调节电位器 R_s 的 O 与 B 之间的电位差是相等的。因此，如果表针所指标度盘上的数值为 n 时，则 n 乘以倍率即为被测的电阻值。

根据被测电阻的大小，可选择不同的量程挡位，仪表量程挡位开关 S 有 3 挡。当改变量程挡位时，即同时改变电流互感器 TA 二次侧的并联电阻 R_1、R_2、R_3 和检流计 P 的并联电阻 R_4、R_5、R_6。并联电阻 R_4、R_5、R_6 为检流计的分流器，这是为了保证检流计在不同量程时灵敏度不变而设计的。

检流计是磁电系仪表，所以设有相敏整流放大器，以便将手摇交流发电机的交流电整流为检流计所需的直流电。电容 C 用来隔断大地中的直流杂散电流。

测量接地电阻应采用交流电源，因为土壤的导电主要依靠地下电解质的作用，如果用直流测量会产生极化电动势，从而影响测量准确度。ZC-8 型手摇交流发电机的频率为 90～100Hz，电压为 70～100V。

（3）接地电阻表使用前的检查和试验

1）检查仪表外观应完好无破损，量程挡位开关应转动灵活，挡位准确，标度盘应转动灵活。

2）将仪表水平放置，检查指针是否与仪表中心刻度线重合，若不重合应调整使其重合，以减小测量误差。此项调整相当于指示仪表的机械调零，在此为调整指针，使其与中心刻度线重合。

3）仪表的短路试验，目的是检查仪表的准确度，一般应在最小量程挡进行，方法是将仪表的接线端钮 C1、P1、P2、C2（或 C、P、E）用裸铜线短接，摇动仪表摇把后，指针向左偏转，此时边摇边调整标度盘旋钮，当指针与中心刻度线重合时，指针应指标度盘上的“0”，即指针、中心刻度线和标度盘上 0 刻度线，三位一体成直线。若指针与中心刻度线重合时未指 0，差一点或过一点，说明仪表本身就不准，测出的数值也不会准。

4）仪表的开路试验，目的是检查仪表的灵敏度，一般应在最大量程挡进行，方法是将仪表的 4 个接线端钮中 C1 和 P1、P2 和 C2 分别用裸铜线短接，3 个接线端钮只需将 C 和 P 短接，此时仪表为开路状态。进行开路试验时，只能轻轻转动摇把，此时指针向右偏转，在不同挡位时，指针偏转角度也不一样，以倍率最小挡（×0.1 挡）偏转角度最大，灵敏度最高，×1 挡次之，×10 挡偏转角度最小。为了防止最小量程挡（如×0.1 挡）时因快速摇动摇把将仪表指针损坏，故仪表一般不作开路试验。另外，从手摇发电机绕组绝缘水平很低考虑，也不宜作开路试验。

（4）摇测前的准备工作

1）将与被测接地极连接的电气设备断开电源，并采取相应的安全技术措施。

2）拆开被测接地极与设备接地线连接处预留断开点（该处一般应为螺栓连接），并打磨干净以减小接触电阻。

3）准备好经检查合格的接地电阻表、测试线、辅助接地极（又称探测针）和必要的电工工具、锤子等。

（5）正确接线

1）5m 测试线：接仪表 P2、C2（或 E）及被测接地极；20m 测试线：接仪表 P1（或 P）及电压辅助接地极；40m 测试线：接仪表 C1（或 C）及电流辅助接地极。

2）测量接地电阻接线示意图如图 7-18 所示。

3）电压及电流辅助接地极应插在距被测接地极同一方向 20m 和 40m 的地面上，一般用锤子向下砸，插入土壤中深度为探测针长度的 2/3。如仪表灵敏度过高时，可插得浅一些；如仪表灵敏度过低时，可插得深些或注水湿润。测试线端的鳄鱼夹子应夹在探测针上端的管口上，保证接触良好。

（6）正确摇测

1）应根据被测接地装置接地电阻值选好倍率挡位，测量工作接地、保护接地、重复接地时，应选×1 挡。

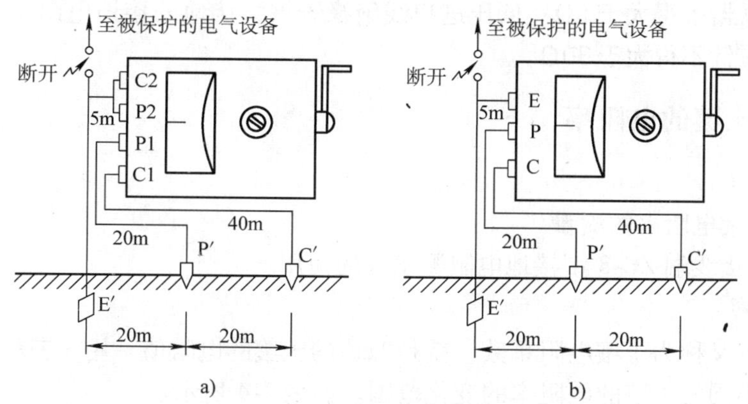

图 7-18　测量接地电阻接线示意图

a）四接线端钮　b）三接线端钮

E′—被测接地极　P′—电压辅助接地极　C′—电流辅助接地极

2）仪表应水平放置，并远离电场。

3）检查接线正确无误后，即可进行摇测，摇测时以 120r/min 的转速摇动摇把，边摇边调整标度盘旋钮，调整旋钮的方向应与指针偏转方向相反，直至调整到指针与中心刻度线重合为止。此时，指针所指标度盘上的数值乘以倍率即为实际测量值。

4）测量中如指针所指标度盘上的数值小于 1 时，应将挡位开关调到倍率较低的下一挡上重新测量，以取得精确的测量结果。

（7）安全注意事项

1）不准带电测量接地装置的接地电阻。摇测前，必须将相关设备或线路的电源断开，并断开与被测接地极有关的连线后方可进行摇测。

2）测量接地电阻最好在春季(3～4 月份)或冬季(指南方)，在这个季节气温偏低，降雨最少，土壤干燥，土壤电阻率最大。如果在这个季节测量接地电阻合格，就能确保其他季节中接地电阻都在合格值范围内。

3）雷雨季节，特别是阴雨天气时，不得测量避雷装置的接地电阻。

4）易燃易爆场所和有瓦斯爆炸危险的场所(如矿井中)，应使用 ZC-18 型安全火花型接地电阻表。

5）测试线不应与高压架空线或地下金属管道平行，以防止干扰影响测量准确度。

6）测试中应防止 P2、C2(或 E)与被测接地极断开的情况下(已形成开路状态)继续摇测。

7）使用四接线端钮 1～10～100Ω 规格的仪表，测量小于 1Ω 的电阻时，应将 P2、C2 接线端钮的联片打开，分别用导线连接到被测接地极上，以消除测量时连接导线电阻而产生的误差。测量小于 1Ω 电阻时的接线如图7-19所示。

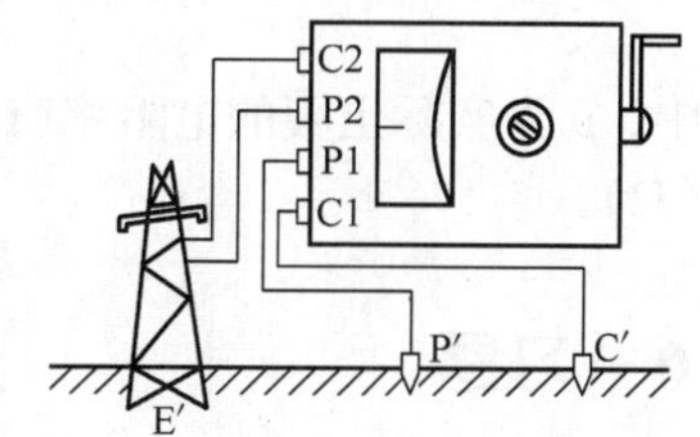

图 7-19　测量小于 1Ω 电阻时的接线

（8）常用接地电阻最低合格值

1）电力系统中工作接地不得大于 4Ω；保护接地不得大于 4Ω；重复接地不得大于 10Ω。

2）防雷保护：独支避雷针不得大于 10Ω；配电站

母线上阀形避雷器不得大于5Ω；低压进户线绝缘子铁脚接地的接地电阻不得大于30Ω；烟囱或水塔上避雷针不得大于30Ω。

7.5.2 测量土壤的电阻率

1. 实训目的

1）学会土壤电阻率的测量。

2）掌握四接线端ZC-8型接地电阻测量仪的使用。

2. 实训内容

土壤电阻率又称为土壤电阻系数，就是1m^3的土壤的电阻值，用ρ表示，单位是Ω·m。不同的土壤在不同的季节的电阻率的变化范围。如表7-4所示。

表7-4 不同土壤在不同季节的电阻率的变化范围 （单位:Ω·m）

土 壤 类 别	土壤电阻率近似值	不同情况下土壤电阻率的变化范围		
		较湿时（一般地区、多雨区）	较干时（少雨区、沙漠区）	地下含盐碱时
陶黏土	10	5～20	10～100	3～10
黏土	60	30～100	50～300	10～30
砂质黏土	100	30～300	80～1000	10～30
黄土	200	100～200	250	30
含砂黏土、砂土	300	100～1000	1000以上	30～100
砂、砂砾	1000	250～1000	1000～2500	—

1）准备工作。具有四接线端钮的接地电阻表一只、辅助探测针4根、适当长度的测试线4根、必要的电工工具和锤子等。

2）正确接线，将仪表P2、C2的联片取下，按图7-20测量土壤电阻率使得接线。

测量土壤电阻率时，应在被测区域沿直线砸入地面四根探测针，相互之间距离为a，探测针插入地面的深度为a的1/20。

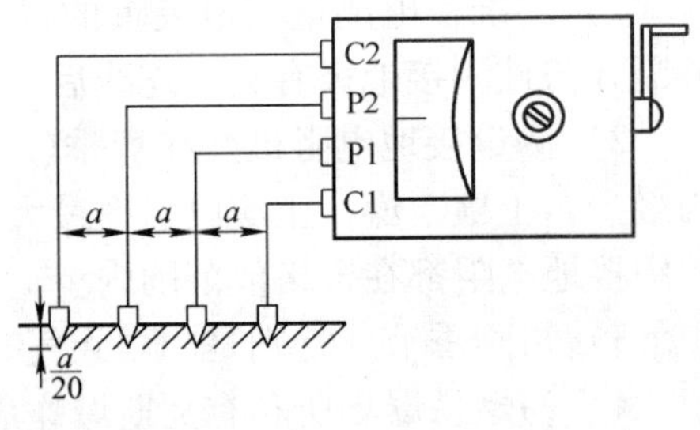

图7-20 测量土壤电阻率使得接线

3）摇测方法及计算土壤电阻率。具体的测量方法与摇测接地电阻相同，不同的是将测试值通过下式计算，才能得出被测区域平均土壤电阻率，即

$$\rho = 2\pi aR \tag{7-10}$$

式中，ρ为实际土壤的电阻率(Ω·m)；a为四根探针之间的距离(m)；R为接地电阻表的读数(Ω)。

7.6 习题

1. 大气过电压的形式有几种？

2. 简述避雷针和避雷线的作用和结构。
3. 单支避雷针的保护范围如何确定?
4. 单根避雷线的保护范围如何确定?
5. 避雷器的作用是什么?有几种类型?
6. 简述阀形避雷器的工作原理。
7. 阀形避雷器和氧化物避雷器有何不同?
8. 保护间隙和管形避雷器有何不同?
9. 变配电站对直击雷的防护采取何种措施?有什么原则?
10. 什么是反击?防止反击采取什么措施?
11. 防止侵入变配电站的行波损坏电气设备,应采取什么措施?
12. 画图说明变配电站进线段过电压保护应采取的方法,并说明保护元件的作用。
13. 接地的一般要求有哪些?
14. 简述电气装置中必须接地的部分。
15. 电气设备接地电阻值如何确定?

第 8 章　微机型继电保护与自动装置

8.1　短路

8.1.1　短路的基本形式

三相系统短路的基本形式有三相短路、两相短路、两相接地短路和单相短路，如图 8-1 所示。三相短路时，由于短路回路阻抗相等，因此三相电流和电压仍是对称的，故属于对称短路；而出现其他类型短路时，不仅每相电路中的电流和电压数值不等，其相位角也不同，这些短路属于不对称短路。

三相短路用 $k^{(3)}$ 表示，如图 8-1a 所示。三相短路电压和电流仍是对称的，只是电流比正常值增大，电压比额定值降低。三相短路发生的概率最小，只有 5% 左右，但它却是危害最严重的短路形式。

两相短路用 $k^{(2)}$ 表示，如图 8-1b 所示。两相短路发生的概率在 10% ~15% 。

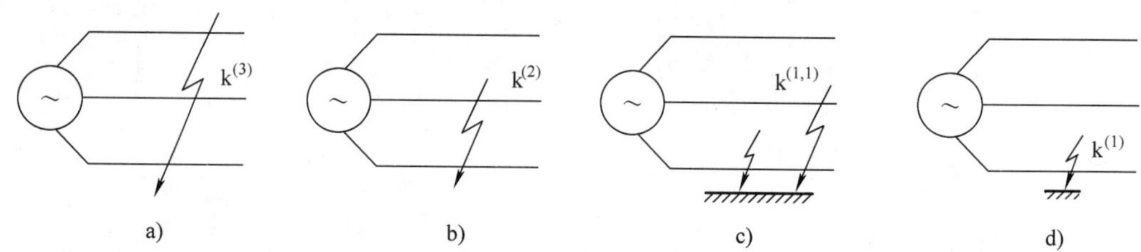

图 8-1　短路的形式

a）三相短路　b）两相短路　c）两相接地短路　d）单相接地短路

两相接地短路用 $k^{(1.1)}$ 表示，如图 8-1c 所示。它是指中性点不接地系统中两不同相均发生单相接地而形成的两相短路，也指两相短路后又接地的情况。两相接地短路发生的概率在 10% ~20% 。

单相短路用 $k^{(1)}$ 表示，如图 8-1d 所示。它的危害虽不如其他短路形式严重，但在中性点直接接地系统中，发生的概率最高，占短路故障的 65% ~70% 。

8.1.2　短路的原因

电力系统在向负荷提供电能，保证用户生产和生活正常进行的同时，也可能由于各种原因出现一些故障，从而破坏系统的正常运行。电力系统中出现最多的故障形式是短路。短路是指不同电位的带电导体之间通过电弧或其他较小阻抗非正常地连接在一起。

造成短路的原因很多，主要有以下几个方面。

1）电气设备载流部分的绝缘件损坏，如设备长期运行，绝缘件自然老化；设备本身设计、安装和运行维护不良；绝缘强度不够而被正常电压击穿；设备绝缘件正常而被过电压（包括雷电过电压）击穿；设备绝缘件受到机械损伤而使绝缘能力下降等都可能造成短路，这是短路发生的主要原因。

2）气象条件恶化，如雷击过电压造成的闪络放电，风灾引起架空线路断线或导线覆冰引起电杆倒塌等。

3）人为过失，如运行人员带负荷误拉隔离开关，造成弧光短路；检修线路或设备时未拆除检修接地线就合闸供电，造成接地短路等。

4）其他原因，鸟兽跨越于裸露的相线之间或相线与接地物体之间，或者咬坏设备导线的绝缘，造成短路。

8.1.3 短路的危害

发生短路时，由于部分负荷阻抗被短接，供电系统的总阻抗减小，因而短路回路中的短路电流比正常工作电流大得多。在大容量电力系统中，短路电流可达几万安培甚至几十万安培。如此大的短路电流会对供电系统产生极大的危害。

1）短路电流通过导体时，使导体大量发热，温度急剧升高，从而破坏设备绝缘结构；同时，通过短路电流的导体会受到很大的电动力作用，使导体变形甚至损坏。

2）短路点可能会出现电弧。电弧的温度很高，使电气设备遭到破坏，使操作人员的人身安全受到威胁。

3）短路电流通过线路，要产生很大的电压降，使系统的电压水平骤降，引起电动机转速突然下降，甚至停转，严重影响电气设备的正常运行。

4）短路可造成停电状态，而且越靠近电源，停电范围越大，给国民经济造成的损失也越大。

5）严重的短路故障若发生在靠近电源的地方，且维持时间较长，可使并联运行的发电机组失去同步，严重的可能造成系统解列。

6）不对称的接地短路，其不平衡电流将产生较强的不平衡磁场，对附近的通信线路、电子设备及其他弱电控制系统可能产生干扰信号，使通信失真、控制失灵、设备产生误动作。

由此可见，短路的后果是十分严重的。所以当发生短路故障时，必须依靠继电保护与自动装置尽快消除短路故障，使系统安全可靠地运行。

8.2 继电保护的基本知识

8.2.1 继电保护基本任务、发展概况及特点

电力系统的继电保护装置主要任务是：①当被保护的电力系统或设备发生故障时，应该由该元件的继电保护装置迅速准确地给距离故障点最近的断路器发出跳闸命令，使故障点及时从电力系统中切除，以最大限度地减少对电力元件本身的损坏，降低对电力系统安全供电的影响，保证系统其他部分继续运行。②当电气设备出现不正常的工作情况，要自动、及时、有选择地发出信号，由值班人员进行处理，或由装置进行自动调整，或切除继续运行会

引起故障的设备。

随着我国电力系统向大电网、大机组、大电厂、超高压与特高压、核电站、高压直流输电和高度自动化的方向发展，继电保护的发展经历4个阶段。

1. 电磁式继电保护

采用电磁式继电器的继电保护装置为第一代。这种保护装置经过了长期的生产运行，有一定的灵敏度和可靠性。但是这种以电磁继电器为主体的继电保护系统存在着不少的缺点，具体是容易发生线圈断线，触点抖动、钟表机构失灵，且体积和功耗大、调试复杂、灵敏度低、边沿刻度不准等缺点。这些问题长期以来没有得到太大的改进。但是，随着微机型保护的出现和普及，这种以电磁继电器为主的保护系统，在企业变配电站中已经逐步被淘汰。

2. 晶体管继电保护装置

20世纪70年代初期出现了晶体管保护装置，这种保护装置具有重量轻、体积小、功耗低、灵敏度高等优点。但是，由于元器件质量差、焊点多、接线复杂、抗干扰能力差，曾经一度限制了晶体管保护的发展。在继电保护装置的发展史上，只是一个过渡期而已。

3. 集成电路继电保护装置

第三代继电保护装置是以集成电路为主要保护元件，这种保护装置的功能完善、通用性强、整定精度高、运作离散值小、有良好的返回系数、焊点少、动作速度快等一系列优点，因此，在20世纪80~90年代，国内已有不少变电站、特别是农网中10~35kV的小型变电站，装设了这种保护装置。目前，由于微机型保护出现，这种保护装置也与其他类型的保护装置一样，被微机型保护所取代。

4. 微机型保护系统

现代微机型保护装置方向是向检测、控制、保护一体化方向发展。检测是指对电流、电压、功率、频率和电能等遥测量和各种开关变位遥信量的检测。控制是对断路器分闸、合闸、重合闸、综合自动重合闸等操作的控制。保护则是把传统继电保护装置中所要求的各种保护功能，改用微机加以实现。微机型保护系统能完成其他类型保护所能完成的所有保护功能，微机型保护系统还能完成其他类型保护所不能完成的功能。例如：通过自检，对保护本身进行不间断地巡回检查，以保证设备硬件处在完好状态；保护整定范围和整定手段更灵活、更方便；对设备电气量可以随时进行在线测量等。综上所述，微机型保护与传统保护相比，具有可靠性高、灵活性强、调试维护量小、功能多等优点。

8.2.2 继电保护的基本要求

电力系统对继电保护的基本性能要求有可靠性、选择性、快速性和灵敏性。这些要求是相辅相成、相互制约的。

1）选择性。在供配电系统发生故障时，离故障点最近的保护装置动作，切除故障，而系统的其他部分仍正常运行。继电保护装置动作选择性示意图如图8-2所示，当$k-1$点发生短路时，应使断路器QF_1动作跳闸，切除电动机，而其他断路器都不跳闸，满足这一要求的动作，称为“选择性动作”。如果系统发生故障时，靠近故障点的保护装置不动作，而离故障点远的前一级保护装置动作，称为“失去选择性”。

2）速动性。当系统发生短路故障时，保护装置应尽快动作，快速切除故障，减少对用电设备的损坏程度，缩小故障影响的范围，提高电力系统运行的稳定性。

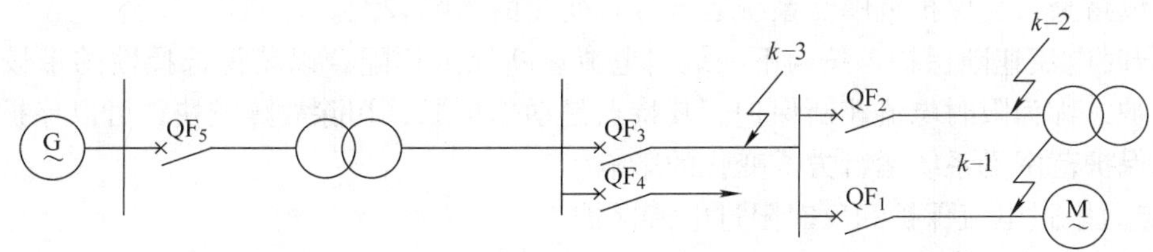

图 8-2　继电保护装置动作选择性示意图

3）可靠性。继电保护的可靠性是对电力系统继电保护的最基本性能要求，表现为两个方面：一是在要求继电保护动作的异常或故障状态下，能准确地完成动作；二是在要求继电保护不动作的所有情况下，能够可靠地闭锁。

4）灵敏性。灵敏性是指保护装置在其保护范围内对故障和不正常运行状态的反应能力。满足灵敏性要求的保护装置应该是在规定的保护区内短路时，不论短路点的位置、短路形式及系统的运行方式如何，都能灵敏反应。

以上 4 项要求对熔断器和低压断路器保护也是适用的。但 4 项要求对于一个具体的继电保护装置，则不一定都是同等重要，应根据保护对象而有所侧重。例如对电力变压器，一般要求灵敏性和速动性较好；对一般的电力线路，灵敏度可略低一些，但对选择性要求较高。继电保护装置除满足上面的基本要求外，还要求投资省，便于调试及维护，并尽可能满足系统运行时所要求的灵活性。

8.2.3　继电保护的基本知识

1. 系统的最大、最小运行方式

在继电保护的整定计算中，一般都要考虑电力系统的最大、最小运行方式。最大运行方式是指在被保护对象末端短路时，系统的等值阻抗最小，通过保护装置的短路电流流最大的运行方式。

最小的运行方式是指被保护对象末端短路时，系统等值阻抗最大，通过保护装置的短路电流最小的运行方式。

2. 主保护

反映整个被保护元件上的故障并能以最短的延时有选择地切除故障的保护称为主保护。

3. 后备保护

主保护或其断路器拒绝动作时，用来切除故障的保护称为后备保护。后备保护分近后备和远后备两种：主保护拒绝动作时，由本元件的另一套保护实现后备，称为近后备；当主保护或其断路器拒绝动作时，由相邻的元件或线路的实现后备的，称为远后备。

4. 辅助保护

为补充主保护和后备保护的不足而增设的比较简单的保护称为辅助保护。

5. 电流保护

当线路上发生短路时，流过线路的电流突增，当电流超过保护装置的整定值并达到整定时间时保护动作于跳闸，这种反应电流升高而动作的保护装置称为电流保护。

1）瞬时电流速断保护。按躲过被保护线路末端的最大短路电流来整定的电流保护，称为电流速断保护。电流速断保护动作是没有延时的。它的特点是动作可靠，切除故障快，但不能保护线路全长，保护范围受系统运行方式变化的影响较大。

2）限时电流速断保护。按与下一线路电流速断保护相配合以获得选择性的带较短时限的电流保护，称为限时电流速断保护。其特点是动作可靠，切除故障较快，可以保护线路的全长，其保护范围受系统运行方式变化的影响。

3）定时限过电流保护和反时限过电流保护。

定时限过电流保护的动作电流的整定原则是动作电流应避开最大可能的负荷电流。定时限过电流保护的动作时限，是按阶梯原则整定的，即从负荷至电源方向的各相邻保护装置的动作时限逐级增长一个时间级差。为了实现过电流保护的动作选择性，各保护的动作时间一般按阶梯原则进行整定。相邻保护的动作时间，自负荷向电源方向逐渐增大 Δt，且每套保护的动作时间是恒定不变的，与短路电流的大小无关。具有这种动作时限特性的过电流保护称为定时限过电流保护。

反时限过电流保护是指动作时间随短路电流的增大而自动减小动作时间的保护。使用在输电线路上的反时限过电流保护，能更快的切除被保护线路首端的故障。

6. 三段式电流保护

由电流速断、限时电流速断与定时限过电流保护组合构成的一套保护装置，称为三段式电流保护。电流速断保护是靠动作电流的整定获得选择性；限时电流速断和定时限过电流保护是靠上、下级保护的动作电流和动作时间的配合获得选择性。

7. 接地保护

单相接地是输、配电线路常见的故障之一。对中性点直接接地的电网，发生单相接地，则为单相短路，短路电流很大，通常在这种电网中利用单相接地电流的零序分量，构成零序电流保护。零序电流保护反应的是零序电流，而在负荷电流中不包含（或很少包含）零序分量，不必考虑避开负荷电流。对小接地的电网，发生单相接地时，接地电流为电容电流，由于其值较小，不会对电网造成很大的威胁，按运行规程要求，可以带故障运行 2h，在运行中查明并排除故障。因此，小接地电流中利用单相接地电容电流构成的接地保护装置，常作用于信号，而不作用于跳闸。如果零序电流保护装置加入了方向元件，则可构成零序方向保护。

8. 电流电压联锁速断保护

当电网发生短路时，除了电流剧增外，电网的电压也将显著下降，利用这两种特点构成的速断保护装置称为电流电压联锁速断保护。当线路发生短路故障时，供电母线电压会剧烈下降，利用这一特点，反应电压突然降低且瞬时跳闸的保护，称为电压速断保护。电压速断保护不能单独使用，因为电压速断保护没有选择故障线路的能力。且在电压互感器二次回路断线时会误动作，所以一般不单独使用。电流电压联锁速断保护有足够大的保护区，且在最大或最小运行方式下也不会误动。它比单一的电流或电压速断保护的保护区大。系统运行方式变化时，对过电流及低电压保护的影响是电流保护在运行方式变小时，保护范围会缩小，甚至变得无保护范围；电压保护在运行方式变大时，保护范围会缩短，但不可能无保护范围。

9. 方向过电流保护

在多电源供电或单电源供电的环形网络中，当采用过流保护不能满足选择性要求时，采用方向过电流保护。方向过电流保护不但能反应电流的大小，而且还能反应功率传递的方向。

10. 距离保护

距离保护就是反映故障点至保护安装处的距离的一种保护装置，距离越近，其动作时间越短。

11. 高频保护

高频保护就是采用高频载波电流，以输电线路为通道，传送反映线路两端电气量的信号，比较线路两端的电气量，以确定其动作与否的保护装置。高频保护可保护线路全长，且可区别故障是发生在本线路末端，还是下一线路的首端。

8.2.4 微机型继电保护硬件的基本结构

1. 微机型保护装置的特点

与传统保护相比，微机型继电保护装置有以下特点：维护调试方便；可以充分利用保护装置的自检功能，可靠性高；可以改善继电保护性能；灵活性大，通过人机对话，根据现场需要进行参数设置；易于保护信息管理和交换。

2. 微机型继电保护硬件的基本结构

微机型继电保护硬件的基本结构如图 8-3 所示。微机型保护装置一般由中央处理器（CPU）、存储器、模拟量输入接口、开关量输入/输出接口设备、人机对话和打印机等部分构成。

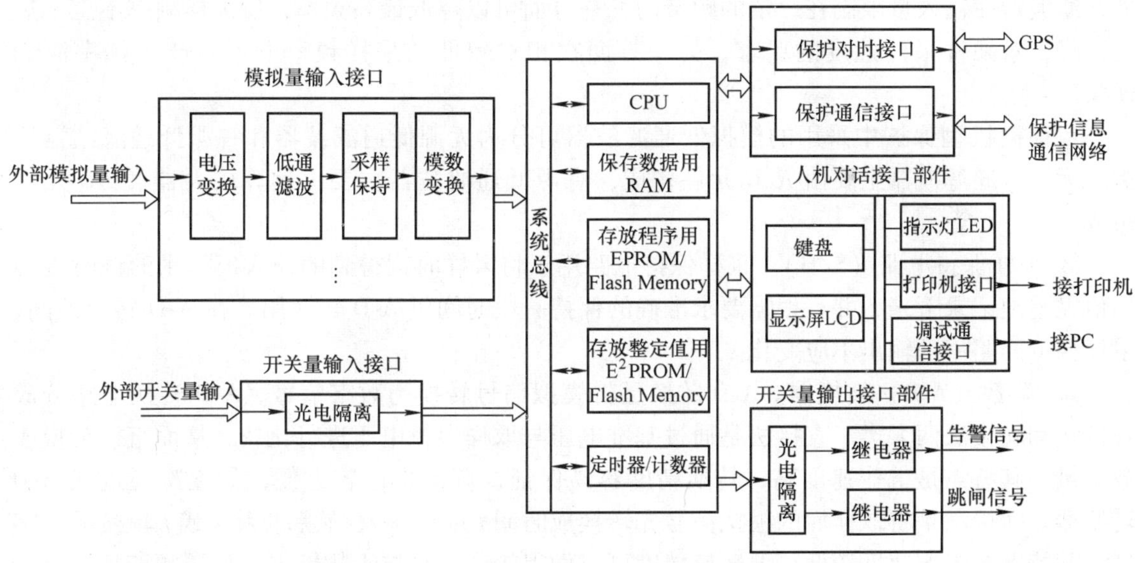

图 8-3 微机型继电保护硬件的基本结构图

1）中央处理器（CPU）：对由模拟量、开关量输入设备提供的数字量信息进行处理，并通过数据总线、地址总线和控制总线连成一个系统，实现数据交换和操作控制。

2）存储器：用于存放装置自检、保护整定值等运行程序。其中 RAM 中用于存放实时处理的数据，EPROM 中存放用于微机型保护装置运行的程序，E^2PROM 中存放用于保护的整定值。

3）模拟量输入接口（亦称为数据采集系统）：将输入保护装置的连续的模拟信号转换为可以被微机型保护装置识别处理的离散的数字信号，模拟量输入接口主要包括：电压变换、前置模拟低通滤波器（ALF）、采样保持（S/H）电路、模-数转换（A-D）电路等。

① 电压变换回路的作用：a. 将从电流互感器、电压互感器或其他变送器上获得的模拟量转换成与微机电平相匹配的电压；b. 将微机型保护设备与系统的二次设备之间构成屏蔽与隔离，阻止来自强电系统对微机型保护的干扰。一般采用各种中间变换器来实现模拟量的变换，例如电流变换器（TA）、电压变换器（TV）和电抗变换器（TX）等。变换器原理图如图 8-4 所示。

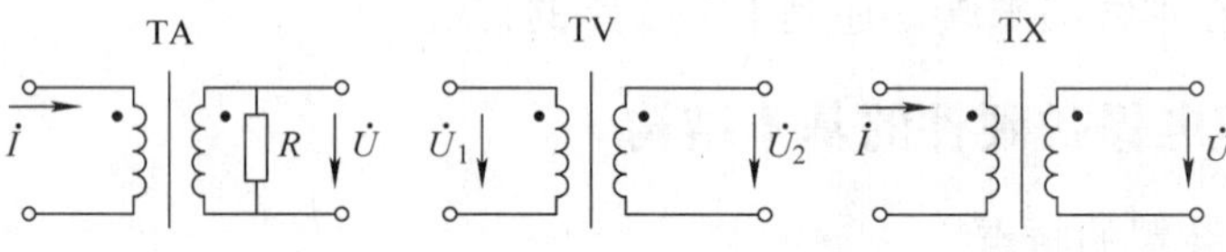

图 8-4　变换器原理图

② 采样定理和模拟低通滤波器。输入信号中包含了各种频率成分，其中最高的频率为 $f_{\max}$，若要在采样后将其完全不失真地恢复出来，采样频率必须不小于 $2f_{\max}$，即 $f_n \geqslant 2f_{\max}$，这就是采样定理。如果不能满足采样定理的要求，那么在频谱中会发生“频率混叠”现象。

系统故障瞬间，电压、电流中会含有很高的频率成分，目前继电保护的原理都是基于工频分量，对于高频分量不关心，为了防止出现频率混叠现象，在采样回路之前设置一个模拟低通滤波器使输入量限制在一定的频带内，一方面可以降低最高频率，使采样频率不至于过高，降低对硬件采样速度的要求，另一方面在相对较低的采样频率下不会产生频率混叠现象。

目前微机型保护中采用的模拟低通滤波器可分为无源低通滤波器和有源低通滤波器两类。无源低通滤波器主要由 *RLC* 元件构成，有源低通滤波器主要由运算放大器和 *RC* 元件组成。

③ 采样保持电路（S/H）。采样保持电路用于将采样时刻得到的输入模拟量的该时刻的幅值完整地记录下来，并且根据要求准确的保持一段时间供 A-D 转换用。在 A-D 转换期间，采样保持回路中的输出不应变化。

④ 模-数（A-D）转换器。A-D 转换是将模拟信号转换为数字信号。A-D 转换电路分成直接法和间接法两大类。直接法是通过基准电压与取样保持电压进行比较，从而直接转换成数字量。其特点是工作速度高，转换精度容易保证，调准也比较方便，如逐次逼近式 A-D 转换器。间接法是将取样后的模拟信号先转换成时间 t 或频率 f，然后再将 t 或 f 转换成数字量。其特点是工作速度较低，但转换精度可以做得较高，且抗干扰性强，如压频变换式 A-D 转换器（VFC）。

4）开关量输入输出接口：开关量输入接口将外部提供给保护装置使用的开关量，如表示断路器的“合闸”或“分闸”状态的辅助触点，通过光电隔离后，供 CPU 系统处理。光电隔离有效地防止了外部对保护装置内部的干扰。开关量输出接口负责保护对外部的实现操作控制。如在系统故障时发出跳闸命令，去跳开断路器。

5）人机对话接口部件：人机对话使工作人员可以对保护装置进行操作、调试和得到相关信息。打印机可以将保护动作情况以及保护自检情况打印出来，使工作人员更能直观地了解保护装置的动作情况。

8.2.5 微机型保护的软件简介

微机型保护装置的软件功能主要包括保护功能、保护装置的系统监控、人机对话、通信、自检、事故记录及分析报告以及调试功能。

微机型保护装置的软件通常可分为监控程序和运行程序两部分。监控程序包括人机接口键盘命令处理程序及为插件调试、整定设置显示等配置的程序。运行程序是指保护装置在运行状态下所需执行的程序。

微机型保护运行程序各部分功能是微机型保护运行程序一般可分为3个部分。

1）主程序。包括初始化、全面自检、开放及等待中断等。

2）中断服务程序。通常有采样中断、串行口中断等。采样中断包括数据采集与处理、保护启动判定等；串行口中断完成保护CPU与保护管理CPU之间的数据传送。

3）故障处理程序。在保护启动后才投入，用以进行保护特性计算、判定故障性质等。

1. 微机型保护软件的系统配置

由于微机型保护的硬件分为人机接口和保护两大部分，因此相应的软件也就分为接口软件和保护软件两大部分。

1）接口软件。接口软件是指人机接口部分的软件，其程序可分为监控程序和运行程序。执行哪一部分程序由接口面板的工作方式或显示器上显示的菜单选择来决定。调试方式下执行监控程序，运行方式下执行运行程序。

接口的监控程序主要就是键盘命令处理程序，是为接口插件（或电路）及各CPU保护插件（或采样电路）进行调节和整定而设置的程序。

接口的运行程序由主程序和定时中断服务程序构成。主程序主要完成巡检（各CPU保护插件）、键盘扫描和处理及故障信息的排列和打印。定时中断服务程序包括软件时钟程序、以硬件时钟控制并同步各CPU插件的软时钟、检测各CPU插件启动元件是否动作的检测启动程序。所谓软件时钟就是每经1.66ms产生一次定时中断，在中断服务程序中软件计数器加1，当软件计数器加到600时，秒计数加1。

2）保护软件的配置。各保护CPU插件的保护软件配置为主程序和两个中断服务程序。

主程序通常都有3个基本模块：初始化和自检循环模块、保护逻辑判断模块和跳闸处理模块。通常把保护逻辑判断和跳闸处理总称为故障处理模块。一般而言，初始化和自检循环、跳闸处理两个模块，在不同的保护装置中基本上是相同的，而保护逻辑判断模块就随不同的保护装置而不同。如距离保护中保护逻辑就包含有振荡闭锁程序部分，而零序电流保护就没有振荡闭锁程序部分。

中断服务程序有定时采样中断服务程序和串行口通信中断服务程序。在不同的保护装置中，采样算法是不相同的，使得采样中断服务程序部分也不相同。不同保护的通信规约不同，也会造成串行口通信中断服务程序的不同。

3）保护软件的3种工作状态。保护软件有3种工作状态：运行、调试和不对应状态。不同状态时程序流程也就不同。有的保护没有不对应状态，只有运行和调试两种工作状态。

当保护插件面板的方式开关或显示器菜单选择为“运行”，则该保护就处于运行状态，其软件就执行保护主程序和中断服务程序。当选择为“调试”时，复位CPU后就工作在调试状态。当选择为“调试”但不复位CPU并且接口插件工作在运行状态时，就处于不对应状态。也就是说保护 CPU 插件与接口插件状态不对应。设置不对应状态是为了对模-数插件进行调整，防止在调试过程中保护频繁动作及告警。

2. 中断服务程序及其配置

由于外部事件是随机产生的，凡需要 CPU 立即响应并及时处理的事件，必须用中断的方式实现。微机型保护装置是实时性要求较强的工控计算机设备，因此必须采取中断的工作方式。

1）实时性和中断工作方式。所谓实时性就是指在限定的时间内，对外来事件能够及时做出迅速反应的特性。如保护装置需要在限定的极短时间内完成数据采样，在限定时间内完成分析判断并发出跳闸、合闸命令、告警信号，在其他系统对保护装置巡检或查询时及时响应。这些都是保护装置的实时性的具体表现。保护要对外来事件做出及时反应，就要求保护中断正在执行的程序，而去执行服务于外来事件的操作任务和程序。中断是分级的，在程序执行过程中，总是先响应级别高的中断请求后，再去响应级别低的中断请求。

2）中断服务程序。对保护装置而言，其外部事件主要是指电力系统状态、人机对话、系统机的串行通信要求。电力系统状态是保护最关心的外部事件，保护装置必须实时掌握保护对象的系统状态。因此，要求保护定时采样系统状态，一般采用定时器中断方式，每经 1.66ms 中断原程序的运行，转去执行采样计算的中断服务程序，采样结束后将采样计算结果再传送给原程序，然后再回去执行被中断了的原程序。这种采用定时中断方式的采样服务程序称为定时采样中断服务程序。

在采样中断服务程序中，除了有采样和计算外，通常还含有保护的启动元件程序及保护某些重要程序。如高频保护在采样中断服务程序中安排检查收发信机的收信情况；距离保护中还设有两完好相电流差突变元件，用以检测发展性故障；零序保护中设有 $3U_0$ 突变量元件等，因此保护的采样中断服务程序是微机型保护的重要软件组成部分。

保护装置还应随时接受工作人员的干预，即改变保护装置的工作状态、查询系统运行参数、调试保护装置，这就是利用人机对话方式来干预保护工作。这种人机对话是通过键盘方式进行的，常用键盘中断服务程序来完成。有的保护装置不采用键盘中断方式，而采用查询方式。当按下键盘时，通过硬件产生了中断要求，中断响应时就转去执行中断服务程序。键盘中断服务程序或键盘处理程序常属于监控程序的一部分，它把被按的键符及其含义翻译出来并传递给原程序。

系统机与保护的通信要求，实际上是属于高一层次对保护的干预。这种通信要求常用主从式串行口通信来实现。当系统主机对保护装置有通信要求时，或者接口 CPU 对保护 CPU 提出巡检要求时，保护串行通信口就提出中断请求，在中断响应时，就转去执行串行口通信的中断服务程序。串行通信是按一定的通信规约进行的，其通信数字帧常有地址帧和命令帧两种。系统机或接口 CPU（主机）通过地址帧呼唤通信对象，被呼唤的通信对象（主机）就执行命令帧中的操作任务。

3）保护的中断服务程序配置。根据中断服务程序基本概念的分析，一般保护装置总是要配有定时采样中断服务程序和串行通信中断服务程序。对单 CPU 保护，CPU 除保护任务之外还有人机接口任务，因此还可以配置有键盘中断服务程序。

3. 微机型保护主程序

微机型保护主程序框图如图 8-5 所示。

1）初始化。初始化是指保护装置在送上电源之后或按下复位键时首先执行的程序，其主要是对单片机 CPU 及可编程扩展芯片的工作方式、参数进行设置，以便在后面的程序中按预定方案工作。例如，CPU 的各种地址指针的设置；并行、串行及定时器可编程扩展芯片的工作方式和参数的设置。初始化有 3 个部分：初始化 1、初始化 2、采集系统初始化。

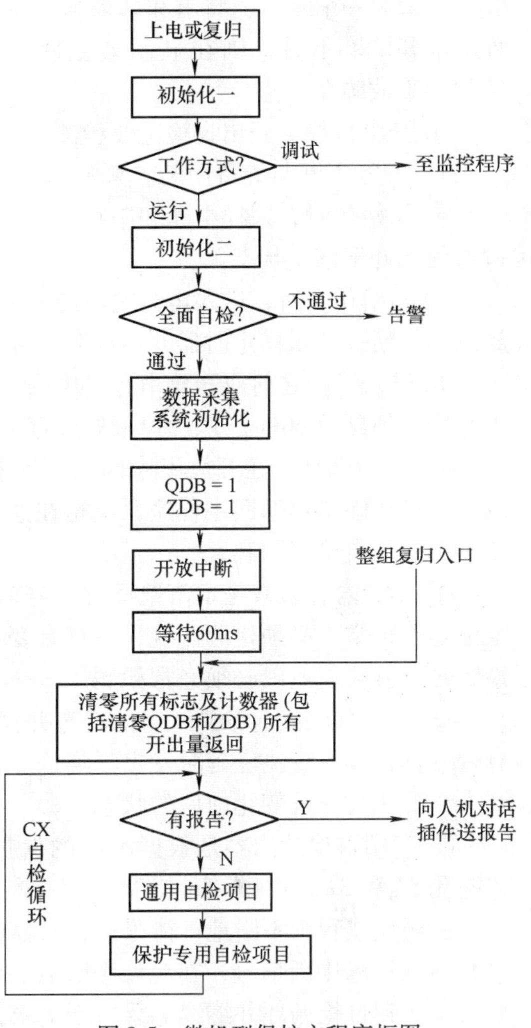

图 8-5　微机型保护主程序框图

初始化 1 是对单片机及其扩展芯片的进行初始化，使保护输出的开关量出口初始化，赋以正常值，以保证出口继电器均不动作。初始化 1 是运行与监控程序都需要用到的初始化程序。初始化 1 后通过人机接口液晶显示器显示主菜单，由工作人员选择运行或调试（退出运行）工作方式。如选择“退出运行”就进入监控程序，进行人机对话并执行调试命令。若选择“运行”，则开始初始化 2。

初始化 2 包括采样定时器的初始化、控制采样间隔时间、对 RAM 区中所有运行时要使用的软件计数器及各种标志位清零等程序。

初始化完成后，开始对保护装置进行全面自检。如装置不正常则显示装置故障信息，然后开放串行口中断，等待管理系统 CPU 通过串行口中断来查询自检状况，向微机监控系统及调度传送各保护的自检结果。如装置自检通过，则进行数据采集系统的初始化。

数据采集系统初始化主要指采样值存放地址指针初始化，如果是 VFC 式采样方式，则还需对可编程计数器初始化。完成采样系统初始化后，开放采样定时器中断和串行口中断，等待中断发生后转入中断服务程序。

2）自检的内容和方式。在完成初始化 2 之后进入全面自检。全面自检包括对 RAM、EPROM、E^2 FROM 等回路的自检。

① RAM 的读写检查。若随机存储器（RAM）有问题，则驱动显示器显示故障信号（故障字符代码）和故障时间，故障类型说明“RAM 故障”。显示故障的同时开放串行口中断并等待管理单元 CPU 查询。

② 定值检查。每套定值在存入 E^2PROM 时，都自动固化若干个校验码。若发现只读存储器 E^2PROM 定值求和码与事先存放的定值和不一致，说明 E^2 PROM 有故障，则驱动显示故障字符代码和故障时间，故障类型说明“E^2 PROM 故障”及故障范围（定值区和参数区）。

③ EPROM 求和自检。求和自检 EPROM 时，将 EPROM 中存放的程序代码从第一个字

节加到最后一个字节，将求和结果与固化在程序末尾的和数进行比较。如发现求和自检与原程序求和结果不符，则在显示器上将显示相应故障字符、代码和故障时间、类型说明“EPROM 故障”。

④ 开出自检。开出自检主要检测开出通道是否正常，它是通过硬件开出反馈来检测的。

3）开放中断与等待中断。

① 初始化时，采样中断和串行口中断仍然被 CPU 的软开关关断，这时 A-D 转换和串行口通信均处于禁止状态。

② 初始化之后，进入运行之前应开始模-数变换，并进行一系列采样计算。所以必须开放采样中断，使采样定时器开始计时，并每隔一定时间发出一次采样中断请求信号。

③ 进入运行之前应开放串行口中断，以保证接口 CPU 对保护 CPU 的正常通信。在开放中断后必须延时 60ms，以确保采样数据的完整性和正确性。

4）自检循环。在开放了中断后，所有准备工作就绪了，主程序就进入自检循环阶段。故障处理程序结束返回主程序，也是在这里进入自检循环的。自检循环包括查询检测报告、专用及通用自检等内容。

① 自检内容通常是定值选择拨轮号监视和开入量监视。定值选择拨轮号关系到保护整定值是否正常，必须检测监视，一旦有变化或者接触不良就发呼唤信号。开入量的状态涉及系统运行方式，所以必须经常检测。

② CPU 预先读入各开入量的状态并存入 RAM，然后通过不断读取开入量状态，监视其有否变化，如有变化经延时发出呼唤信号，除了呼唤信号灯亮之外，还通过打印报告，列出开入量变化时间及变化前后的状态。

③ 专用自检的内容是根据不同的保护安排不同的自检内容，主要是根据保护的要求，如检测 $3I_0$ 和 $3U_0$，判断 TA、TV 是否有断线，判断系统静稳态是否破坏等内容。

在循环过程中不断地等待采样定时器的采样中断和串行口通信的中断请求信号。当保护 CPU 接到请求中断信号，在允许中断后，程序就进入中断服务程序。每当中断服务程序结束后又回到自检循环并继续等待中断请求信号。主程序如此反复自检、中断进入不断循环阶段，这是保护运行的重要程序部分。

8.3 高压线路的微机型保护

8.3.1 线路相间短路的三段式电流保护

在电力系统中，输电线路发生短路故障时，线路中的电流增大，母线电压降低。利用电流增大这一特征，当电流超过某一设定值时保护即动作，称为线路的电流保护。该设定值叫做动作电流的整定值 I_{set}。电流保护分为瞬时电流速断保护、限时电流速断保护、定时限过电流保护，为了区别起见，分别用上角标Ⅰ、Ⅱ、Ⅲ表示。

1. 瞬时电流速断保护

1）工作原理。图 8-6 所示为瞬时电流速断保护工作原理图，对单侧电源的辐射形电网，电流保护装设在每段线路始端，如线路 L_1、L_2、L_3 的保护分别为保护①、保护②、保护③，当线路发生三相短路时，短路电流计算如下：

$$I_K^{(3)} = \frac{E\varphi}{X_S + X_K} \tag{8-1}$$

式中，$E\varphi$ 为系统等效电源的相电动势；X_S 为系统电源到保护安装点的电抗；X_K 为短路电抗（保护安装点到短路点的电抗）。$X_S + X_K$ 为电源至短路点之间的总电抗。当短路点距离保护安装点越远时，X_K 越大，短路电流越小；当系统电抗越大时，短路电流越小；而且短路电流与短路类型有关，同一短路点 $I_K^{(3)} > I_K^{(2)}$。短路电流与短路点的关系如图 8-6 的 $I_K = f(L)$ 曲线，曲线 1 为最大运行方式（系统电抗为 $X_{s.\min}$，短路时出现最大短路电流）下三相短路故障时的 $I_K = f(L)$，曲线 2 为最小运行方式（系统电抗为 $X_{s.\max}$，短路时出现最小短路电流）下两相短路故障时的 $I_K = f(L)$。瞬时电流速断保护反应线路故障时电流增大而动作，并且没有动作延时，所以必须保证只有在被保护线路上发生短路时才动作，例如图 8-1 的保护 1 必须只反应线路 L_1 上的短路，而对 L_1 以外的短路故障均不应动作。这就是保护的选择性要求，瞬时电流速断保护是通过对动作电流的合理整定来保证选择性的。

2）动作电流整定原则。为了保证瞬时电流速断保护动作的选择性，应按躲过本线路末端最大短路电流来整定计算。对于图 8-6 保护 1 的动作电流，应该大于线路 L_1 末端短路时的最大短路电流。实际上，线路 L_2 始端短路与线路 L_1 末端短路时反应到保护 1 的短路电流几乎没有区别，因此，线路 L_1 的瞬时电流速断保护动作电流的整定原则为：躲过本线路末端短路的可能出现的最大短路电流，计算如下：

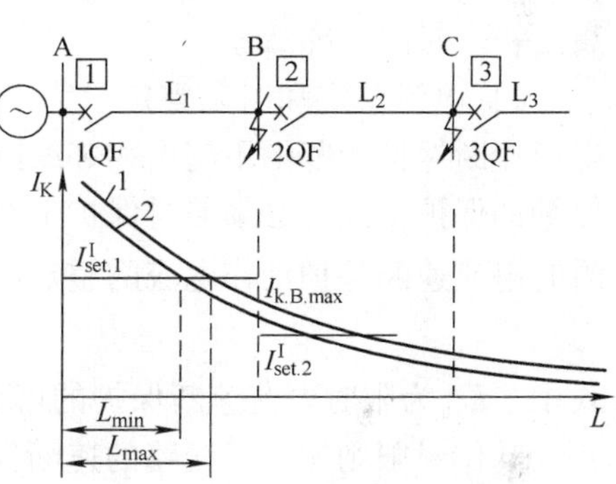

图 8-6　瞬时电流速断保护工作原理图

$$I_{set.1}^{I} = K_{rel}^{I} I_{k.B.\max}^{(3)} \tag{8-2}$$

式中，$I_{set.1}^{I}$ 为线路 L_1 的瞬时电流速断保护动作电流的整定值；K_{rel}^{I} 为瞬时电流速断保护的可靠系数，一般取 $K_{rel}^{I} = 1.2 \sim 1.3$；$I_{k.B.\max}^{(3)}$ 为最大运行方式下，线路 L_1 末端（母线）发生三相短路时流过保护 1（即线路 L_1）的短路电流。

3）动作示意。瞬时电流速断保护的动作示意图如图 8-7 所示。当 A、C 任何一相的电流幅值大于整定值时，比较环节 KA 有输出。在某些特殊情况下需要闭锁跳闸回路，设置闭锁环节。闭锁环节在保护不需要闭锁时输出为 1，在保护需要闭锁时输出为 0。当比较环节 KA 有输出并且不被闭锁时，与门有输出，发出跳闸命令，同时启动信号回路 KS。35kV/10kV 线路保护监控系统，对于所加的全部模拟量的采样频率可取为每周 24 点，且采样频率随外加频率可自动调整，采用傅氏算法求取保护电流值。

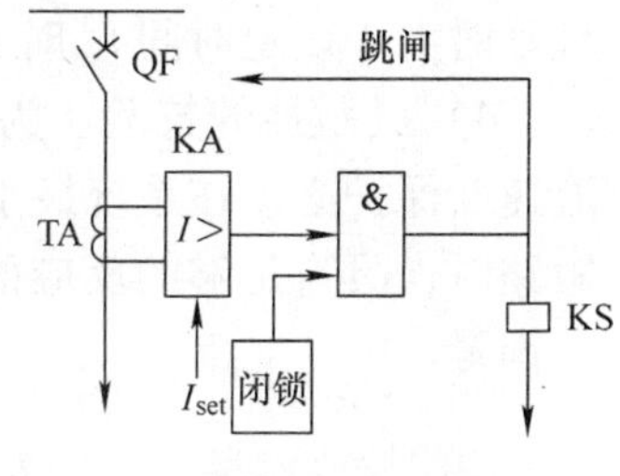

图 8-7　瞬时电流速断保护的动作示意图

4）保护范围。已知保护动作电流的整定值，大于整定值的短路电流对应的短路点区域，就是保护范围。保护的范围随运行方式、故障类型的变化而变化，在各种运行方式下发生各种短路时保护都能动作切除故障的最小范围称为最小保护范围，例如保护 1 的最小保护范围为图 8-6 中直线 $I_{set.1}^{I}$ 与曲线 2 的交点的前面部分。最小保护范围为在系统最小运行方式下两相短路时出现。一般情况下，应按这种运行方式和故障类型来校验保护的最小范围，要求大于被保护线路全长的 15% ~

20%。瞬时电流速断保护的优点是简单可靠、动作迅速，缺点是不可能保护线路的全长，并且保护范围直接受运行方式变化的影响。

2. 限时电流速断保护

1）工作原理。限时电流速断保护的电流整定值和整定时间如图 8-8 所示。图中线路 L_1 和 L_2 都装设了瞬时电流速断保护和限时电流速断保护，线路 L_1 和 L_2 的保护分别为保护1和保护2，上角标Ⅰ、Ⅱ分别表示瞬时电流速断保护和限时电流速断保护。为了使线路 L_1 的限时电流速断保护，保护线路的全长，所以它的保护范围必然要延伸到下级线路中去，这样当下级线路出口处发生短路时，它就要动作，是无选择性动作，为了保证动作的选择性，就必须使保护的动作带有一定的时限，此时限的大小与其延伸的范围有关。如果它的保护范围不超过下级线路速断保护的范围，动作时限则比下级线路的速断保护高出一个时间阶梯 Δt。

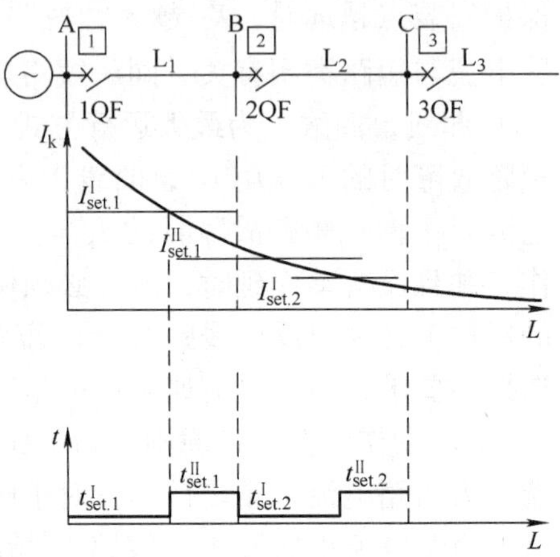

图 8-8　限时电流速断保护的电流整定值和整定时间

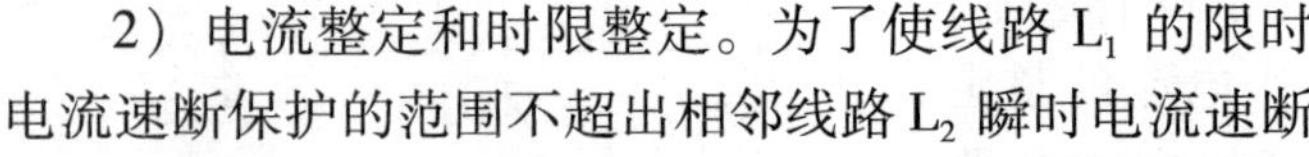

2）电流整定和时限整定。为了使线路 L_1 的限时电流速断保护的范围不超出相邻线路 L_2 瞬时电流速断保护的保护范围，必须使时保护 1 的限时电流速断保护动作电流的整定值 $I^{Ⅱ}_{set.1}$ 大于保护 2 的瞬时电流速断保护动作电流的整定值 $I^{Ⅰ}_{set.2}$，即

$$I^{Ⅱ}_{set.1} = K^{Ⅱ}_{rel} I^{Ⅰ}_{set.1} \tag{8-3}$$

式中，$K^{Ⅱ}_{rel}$ 为限时电流速断保护的可靠系数，一般 $K^{Ⅱ}_{rel}$ 取 1.1～1.2。

动作时限则比下级线路的速断保护高出一个时间阶梯 Δt，即

$$t^{Ⅱ}_{set.1} = t^{Ⅰ}_{set.2} + \Delta t \tag{8-4}$$

式中，Δt 为时间级差，对于不同形式的断路器及保护装置，取 0.3～0.6s。

3）动作示意。限时电流速断保护的动作示意图如图 8-9 所示。它比电流速断保护多了延时 KT，当线路 A、C 两相的任何一相的幅值大于整定值，且延时大于设定时间 $t^{Ⅱ}_{set}$ 时，保护动作于跳闸。

4）灵敏性的校验。为了能保护本线路的全长，限时电流速断保护必须在系统最小运行方式下，线路末端发生两相短路时，具有足够的反应能力，这个能力通常用灵敏度 K_{sen} 来衡量。

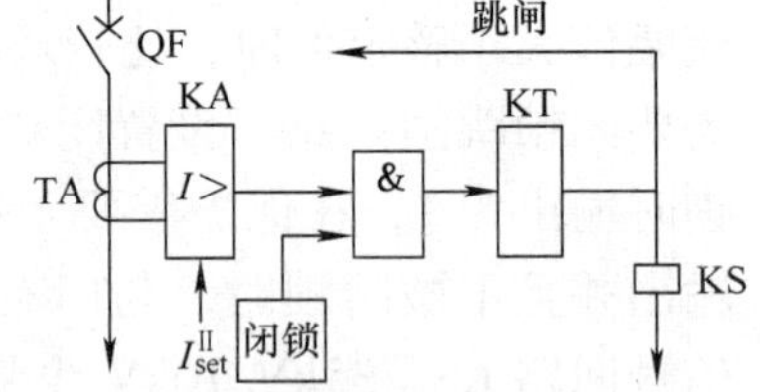

图 8-9　限时电流速断保护的动作示意图

$$K_{sen} = \frac{I_{k.min}}{I^{Ⅱ}_{set}} \tag{8-5}$$

式中，$I_{k.min}$ 为在被保护线路末端短路时，流过保护安装处的最小短路电流（线路末端发生两相短路时短路电流）；$I^{Ⅱ}_{set}$ 为被保护线路的限时电流速断保护的电流设定值。

为了保证在线路末端短路时，保护装置一定能够动作，要求 $K_{sen} \geqslant 1.3～1.5$。

3. 定时限过电流保护

1）工作原理。为防止本线路主保护（电流速断、限时电流速断保护）拒动和下一级线

路的保护或断路器拒动，装设定时限过电流保护作后备保护。过电流保护有两种：一种是保护启动后出口动作时间是固定的整定时间，称为定时限过电流保护；另一种是出口动作时间与过电流的倍数相关，电流越大，出口动作越快，称为反时限过电流保护。

2）动作电流和动作时限整定计算原则。

① 动作电流的整定。为保证在正常情况下过电流保护不动作，保护装置的动作电流必须大于该线路上出现的最大负荷电流 $I_{L\max}$；同时还必须考虑在外部故障切除后电压恢复，负荷自启动电流作用下保护装置必须能够返回，其返回电流应大于负荷自启动电流。

② 动作时限的整定。定时限过电流保护动作原理图如图 8-10 所示，假定在每条线路首端均装有过电流保护，各保护的动作电流均按照躲开被保护元件上各自的最大负荷电流来整定。这样当 k_1 点短路时，保护 1～3 在短路电流的作用下都可能启动，为满足选择性要求，应该只有保护 3 动作切除故障，而保护 1、2 在故障切除之后应立即返回。这个要求只有依靠使各保护装置带有不同的时限来满足。保护 3 位于电力系统的最末端，假设其过电流保护动作时间为 t_3^{III}，对保护 2 来讲，为了保证 k_1 点短路时动作的选择性，则应整定其动作时限 $t_2^{\mathrm{III}}=t_3^{\mathrm{III}}+\Delta t$。

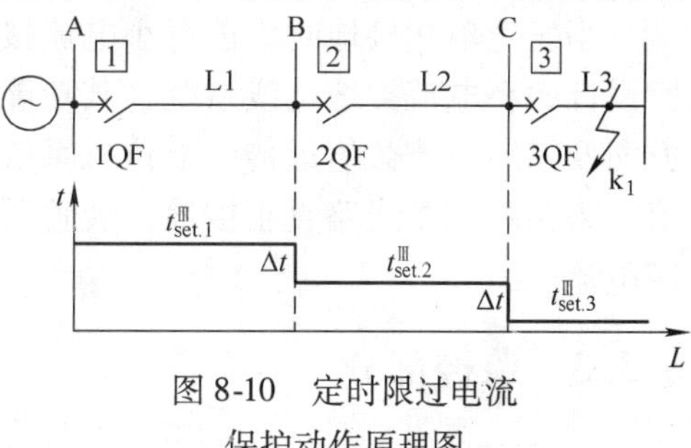

图 8-10　定时限过电流保护动作原理图

依次类推，保护 1、2 的动作时限均应比相邻元件保护的动作时限高出至少 Δt，只有这样才能充分保证动作的选择性。即

$$t_1^{\mathrm{III}}=t_2^{\mathrm{III}}+\Delta t$$
$$t_2^{\mathrm{III}}=t_3^{\mathrm{III}}+\Delta t$$

这种保护的动作时限一定的，和短路电流的大小无关，称为定时限过电流保护。

3）灵敏度的校验。过电流保护灵敏度的校验仍采用式 8-5。当过电流保护作为本线路主保护时，要求 $K_{sen}\geqslant 1.3\sim1.5$；当作为相邻线路的后备保护时，要求 $K_{sen}\geqslant 1.2$。

4）动作示意。定时限过电流保护的动作示意图和限时电流速断保护的相同。

4. 阶段式电流保护

电流速断保护、限时电流速断保护和过电流保护都是反应电流升高而动作的保护。它们之间的区别在于按照不同的原则来选择动作电流。电流速断保护是按照躲开本线路末端的最大短路电流来整定；限时电流速断是按照躲开下级各相邻线路电流速断保护的最大动作范围来整定；而过电流保护则是按照躲开本元件最大负荷电流来整定。

由于电流速断不能保护线路全长，限时电流速断又不能作为相邻元件的后备保护，因此为保证迅速而有选择性地切除故障，常常将电流速断保护、限时电流速断保护和过电流保护组合在一起，构成阶段式电流保护。具体应用时，可以只采用速断保护加过电流保护，或限时速断保护加过电流保护，也可以三者同时采用。

8.3.2　小接地系统单相接地故障的零序保护

10kV/35kV 线路为小接地系统，当发生单相接地时，有零序电压 U_0 输出，同时也有零序电流 I_0 输出。但是由于其接地程度不同，所以输出零序电压 U_0 的大小也将不同；而零序电流 I_0 自母线流向故障线路，故障线路零序电流 I_0 的数值为各完好线路零序电流的总和。

特别在出线较多的系统中，发生单相接地时，故障线路比非故障线路的零序电流大得多。应该注意的是为了保护动作的选择性。零序电流保护的整定值应避开相邻线路发生单相接地时流入本线路的零序电流。基于上述原则，其所设计的零序电流保护的计算如下：

$$U_0 > U_{0set}$$

$$I_0 > I_{0set}$$

$$t_0 > t_{0set}$$

当零序电压和零序电流大于整定值时，保护装置发出报警信号，在后台机上将自动进行选线操作。

当发生单相接地时，进行小电流接地选线是计算机保护所具有的独特功能。微机型保护所设计的小电流接地选线系统，其功能是在系统发生单相接地故障时，将各线路的零序功率方向及零序电流数值远传到上位机系统，经过综合比较各线路的零序功率方向及零序电流数值，来判断哪条线路真正接地，装置要求用户接入 TV 开口三角电压（U_X、U_0）和 TA 的零序电流。

8.3.3 监控部分

1. 测量

全部测量量均由数据通道传送到前置机与后台机。电流、功率等数值还可显示在微处理器插件面板的显示器上。主要测量如下内容。

1）电流：I_a、I_c。

2）功率：P（有功）、Q（无功）。

3）功率因数 $\cos\phi$。

4）电能：kWh、kvarh。

2. 控制

1）断路器“分”“合”操作。

2）手动按钮或接收后台机/远动命令。

3. 事件顺序记录

当各类保护动作或所监视的开关状态发生变化时，装置将自动记录事件发生的时间及动作值，事件顺序记录将传至后台机进行存储及处理。

4. 故障录波

装置可对所输入的各个值进行连续采样，采样值存放于 RAM 中。当录波条件满足时，将保留启动前 4 个周波的数据，且继续采样并存放 150 个周波的数据。故障录波的数据将通过数据通道传至后台机，后台机将数据做进一步的处理。还可将数据通过其他数据通道进行远传。

8.4 电力变压器的保护

变压器故障一般分为内部故障和外部故障两种。变压器的内部故障指油箱里面发生的故障，包括绕组的相间短路、绕组与铁心间的短路故障、绕组匝间短路和单相接地短路。内部故障是很危险的，因为短路电流产生的电弧不仅会破坏绕组绝缘，烧坏铁心，还可能使绝缘材料和变压器油受热而产生大量气体，引起变压器外壳变形、破坏甚至引起爆炸。外部故障指的是变压器外部引出线间的各种相间短路故障、引出线因绝缘套管闪络或破碎通过箱壳发生的单相接地短路。变压器发生故障时，必须将其从电力系统中切除。

变压器的异常运行状态有由于外部短路和过负荷而引起的过电流、变压器温度升高及油面下降超过了允许程度等。变压器的过负荷和温度升高将使绝缘材料迅速老化，绝缘强度降低，影响变压器的使用寿命，进一步引起其他故障。当变压器处于异常运行状态时，应给出异常告警信号，告知运行值班人员及时处理。

为了保证电力系统安全稳定运行，当变压器发生故障或异常运行状况时能将影响范围限制到最小，电力变压器应装设如下继电保护：纵差保护、气体保护、过电流保护、接地保护、过负荷保护、过励磁保护以及反映变压器油温、油位、绕组温度、油箱内压力过高、冷却系统故障等异常状况的保护装置。

变压器微机型保护装置的设计要求：变压器微机型保护所用的电流互感器二次侧采用 Y 接线，其相位补偿和电流补偿系数由软件实现在正常运行中显示差流值，防止极性、电压比、相别等错误接线，并具有差流超限报警功能。气体继电器保护回路不进入微机型保护装置，直接作用于跳闸，以保证可靠性，但用其触点向微机型保护装置输入动作信息显示和打印。设有液晶显示，便于整定、调试、运行监视和故障异常显示。具备高速数据通信网接口及打印功能。

8.4.1 变压器的气体等非电量保护

利用变压器的油、气、温度等非电气量构成的变压器保护称为非电量保护，主要有气体保护、压力保护、温度保护、油位保护及冷却器全停保护。非电量保护根据现场需要动作于跳闸或信号。

当非电量保护动作于信号后，运行人员应根据动作信号及时联系调度和检修部门对变压器异常情况进行处理。

1. 气体保护

当变压器内发生故障时，由于短路电流和短路点电弧的作用，变压器内部会产生大量气体，同时变压器油流速度加快，利用气体和油流来实现的保护称为气体保护（旧称瓦斯保护）。气体保护是变压器内部故障的主要保护。

气体保护的主要元件是气体继电器，它安装在油箱与储油柜之间的连接管道中。当变压器内部发生轻微故障时，轻气体保护动作，发出轻气体动作信号，气体保护动作原理如图 8-11 所示。当变压器内部严重故障时，重气体保护动作，发出重气体动作信号并根据保护压板投退情况进行出口跳闸（见图 8-11）。图中 XB 为跳闸出口压板。

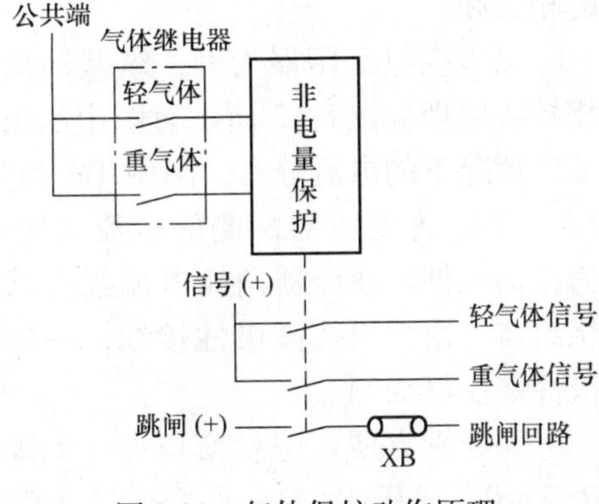

图 8-11　气体保护动作原理

气体保护的主要优点是动作快、灵敏度高和结构简单，并能反应变压器油箱内部各种类型的故障，特别是当绕组短路匝数很少时，故障点的循环电流虽然很大，可能造成严重的过热，但反应在外部电流的变化却很小，各种反应电流量的保护（如变压器差动保护）都难以动作，因此气体保护对保护这种故障有特殊的优越性。

气体保护的缺点：不能反映变压器油箱外套管及连接线上的故障，因此不能作为防御变压器内部故障的唯一保护。此外，由于构造工艺不够完善，在运行中正确动作率还不高，运行经验表明，浮筒式气体继电器虽经密封试验，但仍不能完全防止长期运行中由于浮筒渗油和水银接点受振动而导致误动作。所以，浮筒式气体继电器已被挡板式及复合式气体继电器所代替。挡板式气体继电器也存在当变压器油面严重下降，需要跳闸时，动作不快的缺点。气体保护应采取措施防止因气体继电器的引线故障、振动等引起气体保护误动作。

按规定，对于1000kVA及以上的户外变压器及320kVA以上的户内变压器应装设气体保护。

2. 其他非电量保护

1）压力保护也是变压器邮箱内部故障的主保护，含压力释放和压力突变保护，用于反映变压器油的压力。

2）温度保护包括油温和绕组温度保护，当变压器温度升高达到预先设定的温度时，温度保护发出告警信号并投入启动变压器的备用冷却器。

3）当变压器油箱内油位异常时，油位保护动作发出告警信号。

4）当运行中的变压器冷却器全停时，变压器温度会升高，若不及时处理，可能会导致变压器绕组绝缘件损坏，因此冷却器全停保护在变压器运行中冷却器全停时动作，发出告警信号并经长延时切除变压器。

8.4.2 变压器的微机型差动保护

变压器的差动保护作为变压器电气量的主保护，其保护范围是各侧电流互感器所包围的电气部分，在这个范围内发生的绕组相间短路、匝间短路、引出线相间短路及中性点接地侧绕组、引出线、套管单相接地短路时，差动保护均要动作。

1. 差动保护基本原理（纵差原理）

变压器纵差动保护是在假设变压器的电能量传递为线性的情况下，基于基尔霍夫第一定律构成，即

$$\sum \dot{I} = 0$$

式中，$\sum \dot{I}$ 为变压器各侧电流在差动保护中的相量和。

以双绕组变压器为例，纵差动保护的单相接线原理如图8-12所示。图中示出在不同故障情况下的电流分布。图中TM为变压器，TA_1、TA_2为变压器两侧的电流互感器，KD为差动元件。变压器两侧电流互感器的一次绕组与二次绕组按减极性接线，一次绕组的极性端在母线侧。

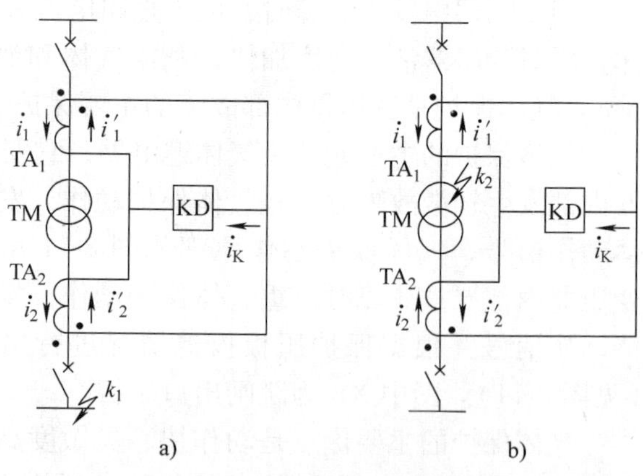

图8-12 双绕组变压器纵差动保护单相接线原理图

a）正常运行和外部故障时的电流分布

b）内部短路故障时的电流分布

为分析方便，假设变压器TM接线组别为Yny0，电压比为1，两侧电流互感器TA_1、

TA_2 变比相同。

正常运行或外部发生短路故障时（k_1 点短路），流过变压器的是穿越性电流，流过差动继电器的电流 $i_K = i'_1 - i'_2 = 0$

当变压器内部故障时（k_2 点短路），差动继电器流过的电流就是 $i_K = i'_1 + i'_2 \neq 0$。当 i_K 大于继电器动作电流时，差动保护动作，跳开变压器两侧断路器，将故障变压器从系统中切除。

一般情况下由于变压器的接线组别问题，i'_1 和 i'_2 的相位是不会相同的，因此必须通过相位补偿，对于电磁型保护和早期的微机型保护都是通过改变 TA 二次接线进行相位补偿的，而目前微机型保护都是通过保护内软件计算来完成变压器各侧相位补偿的。此外对于 Yny 或 Yyn 接线的变压器，为了防止区外接地故障后，零序电流流过变压器引起变压器差动保护误动，必须通过 TA 二次接线或微机型保护软件设置对该零序电流进行滤除。

对于三绕组变压器其工作原理与上述相同。

2. 影响差动保护动作性能的各种因素

实际中，变压器在外部故障、变压器空投及外部故障切除后的暂态过程中，将在差动回路中流过较大的不平衡电流或励磁涌流，可能会引起差动保护的误动作。

为了保证变压器差动保护的选择性，必须设法减小或消除不平衡电流和励磁涌流对差动保护的影响。

1）差动回路中的不平衡电流。差动回路中的不平衡电流包括稳态和暂态情况下的不平衡电流。

在稳态情况下，变压器及变压器各侧电流互感器励磁电流的影响、变压器有载调压、变压器两侧差动电流互感器的铭牌电压比与实际计算值不同、变压器两侧 TA 的型号及变比误差不同都会引起或增大差动回路中的不平衡电流。

由于差动保护是瞬时动作的，因此差动回路中的不平衡电流要考虑暂态过程的影响。如变压器出口故障过程中、大接地电流系统侧接地故障时变压器的零序电流、变压器过励磁、变压器两侧差动 TA 的特性等都可能影响到差动回路中的不平衡电流。

2）变压器的励磁涌流。空载投入变压器时产生的励磁电流称为励磁涌流。励磁涌流的大小与变压器结构有关，与合闸前变压器铁心中剩磁的大小及方向有关，与合闸角有关，与变压器的容量、变压器与电源之间的联系阻抗有关。测量表明：空投变压器时由于铁心饱和励磁涌流很大，励磁涌流通常为其额定电流的 2~6 倍，最大可达 8 倍以上。由于励磁涌流只在充电侧流入变压器，就会在差动回路中产生很大的不平衡电流。

励磁涌流具有如下特点：①涌流数值很大，含有明显的非周期分量电流，波形偏于时间轴一侧；②励磁涌流并波形呈尖顶状，且波形是间断的，且间断角很大；③含有明显的高次谐波电流分量，其中二次谐波电流分量尤为明显；④在同一时刻三相涌流之和近似等于零；⑤励磁涌流是衰减的。

根据励磁涌流的特点，为防止励磁涌流造成变压器纵差保护的误动，在工程中应用二次谐波含量高、波形不对称和波形间断角比较大 3 种原理，来判断差回路中电流突然增大是变压器内部故障还是励磁涌流引起的。当识别出是励磁涌流时，将差动保护闭锁，从而防止纵差保护误动。

3. 微机型变压器差动保护的硬件配置

差动保护的硬件结构图如图 8-13 所示，该装置有两个独立的单片机，其中 CPU_1 完成保护任务中的输入量采样计算、动作逻辑判断，直至保护跳闸；CPU_2 完成启动和管理任务，该元件在保护上与 CPU_1 完全独立，当保护动作后，其一方面为独立的差动保护开放保护出口继电器的正电源，另一方面来完成人机对话。当保护跳闸并整组复归后，CPU_2 接收 CPU_1 传来的跳闸报告、事件记录以及波形数据等，并进行显示、打印。VFC 芯片是压频变换芯片，作用是把输入的模拟信号转换成正比于输入电压瞬时值的一连串的等幅脉冲。光电隔离器把外部输入与 CPU 隔离开，起抗干扰作用。

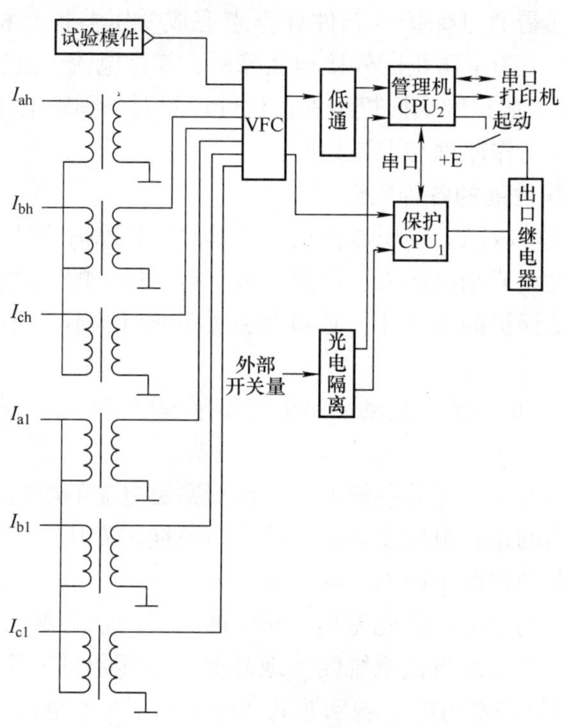

图 8-13　差动保护的硬件结构图

8.4.3 电力变压器的微机型后备保护

用来作为外部短路和内部短路的后备保护装置称为电力变压器的后备保护。电力变压器的后备保护有三段两时限复合电压闭锁过流保护、两段零序过流保护、零序过电压保护、负序过电流保护、间隙过电压保护、过负荷保护和过电流起动风冷等。

1）高压侧电流速断保护。高压侧电流速断保护常称为高压侧定时限过电流保护，其工作原理图如图 8-14 所示。其保护的基本原理是：当 A、C 相电流基波最大值大于或等于整定值时，则定时器启动，若在整定时限内，电流恢复正常值，则终止延时，若电流持续到整定时限，且当保护出口处于投入状态，则保护动作。

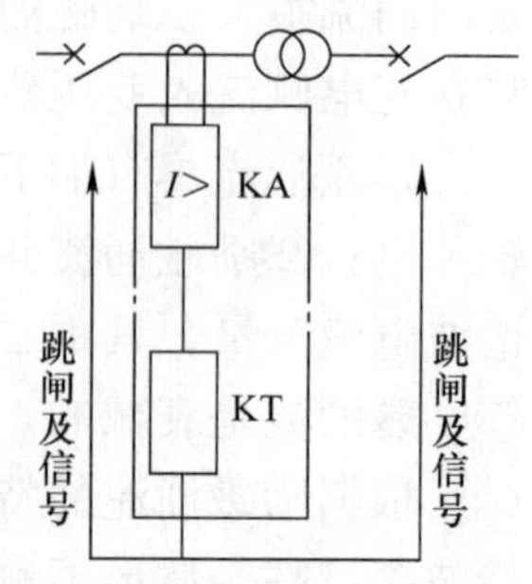

图 8-14　高压侧电流速断保护原理图

2）高压侧反时限过电流保护。高压侧反时限过电流保护是针对高压侧正序电流相对于额定电流的比值而设定的反时限曲线，当正序电流大于额定电流时，根据所设计的时间常数计算出延时时间，当时间达到反时限曲线的限时，保护动作。保护出口动作时间可用下式计算：

$$T=\frac{\tau}{\left(\frac{I_1}{I_N}\right)^2-1}$$

式中，T 为出口动作时间；I_1 为正序电流；I_N 为额定电流；τ 为时间常数。

3）高压侧零序过电流保护。高压侧零序过电流保护的设计原则是当零序电流大于或等于整定值时，则定时器启动。若在整定的时限内电流恢复正常值，则终止延时；若零序电流在整定时限内没有恢复正常值，且保护出口处于投入状态，则保护动作。

4）高压侧负序过电流保护。高压侧负序过电流保护的设计原则是当负序电流大于或等于整定值时，则定时器启动。若在整定的时限内电流恢复正常值，则终止延时；若负序电流在整定时限内没有恢复正常值，且保护出口处于投入状态，则保护动作。

5）变压器复合电压闭锁过电流保护。复合电压过电流保护适用于过电流保护不满足灵敏度要求的降压变压器。利用负序电压和低电压构成的复合电压能够对反映保护范围内变压器的各种故障，降低了过电流保护的电流整定值，提高了过电流保护的灵敏度。

复合电压过电流保护，由复合电压元件、过电流元件及时间元件构成，作为被保护设备及相邻设备相间短路故障的后备保护。保护的接入电流为变压器本侧 TA 二次三相电流，接入电压为变压器本侧或其他侧 TV 二次三相电压。对于微机型保护可以通过软件方法将本侧电压提供给其他侧使用。这样就保证了变压器任意某侧 TV 检修时，仍能使用复合电压过电流保护。复合电压过电流保护动作逻辑如图 8-15 所示。可以看出：当变压器发生故障，故障侧电压低于整定值或负序电压大于整定值且 a、b、c 相中任意一相的电流大于整定值时，保护动作，经延时作用于切除变压器。

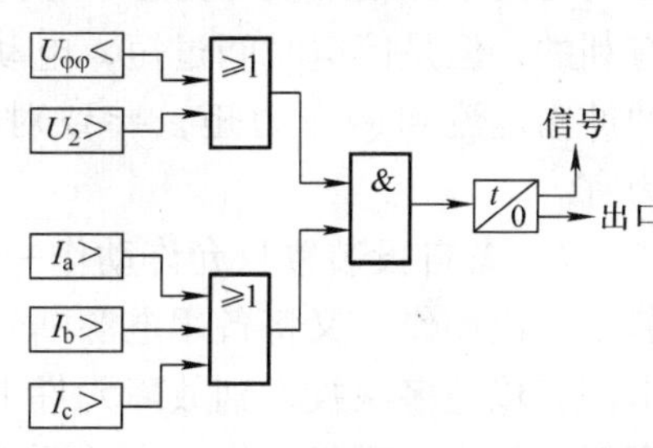

图 8-15　复合电压过电流保护动作逻辑图

8.5　微机型备用电源自动投入装置

8.5.1　备用电源自动投入装置的作用及基本要求

在对供电可靠性要求较高的工厂变配电站中，通常采用两路及两路以上的电源进线，或互为备用，或一个为主电源，另一个为备用电源。当工作电源线路中发生故障而断电时，需要把备用电源自动投入运行以确保供电的可靠性。备用电源自动投入装置是当工作电源或工作设备因故障断开后，能自动将备用电源或备用设备投入工作，使用户不致停电的一种自动装置，也称为 AAT。目前普遍采用的微机型备自投装置不但体积小、质量轻、接线简单、可靠性高，而且使用智能化，即能够根据设定的运行方式自动识别当前的运行方式，选择自投方式。

对备用电源自动投入装置的要求如下：

1）要求工作电源确实断开后，备用电源才允许投入。工作电源失压后，无论其进线断路器是否跳开，即使测量其进线电流为零，还是要先跳开该断路器，并确认是跳开后，才能投入备用电源。这是为了防止备用电源投入到故障元件上，扩大事故，加重设备损坏程度。例如，当工作电源故障保护拒动，被上一级后备保护切除，备自投装置动作后合于故障的工作电源。

2）工作电源失电压时，还必须检查工作电源无电流，才允许启动备自投装置，以防止TV二次回路断线造成失电压，引起的备自投装置误动。

3）当工作母线和备用母线同时失去电压时，即备用电源不满足有电压条件时，备自投装置不应动作。

4）工作电源或工作设备，无论任何原因造成电压消失，备自投装置均应动作。由于运行人员的误操作而造成失电压时，备自投装置应动作，使备用电源投入工作，以保证不间断的供电。

5）应具有闭锁备自投装置的功能。每套备自投装置，均应设置有闭锁备用电源自动投入的逻辑回路，以防止备用电源投到故障的元件上，造成事故扩大。

6）备自投装置的动作时间，以使负荷的停电时间尽可能短为原则。从工作母线失去电压到备用电源自动投入为止，中间有一段停电时间。无疑停电时间短对用户电动机自起动是有利的，但是停电时间过短，电动机残压可能较高，当备自投装置动作时，可能会产生过大的冲击电流和冲击力矩，导致对电动机的损伤。通常备自投装置的动作时间以1～1.5s为宜。

7）备自投装置只允许动作一次。当工作电源失电压，备自投装置动作后，若继电保护装置再次动作，又将备用电源断开，说明可能存在永久性故障。因此，不允许再次投入备用电源，以免多次投入到故障元件上，对系统造成不必要的冲击。微机型备自投装置可以通过逻辑判断来实现只动作一次的要求。

8.5.2 微机型备自投方式及原理

备自投装置主要用于110kV及以下的电网中，主要有电力变压器低压侧的备自投、内桥断路器的备自投和线路的备自投3种方案，每一种接线方案中又有几种运行方式。

1）电力变压器低压侧的备自投。主电力变压器低压母线及分段断路器的主接线如图8-16所示。

① 暗备用自投方案。1号主变压器和2号主变压器互为暗备用，当1号、2号主变压器同时运行，两台主变压器各带一段母线，而3QF断开作为自投断路器。

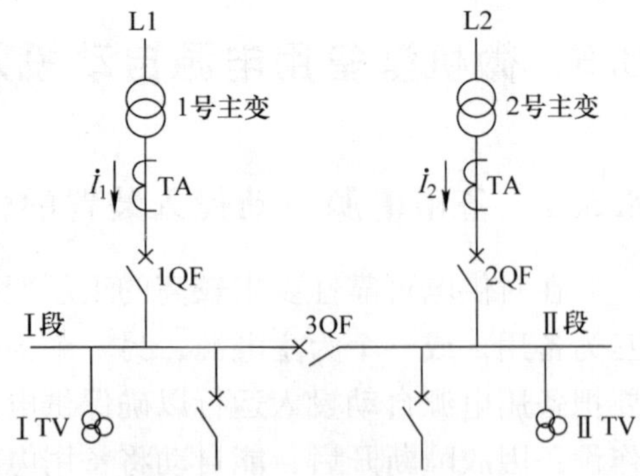

图8-16 主变压器低压母线及分段断路器的主接线

当1号主变压器故障保护跳开1QF时，或者1号主变压器高压侧失电压时，均引起低压母线Ⅰ段失电压，同时I_1无电流，而低压母线Ⅱ段有电压。即跳开1QF合上3QF，保证了对Ⅰ段母线的连续供电。自投动作的条件是：Ⅰ段母线失电压，I_1无电流，Ⅱ段母线有电压，1QF 确已断开。检查I_1无电流是为了防止Ⅰ母 TV 二次断线引起的误动。

当2号主变压器故障保护跳开2QF时，或者2号主变压器高压侧失电压时，引起Ⅱ段母线失电压，I_2无电流，而Ⅰ段母线有电压时，即跳开2QF合上3QF。自投动作的条件是：Ⅱ段母线失电压，I_2无电流，Ⅰ段母线有电压，2QF确已断开。

② 明备用自投方案。一台主变压器运行，另一台主变压器为备用。母线分段断路器3QF闭合，由运行的变压器带两段母线运行，备用变压器低压侧的断路器断开作为自投断路器。此方案有两种运行方式。

运行方式1：1号主变压器运行，2号主变压器备用。若1号主变压器故障，保护跳开1QF，或者1号主变压器高压侧失电压，均引起低压母线失电压，同时I_1无电流。即跳开1QF合上2QF，由2号主变压器供电，保证了对低压母线的连续供电。

运行方式2：2号主变压器运行，1号主变压器备用。当2号主变压器运行，1号主变压器备用时，若2号主变压器故障，保护跳开2QF，或者2号主变压器高压侧失电压，均引起低压母线失电压，同时I_2无电流。即跳开2QF合上1QF，由1号主变压器供电。

2）内桥断路器的备自投。内桥断路器备自投方案的主接线图如图8-17所示。

① 明备用的自投方案。运行方式1：断路器1QF、3QF在合闸位置，2QF在分闸位置，进线L_1带两段母线运行，进线L_2是备用电源，2QF是备用断路器。自投条件是：Ⅰ母线失电压，线路的I_1、I_2无电流，线路L_2有电压，断路器1QF确已断开，此时合上断路器2QF。运行方式2：断路器2QF、3QF在合闸位置，1QF在分闸位置时，进线L_2带两段母线运行，进线L_1是备用电源，1QF是备用断路器。自投条件是：Ⅱ母线失电压，线路的I_1、I_2无电流，线路L_1有电压，断路器2QF确已断开，此时合上断路器1QF。

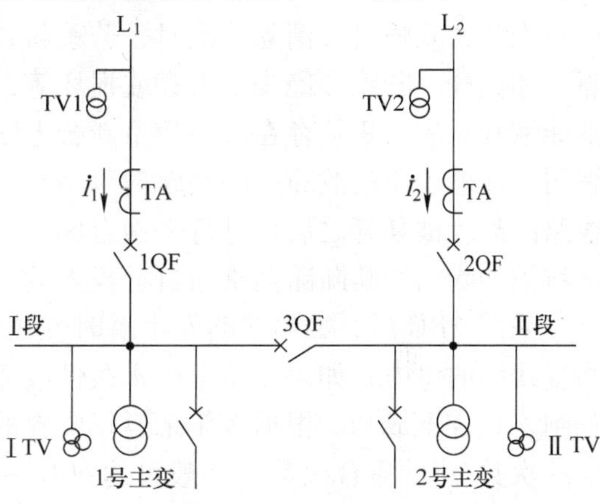

图8-17　内桥断路器备自投方案的主接线图

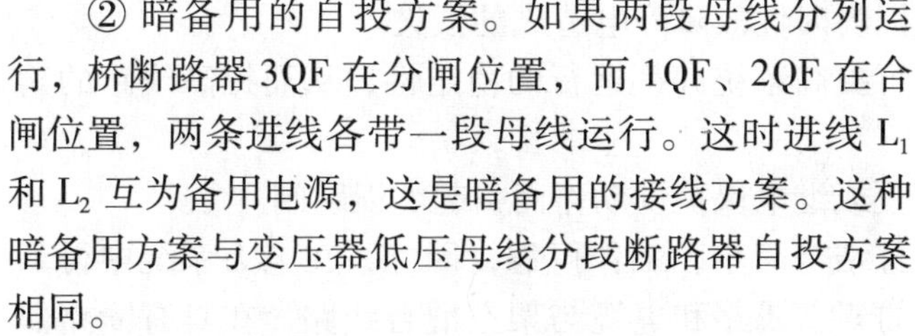

② 暗备用的自投方案。如果两段母线分列运行，桥断路器3QF在分闸位置，而1QF、2QF在合闸位置，两条进线各带一段母线运行。这时进线L_1和L_2互为备用电源，这是暗备用的接线方案。这种暗备用方案与变压器低压母线分段断路器自投方案相同。

3）线路的备自投。线路的备自投方案接线图如图8-18所示。该接线是单母线方式，一般在城网的末端变电站和农网变电站中普遍采用。有两个电源向母线供电。正常运行中两条线路L_1、L_2中仅一条线路供电，另一条线路作为备用。断路器1QF和

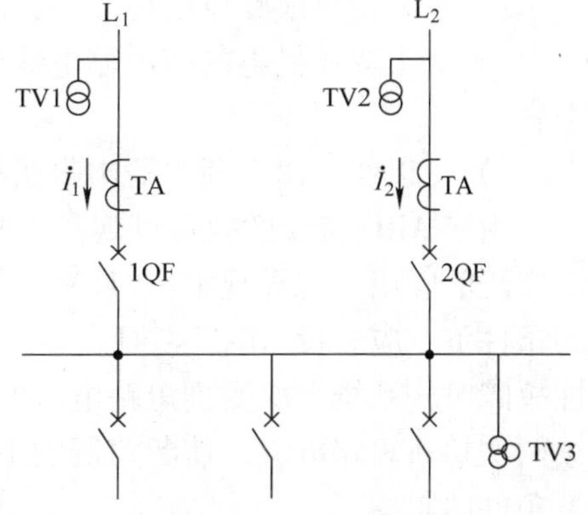

图8-18　线路备自投方案接线图

2QF 只有一个在合闸位置，另一个在分闸位置。当母线失电压，备用线路有电压，且 I_1（I_2）无电流时，即可跳开 1QF（2QF），合上 2QF（1QF）。该方案的自投条件是：母线失电压，线路 L_2（L_1）有电压，线路 I_1（I_2）无电流，1QF（2QF）确实已断开，此时合上 2QF（1QF）。

8.6 输电线路自动重合闸装置

8.6.1 输电线路自动重合闸的作用和分类

1. 自动重合闸装置（简称为 ARC）**在电力系统中的作用**

在电力系统中，架空输电线路最容易发生故障，装设自动重合闸装置正是提高输电线路供电可靠性的有力措施。

输电线路的故障按其性质可分为瞬时性故障和永久性故障两种。瞬时性故障主要是由雷电引起的绝缘子表面闪络、线路对树枝放电、大风引起的短时碰线、通过鸟类身体的放电等原因引起的短路。这类故障由继电保护动作断开电源后，故障点的电弧自行熄灭，绝缘强度重新恢复，故障自行消除。此时，若重新合上线路断路器，就能恢复正常供电。而永久性故障，如倒杆、断线和绝缘子击穿或损坏等，在故障线路电源被断开之后，故障点的绝缘强度不能恢复，故障仍然存在，即使重新合上断路器，又要被继电保护装置再次断开。运行经验表明，输电线路的故障大多是瞬时性故障，约占总故障次数的 80% ~90% 以上。因此，若线路因故障被断开之后再进行一次合闸，其成功恢复供电的可能性是相当大的。而 ARC 就是将被切除的线路断路器重新自动投入的一种自动装置。

采用 ARC 后，如果线路发生瞬时性故障时，保护动作切除故障后，重合闸动作，能够恢复线路的供电；如果线路发生永久性故障时，合闸动作后，继电保护再次动作，使断路器跳闸，重合不成功。根据多年来运行资料的统计，输电线路 ARC 的动作成功率（重合闸成功的次数/总的重合次数）一般可达 60% ~90%。可见采用自动重合闸装置来提高供电可靠性的效果是很明显的。

输电线路上采用自动重合闸装置的作用可归纳如下：

1）提高输电线路供电可靠性，减少因瞬时性故障停电造成的损失。

2）对于双端供电的高压输电线路，可提高系统并列运行的稳定性，从而提高线路的输送容量。

3）可以纠正由于断路器本身机构不良或继电保护误动作而引起的误跳闸。

由于 ARC 带来的效益可观，而且本身结构简单，工作可靠，因此，在电力系统中得到了广泛的应用。规程规定：“1kV 及以上的架空线路和电缆与架空混合线路，在具有断路器的条件下，应装设 ARC”。但是，采用 ARC 后，对系统也会带来不利影响，当重合于永久性故障时，系统再次受到短路电流的冲击，可能引起系统振荡。同时，断路器在短时间内连续两次切断短路电流，使断路器的工作条件恶化。因此，自动重合闸的使用有时受系统和设备条件的制约。

2. 对 ARC 的基本要求

1）ARC 动作应迅速。为了尽量减少对用户停电造成的损失，要求 ARC 动作时间越短越好。但 ARC 动作时间必须考虑保护装置的复归、故障点去游离后绝缘强度的恢复、断路器操动机构的复归及其准备好再次合闸的时间。

2）手动跳闸时不应重合。当运行人员手动操作控制开关或通过遥控装置使断路器跳闸时，属于正常运行操作，自动重合闸不应动作。

3）手动合闸于故障线路时，继电保护动作使断路器跳闸后，不应重合。因为在手动合闸前，线路上还没有电压，如果合闸到已存在故障的线路，则多为永久性故障，即使重合也不会成功。

4）ARC 宜采用控制开关位置与断路器位置不对应的原理启动。即当控制开关在合闸位置而断路器实际上处在断开位置的情况下启动重合闸。这样，可以保证无论什么原因使断路器跳闸以后，都可以进行自动重合闸。当由保护启动时，分相跳闸继电器相应的常开触点闭合，启动重合闸启动继电器，通过重合闸启动继电器的常开触点启动 ARC。

5）只允许 ARC 动作一次。在任何情况下（包括装置本身的元件损坏以及继电器触点粘住或拒动），均不应使断路器重合多次。因为，当 ARC 多次重合于永久性故障后，系统遭受多次冲击，断路器可能损坏，并扩大事故。

6）ARC 动作后，应自动复归，准备好再次动作。这对于雷击机会较多的线路是非常必要的。

7）ARC 应能在重合闸动作后或重合闸动作前，加速继电保护的动作。ARC 与继电保护相互配合，可加速切除故障。ARC 还应具有手动合于故障线路时加速继电保护动作的功能。

8）ARC 可自动闭锁。当断路器处于不正常状态（如气压或液压降低、开关未储能等）不能实现自动重合闸时，或某些保护动作（如自动按频率减负荷装置、母差保护动作）不允许自动合闸时，应将 ARC 闭锁。

3. ARC 的分类

ARC 的类型很多，根据不同特征，通常可分为如下几类。

1）按作用于断路器的方式，可以分为三相 ARC、单相 ARC 和综合 ARC 3 种。

2）按作用的线路结构可分为单侧电源线路 ARC、双侧电源线路 ARC。双侧电源线路 ARC 又可分为快速 ARC、非同期 ARC、检定无电压和检定同期的 ARC 等。

本节将重点介绍单侧电源线路的三相一次 ARC。

8.6.2 单侧电源线路的三相一次自动重合闸装置的原理

单侧电源线路只有一侧电源供电，不存在非同步重合的问题，ARC 装于线路的送电侧。在我国的电力系统中，单侧电源线路广泛采用三相一次重合闸方式。所谓三相一次重合闸方式，是指不论在输电线路上发生相间短路还是单相接地短路，继电保护装置动作，将三相断路器一齐断开，然后，重合闸装置动作，将三相断路器重新合上的重合闸方式。当故障为瞬时性时，重合成功；当故障为永久性时，则继电保护再次将三相断路器一齐断开，不再重合。

三相一次重合闸启动方式有保护启动和位置不对应启动两种。不对应启动方式的优点：简单可靠，还可以纠正断路器误碰或偷跳，可提高供电可靠性和系统运行的稳定性，在各级电网中具有良好运行效果，是所有重合闸的基本启动方式。其缺点是当断路器辅助触点接触不良时，不对应启动方式将失效。保护启动方式是不对应启动方式的补充。同时，在单相重合闸过程中需要进行一些保护的闭锁，逻辑回路中需要对故障相实现选相固定等，也需要一个由保护启动的重合闸启动元件。其缺点是不能纠正断路器的误动作。图 8-19 所示为三相一次重合闸逻辑原理框图。KCT 是断路器跳闸位置继电器。

1）重合闸准备回路。为保证一次性重合闸，重合闸必须在充电完成后才能工作。重合闸充电在正常运行时进行，重合闸投入、无跳闸位置 KCT，无 TV 断线或虽有 TV 断线但控制字“TV 断线闭锁重合闸”置“0”，经 15s 后充电完成。

KCT 不动作开放 M_1，当断路器在合闸后位置，启动元件不启动，说明在正常运行状态，M_1 动作，启动充电回 T_{cd}，T_{cd}时间为 15s，经 T_{cd}后，重合闸准备好合闸。

当 TV 断线（TV 断线闭锁重合闸控制字投入）、重合闸退出、外部闭锁重合闸动作时至 M_2，M_2、控制回路断线、重合闸动作由 M_3 对 T_{cd}放电。

合闸压力继电器动作时，经 400ms 延时，如果保护或断路器不动作经 M_5 至 M_7，三相均无电流时则经 M_4 至 M_3 对 T_{cd}放电。

2）合闸过程。重合闸由独立的重合闸启动元件来启动，当保护跳闸后或断路器偷跳均可启动重合闸。重合闸方式可选用检线路无电压母线有电压重合、检母线无电压线路有电压重合、检线路无电压母线无电压重合、检同期重合，也可选用不检而直接重合闸方式。

检线路无电压母线有电压时，检查线路电压小于 30V 且无线路电压断线，同时三相母线电压均大于 40V 时，检线路无电压母线有电压条件满足，而不管线路电压用的是相电压还是相间电压。

检母线无电压线路有电压时，检查三相母线电压均小于 30V 且无母线电压断线，同时线路电压均大于 40V 时，检母线无电压线路有电压条件满足。

检母线无电压线路无电压时，检查三相母线电压均小于 30V 且无母线电压断线，同时线路电压小于 30V 且无线路电压断线时，检母线无电压线路无电压条件满足。

检同期时，检查线路电压和三相母线电压均大于 40V 且线路电压和母线电压间的相位在整定范围内时，检同期条件满足。正常运行时测量 U_x与 U_u之间的相位差，与定值中的固定角度差定值比较，若两者的角度差大于 10°，则经 500ms 报“角差整定异常”告警。

重合闸条件满足后经整定的重合闸延时发重合闸脉冲 150ms。其动作过程如下：保护跳闸或 KCT 动作表明断路器跳闸，如果三相均无电流则 M_7 动作至 M_6。然后，如为检同期方式，SW_{18}合上，则要求线路和母线 $U>40V$ 均动作，且同期检查动作有信号，则 M_{11}动作至 M_{16}。如为检线路无电压母线无电压方式，SW_{17}合上，则要求线路和母线 $U<30V$ 均动作且线路和母线 TV 断线均不动作，则 M_{10}动作至 M_{15}。如为检母线无电压线路有电压方式，SW_{16}合上，则要求母线 $U<30V$ 且母线 TV 断线不动作，同时线路 $U>40V$ 有动作信号，则 M_9 动作至 M_{14}。如为检线路无电压母线有电压方式，SW_{15}合上，则要求线路 $U<30V$ 且线路 TV 断线不动作，同时母线 $U>40V$ 有动作信号，则 M_8 动作至 M_{12}。如果为不检方式，在 SW_{14}合上，直接至 M_{13}，M_{13}动作启动两个时间，经重合闸时间延时经 M_3 至 T_{cd}，使 T_{cd}放电；t_c为合闸脉冲展宽时间，为 150ms，至合闸回路。

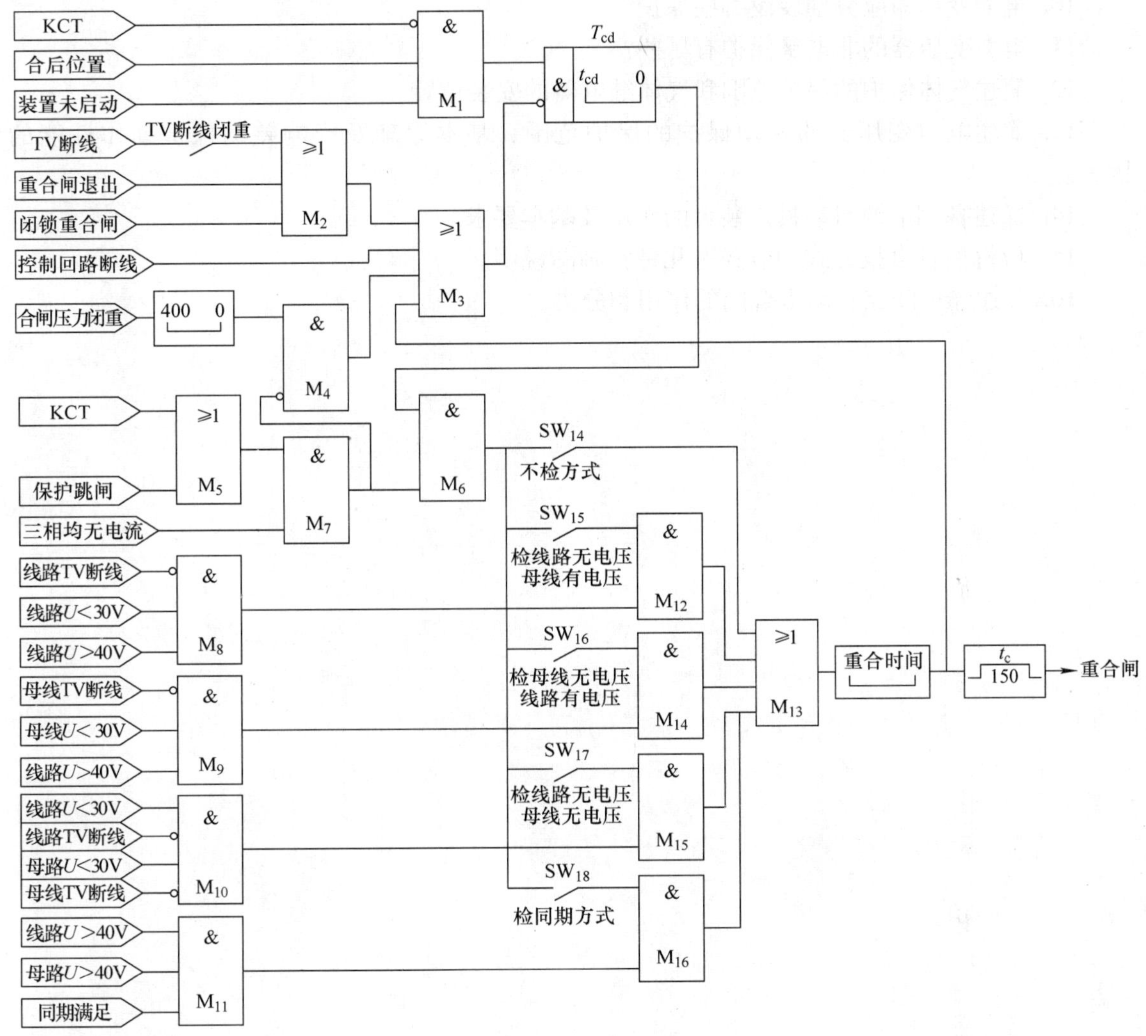

图 8-19　三相一次重合闸逻辑原理框图

8.7　习题

1. 短路的基本形式有几种?
2. 继电保护装置的任务是什么?
3. 继电保护的发展经历哪几个阶段?
4. 电力系统对继电保护的基本性能要求是什么?
5. 简述微机型继电保护硬件的基本结构及各部分的作用。
6. 微机型保护装置的软件由哪几部分组成?
7. 简述线路相间短路的三段式电流保护的构成、整定原则及保护范围。
8. 微机型保护的监控部分由哪几部分构成?
9. 电力变压器故障和异常状态有哪些?

10. 电力变压器应分别装设哪些保护?

11. 电力变压器的非电量保护有哪些?

12. 简述气体保护的保护范围和气体继电器的安装位置。

13. 简述电力变压器的差动保护的保护范围、基本原理及影响差动保护动作性能的因素。

14. 简述备用电源自动投入装置的作用及基本要求。

15. 微机型备自投方式的方式有几种?画图说明。

16. 简述输电线路自动重合闸的作用和分类。

第9章　变电站二次回路和识图

9.1　变电站常见的二次设备及工作方式

9.1.1　变电站常见的二次设备

从功能上讲，可以将变电站自动化系统中的微机型二次设备分为微机型保护、微机型测控、操作箱（目前一般与微机型保护整合为一台装置，以往多为独立装置）、自动装置和远动设备等。

微机型保护采集电流量、电压量及相关状态量数据，按照不同的算法实现对不同电力设备的保护功能，根据计算结果对目前状况做出判断并发出针对断路器的相应操作指令。

微机型测控的主要功能是测量及控制，可以采集电流量、电压量和状态量并能发出针对断路器及其他电动机构的操作指令，取代的是常规变电站中的测量仪表（电流表、电压表、功率表）、就地及远动信号系统和控制回路。

操作箱用于执行各种针对断路器的操作指令，这类指令分为合闸、分闸和闭锁3种，可能来自多个方面，例如本间隔微机型保护、微机型测控、强电手操装置、外部微机型保护、自动装置和本间隔断路器机构等。

变电站内最常见的自动装置是备自投装置和低频减载装置。备自投装置是为了防止全站失电压而在变电站失去工作电源后自动接入备用电源；低频减载是为了防止因负荷大于电厂功率造成频率下降而导致的电网崩溃，按照事先设定的顺序自动切除某些负荷。

自动装置与微机型保护的区别在于，自动装置虽然也采集电流、电压量，但只进行简单的数值比较以做“有”“无”的判断，然后按照相对简单的固定逻辑动作发出针对断路器的相应操作指令，这个工作过程相对于微机型保护而言是非常简单的。

对于一般规模的市区110kV变电站，现在多使用110/10kV两绕组变压器，无35kV电压等级。110kV配电装置采用GIS（SF_6气体绝缘全封闭组合电器）或PASS（智能化SF_6高压组合电器），配置SF_6绝缘弹簧机构断路器，一次主接线形式多为桥形接线，部分重要变电站为单母线分段接线；10kV配电装置采用中置柜，配置真空绝缘弹簧机构断路器，一次主接线形式为单母线分段接线。

110kV侧一次主接线为内桥接线的110/10kV变电站，其站内主要二次设备包括：110kV主变压器保护测控屏（主变压器保护、测控、操作箱）、综合测控屏（公共测控、110kV电压重动/并列）、110kV备自投屏（备自投、内桥充电保护）、远动屏、电能表屏（主变压器高低压侧计量、内桥计量）、10kV线路保护测控装置（安装在开关柜上，类似的还有电容器保护装置、接地变保护装置、10kV电压重动/并列装置）。

重动：电压互感器的二次电压在进入二次设备之前必须经过重动装置。所谓重动就是使用一定的控制电路使电压互感器二次绕组的电压状态（有/无）和电压互感器的运行状态（投入/退出）保持对应关系，避免在电压互感器退出运行时，其二次绕组向一次绕组反馈电压，导致造成人身或设备事故。

并列：当变电站一次主接线为桥形接线、单母线分段接线等含有分段断路器的接线方式时，两段母线的电压互感器二次电压还应经过并列装置，以使某间隔的二次设备在本段母线电压互感器退出运行而分段断路器投入的情况下，可以从另一段母线的电压互感器二次绕组获得电压。

目前，大多数厂家都将电压重动和并列两种功能整合为一台装置。如许继电气的 ZYQ-824、南瑞继保的 RCS-9663D 等，习惯性上称为电压并列装置。

对于 110kV 侧一次主接线为外桥接线的 110/10kV 变电站，其二次设备与内桥变电站相比，增加了 110 线路保护测控屏（线路保护、测控、操作箱），减去了 110kV 备自投屏。

9.1.2 微机型二次设备的工作方式

1. 微机型保护与微机型测控的工作方式

微机型保护是根据所需功能配置的。不同的电力设备配置的微机型保护是不同的，但各种微机型保护的工作方式是类似的。一般可概括为开入与开出两个过程。事实上，整个变电站自动化系统的所有二次设备几乎都是以这两种模式工作的，只是开入与开出的信息类别不同而已。

微机型测控与微机型保护的配置原则完全不同，它是对应于断路器配置的，所以，几乎所有的微机型测控的功能都是一样的，区别仅在于其容量的大小而已。微机型测控的工作方式也可以概括为开入与开出两个过程。

1）开入。微机型保护和微机型测控的开入量都分为两种：模拟量和数字量。

① 模拟量的开入。微机型保护需要采集电流和电压两种模拟量进行运算，以判断其保护对象是否发生故障。微机型测控开入的模拟量除了电流、电压外，有时还包括温度量（主变压器测温）、直流量（直流电压测量）等。微机型测控开入模拟量的目的是获得数值，同时进行简单的计算以获得功率等其他电气量数值。

② 数字量的开入。数字量也称为开关量，它是由各种设备的辅助触点通过开/闭转换提供的，只有 1、0 两种状态。对于 110kV 及以下电压等级的微机型保护而言，微机型保护对外部数字量的采集一般只有闭锁条件一种，这个回路一般是电压为直流 24V 的弱电回路。

微机型测控对数字量的采集主要包括断路器机构信号、隔离开关及接地开关状态信号等。这类信号的触发装置（即辅助开关）一般在距离主控室较远的地方，为了减少电信号在传输过程中的损失，通常采用电压为直流 220V 的强电回路进行传输。同时，为了避免强电系统对弱电系统的干扰，在进入微机型测控单元前，需要使用光耦单元对强电信号进行隔离、转换而变成弱电信号。

2）开出。对微机型保护而言，开出指的是微机型保护对自身采集的信息加以运算后对被保护设备目前状况做出的判断以及针对此状况做出的反应，主要包括操作指令、信号输出等。微机型保护的动作是被动的，是受设备故障状态激发而按照预先设定好的程序自动执行的。

对微机型测控而言，开出指的是对断路器及各类电动机构（隔离开关、接地开关）发出的操作指令。与微机型保护不同的是，微机型测控本身不会产生信号，而且其开出的操作指令是人为发出的。

① 操作指令。一般来讲，微机型保护只针对断路器发出操作指令。对线路保护而言，这类指令有跳闸或者重合闸两种；对主变压器保护、母线差动保护而言，这类指令只有跳闸一种。

在某些情况下，微机型保护也会对一些电动设备发出指令，如“主变压器过负荷起动风机”会对主变风冷控制箱内的风机控制回路发出起动命令；对其他微机型保护或自动装置发出指令，如“母线差动保护动作闭锁线路保护重合闸”“主变压器保护动作闭锁内桥备自投”等。微机型保护发出的操作指令属于自动范畴。

微机型测控发出的操作指令可以针对断路器和各类电动机构，这类指令也只有两种，对应断路器的跳闸、合闸或者对应电动机构的分、合。微机型测控发出的操作指令必然是人为作业的结果。

② 信号输出。微机型保护输出的信号只有两种，保护动作和重合闸动作。线路保护同时具备这两种信号，主变压器保护只输出保护动作一种信号。至于“装置断电”之类的信号属于装置自身故障，严格意义上讲不属于保护范畴。

微机型测控是将自己采集的开关量信号进行模式转换后通过网络传输给监控系统。

2. 操作箱的工作方式

操作箱内安装的是针对断路器的操作回路，用于执行微机型保护、微机型测控对断路器发出的操作指令。一台断路器配置一台操作箱。一般来说，在同一电压等级中，所有类型的微机型保护配套的操作箱都是一样的。在110kV及以下电压等级的二次设备中，由于断路器的操作回路相对简单，目前已不再设置独立的操作箱，而是将操作回路与微机型保护整合在一台装置中。需要明确的是，尽管安装在一台装置中且有一定的电气联系，操作回路与微机型保护回路在功能上仍然是完全独立的。

3. 微机型保护、测控与操作箱的联系

对于一个含断路器的设备间隔，其二次设备系统均由3个独立部分组成：微机型保护、微机型测控和操作箱，这个系统的工作方式有3种。

方式1：在后台机上使用监控软件对断路器进行操作。操作指令通过网络触发微机型测控里的控制回路，控制回路发出的对应指令通过控制电缆到达微机型保护里的操作箱，操作箱对这些指令进行处理后通过控制电缆发送到断路器机构箱内的控制回路，最终完成操作。动作流程为：微机型测控——操作箱——断路器。

方式2：在微机型测控屏上使用操作把手对断路器进行操作。操作把手的控制接点与微机型测控里的控制回路是并联的，操作把手发出的操作指令通过控制电缆到达微机型保护里的操作箱，操作箱对这些指令进行处理后通过控制电缆发送到断路器机构箱内的控制回路，最终完成操作。使用操作把手操作也称为强电手操，它的作用是防止监控系统发生故障（如后台机死机）时无法操作断路器。所谓强电是指断路器操作的启动回路在直流220V电压下完成，而使用后台机操作时，启动回路在后台机的弱电回路中。动作流程为：操作把手——操作箱——断路器。

方式3：微机型保护在保护对象发生故障时发出的操作指令。操作指令通过装置内部接线到达操作箱，操作箱对这些指令进行处理后通过控制电缆发送到断路器机构箱内的控制回路，最终完成操作。动作流程为：微机型保护——操作箱——断路器。

微机型测控与操作把手的动作都是需要人为操作的；微机型保护的动作是自动进行的。操作类型的区别对于某些自动装置联锁回路的动作逻辑是重要的判断条件。

4. 二次设备的分布模式

1）110kV 电压等级二次设备的分布模式。目前国内各大厂商已将微机型保护与操作箱整合为一台装置，即操作箱不再以独立装置的形式配置。如许继电气的 FCK-801 为 110kV 线路的微机型测控，WXH-811 为微机型保护和操作箱整合为一台装置；南瑞继保的 RCS-9607 为 110kV 线路的微机型测控，RCS-941A 为微机型保护和操作箱整合为一台装置。

从组屏方案上来看，微机型保护和信号复归按钮安装在 110kV 线路保护屏上，微机型测控、操作把手及切换把手安装在 110kV 线路测控屏上。

2）35/10kV 电压等级二次设备的分布模式。针对 35/10kV 电压等级设备，各大厂商均已将其二次设备系统整合为一台装置（即一次设备为开关柜时，二次设备全部安装在开关柜上），推荐就地安装模式以节省控制电缆。例如，对于 10kV 线路，许继电气配置的设备型号是 WXH-821，南瑞继保配置的设备型号是 RCS-9611，它们都是保护、测控和操作箱一体化的装置。一般来讲，35kV 线路与 10kV 线路使用的二次设备型号是相同的，这是因为其继电保护配置相同。

9.2 断路器控制回路

变电站内所有的微机型保护和自动装置动作的最终结果，是使断路器跳闸或者使断路器合闸。断路器在变电站中的作用是如此之大，以至于变电站的大部分二次回路都是围绕对断路器的控制展开的。

9.2.1 断路器的控制回路介绍

断路器的控制回路主要包括断路器的跳、合闸操作回路以及相关闭锁回路。一个完整的断路器控制回路由微机型保护（或自动装置）、微机型测控、操作把手、切换把手、操作箱和断路器机构箱组成。至于为什么把微机型保护和自动装置归为一类，这是由它们在断路器控制回路中的工作方式决定的。

断路器操作按照操作地点的不同分为远方操作和就地操作。就地和远方相对于“远方/就地”切换把手所安装的那个位置。在 110kV 断路器的操作回路中，一般有两个切换把手，一个安装在微机型测控屏，一个安装在断器机构箱。对微机型测控屏的切换把手 1QK 而言，使用微机型测控屏上的操作把手进行操作就属于就地，来自综合自动化后台软件或集控站通过远动户系统传来的操作命令都属于远方；对断路器机构箱内的切换把 43LR 而言，在机构箱使用操作按钮进行操作属于就地，一切来自主控室的操作命令都属于远方。

1）断路器的合闸操作。断路器的合闸操作分为手动合闸和自动合闸两种。手动合闸包括：利用综合自动化后台软件（或在集控站利用远动系统）合闸、在微机型测控屏使用操作把手合闸、在断路器机构箱使用操作按钮合闸；自动合闸包括：线路重合闸和备自投装置合闸。

2）断路器的跳闸操作。断路器的跳闸操作分为手动跳闸和自动跳闸两种。手动跳闸包括：利用综合自动化后台软件（或在集控站利用远动系统）跳闸、在微机测控屏使用操作把手跳闸、在断路器机构箱使用操作按钮跳闸。自动跳闸包括：自身保护（该断路器所在间隔配置的微机型保护）动作跳闸、外部保护（母线保护或外间隔配置的微机型保护）动作跳闸、自动装置（备自投装置、低频减载装置等）动作跳闸、偷跳（由于某种原因断路器自己跳闸）。

3）断路器操作的闭锁回路。断路器操作的闭锁回路，根据断路器电压等级和工作介质的不同可以分为两类：操作动力闭锁和工作介质闭锁。

操作动力闭锁指的是断路器操作所需动能的来源发生异常，禁止断路器进行操作。例如，弹簧机构断路器的“弹簧未储禁止合闸”等。

工作介质闭锁指的是断路器操作所需绝缘介质浓度异常，为避免发生危险而禁止断路器操作。例如，SF_6断路器的“SF_6 压力低禁止操作”等。

SF_6断路器是 110kV 电压等级最常用的开关电器。以下选用西安西开高压电气股份有限公司生产的 LW25-126 型 SF_6绝缘弹簧机构断路器进行讲解。

LW25-126 型断路器操作机构的二次回路图如图 9-1 所示。主要元件的符号与名称对应关系如表 9-1 所示。

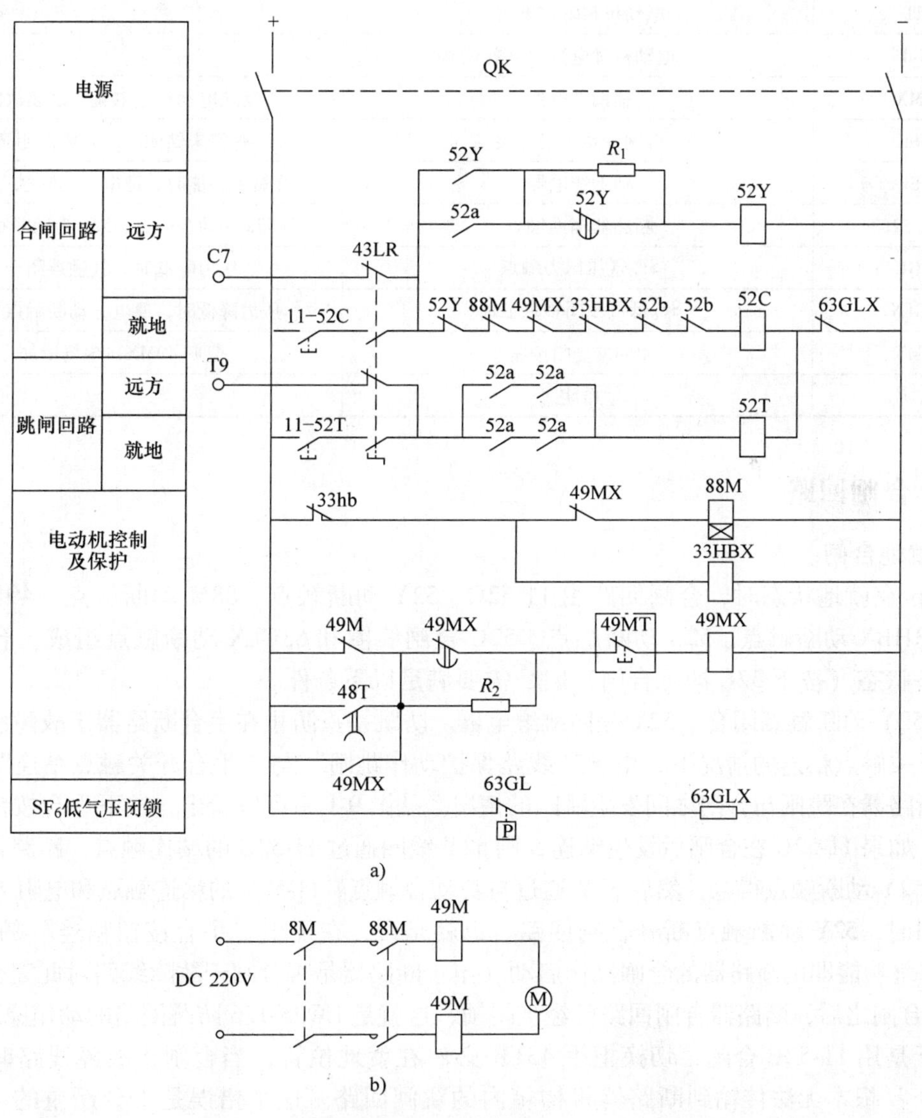

图 9-1　LW25-126 型断路器操作机构的二次回路图

a）断路器操作机构控制回路　b）电动机回路

表 9-1　主要元件的符号与名称对应关系

符　号	名　称	备　注
11-52C	合闸操作按钮	手动合闸
11-52T	分闸操作按钮	手动跳闸
52C	合闸线圈	
52T	分闸线圈	
43LR	远方/就地切换开关	
52Y	防跳继电器	
8M	断路器	电源投入开关（在储能电动机回路）
88M	储能电动机接触器	动作后接通电动机电源
48T	电动机超时继电器	
49M	电动机过电流继电器	
49MX	辅助继电器	反映电动机过电流、过热故障
33hb	合闸弹簧限位开关	弹簧未储能时，其触点闭合
33HBX	辅助继电器	弹簧未储能时，通电，动断触点打开
52a，52b	断路器辅助触点	52a 为动合触点、52b 为动断触点
63GL	SF_6气压压力触点	压力降低时，其触点闭合
63GLX	SF_6低气压闭锁继电器	压力降低时，通电，动断触点打开
49MT	49MX 复归按钮	复归 49MX，现场增加
R_1、R_2	电阻	

9.2.2　合闸回路

1. 就地合闸

43LR 在就地状态时，合闸回路由 11-52C、52Y 动断触点、88M 动断触点、49MX 动断触点、33HBX 动断触点、52b 动断触点、52C 合闸线圈和 63GLX 动断触点组成。合闸回路处于准备状态（按下 52C 即可合闸）时，需要满足以下条件。

1）52Y 动断触点闭合。52Y 是防跳继电器。防跳是指防止在手合断路器于故障线路且发生手合开关触点粘连的情况下，由于“线路保护动作跳闸”与“手合开关触点粘连”同时发生造成断路器在跳闸与合闸之间发生跳跃的情况。从图 9-1 中可以看出，按下手合按钮 11-52C 合闸后，如果 11-52C 在合闸后发生粘连，则 52Y 线圈通过 11-52C 的粘连触点、断路器动合触点 52a、52Y 动断触点得电，然后 52Y 通过自身动合触点、11-52C 的粘连触点和电阻 R_1实现自保持。同时，52Y 动断触点断开合闸回路。也就是说，在发生“手合按钮粘连”的情况下，52Y 的防跳功能即由断路器的合闸操作启动（至于断路器是否合闸于故障线路对此完全没有影响），即合闸之后，断路器合闸回路已经被闭锁，这就是 LW25-126 防跳回路的动作原理。

由于是用 11-52C 合闸，切换把手 43LR 必然在就地位置，当合闸于故障线路时“保护跳闸命令”根本无法传输到断路器机构箱内的跳闸回路。这个错误是十分严重的，且会造成无法跳闸的后果，必然造成越级跳闸从而使事故范围扩大。所以在将断路器投入运行的时候，必须在远方操作，不仅仅是因为保护人身安全的需要。

那么，断路器机构箱内的防跳回路到底是如何起作用的呢？将切换把手43LR置于远方位置，若使用测控屏上的操作把手1SA合闸后发生合闸触点粘连，那么52Y的动作情况就会与刚才分析的一样，并且起到了防跳功能，而不是上文提到的仅仅形成“断路器合闸回路被闭锁”的状态。

可以看出将52Y的动断触点串入合闸回路的目的在于，可以在手合断路器后且发生手合开关触点粘连的情况下，断开断路器的合闸回路。

2）88M动断触点闭合。88M是合闸弹簧储能电动机的接触器，它是由合闸弹簧限位开关33hb的动断触点控制的。断路器机构内有两条弹簧，分别是合闸弹簧与跳闸弹簧。合闸弹簧依靠电动机牵引进行储能（拉伸），跳闸弹簧依靠合闸弹簧释放（收缩）时的势能储能。断路器的合闸操作是通过合闸弹簧势能释放带动相关机械部件完成的。断路器合闸动作结束后，合闸弹簧失去势能，即合闸弹簧处于未储能状态，合闸弹簧限位开关33hb动断触点闭合。33hb动断触点闭合后88M线圈得电，88M动合触点闭合接通电动机电源使电动机运转给合闸弹簧储能。同时，88M动断触点打开从而断开合闸回路，实现闭锁功能。

电动机转动将合闸弹簧拉伸到一定程度后（即储能完成），33hb动断触点打开使88M失电，88M动合触点打开从而断开电动机电源使其停止运转，合闸弹簧由定位销卡死。同时，88M动断触点闭合，解除对合闸回路的闭锁。在合闸弹簧再次释放前，电动机均不再运转。88M动断触点闭合表示电动机停止运转。在排除电动机故障的情况下，电动机停止运转在一定程度上表示合闸弹簧已储能。

将88M的动断触点串入合闸回路的目的在于，防止在弹簧正在储能的那段时间内（此时弹簧尚未完全储能）进行合闸操作。

3）49MX动断触点闭合。49MX是一个中间继电器，是由电动机过电流继电器49M或电动机超时继电器48T启动的，概括地说，它代表的是电动机故障。在电动机发生故障后，49M或48T通过49MX的动断触点使49MX线圈得电，而后49MX通过自身动合触点及电阻R_2实现自保持。同时，49MX动断触点打开从而断开合闸回路，实现闭锁功能。49MX动断触点闭合表示电动机正常。

从图9-1中可以看出，在49MX的自保持回路接通以后，存在无法复归的问题。即使电动机故障已经排除，49M和48T已经复归，49MX仍然处于动作状态，其动断触点一直断开合闸回路。最初，检修人员只能断开断路器操作回路的电源开关使49MX复归；现在，在49MX的自保持回路中串接了一个复归按钮（如图9-1中虚线框内的49MT），解决了这个问题。

合闸弹簧释放（即合闸动作完成）后，将自动起动电动机进行储能。如果电动机存在故障，则合闸弹簧就不能正常储能，从而导致无法进行下一次合闸操作。例如手动合闸110kV线路断路器成功后，如果电动机故障造成合闸弹簧储能失败而断路器继续运行，则在线路发生故障时，重合闸必然失败。

将49MX的动断触点串入合闸回路的目的在于防止将合闸弹簧已储能但储能电动机已经发生故障的断路器合闸。

4）33HBX动断触点闭合。33HBX是一个中间继电器，它是由合闸弹簧限位开关33hb的动断触点控制的。33hb动断触点闭合表示的是合闸弹簧未储能，它同时使电动机接触器88M线圈得电和合闸弹簧未储能继电器33HBX、88M的动合触点接通电动机电源回路进行储能，33HBX的动断触点打开从而断开合闸回路，实现闭锁功能。33HBX的动断触点闭合表示的是合闸弹簧已储能。

将33HBX的动断触点串入合闸回路的目的在于，防止在弹簧未储能时进行合闸操作，若无此动断触点断开合闸回路，则会由于操作箱中的合闸保持继电器KLC的作用导致合闸线圈52C持续通电而被烧毁。

5）断路器的动断辅助触点52b闭合。断路器的动断辅助触点52b闭合表示的是断路器处于分闸状态。从图9-1中可以看出，有两个52b的动断触点串联接入了合闸回路，这和传统控制回路图纸中的一个动断触点的画法是不一致的。这是因为，断路器的辅助触点和断路器的状态在理论上是完全对应的，但是在实际运行中，由于机件锈蚀等原因都可能造成断路器变位后辅助触点变位失败的情况。将两对辅助触点串联使用，可以确保断路器处于这种接点所对应的状态。

将断路器动断辅助触点52b串入合闸回路的目的在于，保证断路器此时处于分闸状态，更重要的是，52b用于在合闸操作完成后切断合闸回路。

6）63GLX的动断触点闭合。63GLX是一个中间继电器，它是由监视SF_6密度的气体继电器63GL的动断触点控制的。由于泄漏等原因都会造成断路器内SF_6的密度降低，无法满足灭弧的需要，这时就要禁止对断路器进行操作以免发生事故，通常称为SF_6低气压闭锁操作。63GLX得电后，其动断触点打开，合闸回路及跳闸回路均被断开，断路器即被闭锁操作。

与前面几对闭锁触点不同的是，63GLX闭锁的不仅仅是合闸回路。从图9-1中，可以明显地看出，这对触点闭锁的是合闸及跳闸两个回路，所以它的意义是闭锁操作。

将63GLX的动断触点串入操作回路的目的在于，防止在SF_6密度降低不足以安全灭弧的情况下进行操作而造成断路器损毁。

在满足以上5个条件后，断路器的合闸回路即处于准备状态，可以在接到合闸指令后完成合闸操作。

2. 远方合闸

对断路器而言，远方合闸是指一切通过操作箱发来的合闸指令，它包括微机线路保护重合闸、自动装置合闸、使用微机型测控屏上的操作把手合闸、使用综合自动化系统后台软件合闸、使用远动功能在集控中心合闸等，这些指令都是通过操作箱的合闸回路传送到断路器机构箱内的合闸回路的。

这些合闸指令其实就是一个高电平的电信号，当43LR处于远方状态时，它通过43LR以及断路器机构箱内的合闸回路与负电源形成回路，使52C线圈得电完成合闸操作。

断路器的远方合闸回路，除了43LR在远方位置且无11-52C外，与就地合闸回路是一样的。

9.2.3 跳闸回路

1. 就地跳闸

43LR在就地状态时，跳闸回路由跳闸按钮11-52T、52a动合触点、52T和63GLX动断触点组成。跳闸回路处于准备状态（按下11-52T即可成功跳闸）时，断路器需要满足以下条件。

1）断路器的动合辅助触点52a闭合。断路器的动合辅助触点52a闭合表示的是“断路器处于合闸状态”。从图9-1中可以看出，跳闸回路使用了52a的四对动合触点。每两对动合触点串联，然后再将它们并联，这样既保证了辅助触点与断路器位置的对应关系，又减少了辅助触点故障对断路器跳闸造成影响的概率。

将断路器动合辅助触点52a 串入跳闸回路的目的在于，保证断路器处于合闸状态，更重要的是，52a 用于在跳闸操作完成后切断跳闸回路。

2）63GLX 的动断触点闭合。

2. 远方跳闸

对断路器而言，远方跳闸是指一切通过微机操作箱发来的跳闸指令，包括微机型保护跳闸、自动装置跳闸、使用微机型测控屏上的操作把手跳闸、使用综合自动化系统后台软件跳闸、使用远动功能在集控中心跳闸等，这些指令都是通微机操作箱的跳闸回路传送到断路器的。

这些跳闸指令其实就是一个高电平的电信号，在43LR 处于远方状态时，它通过43LR 以及断路器机构箱内的跳闸回路与负电源形成回路，使52T 线圈得电完成跳闸操作。

9.3 6~35kV 线路开关柜的二次回路

6~35kV 电压等级同属小电流接地系统，即电力变压器中性点不接地或不直接接地系统。工厂企业中多采用户内布置的开关柜组成。根据不同的用途，可分为线路（出线）开关柜、电容器开关柜、接地（站用）变压器开关柜、母联（分段）开关柜、母联（分段）隔离柜、电压互感器柜等。不同的开关柜装设的一次设备不同，与之对应的二次设备和二次回路也有所不同。本节以中置式线路开关柜为例叙述。

6~35kV 线路开关柜装设的一次设备有手车式断路器（又称为小车开关）、电流互感器、母线、引线、避雷器和接地开关等。小车开关一般安装在开关柜的中部，称为中置式开关柜。手车式断路器，手车是一个带轮子的可以滑动的平板，断路器安装在手车上就可以移动。因此手车式断路器的作用包括断路器和隔离开关的作用，隔离开关的作用由小车的插头与插座代替，以手车的工作位置、试验位置表示断路器与一次主电路的连接情况。

综合自动化变电站中，6~35kV 线路采用的微机型保护测控装置，一般都具有保护、测量、控制和通信功能。在分层分布式综合自动化系统中，作为间隔层的设备就地布置在开关柜上，依靠网络通信和综合自动化系统进行联系。

9.3.1 开关柜上二次设备的布置

在开关柜上，设计有继电器室，专门用于安装继电器或保护测控装置，以及控制开关、信号灯、保护出口连接片、开关状态显示器、电能表和端子排等二次设备。

1. 继电器室面板上安装的设备

图9-2 是6~35kV 线路开关柜继电器室的面板布置图。

继电器室的面板上安装的设备有KZQ 开关状态显示器、CSC-211 微机线路保护装置（1X）、断路器储能指示灯（1BD）、远方就地切换开关（1KSH）、断路器控制开关（1KK）、电气编码锁（1BS）、柜内照明开关（1HK）、断路器储能开关（HK）、柜内加热开关（2HK）、保护跳闸出口连接片（1CXB1）、重合闸出口连接片（1CXB2）、低频减载投入连接片（1KXB1）、装置检修状态投入连接片（1KXB2 ）和装置复归按钮（1FA）。在面板上开有用于观察电能表的玻璃窗。

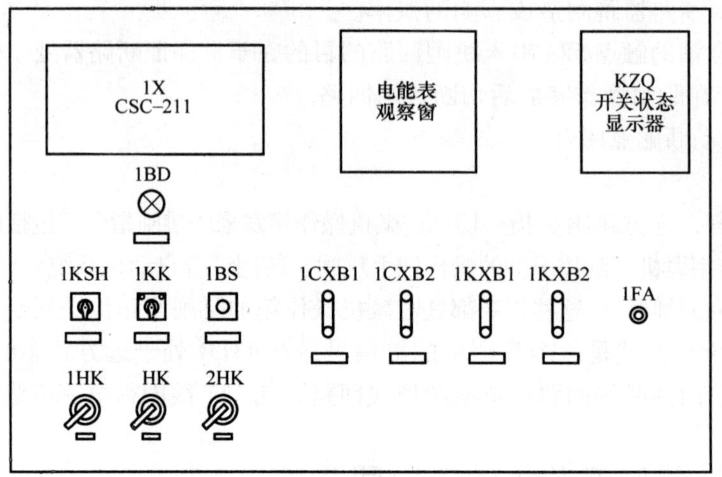

图 9-2　6～35kV 线路开关柜继电器室的面板布置图

2. 继电器室内后板上安装的设备

在继电器室的内部，一般在底板上安装端子排，在后板上安装小型断路器、电能表等。图 9-3 是 6～35kV 线路开关柜继电器室的后板布置图。其中有电能表（DSSD331）、保护回路直流电源开关（1Q1）、控制回路直流电源开关（1Q2）、交流电压回路开关（1Q3）、储能电源开关（2Q）、开关状态显示器电源开关（3Q）和交流电源开关（4Q）等。

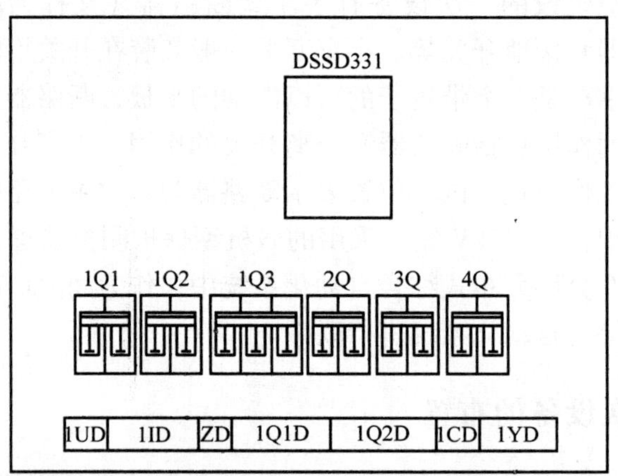

图 9-3　6～35kV 线路开关柜继电器室的后板布置图

9.3.2　开关柜的交流电流、电压回路

1. 电流互感器的配置

6～35kV 的小电流接地系统中，线路的电流互感器按规定采用两相式布置，即在 A、C 相装设，线路开关柜的一次接线及电流互感器配置如图 9-4 所示。电流互感器二次绕组一般配三组。一组供保护用，准确度级别为保护专用的 5P10 级（5P10 的含义是指在电流互感器 10 倍额定电流时，其电流比误差不超过 5%）；一组供测量用，准确度级别为 0.5 级（0.5 的含义是指在电流互感器额定电流时，其电流比误差不超过 0.5%）；一组供电能表计量用，

准确度级别为0.2级（0.2的含义是指在电流互感器额定电流时，其电流比误差不超过0.2%）。6～35kV线路还装设一只套管式零序电流互感器，作为小电流接地选线用。

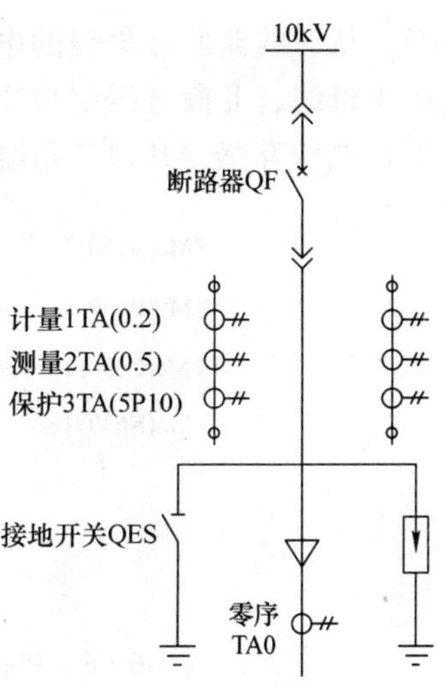

图9-4　线路开关柜的一次接线及电流互感器配置

2. 保护测控装置的交流电流回路接线

图9-5是6～35kV线路选用CSC-211型保护测控装置的交流电流回路接线图。图中保护、测量的电流回路都采用两相不完全星形接线，这种接线方式适合于小电流接地系统，可以反映各种相间故障。CSC-211型保护装置具有小电流接地选线功能，一般变电站装设的消弧线圈自动消谐装置也具有接地选线功能，在运行中可以并行使用。它们采集的零序电流来自专用的套管式零序电流互感器。

图9-5至图9-8中，1UD1、1UD2、1UD3…是电压回路端子排的编号；1ID1、1ID2、1ID3…是电流回路端子排的编号；ZD1、ZD2、ZD3…是直流电源端子排的编号；1Q1D1、1Q1D2、1Q1D3…是强电开入回路端子排的编号；1Q2D1、1Q2D2、1Q2D3…是操作控制回路端子排的编号；1CD1、1CD2、1CD3…是出口回路端子排的编号；1YD1、1YD2、1YD3…是遥信回路端子排的编号；1X1、1X2、1X4…是保护装置背板端子的编号；1K1、1K2、2K1、2K2…是电流互感器二次绕组端子的编号。

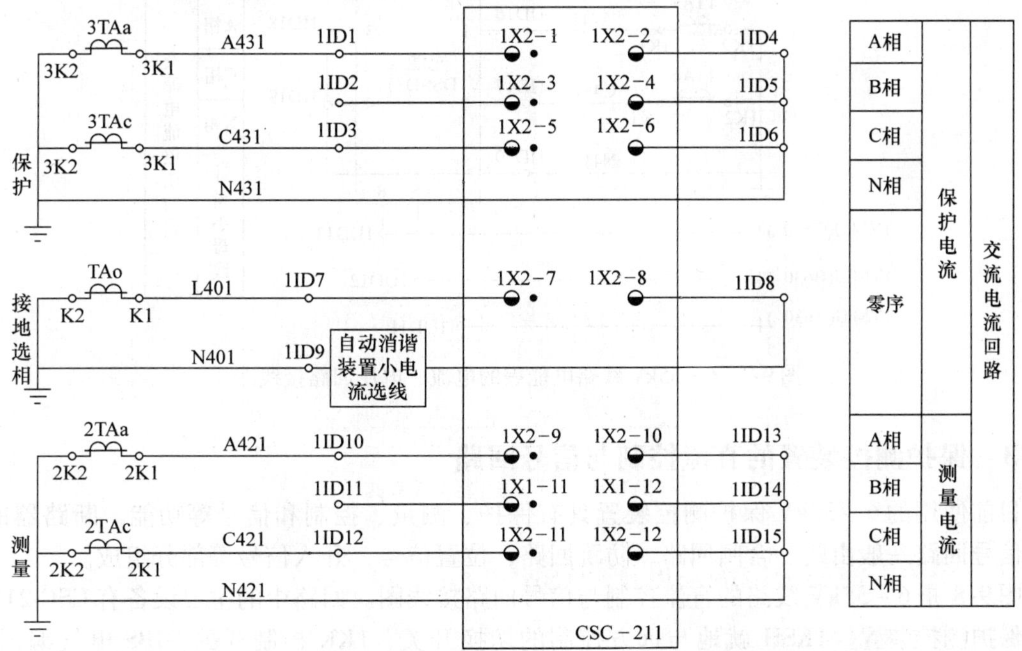

图9-5　6～35kV线路选用CSC-211型保护测控装置交流电流回路接线图

3. 保护测控装置的交流电压回路接线

图9-6是6～35kV线路选用CSC-211型保护测控装置的交流电压回路接线图。图中保护和测量的交流电压共用一组电压小母线，它所接的电压互感器二次绕组准确度级别为0.5

级，从该线路所接母线的电压互感器二次绕组引入，如Ⅰ段母线引自1YM（630）的一组电压小母线，Ⅱ段母线引自2YM（640）的一组电压小母线。小电流接地选线所用的零序电压引自电压互感器开口三角绕组L630或L640回路。

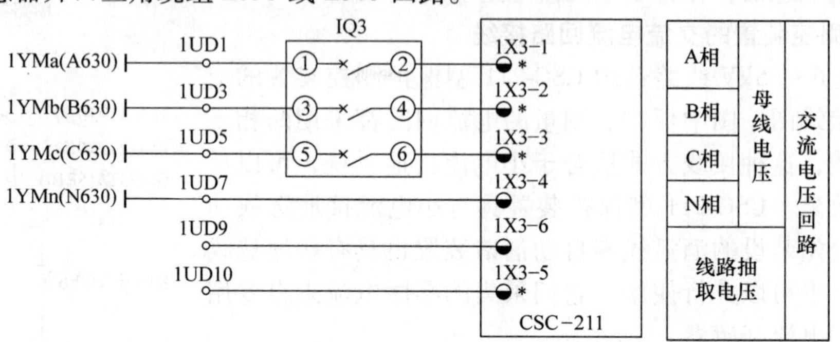

图9-6 6~35kV线路选用CSC-211型保护测控装置的交流电压回路接线图

4. 电能表的电流、电压回路接线

图9-7是6~35kV线路电能表的电流、电压回路接线图。电能表采用两相式接线，接入A相、C相电流和AB、BC电压。为保证电能计量的精度，电流回路接在专用的0.2级电流互感器绕组上，电压回路接计量专用的一组电压小母线630′或640′，其电压互感器二次绕组准确度级别为0.2级。

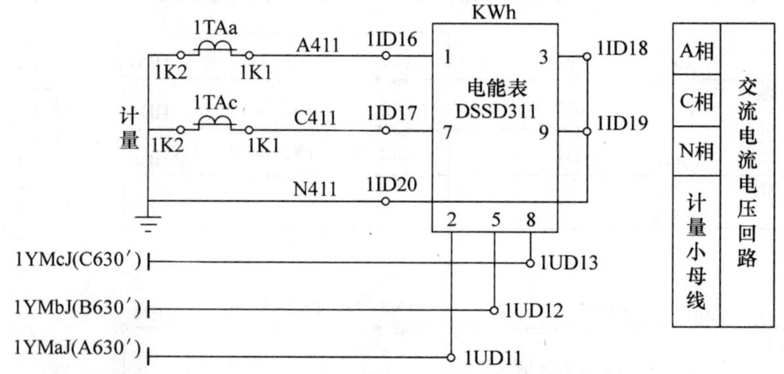

图9-7 6~35kV线路电能表的电流、电压回路接线图

9.3.3 保护测控装置的直流控制与信号回路

目前使用的6~35kV保护测控装置具有保护、测量、控制和信号等功能。断路器的控制与信号回路一般由跳、合闸回路，防跳回路，位置信号，开入信号等部分组成。

图9-8是6~35kV线路的直流控制与信号回路接线图。回路中的主要设备有CSC-211型线路保护测控装置、1KSH就地与远方控制的切换开关、1KK控制开关、IBS电气编码锁、断路器的操动机构等。

1. 断路器的操动机构

保护测控装置对断路器的操作控制是通过操动机构来实现的。操动机构是断路器的组成部分，包括机械和电气两部分。图9-9是VS1型抽出式断路器操动机构的电气原理接线图，图中各主要元件及其功能如下。

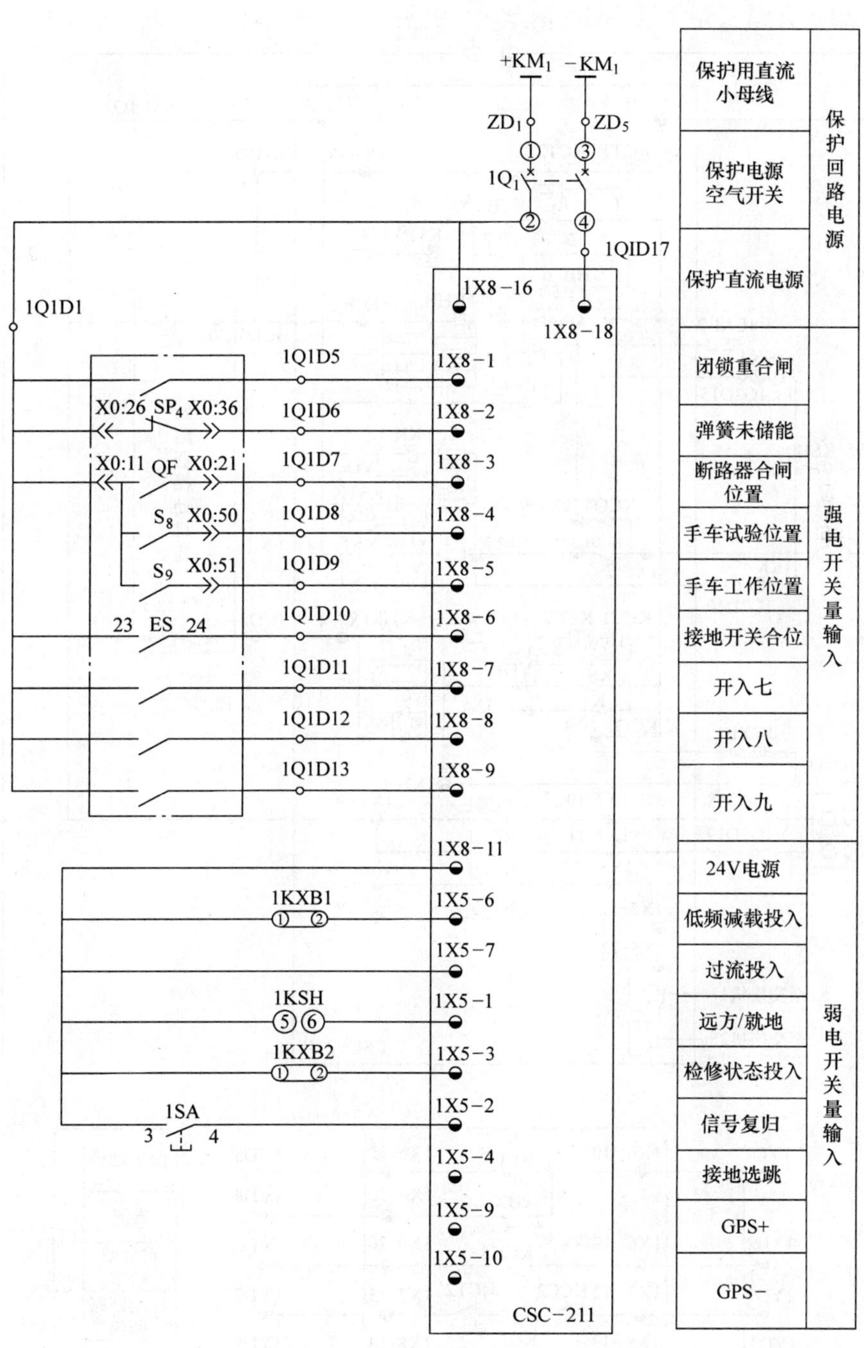

图 9-8　6～35kV 线路的直流控制与信号回路接线图（一）

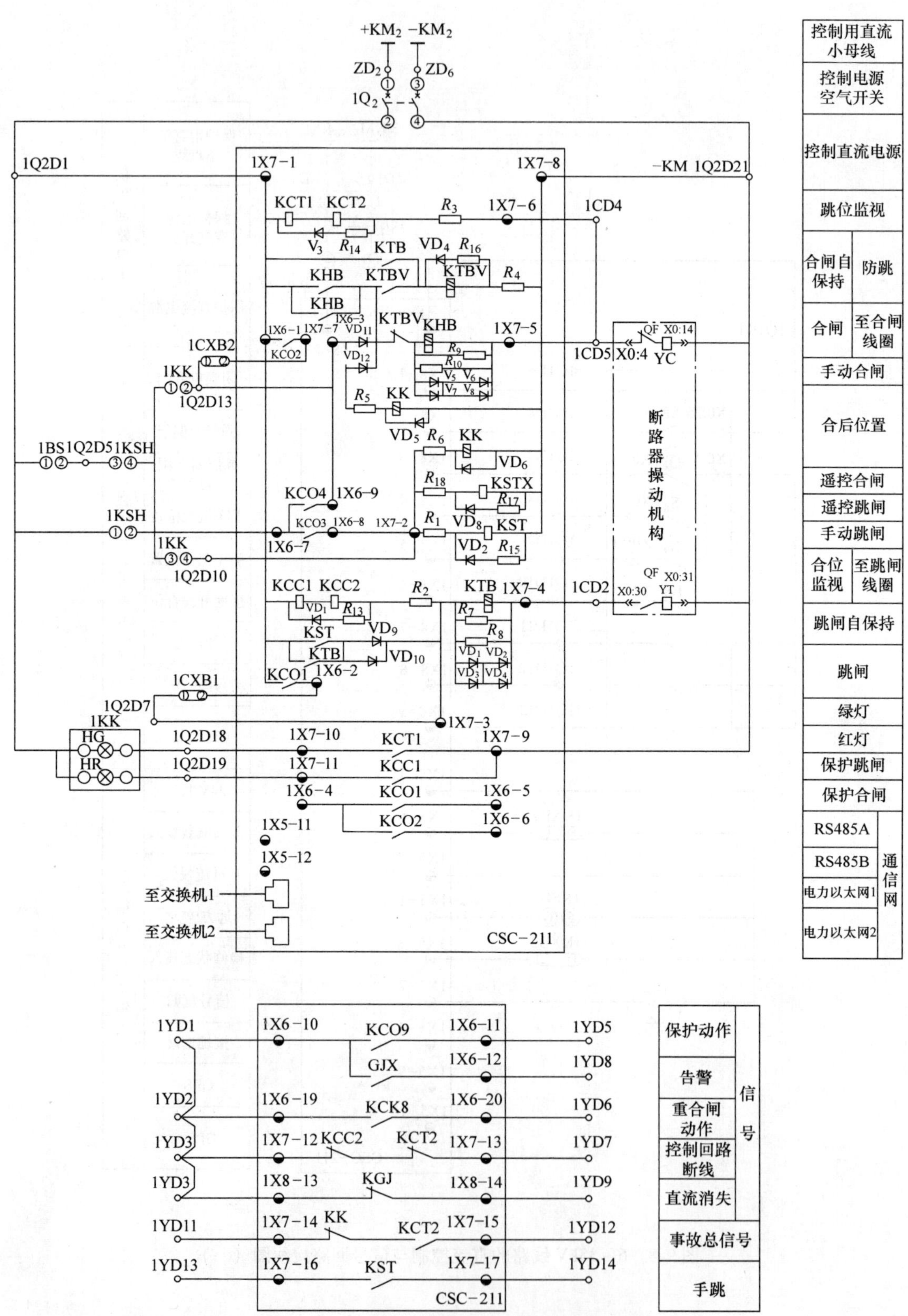

图 9-8 6～35kV 线路的直流控制与信号回路接线图（续）

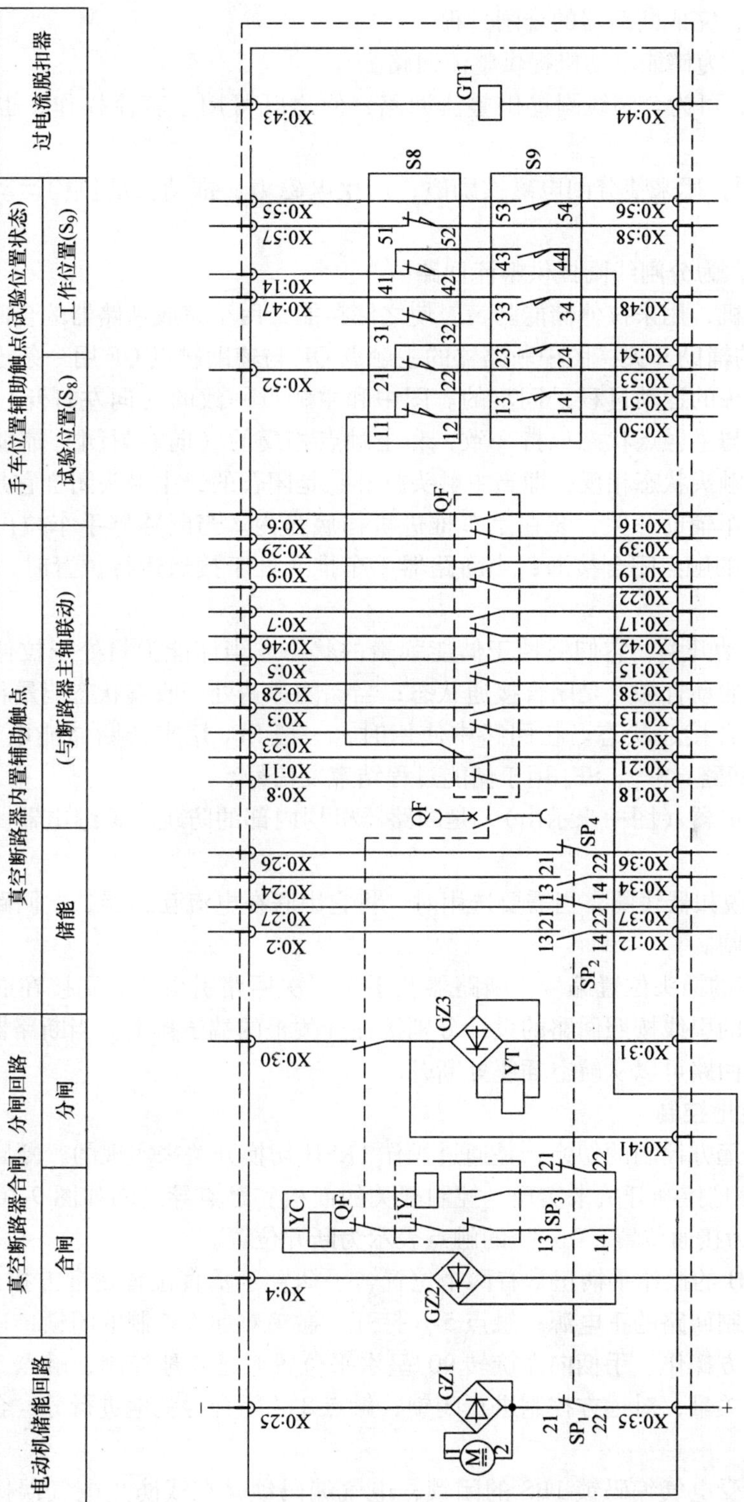

图 9-9 VS1 型抽出式断路器操动机构的电气原理接线图

YC 为合闸线圈，用来使合闸电磁铁励磁，产生电磁力，将储能弹簧储存的能量释放，推动操动机构运动，完成断路器的合闸过程。

GZ_1 为整流器，为储能电动机提供整流回路。

GZ_2 为整流器，可为合闸线圈提供整流回路，使之既可用于直流操作，也可用于交流操作。

YT 为分闸线圈，用来使分闸电磁铁励磁，产生电磁力，推动操动机构运动，完成断路器的分闸过程。

GZ_3 为整流器，为分闸线圈提供整流回路。

M 为储能电动机，用来拉伸储能弹簧，使之储存能量用于完成断路器的合闸操作。

QF 为断路器的辅助开关，图中断路器的主触点 QF 与辅助触点 QF 用一条虚线连接，表示辅助触点与主触头的运动过程是同步的。图中和主触点一致的（向左打开）辅助触点是动合触点，它始终与主触点状态保持一致；和主触点相反的（向右封闭）辅助触点是动断触点，它始终与主触头状态相反，即当主触头打开它是闭合的，主触头闭合它是打开的。

S_8、S_9 为底盘车辅助开关，装在手车推进机构底盘内。当断路器手车拉出处于试验位置时，S_8 辅助开关的触点闭合接通；当断路器手车推入处于接通运行位置时，S_9 辅助开关的触点闭合接通。

SP_1 ~ SP_4 为微动开关，它们受控于储能弹簧的状态。当储能弹簧处于拉伸状态能量聚集储存，微动开关的动合触点是闭合接通状态；当储能弹簧处于收缩状态能量释放，微动开关的动断触点是闭合接通状态。在回路中使用时，一般 SP_1 用来切断储能电动机的运转；SP_3 用来控制合闸回路；SP_2、SP_4 用于储能过程结束发信号。

1KC 为中间继电器（图中未示出），是断路器机构内部的防跳闭锁继电器。其防跳过程在后面叙述。

GT_1 为过电流脱扣器线圈，当需要选用时，将它串联在电流互感器二次回路中，发生过电流时使断路器跳闸。

X_0 为航空插座的插头位置编号。断路器及手车二次回路引出线分别接在航空插座的不同插头上，插座端的引线按照回路的设计分别接在开关柜的端子排上。当断路器及手车需要拉出检修时，二次回路可以从航空插座处断开。

2. 断路器的就地控制

断路器就地与远方控制的切换，是通过操作 1KSH 切换开关来实现的。断路器的就地控制，是通过操作 1KK 控制开关来实现。控制开关的面板和触点导通图如图 9-10 所示，图中“×”的触点表示为接通位置；“—”的触点表示为断开位置。

切换开关 1KSH 的操作手柄正常有两个位置，手柄置于垂直位置是远方控制，触点 3-4 打开，切断就地控制回路的正电源；触点 5-6 打开，撤销对远方控制的闭锁，通过监控主机实现对断路器的远方操作。手柄向左旋转 90°呈水平位置时是就地控制，触点 5-8 闭合接通远方操作闭锁的开关量，对远方控制进行闭锁；触点 3-4 闭合为就地进行分、合闸操作接通正电源。

就地控制回路受电气编码锁 1BS 的闭锁，电气编码锁是在线防止电气误操作系统中的一个元件，图中所示的触点 1、2 是用来插入程序钥匙的。当运行条件符合断路器的操作程序时，插入程序钥匙，1、2 触点之间接通，可以进行断路器的就地分、合闸操作。

对断路器进行就地合闸操作时，切换开关 1KSH 置于就地位置，触点 3-4 闭合。将控制开关 1 KK 向右旋转 45°，其触点 1-2 闭合，正电通过防跳继电器动断触点 KTBV，经合闸保持继电器 KHB 的电流启动线圈，启动断路器的合闸线圈 YC，同时 KHB 动作，其动合触点 KHB 闭合，使合闸脉冲自保持，当断路器操动机构完成合闸过程，接在 YC 前的断路器动断辅助触点 QF 打开，切断合闸脉冲，使 KHB 失电返回，完成合闸过程。

在进行合闸的同时启动合后位置继电器 KK，KK 是一个带磁保持的继电器。当接在 R_5 后面的启动线圈励磁时，KK 动作，其一对动合触点闭合，失电后仍一直保持在动作位置，只有在进行跳闸操作 R_6 后面的复归线圈励磁时，它才返回，动合触点打开。它的动合触点与跳闸位置继电器的动合触点串联可以构成不对应启动重合闸的逻辑来用。

对断路器进行就地跳闸操作时，切换开关 1KSH 置于就地位置，将控制开关 1KK 向左旋转 45°，其触点 3-4 闭合，正电通过防跳继电器 KTB 的电流线圈接通断路器的跳闸线圈 YT，当断路器操动机构完成跳闸过程，接在 YT 前的断路器动合辅助触点 QF 打开，切断跳闸脉冲，完成跳闸过程。

1KSH LW21-16D/9.2208.2触点位置表

运行方式＼触点		1-2 3-4	5-6 7-8
远方	↑	—	—
就地	←	×	×

1KK LW21-16D/49.6201.2触点位置表

运行方式＼触点		1-2 5-6	3-4 7-8
预合 合后	↑	—	—
合	↗	×	—
预分 分后	←	—	—
分	↙	—	×

图 9-10　控制开关的面板和触点导通图

3. 断路界的远方控制

断路器进行远方控制时，切换开关 1KSH 置于远方位置，在主控制室或集控中心用鼠标操作，通过监控主机和网络传输信号。当进行合闸操作时，驱动保护装置中的远方合闸继电器触点 KCO4 闭合，接通合闸回路；当进行跳闸操作时，驱动保护装置中的远方跳闸继电器触点 KCO3 闭合，接通跳闸回路。回路的动作过程与就地控制的动作过程完全相同。

4. 保护装置对断路器的跳、合闸

当保护装置通过对接入模拟量的测量、计算，判断保护应该动作时，装在逻辑插件上的跳闸继电器 KCO1 触点闭合，经跳闸出口连接片 1CXB1 发出跳闸脉冲。

当断路器跳闸后跳闸位置继电器动作，此时断路器位置与控制开关位置（合后）不对应，逻辑构成启动重合闸。重合用动作后，KCO2 触点闭合，经重合用出口连接片 1CXB2 发出合闸脉冲。

当进行手动跳闸时，KK 复归线圈励磁，其动合触点打开，即使跳闸后跳闸位置继电器触点闭合也不会构成启动重合闸的逻辑。需要撤除重合闸时，打开连接片 1CXB2 断开重合闸出口回路。外回路需要解除重合闸时，在强电开入回路 1X8-1 送入正电，在逻辑中将重合闸闭锁。

5. 断路器的防跳回路

防跳就是防止断路器在合闸过程中发生连续跳闸、合闸的跳跃现象。长时间跳跃会造成断路器损坏。使断路器产生跳跃的原因很多，如手动合闸到故障线路上，操作人员未及时使控制开关复归，或合闸触点有卡住现象等，都会出现断路器的跳跃。一般断路器都要求有电气防跳回路。

1）保护装置操作回路的防跳回路。防跳回路的核心是防跳继电器，这里防跳由两个继电器来构成，KTB 作为电流启动继电器，KTBV 作为电压保持继电器。当手动合闸到故障线路上，保护动作发出跳闸脉冲通过防跳的电流启动继电器 KTB 的电流线圈，使 KTB 动作，其一对动合触点 KTB 闭合自保持。另一对动合触点 KTB 闭合，启动防跳的电压保持继电器 KTBV，其动合触点 KTBV 闭合自保持，动断触点 KTBV 保持在打开状态，切断合闸脉冲。保证断路器可靠完成跳闸过程。

2）断路器操动机构的防跳回路。在断路器的操动机构中装设有防跳继电器，见图 9-9 中的 1Y，当断路器进行合闸操作时，储能弹簧处于拉伸状态微动开关 SP_2 的动合触点 13-14 闭合，动断触点 21-22 打开。1Y 继电器处于失电状态，其动断触点闭合。断路器在合闸操作前，QF 动断触点亦在闭合状态。回路具备合闸条件，使合闸线圈 YC 励磁，断路器进行合闸。当完成合闸过程，储能弹簧能量释放处于收缩状态，SP_2 触点切换 13-14 打开，21-22 闭合。若此时合闸脉冲依然存在，将通过 SP_2 的 21-22 触点启动 1Y 继电器，1Y 继电器的动合触点闭合使其自保持，1Y 继电器的两对动断触点断开，切断合闸线圈 YC 回路，防止此时断路器如果跳闸，发生再次合闸的现象。当断路器完成合闸过程后，QF 动断触点也将打开，切断合闸线圈 YC 回路。当合闸脉冲撤销，1Y 继电器返回，为下次合闸做好准备。

在运行中，操作回路的防跳与断路器机构的防跳只允许投入一处，一般推荐采用断路器机构中的防跳回路。

6. 信号输出回路

合闸位置继电器的动合触点 KCC_1 和跳闸位置继电器的动合触点 KCT_1，分别接通装在控制开关面板上的红灯和绿灯，表示断路器在合闸或分闸位置。同时，红灯亮监视了断路器分闸回路的完好，绿灯亮则监视断路器合闸回路的完好。

图 9-8（三）中保护装置的合闸、跳闸、装置告警、直流消失和控制回路断线等信号，可以通过这些继电器的空触点送往常规变电站的中央信号回路。对于综合自动化变电站，这些信号不再由触点传输，而是转换为数字量，通过网络送到监控主机。由于装置直流消失会造成系统通信中断，一般设计中将此信号汇集成小母线，送至公用测控装置，显示开关柜就地装设的保护测控装置发生直流消失的告警。

7. 信号输入回路

变电站的断路器、隔离开关、继电器等常处于强电场中，电磁干扰比较严重，若要采集这些强电信号，必须采取抗干扰措施。抗干扰的方法有很多，最简单有效的方法是采用光电隔离。

光耦合器由发光二极管和光敏晶体管组成，发光二极管和光敏晶体管之间是绝缘的，两者都封装在一起。光电隔离原理如图 9-11 所示，当有强电输入时，发光二极管导通发光，使光敏晶体管饱和导通，有电位输出。在光耦合器中，信息传输介质为光，但输入和输出都是电信号。

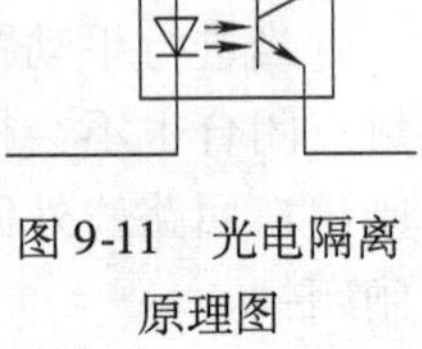

图 9-11　光电隔离原理图

信息的传送和转换过程都是在不透光的密闭环境下进行的，它既不会受电磁信号的干扰，也不会受外界光的影响，具有良好的抗干扰性能。

早期保护测控装置的强电信号输入的光耦合器，是装设在保护装置外面，布置在屏柜面板或端子排上。目前的保护测控装置的光耦合器都是装设在装置箱体内部，强电输入均采用直流 220V，输出直流 24V。为了保证抗干扰的可靠性，要经过两级光隔离，即将变换为 24V 的信号再经过一级光电隔离，变换为 5V 的信号送入 CPU 芯片。一般屏柜内部信号采用弱电输入，如保护装置的功能连接片、远方就地切换开关及信号复归按钮等，输入采用直流 24V。

在图 9-8（一）中，强电信号输入接有断路器合闸位置、手车开关的试验位置和工作位置、接地开关 ES 合闸位置和操动机构弹簧未储能信号。这些输入信号可以通过保护测控装置转换为数字量，经网络传输在监控主机的显示器上显示。

9.4 习题

1. 变电站自动化系统中的微机型二次设备有哪些？
2. 110kV 侧一次主接线为内桥接线的 110/10kV 变电站主要二次设备包括哪些？
3. 10kV 电压重动/并列装置有何作用？
4. 微机型测控的工作方式有哪几种？
5. 微机型保护和微机型测控的开入量、开出量有几种？简述其作用。
6. 简述操作箱的作用。
7. 简述微机型保护、微机型测控、操作箱之间的联系。
8. 断路器的控制回路主要包括哪些？
9. 读 LW25-126 型断路器操作机构的二次回路图，说明合闸、跳闸的工作过程。
10. 什么是中置式开关柜，由哪些设备构成？
11. 读 6 ~ 35kV 线路的直流控制与信号回路接线图。

第 10 章　变电站综合自动化系统

10.1　变电站综合自动化系统的基础知识

1. 变电站综合自动化系统的概念

变电站综合自动化是将变电站的二次设备经过功能的组合和优化设计，利用先进的计算机技术、现代电子技术、通信技术和信号处理技术，实现对全变电站的主要设备和输配电线路的自动监视、自动控制、测量和微机型保护，以及与调度通信等综合性的自动化功能。

变电站综合自动化系统可以采集到比较齐全的数据，利用计算机的高速计算能力和逻辑判断功能，可方便地监视和控制变电站内各种设备的运行和操作。变电站综合自动化系统具有功能综合化、结构微机化、操作监视屏幕化、运行管理智能化等特征。

2. 变电站综合自动化系统的研究内容

变电站综合自动化的研究内容应包括电气量的采集和电气设备(如断路器等)的状态监视、控制和调节。实现变电站正常运行的监视和操作，保证变电站的正常运行和安全。发生事故时，由继电保护和故障录波等完成瞬态电气量的采集、监视和控制，迅速切除故障并完成事故后的恢复正常操作。综合自动化系统的内容还应包括高压电器设备本身的监视信息(如断路器、变压器和避雷器等的绝缘和状态监视等)。

3. 变电站综合自动化系统的基本功能

变电站综合自动化系统的基本功能主要体现在微机型保护、安全自动控制、远程监控、通信管理 4 大子系统的功能中。

（1）微机型保护子系统

微机型保护子系统的功能：微机型保护应包括全变电站主要设备和输电线路的全套保护，具体有：①高压输电线路的主保护和后备保护；②主变压器的主保护和后备保护；③无功补偿电容器组的保护；④母线保护；⑤配电线路的保护。

微机型保护子系统中的各保护单元，除了具有独立、完整的保护功能外，还必须满足以下要求，也即必须具备以下附加功能。

1）满足保护装置快速性、选择性、灵敏性和可靠性的要求，它的工作不受监控系统和其他子系统的影响。为此，要求保护子系统的软、硬件结构要相对独立，而且各保护单元，例如变压器保护单元、线路保护单元和电容器保护单元等，必须由各自独立的 CPU 组成模块化结构。主保护和后备保护由不同的 CPU 实现，重要设备的保护，最好采用双 CPU 的冗余结构，保证在保护子系统中一个功能部件模块损坏，只影响局部保护功能而不能影响其他设备。

2）存储多套保护定值和定值的自动校对，以及保护定值、功能的远方整定和投退。

3）具有故障记录功能。当被保护对象发生事故时，能自动记录保护动作前后有关的故障信息，包括故障电压电流、故障发生时间和保护出口时间等，以利于分析故障。在此基础上，尽可能具备一定的故障录波功能，以及录波数据的图形显示和分析，这样更有利于事故的分析和尽快解决。

4）具有统一时钟对时功能，以便准确记录发生故障和保护动作的时间。

5）故障自诊断、自闭锁和自恢复功能。每个保护单元应有完善的故障自诊断功能，发现内部有故障，能自动报警，并能指明故障部位，以利于查找故障和缩短维修时间。

6）通信功能。各保护单元必须设置有通信接口，与保护管理机或通信控制器连接。保护管理机（或通信控制器）在自动化系统中起承上启下的作用。把保护子系统与监控系统联系起来，向下负责管理和监视保护子系统中各保护单元的工作状态，并下达由调度或监控系统发来的保护类型配置或整定值修改等信息；如果发现某一保护单元故障或工作异常，或有保护动作的信息，应立刻上传给监控系统或上传至远方调度端。

（2）安全自动控制子系统

安全自动控制子系统主要包括以下功能：电压无功自动综合控制；低频减载；备用电源自投；小电流接地选线；故障录波和测距；同期操作；五防操作和闭锁；声音图像远程监控。

（3）远动监控子系统

远动监控子系统功能应包括以下几部分内容。

1）数据采集。变电站的数据包括：模拟量、开关量和电能量。

变电站需采集的模拟量有系统频率、各段母线电压、进线线路电压、各断路器电流、有功功率、无功功率和功率因数等。此外，模拟量还有主变油温、直流合闸母线和控制母线电压、站用变电压等。

变电站需采集的开关量有：断路器的状态及辅助信号、隔离开关状态、有载调压变压器分接头的位置、同期检测状态、继电保护及安全自动控制装置信号和运行告警信号等。

现行变电站综合自动化系统中，电度量采集方式包括脉冲和 RS485 接口两种，对每个断路器的电能采集一般不超过正反向有功、无功 4 个电度量，若希望得到更多电度量数据，应考虑通过独立的电量采集系统。

2）事件顺序记录 SOE。事件顺序记录（Sequence of Events，SOE）包括断路器跳合闸记录、保护动作顺序记录，并应记录事件发生的时间（应精确至毫秒级）。

3）操作控制功能。操作人员应可通过远方或当地显示屏幕对断路器和电动隔离开关进行分、合操作，对变压器分接开关位置进行调节控制。为防止计算机系统故障时无法操作被控设备，在设计时，应保留人工直接跳、合闸手段。对断路器的操作应有以下闭锁功能：断路器操作时，应闭锁自动重合闸；当地进行操作和远方控制操作要互相闭锁，保证只有一处操作，以免互相干扰；根据实时信息，自动实现断路器与隔离开关间的闭锁操作；无论当地操作或远程操作，都应有防误操作的闭锁措施，即要收到返校信号后，才执行下一项。必须有对象校核和操作性质校核以保证操作的正确性。

4）人机联系功能、数据处理与记录功能、打印功能。

（4）通信管理子系统

综合自动化系统的通信管理功能包括 3 方面内容。

1）子系统内部产品的信息管理：即为综合自动化系统的现场级通信，主要解决各子系统内部各装置之间及其与通信控制器（管理机）间的数据通信和信息交换问题，它们的通信范围被限制在变电站内部。对于集中组屏的综合自动化系统来说，实际是在主控室内部；对于分散安装的自动化系统来说，其通信范围扩大至主控室与子系统的安装地，最大的可能是开关柜间，即通信距离加长了。

2）主通信控制器(管理机)对其他公司产品的信息管理：保护和安全自动装置信息的实时上传、保护和安全自动装置定值的召唤和修改、电子式多功能电能表的数据采集、智能交直流屏的数据采集、向五防操作闭锁系统发送断路器刀闸信号(根据系统设计要求接收其闭锁信号)、其他智能设备的数据采集、所有设备的授时管理和通信异常管理。

3）主通信控制器(管理机)与上级调度的通信：变电站综合自动化系统应具有与电力调度中心通信的功能，而且每套综自系统应仅有一个主通信控制器完成此功能。

需要说明的是，对专用故障录波屏、独立的电量采集系统、声音图像远程监控系统，由于其数据量较大，目前一般不通过主通信控制器进行信息管理，而采用各自独立的通信网送至远方相应信息监控管理系统。

主通信控制器把变电站所需测量的模拟量、电能量、状态信息和 SOE 等测量和监视信息传送至调度中心，同时从上级调度接收数据和控制命令，例如接收调度下达的开关操作命令，在线修改保护定值、召唤实时运行参数。

主通信控制器与调度中心的通信通道目前主要包括：载波通道、微波通道以及光纤通道。而且对重要变电站，为了保证对变电站的可靠监控，常使用两条通道冗余设置、互为备用。载波通道一般采用 300bit/s 或 600bit/s，也有特殊要求的 1200bit/s；微波通道、光纤通道可达到 9600bit/s。现在越来越多的地方在逐步实施光纤通讯手段。

10.2 RCS-9600 变电站综合自动化系统简介

RCS-9600 系列分布变电站综合自动化系统是南瑞继保电气有限公司为适应变电站综合自动化的需要，推出的新一代集保护、测控功能于一体的新型变电站综合自动化系统。满足 35～500kV 各种电压等级变电站综合自动化需要。

RCS-9600 系列综合自动化系统包括 RCS-9600 和 RCS-9700 两个系列，RCS-9600 系统主要适用于 110kV 及以下电压等级变电站综合自动化；RCS-9700 系统主要适用于 220kV 及以上电压等级变电站综合自动化。

RCS-9600 型综合自动化系统具有以下特点。

1）分布系统。将保护和测控功能按对象进行设计，集保护、测控功能于一体，可就地安装在开关柜上，减少大量的二次接线，装置仅通过通信电缆或光纤与上层系统联系，取消了大量信号、测量、控制、保护和电缆接入主控制室。

2）RCS 总线。采用电力行业标准 DL/T 667—1999(IEC 60870-6-103)规约，提供保护和测控的综合通信，实时性强，可靠性高，具有不同厂家的同种规约的互操作性，是一种开放式的总线。

3）双网设计。所有设备可提供独立的双网接线，通信互不干扰，可组成双通信网络，提供通信可靠性，也可以一个接通信网，一个接保护录波网络进行设计。

4）对时网络。为 GPS 的硬件对时提供网络方式。GPS 只需给出一副接点，通过一个网络，即可对所有设备提供硬件对时，避免了以往为每一个设备提供一副接点及一对连接线。

5）后台监控系统。采用开放式系统设计，组态完成监控功能、完整提供保护信息功能及保护录波分析，基于 Windows Nt 设计。

10.2.1 RCS-9600 系统的构成

RCS-9600 综合自动化系统从整体上分为 3 层，即变电站层、通信层和间隔层，硬件主要由保护测控单元、通信控制单元及后台监控系统组成。

变电站层提供的远动通信功能，可以同时以不同的规约向两个调度或集控站转发不同的信息报文，提供的后台监控系统功能强大、界面友好、能很好地满足综合自动化系统的需要。

通信层采用电力行业标准规约，可方便地实现不同厂家的设备互连，可选用光纤组网解决通信干扰问题；采用独立双网设计保证了系统通信的可靠性；设备的 GPS 对时网减少了 GPS 与设备之间的连线，方便可靠，对时准确。

间隔层解决了该设备在恶劣环境下(高温、强磁场干扰和潮湿)长期可靠运行的问题，并通过将保护与测控功能合二为一，减少重复设备，简化设计。

RCS-9600 型变电站综合自动化系统典型结构如图 10-1 和图 10-2 所示。

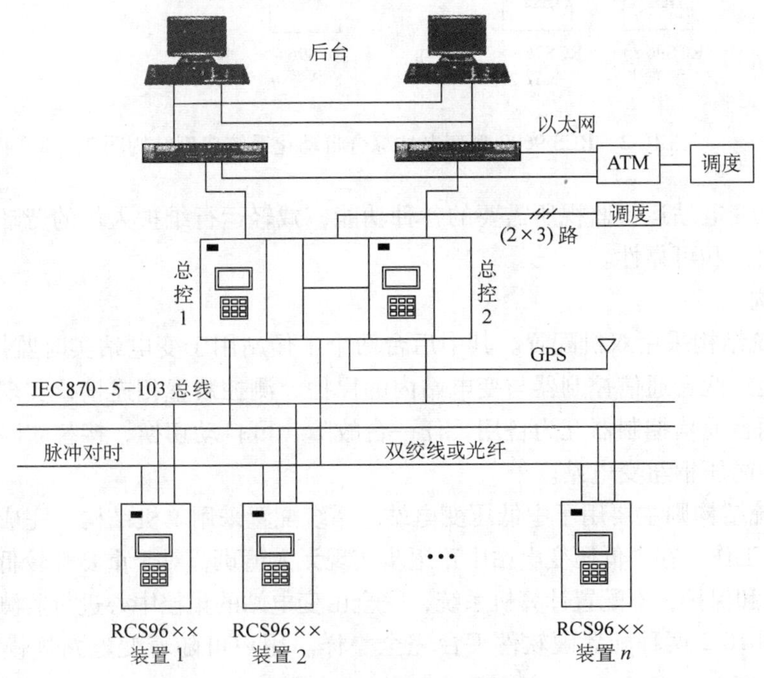

图 10-1 RCS-9600 型变电站综合自动化系统典型结构图 1

10.2.2 RCS-9600 后台监控系统及监控软件

RCS-9600 后台监控系统用于综合自动化变电站的计算机监视、管理和控制或用于集控中心对无人值班变电站进行远方监控。RCS-9600 后台监控系统通过测控装置、微机型保护以及变电站内其他微机化设备(IED)采集和处理变电站运行的各种数据，对变电站运行参数自动监视，按照运行人员的控制命令和预先设定的控制条件对变电站进行控制，为变电站运

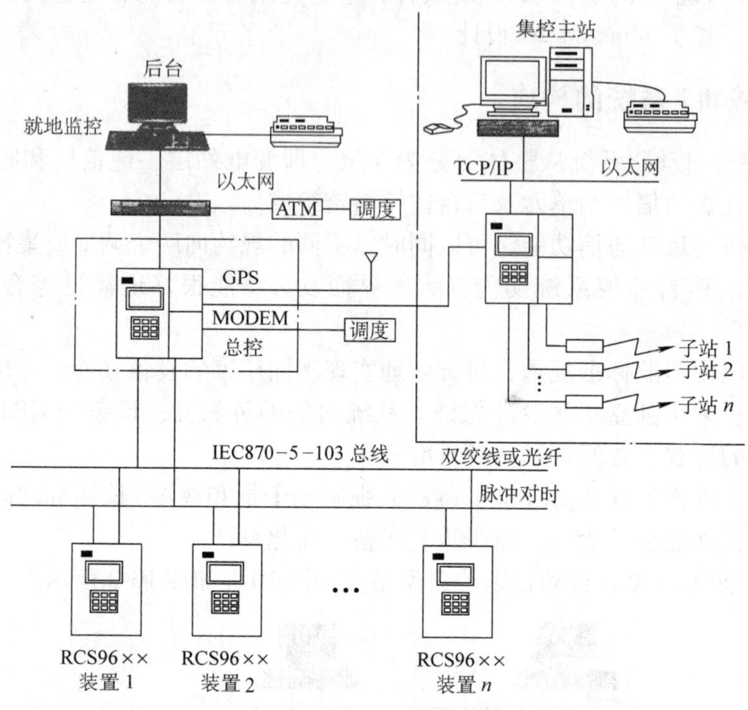

图 10-2　RCS-9600 型变电站综合自动化系统典型结构图 2

行维护人员提供变电站运行监视所需要的各种功能，减轻运行维护人员的劳动强度，提高变电站运行的稳定性和可靠性。

1. 系统结构

图 10-1 系统结构采用双机配置。其中后台两个工作站用于变电站实时监控，相互备用。主计算机系统通过两台通信控制器与变电站内的保护、测控装置相连接，实现变电站的数据采集和控制。两台通信控制器互为备用，任一台故障，可自动切换，接替故障设备工作。该配置主要用于中高压枢纽变电站。

图 10-2 系统结构则主要用于中低压变电站。系统配置采用单机结构。完成变电站的日常运行监视和控制工作。在中低压变电站中正逐步实现无人值班，对于重要性较低的变电站，可以配置测控装置和保护，不配置计算机系统，完全由变电站的集控中心进行监测和控制。

图 10-1、图 10-2 两种配置硬软件平台完全一样。用户可随着变电站规模的扩大，逐步发展扩充原有系统。

2. 系统功能

1）实时数据采集。

①遥测。变电站运行各种实时数据，如母线电压、线路电流、功率和主变压器温度等。②遥信。断路器、隔离开关位置、各种设备状态、气体继电器信号和气压等信号。③电能量。脉冲电能量，计算电能。④保护数据。保护的状态、定值、动作记录等数据。

2）数据统计和处理。

①限值监视及报警处理。多种限值、多种报警级别(异常、紧急、事故、频繁报警抑制)、

多种报警方式(声响、语音、闪光)报警闭锁和解除。②遥信信号监视和处理。人工置数功能、遥信信号逻辑运算、断路器事故跳闸监视及报警处理、自动化系统设备状态监视。③运行数据计算和统计。电能量累加、分时统计、运行日报统计、最大值、最小值、负荷率和合格率统计。

3）操作控制。断路器及隔离开关的分合控制，变压器分接头调节，操作防误闭锁，特殊控制。

4）运行记录。遥测越限记录，遥信变位记录，SOE 事件记录，自动化设备投停记录，操作记录(如遥控、遥调、保护定值修改等记录)。

5）报表和历史数据。变电站运行日报、月报；历史库数据显示和保存。

6）人机界面。电气主接线图、实时数据画面显示，实时数据表格、曲线、棒图显示，多种画面调用方式(菜单、导航图)，各种参数在线设置和修改，保护定值检查和修改，控制操作检查和闭锁，画面复制和报表打印，各种记录打印，画面和表格生成工具，语音告警(选配)。

7）支持多种远动通信规约，与多调度中心通信。

8）远程系统维护(选配功能)。

9）事故追忆功能、追忆数据画面显示功能。

3. 监控系统软件

监控系统软件包括 Windows 2000 及以上操作系统、数据库、画面编辑和应用软件等几部分，监控系统软件结构如图 10-3 所示。

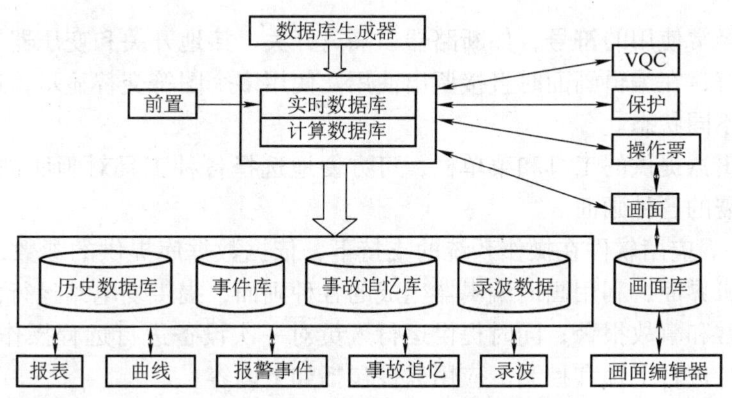

图 10-3　监控系统软件结构图

1）数据库。数据库用于存放和管理实时数据以及对实时数据进行处理和运算的参数，它是在线监控系统数据显示、报表打印和界面操作等的数据来源，也是来自保护、测控单元数据的最终存放地点。数据库生成系统提供离线定义系统数据库工具，而在线监控系统运行时，由系统数据管理模块负责系统数据库的操作，如进行统计、计算、产生报警、处理用户命令(如遥控、遥调等)。

数据库的组织是层次加关系型的。数据分为 3 层，即由站(对应整个变电站)、数据类型(即遥测、遥信、电能等)、数据序号(又称为“点”,对应具体的某一个数据)形成数据库的访问层次。层次体现在监控系统在线运行时系统对数据库的读写访问上，也体现在系统数据库的定义上。系统数据库的定义分为站定义、数据类型定义、点定义3级，站和点都有一系列属性。数据库的关系型结构体现在与系统中的点是相关的，如监控系统在线运行时，判断遥控是否成功要看其对应的遥信是否按要求变位。

系统数据库的数据可以分成两级，即基本级数据和高级数据。基本级数据指遥测、遥信、脉冲的基本属性(系统数据库的描述数据在RCS-9600中称为属性)；高级数据则是指在上述基本数据基础上的电压、电流、功率、断路器、隔离开关和电能的属性。基本数据可以在数据库生成系统中进行定义，而高级数据是监控系统在线运行时产生的。

2）画面编辑器。画面编辑器是生成监控系统的重要工具，地理图、接线图、列表、报表、棒图和曲线等画面都是在画面生成器中生成的。由画面编辑器生成的画面都能被在线调出显示。地理图、接线图、列表是查看数据和进行操作的主要画面，报表、曲线则主要用于打印。

画面上可以制作两类图元：一类是背景图元，另一类是前景图元。背景图元在线运行时不会发生变化，如画面中的线段、字符、位图以及报表的边框等都是背景图元。前景图元又分为两种，即数据前景图元和操作前景图元。数据前景图元根据其代表的实时或历史数据的值的变化而变化；操作前景图元则代表一个操作，当用户使用鼠标点中该图元时执行这一操作，如调出画面、修改数据和进行遥控等。一般数据前景图元也都是操作前景图元。使用操作前景图元可以把系统使用的画面组成一个网状结构，在线运行时，用户可以方便在各画面之间漫游。

画面编辑器提供了方便的编辑功能，使作图效率更高，提供报表、列表自动生成工具，加快作图速度。

对于画面中经常使用的符号，如断路器、隔离开关、接地开关和变压器等，可以使用画面编辑器制成图符，在编辑画面时直接调出使用。使用多个图符交替显示，还用来代表断路器、隔离开关的不同状态。

通过画面编辑器提供的工具和菜单栏，可方便地选择各种工具对画面进行编辑和处理，形成具体工程所需的各种画面。

3）应用软件。应用软件在操作系统的支持下，依据数据库提供的参数，完成各项监控功能，并通过人机界面，利用画面编辑器生成的各种画面，提供变电站运行信息，显示实时数据和状态，异常和事故报警；同时提供运行人员对一次设备进行远程操作和控制的手段，对监控系统的运行进行干预和控制。应用软件包括如下内容。

①数据采集软件。与通信控制器通信，采集各种数据，传送控制命令。②数据处理软件。对所采集的数据进行处理和分析，判断数据是否可信、模拟量有无越限、开关量有无变位，按照数据库提供的参数进行各种统计处理。③报警与事件处理软件。判断报警或事件类型，给出报警或事件信息，登录报警或事件内容、时间，设置和清楚相关报警或事件标志。④人机界面处理软件。显示各种画面和报表、报警和事件信息，给出报警音响或语音，自动和定时打印报警、事件信息以及各种报表、画面；操作权限检查，提供遥调、遥控控制操作，确认报警，修改显示数据(人工置数)、修改保护定值。⑤数据库接口。连接数据库与应用软件，对数据库存取进行管理、协调和控制。⑥控制软件。完成特定的控制任务和工作。对每一项控制任务，一般有一个控制软件与之对应。常见的控制软件：电压无功控制、操作控制连锁。

10.2.3 RCS-9600 系列保护测控单元

RCS-9600 保护测控单元用于完成变电站内数据采集、保护和控制，与 RCS-9600 计算机监控系统相配合实现变电站综合自动化。该系列保护测控单元也可单独使用，用于老变电站改造或同其他变电站监控系统配合使用。

1. RCS-9600 保护测控单元的功能及分类

RCS-9600 系列保护测控单元作为变电站综合自动化系统的一个基本部分，以变电站基本元件为对象，完成数据采集、保护和控制等功能。概括地说，其完成的主要功能有：模拟量数据采集、转换与计算，开关量数据采集、滤波，继电保护，自动控制功能，事件顺序记录，控制输出，对时，数据通信。

对保护测控单元，模拟量数据采集、转换和计算，主要有线路电流、母线电压、流过电容器(电抗器)和变压器的电流、变压器的温度、直流母线电压等。对所采集到的电流、电压进行转换和计算，得到电流和电压的数字量，及由电流、电压计算出来的复合量，如有功功率、无功功率，代替常规二次仪表，实现对变电站基本元件参数的监视。

开关量采集包括断路器、隔离开关位置、一次设备状态以及辅助设备运行情况等以空触点形式表示的信息。

继电保护的配置因设备、对象的不同而异。

自动控制功能，主要包括自动准同步、低频减负荷等。

数据通信是实现保护测控单元与计算机监控系统间信息交换的重要手段。通过数据通信，实现大量信息交换，数据共享，功能集成和综合自动化。

依据保护测控单元所服务的对象及所完成的功能分类，RCS-9600 保护测控单元包括如下内容。

1）保护单元。如 RCS-978 变压器保护。

2）测控单元。如 RC-9601 线路测控单元。

3）保护测控单元。如 RCS-9611 线路保护测控单元。

4）自动装置单元。如 RCS-9651 分段备自投测控单元。

5）辅助装置单元。如 RCS-9662 电压并列装置。

RCS-9600 系列保护测控单元详细分类如图 10-4 所示。

2. 保护测控单元硬件结构

RCS-9600 系列保护测控单元硬件典型结构如图 10-5 所示。保护测控单元主要有交流插件、CPU 插件、继电器出口回路、显示面板和电源及开入插件等模块构成。

1）交流插件完成转换，隔离现场提供的电流、电压信号，即将现场 100V 和 5A 交流电压和电流信号转换为适宜 A-D 转换器采集和处理的低电压信号。

2）CPU 插件包括交流插件接口 A-D 转换部分、开入量以及继电器出口板接口，显示面板接口和外部通信接口。来自交流插件的小电压信号经 A-D 转换后变成数字信号，交给 CPU 进行运算和处理，如检查电流信号是否大于过电流整定值，若大于过电流整定值则经过指定时间延迟后，由 CPU 板向继电器出口板发出断路器跳闸指令，同时记下发出跳闸指令的时间，并将保护跳闸指令和跳闸时间合成一条报警信息，在传给显示面板的同时，发往通信接口(一般为通信口 B,通信口 A 用于备用)，在完成上述任务后，检查开入接口、继电

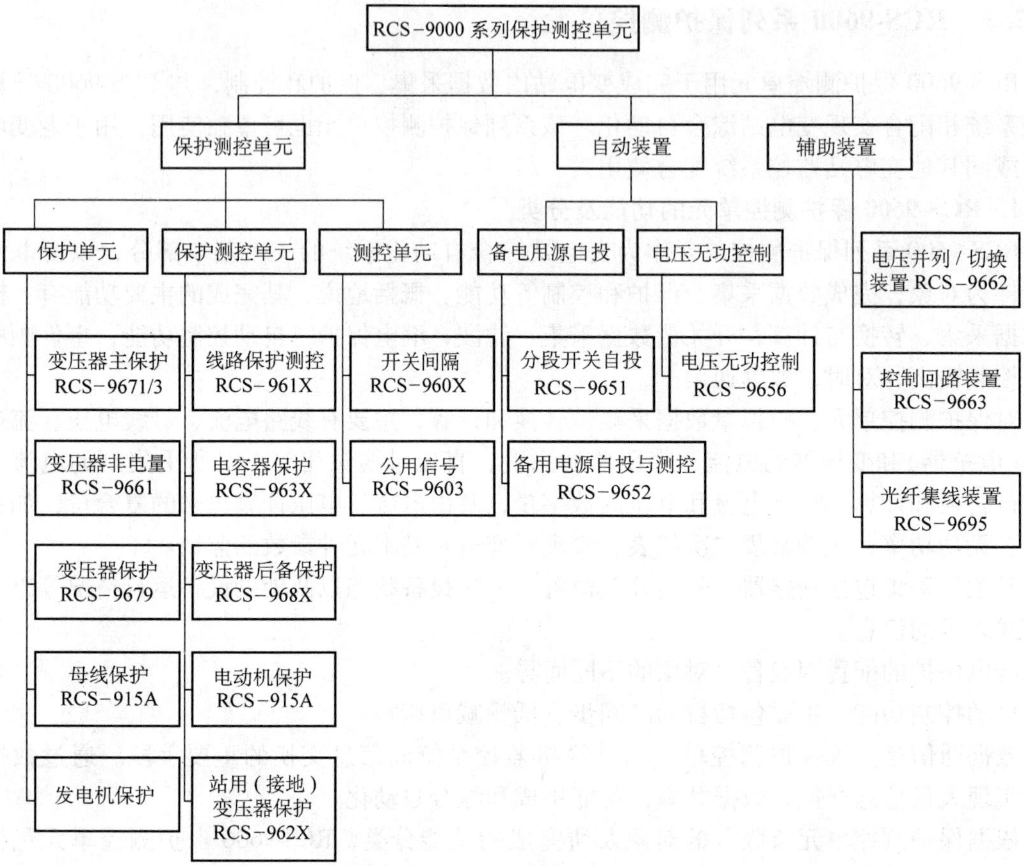

RCS-9000 系列保护测控单元
保护测控单元
自动装置
辅助装置
保护单元
保护测控单元
测控单元
备电用源自投
电压无功控制
电压并列 / 切换装置 RCS-9662
变压器主保护 RCS-9671/3
线路保护测控 RCS-961X
开关间隔 RCS-960X
分段开关自投 RCS-9651
电压无功控制 RCS-9656
控制回路装置 RCS-9663
变压器非电量 RCS-9661
电容器保护 RCS-963X
公用信号 RCS-9603
备用电源自投与测控 RCS-9652
光纤集线装置 RCS-9695
变压器保护 RCS-9679
变压器后备保护 RCS-968X
母线保护 RCS-915A
电动机保护 RCS-915A
发电机保护
站用（接地）变压器保护 RCS-962X

图 10-4　RCS-9600 系列保护测控单元详细分类

液晶显示面板
通信接口
交流插件板
CPU 板
出口继电器板
中央信号
交流电压输入
交流电流输入
控制电源
手动操作
去跳合闸线圈
电源与开入板
直流电源输入
空接点信号输入

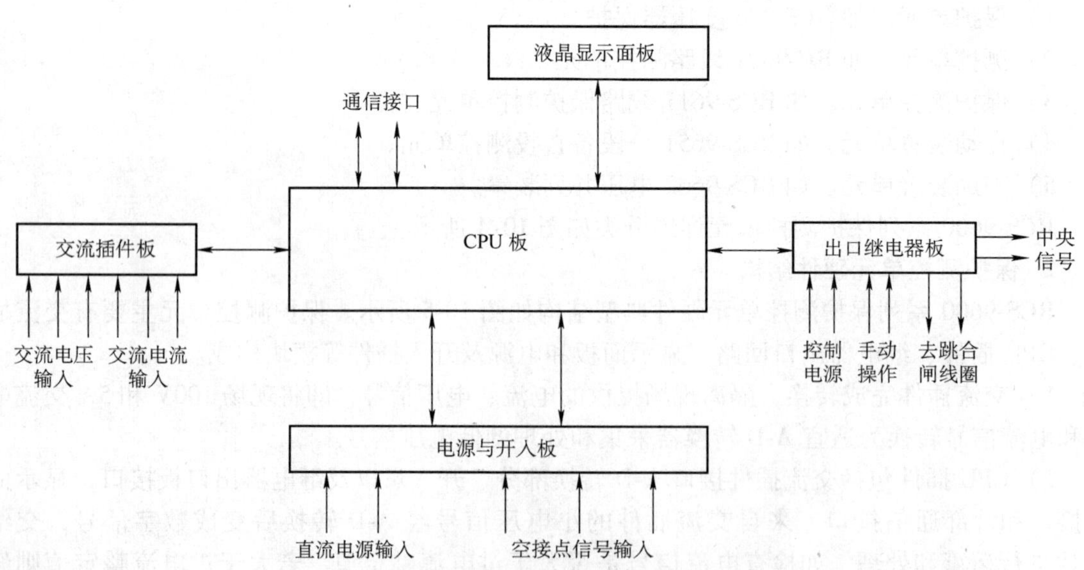

图 10-5　RCS-9600 系列保护测控单元硬件典型结构框图

器板接口确认断路器已跳开，启动重合闸或闭锁重合闸（若有重合闸，计算机在重合闸后，给出重合闸动作信号）；若电流信号不大于保护整定值，则对电流、电压信号按照有关要求，进行计算或处理。等待计算机监控系统命令或人机界面操作命令，将计算和处理结果传往计算机监控系统或送到大屏幕液晶显示。

3）对于线路、电容器、站用变压器/接地变压器等保护测控单元，继电器出口板等同于常规二次回路中的操作箱，不仅提供出口分合、防跳、手工分合断路器控制，而且还可通过 TWJ 和 HWJ 触点信号，向监控系统提供断路器位置信号。

4）显示面板插件向运行维护人员提供一个友善的人机界面。替代常规的二次仪表，实时显示变电站基本元件的电气运行参数，如母线电压、线路电流、断路器位置和状态等。运行人员也可通过显示面板插件，检查和修改保护定值，观察装置状态等。

RCS-9600 系列保护测控单元高度模块化。不同的保护测控单元仅需更换不同的硬软件模块。若更换图 10-5 中交流插件并配置相应的软件模块，则图 10-5 所示的保护测控单元便转换为变压器的差动保护 RCS-9671。其硬件结构框图如图 10-6 所示。

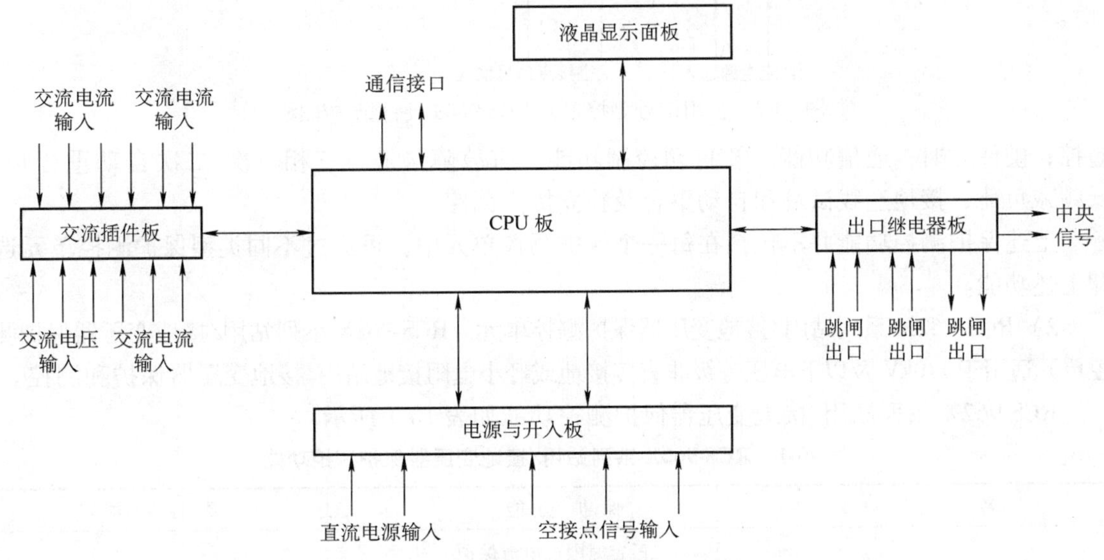

图 10-6　RCS-9671 硬件结构框图

若将图 10-5 交流插件更换为直流插件，同时更换电源与开入板插件，增加开入信号，更换出口继电器板，则图 10-5 所示保护测控单元便可转换为图 10-7 所示的公用信号测控单元 RCS-9603 的硬件结构框图。

3. RCS-9600 系列保护测控单元功能

1）RCS-961X 系列线路保护测控单元。RCS-961X 系列线路保护测控单元适用于 110kV 及以下电压等级非直接接地或经小电阻接地系统中的馈线保护和测控。该系列中“A”型也可用于 110kV 直接接地系统作为线路电流、电压保护和测控。这个系列共有 7 种类型：即（RCS-9611、RCS-9611A、RCS-9612、RCS-9612A）馈线保护测控装置、RCS-9613 线路光纤纵差保护装置、RCS-9615 线路距离保护装置、RCS-9617 横差保护装置。

①保护功能：二段/三段定时限过电流保护、反时限过电流保护、零序过电流保护、过电流保护可经低电压闭锁或方向闭锁、合闸加速保护、短线路光纤纵差动保护、过负荷保护、三段式相间距离、横联差动电流方向保护等。②测控功能：最多 9 路自定义遥信开入采集；通过交流采样提供电压、电流、功率等最多 14 个遥测；4 路脉冲量采集；一组断路器

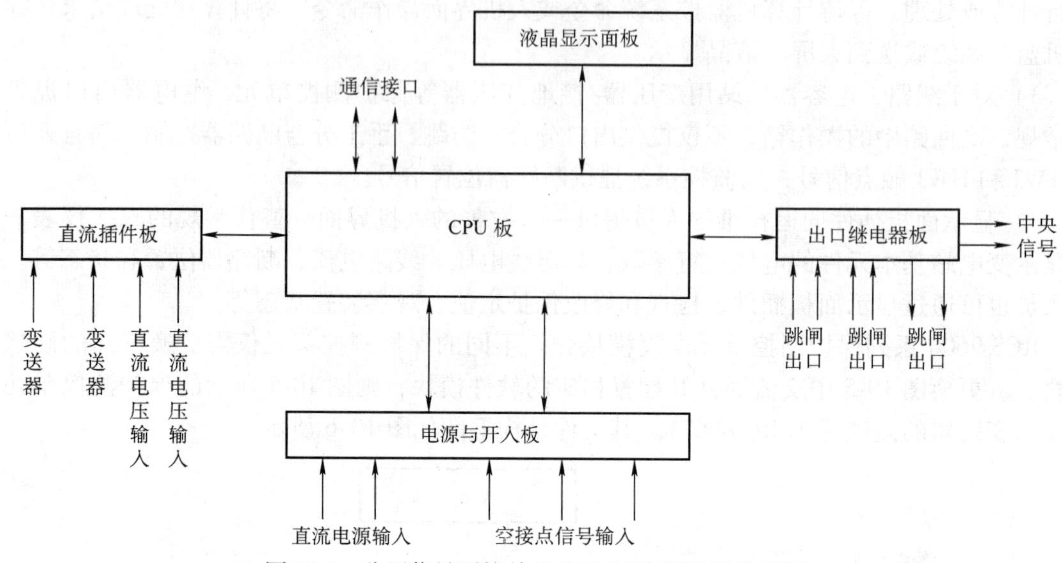

图 10-7 公用信号测控单元 RCS-9603 硬件结构框图

遥控；硬件对时；通信功能。③自动控制功能：有故障录波、三相一次/二次自动重合闸、低频减负荷、接地选线试跳和自动重合及独立操作回路。

上述保护测控功能并不包括在每一个保护测控单元中，可通过不同类型保护测控单元选配上述功能。

2）RCS-962X 系列站用/接地变压器保护测控单元。RCS-962X 系列站用/接地变压器保护测控单元适用于 110kV 及以下电压等级非直接接地或经小电阻接地站用/接地变压器保护和测控。

RCS-962X 系列站用/接地变压器保护测控功能如表 10-1 所示。

表 10-1 RCS-962X 系列站用/接地变压器保护测控功能

名　称	保护功能	测控功能
RCS-9621	二段定时限过电流保护 三段零序定时限过电流保护 非电量保护	触点信号采集 交流采样 脉冲信号采集 断路器遥控 故障录波 独立操作回路 通信功能 硬件对时
RCS-9621A	三段复合电压闭锁过电流保护 高压侧正序反时限保护 二段定时限负序过电流保护 高压侧接地保护 低压侧接地保护 低电压保护 非电量保护 过负荷保护	

3）RCS-963 X 系列电容器保护测控单元。RCS-963X 系列电容器保护测控单元适用于 110kV 及以下电压等级非直接接地或经小电阻接地系统中并联电容器的保护和测控。根据电容器组接线单Y、双Y、△或桥型接线及保护测控功能的不同，形成 5 种不同类型的电容器保护测控单元。RCS-963X 系列电容器保护测控功能如图 10-8 所示。

	三段定时限/反时限过电流			三段定时限/反时限过电流
二段定时限过电流	过电压			过电压
过电压	低电压	三段定时限过电流	二段定时限过电流	低电压
低电压	不平衡电压	过电压	过电压	差电压
不平衡电压	不平衡电压	低电压	低电压	自动投切
不平衡电流	非电量保护	桥差电流	差电压	非电量保护
操作回路、故障录波、零序过电流、开关量采集、交流采样、脉冲量采集、遥控、通信				

图 10-8　RCS-963X 系列电容器保护测控功能

RCS-9631、RCS-9631A 电容器保护测控单元适用于电容器组单Y、双Y、△联结；RCS-9631A 在 RCS-9631 基础上增加了非电量保护，由二段过电流保护改为三段过电流保护，并添加了反时限过电流保护。

RCS-9632、RCS-9633、RCS-9633A 适用于桥型接线电容器组。RCS-9632 与 RCS-9633 保护测控单元差别在一个有桥差电流保护，另一个有差电压保护。RCS-9633A 电容器保护测控单元在 RCS-9633 的基础上改二段定时限过电流为三段定时限过电流，增加了反时限过电流、非电量保护，添加了自动投切功能。

4）RCS-965X 系列备用电源自投保护测控装置。RCS-965X 系列备用电源自投保护测控装置适用于 110kV 及以下电压等级降压变电站。当一条电源故障或其他原因失电后，备用电源自投装置自动启动，将备用电源投入，迅速恢复供电。RCS-965X 系列备用电源自投保护测控装置提供进线备自投和分段备自投两类功能，并结合分段断路器监控的需要，融合了分段断路器保护测控功能。

RCS-965X 系列备用电源自投保护测控装置适用于图 10-9 和图 10-10 两种接线方式，假定两台主变压器分列运行或一台运行一台备用。

① 若正常运行时，一台主变压器带两段母线并列运行，另一台主变压器为明备用，采

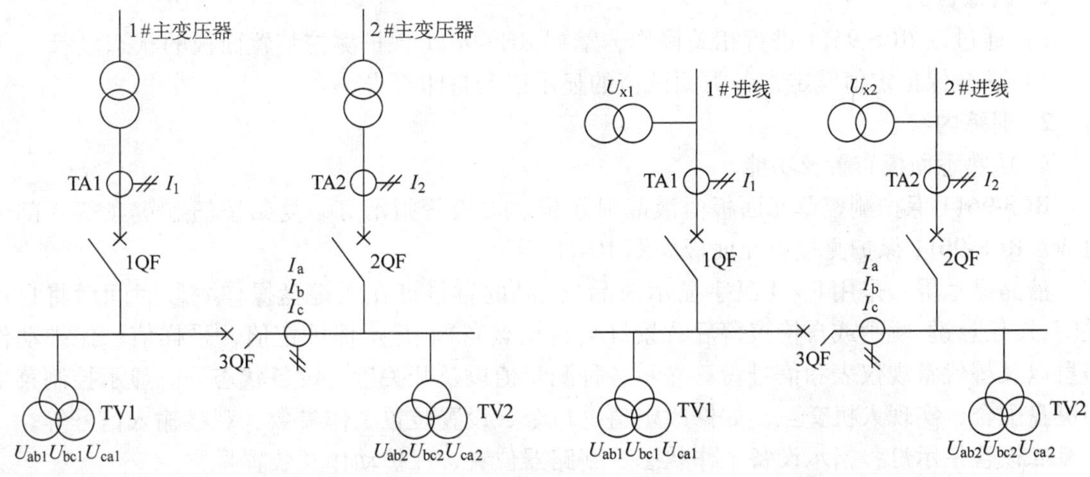

图 10-9　RCS-965X 系列备自投接线方式 1　　图 10-10　RCS-965X 系列备自投接线方式 2

用进线(变压器)备自投；若正常运行时，两段母线分列运行，每台主变压器各带一段母线，两段母线互为暗备用，采用分段备自投。

② 若正常运行时，一条进线带两段母线并列运行，采用进线备自投；若正常运行时，每条进线各带一段母线，两条进线互为暗备用，采用分段备自投。

表 10-2 列出了 RCS-965X 系列备用电源自投保护测控装置功能。

表 10-2　RCS-965X 系列备用电源自投保护测控装置功能

装置类型	RCS-9651	RCS-9652	装置类型	RCS-9651	RCS-9652
分段备自投	4 种方式	2 种方式	遥测	I_A、I_B、I_C、P、Q、$\cos\Phi$	I_A、I_B、I_C、P、Q、$\cos\Phi$
进线备自投	无	2 种方式			
分段断路器保护	过电流、零序、重合闸、充电保护	无	遥信	5 路	6 路
			遥控	1 组(分段断路器)	3 组
操作回路	1 个	无			

5）RCS-96XX 系列变压器保护测控装置。

RCS-96XX 系列变压器保护测控单元完成变压器保护和测控任务。根据变压器各种保护由一台还是多台装置完成，分成两大类型。一类如 RCS-9679 集成变压器保护单元，这类单元包含变压器差动、高低压侧后备、非电量保护及三相操作回路等功能。一个单元便可完成变压器成套保护任务。但对变压器进行测量、监视和分接头调节控制，需配置相应测控单元完成。另一类，如 RCS-9671/3、RCS-9681/2、RCS-9661 保护测控单元，这类变压器保护单元，每一个保护单元仅完成一部分变压器保护任务。如 RCS-9671 完成变压器差动保护任务，而 RCS-9661 则仅完成变压器非电量保护任务。整个变压器所要求的全套保护任务通过将这类多个保护单元组合起来完成。由于变压器后备保护测控单元 RCS-968/2 除后备保护功能外，还具备测控功能。因而，若采用这类保护测控单元，仅需增加一公用信号测控单元 RCS-9603，采集变压器油温和档位信号，即可完成变压器全部护和测控任务。

10.2.4　技能训练：RCS-9600 系列保护测控装置的使用

1. 训练目的

1）通过以 RCS-9611 进行相关操作，掌握 RCS-9611 保护测控装置面板的状态显示。

2）学会保护定值整定，各类测试值的显示以及打印报告。

2. 训练内容

（1）熟悉面板布置及功能

RCS-9611 保护测控单元面板由液晶显示屏、二极管指示灯、复归按钮和键盘等 4 部分组成。RCS-9611 保护测控单元面板如图 10-11 所示。

液晶显示屏：采用 8×4 汉字显示液晶(液晶的背景灯在无键盘操作一段时间后将自动关闭,按任意键、跳闸或自检报警后背景灯会自动点亮)。显示保护定值、采样值、保护动作信息以及替代常规仪表和信号盘；显示各种测量值以及开关量、设备状态等。显示控制菜单与键盘配合，实现人机交互，如修改定值、口令、设置装置工作参数、观察输入信号等。

二极管指示灯：指示设备工作状态、断路器位置、保护动作及装置异常。

“运行”灯：指示装置的运行状态，装置正常运行时点亮，闭锁时熄灭。

“报警”灯：当装置报警时点亮。

“跳闸”灯：当保护跳闸时此灯点亮。

“重合”灯：当保护重合时此灯点亮。

“跳位”灯：当 TWJ 闭合时此灯点亮。

“合位”灯：当 HWJ 闭合时此灯点亮。

操作键盘：用于输入命令、修改保护定值或强制装置复位，共有 9 个按键。

，< + >和< - >键：用于输入数字。按一次< + >键，数字加 1；按一次< - >键，数字减 1。

< ↑ >键；进入命令菜单、上移光标。

< ↓ >键：下移光标。

<←>键：左移光标。

<→>键：右移光标。

< 确定 >键：确认修改、设定；确认命令执行或选择菜单项。

< 复位 >键：强制装置复位，重新启动。

< 取消 >键：退出最低层菜单任务，如退出“遥测显示”菜单任务，返回上一级菜单项；取消已做的操作，如修改定值和参数。

复归按钮：用于复归跳闸灯和重合灯。

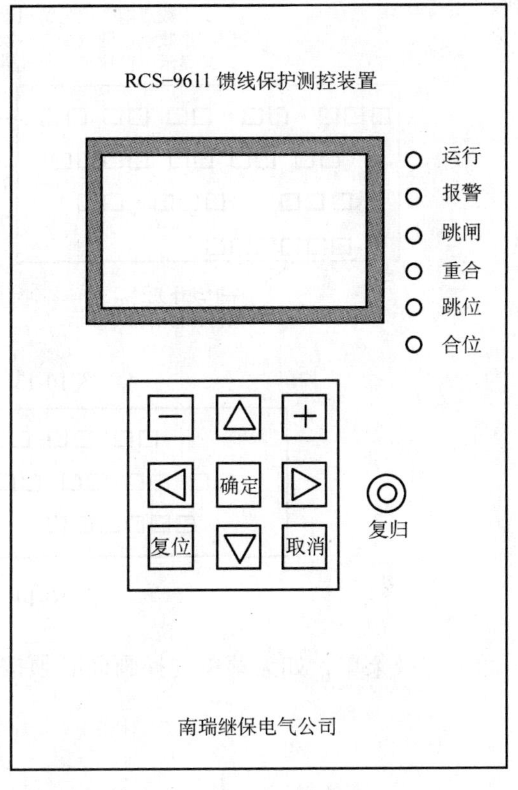

图 10-11　RCS-9611 保护测控单元面板

(2) 液晶显示

①正常显示，如图 10-12 所示。②跳闸报告显示，如图 10-13 所示。③自检报告显示，如图 10-14 所示。

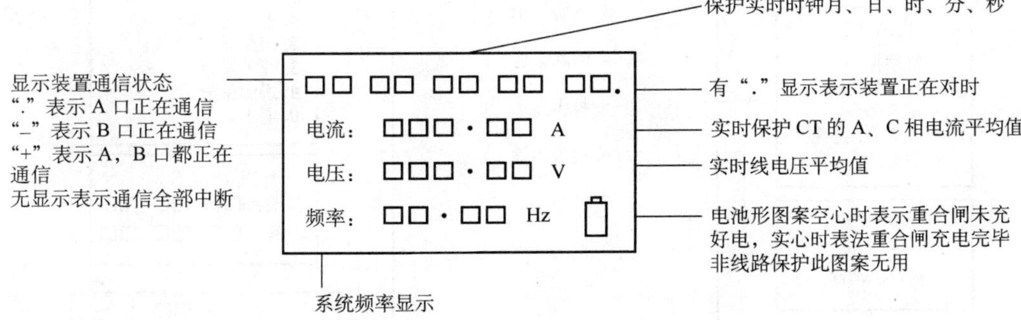

图 10-12　正常显示

(3) 命令菜单

命令菜单为树形结构多级菜单，如图 10-15 所示，按键盘< ↑ >键可以进入保护装置的主菜单，用< ↑ >< ↓ >键移动光标选择相应的条目，按<确定>键可进入下一级画面，如选择“0. 退出”一项按<确定>键则返回正常显示画面。如下一级画面仍为菜单选择，可继续按< ↑ >< ↓ >键选择相应的条目按<确定>键进入再下一级画面，选择“0. 退出”

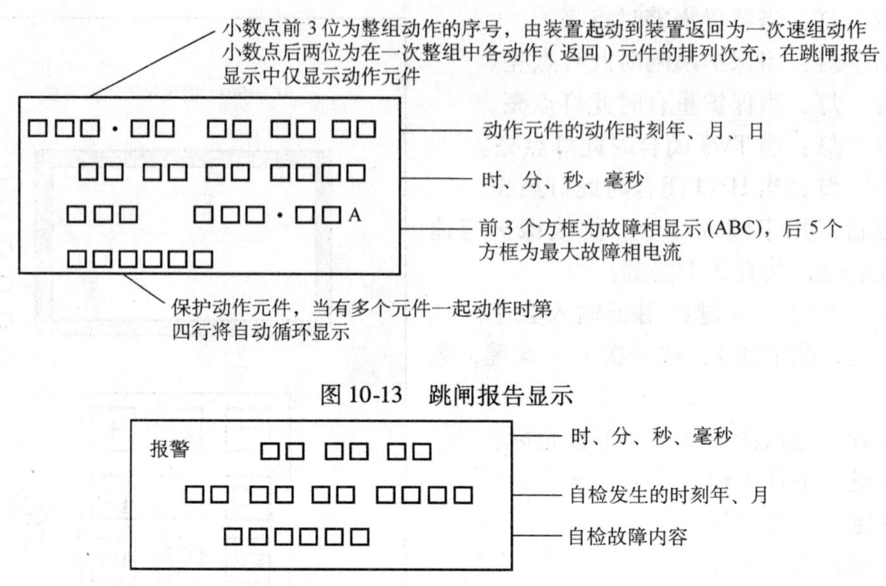

图 10-13　跳闸报告显示

图 10-14　自检报告显示

返回上一级菜单，如无菜单选择画面必须按 <取消> 键返回上一级菜单。

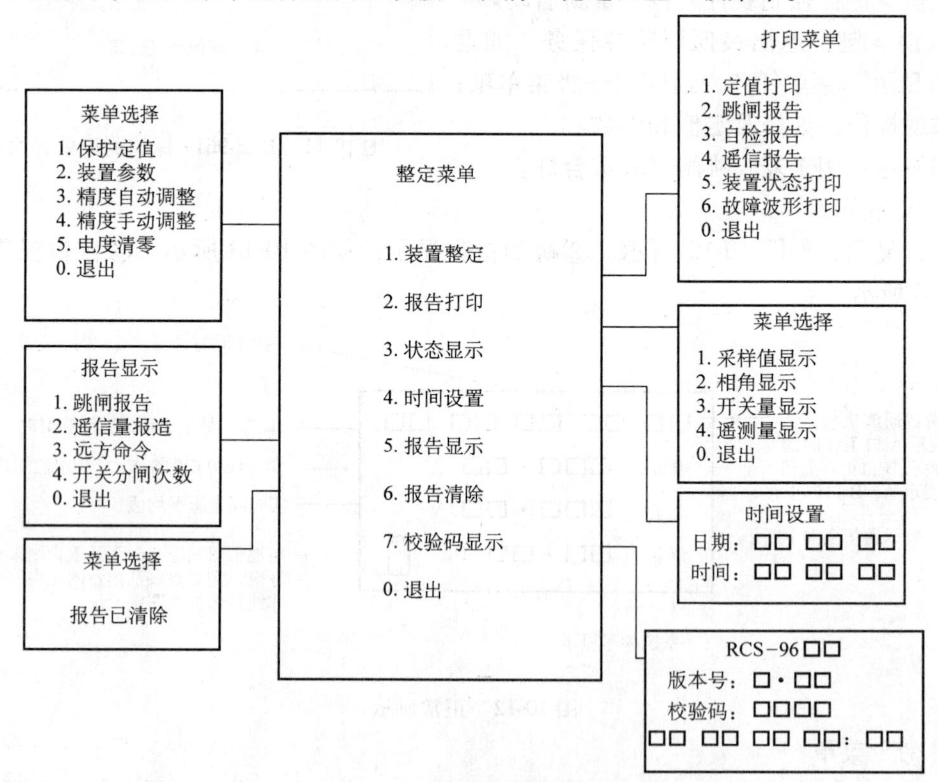

图 10-15　树形结构多级菜单

按 <确定> 键出现右面的菜单，用 <↑>、<↓>、<←>、<→> 键可以将光标移动到所需要整定的位置，通过 <+>、<-> 键可对光标所在位置上的数字由“1、2、3…9、

0”的变化以达到所需的值。当全部的定值整定完毕按 <确定> 键可将定值固化，同时运行灯熄灭保护闭锁，必须按“复位”键保护才会工作在新的定值下。(注意先要整定定值区号)整定完如按 <取消> 键则取消定值的修改返回上一级菜单。

对保护定值、参数整定等一些重要内容采取了一定安全保护措施，在操作确认要显示这些内容后，将提醒输入由 3 位数构成的口令。口令错误，显示内容为输入口令前的菜单项内容。口令验证无误后，显示所要查看的内容。如要查看保护定值，首先进入定值菜单，在选中并确认保护定值菜单项后，将提醒输入口令。口令经验证无误后，保护定值如图 10-16 所示。

• 装置整定

保护定值：按 <确认> 键，出现图 10-16 保护定值画面后，首先检查定值区号，是否与所修改定值的区号相同。若不同可按“取消”键，退出保护定值画面，选择进入参数画面，修改保护定值区号为所需修改定值的区号，而后再进入保护定值整定画面。若区号相同，按 < ↑ >、< ↓ > 键，移动光标至所需整定的定值处，再按 <←>、<→> 键，将光标移动到所需整定的位置，按 < + > 或 < - > 键，光标所在位置上的数字将按“1、2、3…9、0”顺序变化，直至达到所需的数字出现。移动光标至下一个位置，再按 < + > 或 < - > 键，修改光标所在位置上的数字，反复进行上述工作直至全部的定值整定完毕，按 <确认> 键将定值固化。此时，面板上“运行”灯熄灭，保护处于闭锁状态。按 <复位> 键，保护启用新的定值。整定中间或整定结束后，若按 <取消> 键，则所修改定值被丢弃。系统将保护修改前定值并返回上一级菜单。

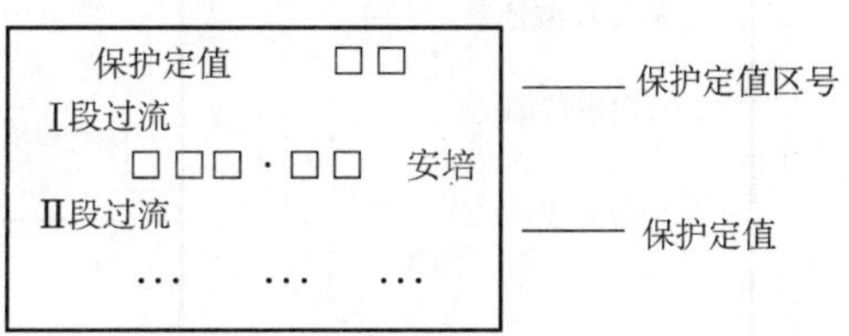

图 10-16 保护定值

装置参数：参数整定修改操作同保护定值整定。装置参数如图 10-17 所示。

精度自动调整、精度手动调整、电度清零：此 3 项功能为装置调较采样精度及复位脉冲电度记数时所用。由于装置出厂时已经进行过调整，所以建议用户不要使用此功能。

• 报告打印

选择报告打印菜单项后，进入报告打印子菜单，按 < ↑ >、< ↓ > 键，选择相应菜单项，以进行所有希望的操作。

定值打印：按 <确认> 键打印保护整定值。

跳闸报告打印：按 <确认> 键打印保护的故障跳闸报告。

装置状态打印：按 <确定> 键打印保护装置的当前状态。

• 状态显示

在主菜单画面上，选择状态显示菜单项，按 <确认> 键，进入状态显示子菜单，选择相应菜单项，按 <确认> 键，显示所要查看的画面。按 < ↑ >、< ↓ > 键，阅读显示全部内容。

◇ 采样值显示：画面显示保护采样值，如图 10-18 所示。

◇ 相角显示(部分型号无此菜单)：用来检查外部电缆极性，做实验或正常运行时检查外部电流和电压相量关系，如图 10-19 所示。

◇ 开关量显示：显示断路器输入状态。当开关量输入接点闭合时为“1”，断开时为“0”，如图 10-20 所示。

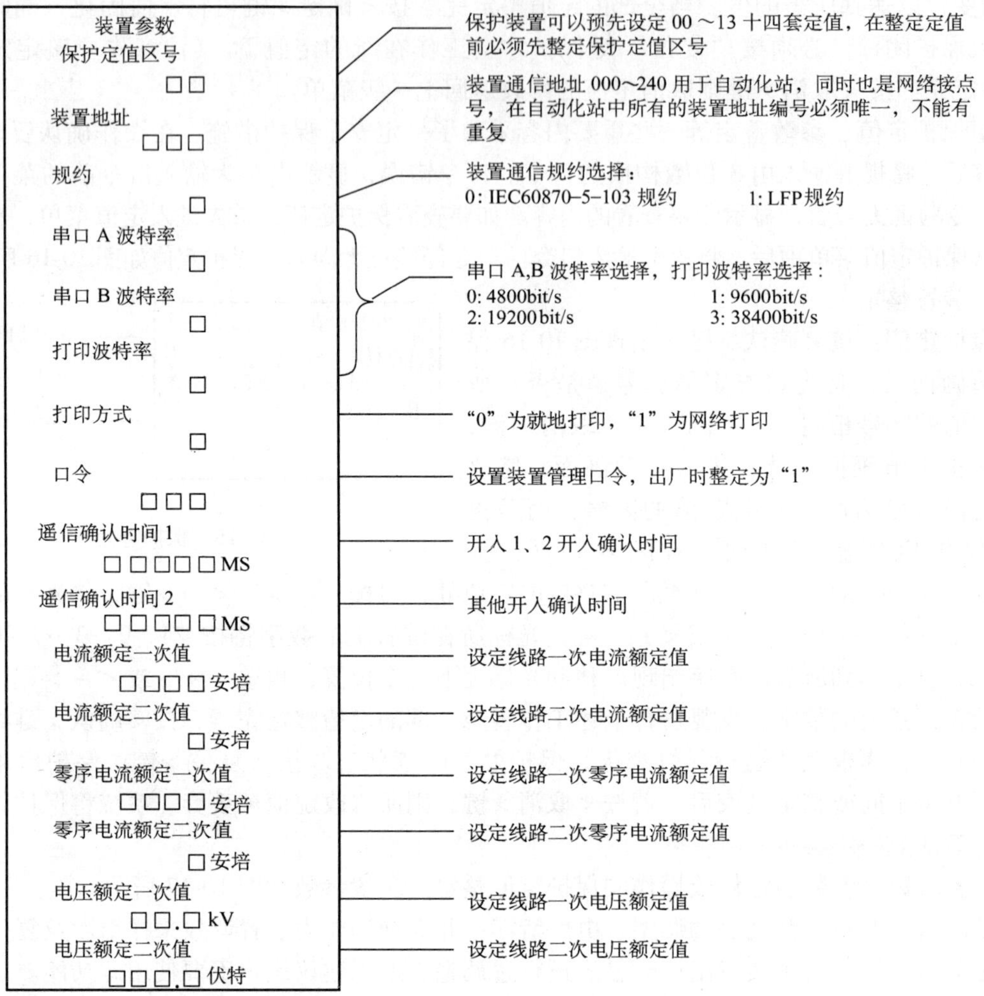

装置参数
保护定值区号
□□
装置地址
□□□
规约
□
串口 A 波特率
□
串口 B 波特率
□
打印波特率
□
打印方式
□
口令
□□□
遥信确认时间 1
□□□□□MS
遥信确认时间 2
□□□□□MS
电流额定一次值
□□□□安培
电流额定二次值
□安培
零序电流额定一次值
□□□□安培
零序电流额定二次值
□安培
电压额定一次值
□□.□ kV
电压额定二次值
□□□.□伏特
保护装置可以预先设定 00～13 十四套定值，在整定定值前必须先整定保护定值区号
装置通信地址 000~240 用于自动化站，同时也是网络接点号，在自动化站中所有的装置地址编号必须唯一，不能有重复
装置通信规约选择：
0: IEC60870–5–103 规约
1: LFP规约
串口 A,B 波特率选择，打印波特率选择：
0: 4800bit/s
1: 9600bit/s
2: 19200bit/s
3: 38400bit/s
“0”为就地打印，“1”为网络打印
设置装置管理口令，出厂时整定为“1”
开入 1、2 开入确认时间
其他开入确认时间
设定线路一次电流额定值
设定线路二次电流额定值
设定线路一次零序电流额定值
设定线路二次零序电流额定值
设定线路一次电压额定值
设定线路二次电压额定值

图 10-17　装置参数

采样值显示
IA = □□□·□□ A
IB = □□□·□□ A
IC = □□□·□□ A
I0 = □□□·□□ A
UAB = □□□·□□ V
UBC = □□□·□□ V
UCA = □□□·□□ V
U0 = □□□·□□ V
Ux = □□□·□□ V
保护 CT 二次采样值
保护 PT 二次采样值
保护计算出的零序电压
线路 PT 电压

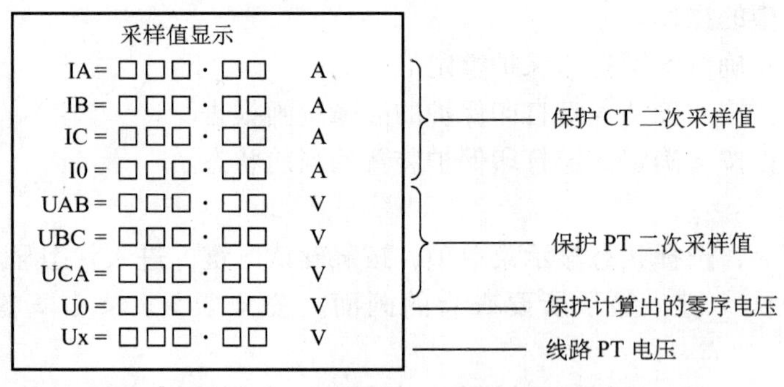

图 10-18　采样值显示

◇ 遥测量显示：遥测量菜单显示遥测值，如图 10-21 所示。

时间设置。显示装置内当前时间，修改装置内时间。在主菜单上，选择时间设置菜单项，按 < 确认 > 键，显示图 10-22 所示画面。

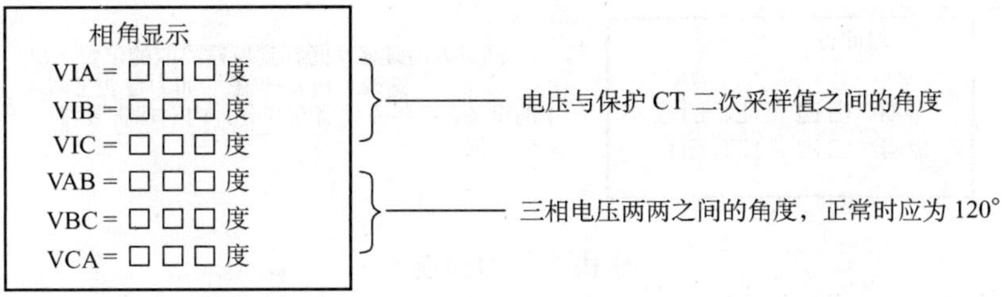

相角显示
VIA = □□□度
VIB = □□□度
VIC = □□□度
VAB = □□□度
VBC = □□□度
VCA = □□□度

电压与保护 CT 二次采样值之间的角度

三相电压两两之间的角度，正常时应为 120°

图 10-19　相角显示

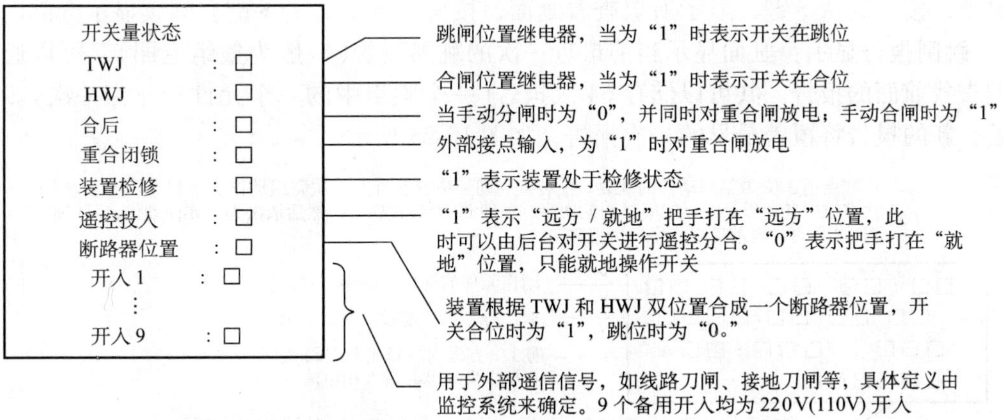

开关量状态
TWJ　：□
HWJ　：□
合后　：□
重合闭锁　：□
装置检修　：□
遥控投入　：□
断路器位置　：□
开入 1　：□
⋮
开入 9　：□

跳闸位置继电器，当为“1”时表示开关在跳位

合闸位置继电器，当为“1”时表示开关在合位

当手动分闸时为“0”，并同时对重合闸放电；手动合闸时为“1”

外部接点输入，为“1”时对重合闸放电

“1”表示装置处于检修状态

“1”表示“远方 / 就地”把手打在“远方”位置，此时可以由后台对开关进行遥控分合。“0”表示把手打在“就地”位置，只能就地操作开关

装置根据 TWJ 和 HWJ 双位置合成一个断路器位置，开关合位时为“1”，跳位时为“0。”

用于外部遥信信号，如线路刀闸、接地刀闸等，具体定义由监控系统来确定。9 个备用开入均为 220V(110V) 开入

图 10-20　开关量显示

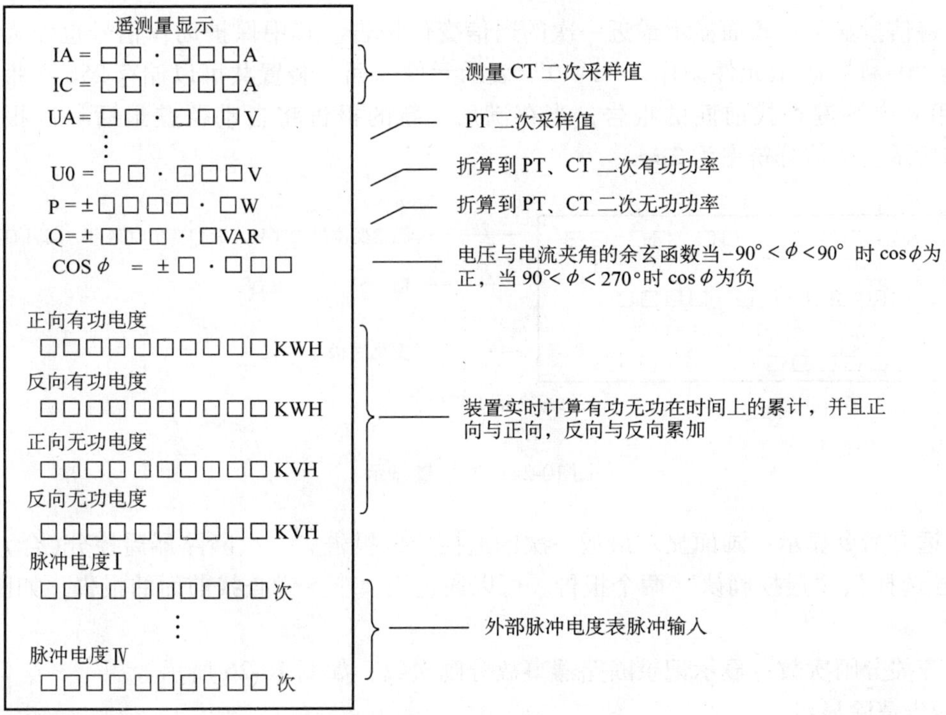

遥测量显示
IA = □□·□□□A
IC = □□·□□□A
UA = □□·□□□V
⋮
U0 = □□·□□□V
P = ±□□□□·□W
Q = ±□□□·□VAR
COS ϕ = ±□·□□□

正向有功电度
□□□□□□□□□□□KWH
反向有功电度
□□□□□□□□□□□KWH
正向无功电度
□□□□□□□□□□□KVH
反向无功电度
□□□□□□□□□□□KVH
脉冲电度Ⅰ
□□□□□□□□□□□次
⋮
脉冲电度Ⅳ
□□□□□□□□□□□次

测量 CT 二次采样值

PT 二次采样值

折算到 PT、CT 二次有功功率

折算到 PT、CT 二次无功功率

电压与电流夹角的余玄函数当 $-90° < \phi < 90°$ 时 $\cos\phi$ 为正，当 $90° < \phi < 270°$ 时 $\cos\phi$ 为负

装置实时计算有功无功在时间上的累计，并且正向与正向，反向与反向累加

外部脉冲电度表脉冲输入

图 10-21　遥测量显示

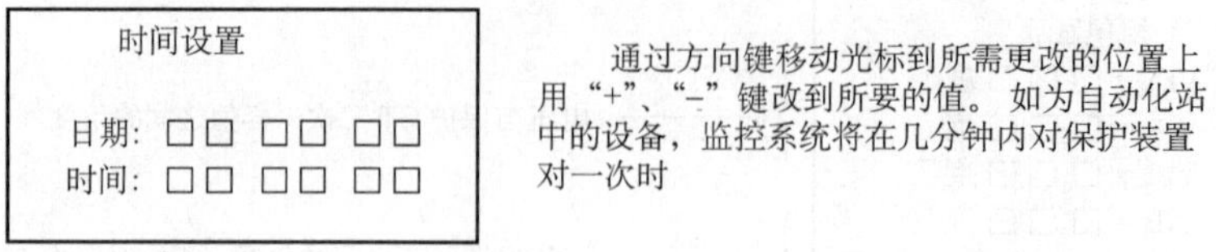

时间设置

日期: □□ □□ □□

时间: □□ □□ □□

通过方向键移动光标到所需更改的位置上用“+”、“-”键改到所要的值。如为自动化站中的设备，监控系统将在几分钟内对保护装置对一次时

图 10-22　时间设置

• 报告显示

在主菜单画面上，选择报告显示菜单项，按 < 确认 > 键，进入报告显示子菜单，选择相应菜单项，按 < 确认 > 键，显示所要查看画面，按 < ↑ >、< ↓ > 键，阅读显示全部内容。

◇ 跳闸报告显示：画面显示当前最近一次的跳闸报告(一般为整组返回)，可以通过 < ↑ > 键查找前面的报告。共可以储存 64 次报告(一个整组中的一个元件动作为一次)。报告存满后，新的报告将覆盖最早的一次报告，如图 10-23 所示。

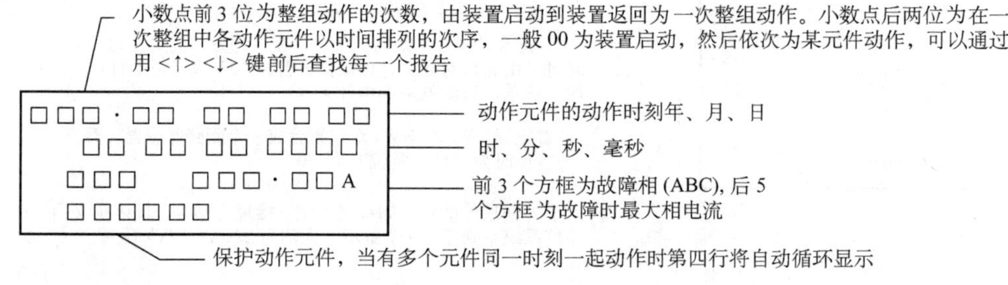

图 10-23　跳闸报告显示

◇ 遥信量显示：画面显示最近一次的遥信变位报告。其中保护动作信号也作为一个遥信记录，“0→1”表示元件动作，“1→0”表示元件返回。装置共可以储存 256 次报告，可以通过用 < ↑ > 键查找前面的报告，当存满后，新的报告将自动覆盖最后一次报告，如图 10-24所示。遥信分辨率为 2ms。

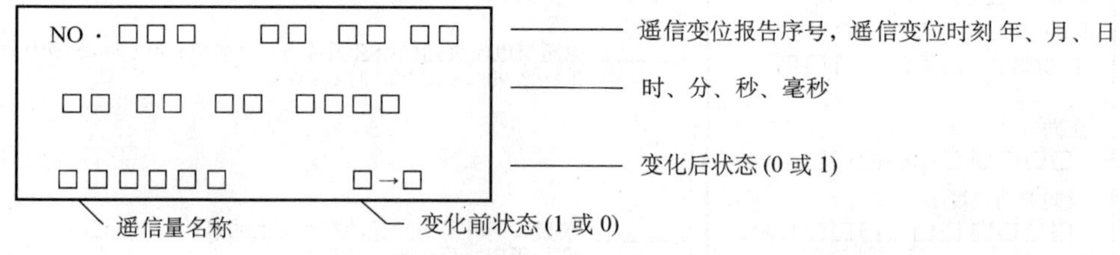

图 10-24　遥信量显示

◇ 远方命令显示：画面显示最近一次的遥控变位报告。一次断路器遥控分(合)闸显示为“遥控选择”、“遥控确认”两个报告。可以通过用 < ↑ > 键查找前面的报告，如图 10-25 所示。

◇ 开关分闸次数：显示记录断路器事故分闸次数，如图 10-26 所示。

• 报告清除显示

清除储存在内存中的各种报告。在主菜单画面上选择报告清除项，按 < 确认 > 键，将出

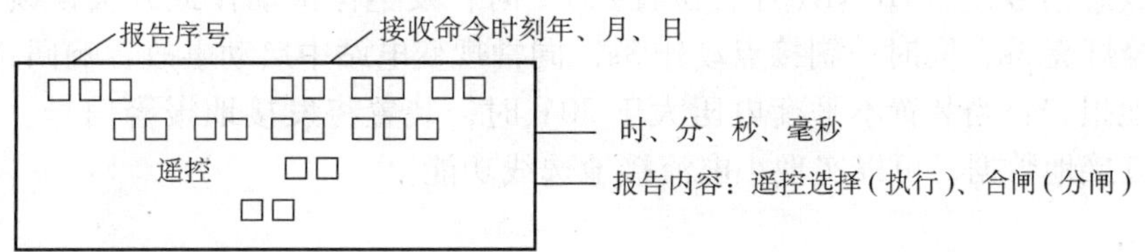

图 10-25　远方命令显示

现图 10-27 所示的画面。

- 校验码显示

显示装置内软件版本号、校验码以及程序形成的时间。在主菜单画面上选择校验码显示项，按 <确认> 键，将出现图 10-28 所示的画面。

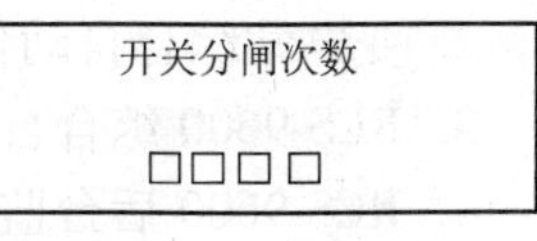

图 10-26　开关分闸次数

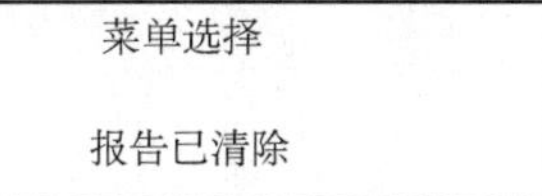

图 10-27　报告清除显示

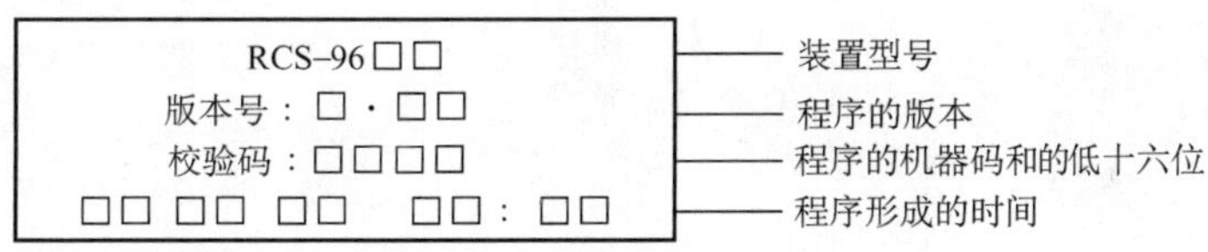

图 10-28　校验码显示

（4）保护报告说明

1）RAM 出错：保护板 RAM 出错，运行灯熄灭，闭锁保护，需通知厂方处理。

2）ROM 出错：保护板 ROM 出错，运行灯熄灭，闭锁保护，需通知厂方处理。

3）定值出错：保护板定值出错，运行灯熄灭，闭锁保护。在装置正常修改定值后装置也报定值出错，此时退出菜单至主画面，让装置自动复位或按复位键即可。在装置正常运行时报定值出错，则需通知厂方处理。

4）PT 断线：当 PT 断线投入为“1”时，a 正序电压小于 30V，而任一相电流大于 $0.06I_N$；b 负序电压大于 8V。满足两个条件之一延时 10s 发报警信号，报警灯亮。

5）频率异常：当系统频率小于 49.5Hz 超过 10s 将发报警信号，报警灯亮。

6）TWJ 异常：当 TWJ 为“1”，而任一相电流大于 0.1A 延时 10s 发报警信号，报警灯亮。

7）控制回路断线：当 TWJ 为 0，HWJ 为 0 延时 3s 发报警信号，报警灯亮。

8）弹簧未储能：当弹簧未储能接点输入时发报警信号，报警灯亮同时闭锁重合闸。

9）线路电压异常：重合闸检同期无压投入，线路电压小于 20V，任一相电流大于 $0.06I_N$ 报线路电压异常，发报警信号，报警灯亮，不闭锁保护。

10）事故总信号：当 HHKK（合后位置）为 1 时，发生保护动作或开关误跳将发出事故总信号，报警灯亮 3s，同时一副接点动作 3s，同常规变电站中启动事故音响回路。

11）接地报警：当装置不平衡电压大于 30V 时，装置将发接地报警信号。如果通过网络分析小电流接地数据，可以实现小电流接地选线功能。

10.3 习题

1. 什么是变电站综合自动化？
2. 变电站综合自动化系统有哪些基本功能？
3. RCS-9600 综合自动化系统由哪几部分组成？
4. RCS-9600 后台监控系统具有哪些特点？
5. RCS-9600 系列保护测控单元完成的主要功能有哪些？
6. RCS-9600 综合自动化系统中实时采集的数据包括哪些类型？

第 11 章　智能化变电站

11.1　智能化变电站简介

11.1.1　智能化变电站的产生

20 世纪 90 年代以来，随着综合自动化系统的不断应用，变电站初步具备了数字化和自动化的特征，但人们也发现实施中的一些问题：①各设备之间大多独立运行，不同厂家的设备之间受通信规约等的限制无法共享信息资源；②通信标准缺乏一致性，导致设备之间不具备互操作性，系统的扩展受到限制；③二次回路电缆数量多、接线复杂，容易遭受电磁干扰、过电压等因素的影响，降低了系统运行的可靠性。

进入 21 世纪后，随着电子技术、网络通信技术的发展，各种智能装备逐步在电力系统中得到应用和实践，给变电站带来很大的变化。以光互感器为代表的电子式互感器利用数字化输出使二次系统技术逐步与一次系统技术融合。IEC61850 的出台为变电站建立了完整的新一代变电站网络通信体系，可有效解决不同系统间的信息互通、互操作、自定义、可扩展性等问题。网络通信技术为变电站提供了信息数字化通信的手段，改变了变电站二次系统的结构，解决了系统中信息传输与共享的机制，使信息的集成化应用成为可能。随着这些技术的成熟和应用，变电站自动化的发展进入了一个新的阶段，智能化变电站和智能化电网逐步被提了出来，并在不断的应用实践中得到认可。

11.1.2　智能化变电站的基本概念

智能化变电站是由智能化一次设备和网络化二次设备组成，建立在 IEC61850 通信规范基础上，能够实现变电站内智能电气设备间信息共享和互操作的现代化变电站。智能化一次设备主要包括电子式互感器、智能化断路器等，网络化二次设备是指将变电站内的常规二次设备标准化设计制造，在设备之间使用高速网络通信实现数据共享。

智能化变电站的特征可理解为以下几个方面。

1）一次设备的智能化。电子式互感器替代传统的电磁式互感器，实现了反映电网运行电气量的数字化输出，是智能化变电站的标志性特征，也为变电站的网络化、信息化以及一次设备的智能化奠定了基础。

2）二次设备的网络化。智能化变电站的二次设备除了具有传统数字式设备的特点外，其二次信号变为基于网络传输的数字化信息，功能配置、信息交换通过网络实现，网络通信成为二次系统的核心，设备成为整个系统中的一个通信节点。

3）变电站通信网络和系统实现标准统一化。智能化变电站利用 IEC61850 的完整性、系统性、开放性保证了设备间具备互操作性的特征，解决了传统变电站因信息描述和通信协议差异而导致的信号识别困难、互操作性差等问题，实现了变电站信息建模标准化。

11.1.3 智能化变电站的基本结构及主要的技术特征

1. 智能化变电站的基本结构

智能化变电站的结构继承了综合自动化变电站分层分布式的特点，依然由一次设备和二次设备分层构成，由于一次设备的智能化和二次设备的网络化，智能化变电站的一、二次设备之间的结合更加紧密。IEC61850 按照变电站自动化系统所要完成的控制、监视、保护 3 大功能从逻辑上将变电站功能划分过程层、间隔层和变电站层，智能化变电站的基本结构如图 11-1 所示。

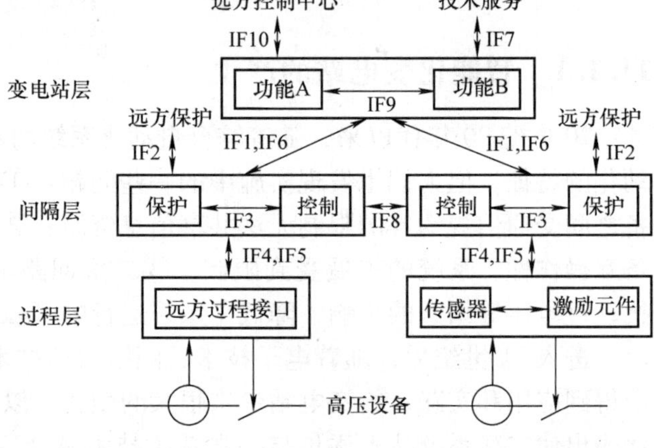

图 11-1 智能化变电站的基本结构

1）过程层。过程层是一次设备与二次设备的结合面，是智能化一次设备的智能化部分。其主要实现与一次设备接口相关的功能，包括实时电压、电流等电气量检测，进行运行设备的状态检测与统计，完成包括断路器、隔离开关的合分控制、变压器分接头调节、直流电源充放电控制操作等的控制执行与驱动。

2）间隔层。间隔层的功能是利用本间隔的数据对本间隔的一次设备产生作用，如线路保护设备和间隔单元控制设备就属于这一层。其主要功能有：汇总本间隔过程层实时数据信息，实施对一次设备的保护控制，实施本间隔的操作闭锁，实施操作同期及其他控制功能，控制数据采集、统计计算及控制命令的优先级，同时高速完成与过程层及站控层的网络通信。

3）变电站层。变电站层主要通过两级高速网络汇总全站的实时数据信息，不断刷新实时数据库，按时登录历史数据库，按既定规约将有关数据信息送向调度或控制中心，接收调度或控制中心有关控制命令并转间隔层、过程层执行。它应具有以下功能：在线可编程的全站操作闭锁控制功能；站内当地监控、人机联系功能，如显示、操作、打印、报警，图像和声音等多媒体功能；可对间隔层、过程层诸设备进行在线维护、在线组态、在线修改参数；同时，能完成变电站故障记录、故障分析和操作培训。

从结构上看，智能化变电站与以往综合自动化变电站相比，主要是对过程层和间隔层设备进行了升级，将一次系统提供的模拟量和开关量就地数字化，用光纤代替电缆连接，实现过程层和间隔层之间的通信。间隔层保护测控装置无需接收 TA、TV 输出的模拟信号，只需接收 SV 网络输出的数字信号。保护装置对外的联系也可以用数字信号，由 GOOSE 网将信息送达目的地。SV 网络用于模拟数据转换后的传送，GOOSE 网用于交换的实时数据有保护装置的跳、合闸命令、站控层后台计算机发出的经测控装置的遥控命令、保护装置间信息、一次设备的遥信信号。

2. 智能化变电站的主要技术特征

1）数据采集数字化。智能化变电站采集和传输数字化电压、电流等电气量，不仅实现了一、二次有效的电气隔离，而且大大扩展了测量的动态范围与精度，使变电站的信息共享和集成应用成为可能。

2）系统分层分布化。智能化变电站采用了IEC61850提出的变电站过程层、间隔层、站控层的3层功能分层结构。过程层主要指站内的变压器、断路器和互感器等一次设备；间隔层一般按照断路器间隔划分，通常由各种不同的间隔装置组成，直接通过局域网络或串行总线与变电站层联系；变电站层包括监控主机、远动通信机等，设现场总线或局域网，实现变电站层以及与间隔层之间的信息交换。这种分层分布结构实现了以站内一次设备为面向对象的分布式配置，不同的设备均单独安装具有测量、控制和保护功能的元件，任一元件故障不会影响整个系统正常运行。采用分层分布式结构大大降低了对处理器的要求，而且具有自诊断功能，可以灵活地进行扩充。

3）系统结构紧凑化。紧凑型组合电器、智能化断路器等智能化一次设备集成了的更多的部件和功能，体积更小，这使得变电站的占地面积大幅减少，设备布置更加紧凑。各种体积小、重量轻、精度高、数字化的互感器和传感器的应用，不仅简化了一次设备的结构，而且数据的网络传输和共享，实现了二次回路连接的简化，甚至可以取消信号电缆。由于智能化断路器的出现，实现了一、二次设备的集成，控制与保护等越来越靠近过程对象，并可有机地集成在间隔或小室并靠近一次设备布置。过程层的数字化和网络化以及IEC61850的采用，使得整个变电站的功能和配置可以灵活地映射和分配到各个IED（智能电子设备），许多功能的实现不再依赖独立的专用设备，这样系统的结构将更加简单紧凑，性能和可靠性越来越高。

4）系统建模标准化。智能化变电站采用了IEC61850对一、二次设备统一建模，定义了统一的建模语言、设备模型、信息模型和信息交换模型，采用全局统一规则命名资源，使变电站内及变电站与控制中心之间实现了无缝通信与信息共享。通过系统建模的标准化，消除了各种“信息孤岛”，实现了设备的互联开放，从而简化了系统维护、配置、扩展以及工程实施。

5）信息交互网络化。智能化变电站各层、各设备间信息交换都依赖高速网络通信完成，网络成为系统内各种智能电子装置以及与其他系统之间实时信息交换的载体。在过程层与间隔层之间，数字化的各种智能传感器的采样数据通过网络传输到间隔层，利角多播技术将数据同时发送至测控、保护、故障录波及相角测量等单元，进而实现了数据共享。因此二次设备不再出现功能重复的数据与I/O接口，而是通过采用标准以太网技术真正实现了数据及资源共享。

6）信息应用集成化。智能化变电站对常规变电站监视、控制、保护和故障录波等分散的二次系统装置进行了信息集成及功能优化。将间隔层的控制、保护、监视、操作闭锁、诊断与计量等功能和运行支持系统集成到统一的装置中，间隔内、间隔间以及间隔与变电站层的通信采用光纤总线连接。凡是过程层能完成的功能不再由间隔层处理，凡是间隔层能执行的功能不再由变电站层执行，各项功能通过网络组合在系统中，变电站层只是进行各功能的协调，不再需要传统变电站中完成不同任务的分隔系统及相应的通信网络，从而简化了网络结构和通信规约化。

7）设备检修状态化。在智能化变电站中，电压和电流的采集、二次系统设备状况、操作命令的下达和执行完全可以通过网络实现信息的有效监测，可有效地获取电网运行状态数据以及各种 IED 的故障和动作信息，监测操作及信号回路状态，设备状态特征量的采集没有盲区，设备检修策略可以从常规变电站设备的定期检修变成状态检修，从而大大提高了系统的可用性。

8）设备操作智能化。智能一次设备不仅可以获取整个系统及关联设备状态，而且可监测设备内部电、磁、温度、机械和机构动作状态，随着电子技术和控制技术的不断发展，采用新型传感器、电子控制、新控制方法构建参数、动作可靠迅速和状态可控可测可调的智能操作回路成为可能。

11.2 电子式互感器的介绍

1. 传统的电磁式互感器的主要不足

传统的电流和电压互感器属电磁感应式。传统的电磁式互感器绝缘结构复杂，在故障电流下铁心易饱和，动态范围小，频带窄，易受电磁干扰。电磁式互感器的额定参数主要是为了能使电磁式互感器工作在理想的状态而为其提供足够的驱动，而目前广泛使用的微机型保护从原理上只能接受弱电信号的输入，不得不在装置内增加电压、电流变换器，既增大了装置的复杂性，又降低了系统的可靠性。

2. 电子式互感器概念及种类

电子式互感器指电子化测量和数字化输出方式的互感器，有不同的测量原理、方法以及测量传输方式。目前主要有利用光纤传输和采用光学方法测量两大类型。电子式互感器的输出为光信号，而传统的互感器输出的是模拟量的电信号。

光纤传输型电子式互感器主要是利用光纤传输经过电子测量回路转换的数字信号，并作为电子测量部分激光供电通道，解决了高低压隔离的问题。

光学测量型电子式互感器采用磁光等原理直接测量电压、电流，光纤为主要测量元件。

电子式电流互感器主要采用罗戈夫斯基线圈、光学装置或低功耗铁心绕组等实现一次电流信号的转换。电子式电压互感器主要采用电阻分压器、电容分压器、串联感应分压器或光学原理等实现一次电压信号的转换。

3. 电子式互感器的特点

与常规互感器比较，电子式互感器主要有以下特点。

1）高低压完全隔离，安全性高，具有优良的绝缘性能和优越的性价比。电子式互感器取消了铁心，将高压侧信号通过绝缘性能很好的光纤传输到二次设备，这使得其绝缘结构大大简化，电压等级越高其性价比优势越明显。电子式互感器利用光缆而不是电缆作为信号传输工具，实现了高低压的彻底隔离，不存在电压互感器二次回路短路或电流互感器二次开路给设备和人身造成的危害，且光信号有电信号无法比拟的电磁兼容性能、安全性和可靠性。

2）不含铁心，消除了磁饱和和铁磁谐振等问题。电磁式互感器应用了包含铁心的电磁感应原理，铁心的存在不可避免地存在磁饱和及铁磁谐振等问题。电子式互感器在原理上与传统互感器有着本质的区别，一般不用铁心做磁耦合，因此消除了磁饱和及铁磁谐振现象，从而使互感器运行暂态响应好，稳定性好，保证了系统运行的高可靠性。

3）电磁式互感器需要提供较多绕组供不同的二次设备使用，而电子式互感器提供的是数字信号，二次设备可以共享电压、电流信号，减小了体积，节省了资源。

4）动态范围大，测量精度高。电网正常运行时，电流互感器流过的电流并不大，但短路电流一般很大，而且随着电网容量的增加，短路电流越来越大。电磁式电流互感器因存在磁饱和问题，难以实现大范围测量，一台互感器很难同时满足高精度计量和继电保护的需要。电子式互感器有很宽的动态范围，一台电子式互感器可同时满足计量和继电保护的需要。

5）频率响应范围宽。电子式互感器频率响应范围较宽，可以测出高压电力线上的谐波，还可进行电网电流暂态、高频大电流与直流的测量。

6）没有因充油而存在易燃、易爆炸等潜在危险。电子式互感器的绝缘结构相对简单，一般不采用油作为绝缘介质，不会引起火灾和爆炸等危险。

7）体积小、质量轻。电子式互感器质量与体积较电磁式互感器小很多，给运输和安装带来很大方便。

4. 电子式互感器的基本原理

1）电子式电流互感器的原理。电子式电流互感器采用罗戈夫斯基线圈（Rogowski）构造，电子式电流互感器工作原理如图 11-2 所示。

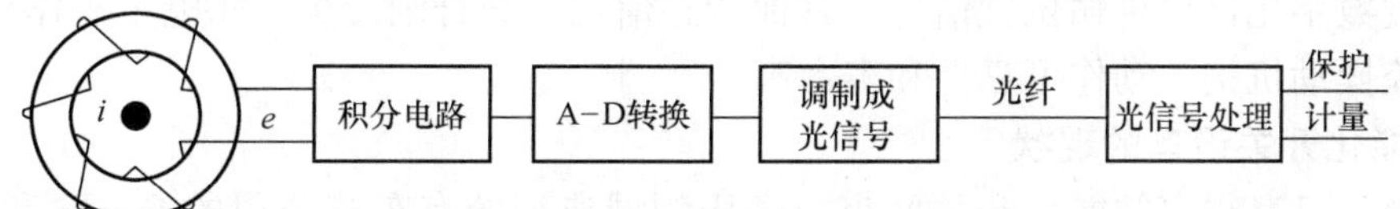

图 11-2　电子式电流互感器工作原理

罗氏线圈为缠绕在环状非殊磁性骨架上的空心线圈，其基本原理仍然为法拉第电磁感应原理，即一次电流 i 产生的交变磁场在线圈两端感应出电动势 e。e 与 i 的变化率成正比，如此则可以通过将实测的 e 的数值积分得到 i 的数值，然后进行“模-数”转化并调制成光信号进行传输。图 11-2 中调制单元需要电源，所以称为有源式光电电流互感器，又因为在互感器配置有电子电路，也称为电子式电流互感器（ECT）。ECT 最大的优点是不会出现磁饱和现象，即测得的二次电流和实际的一次电流始终符合理论变比。

2）电子式电压互感器的原理。电子式电压互感器（EVT）采用电容分压原理，其工作原理与常规电容式电压互感器基本相同，不同之处在于其额定容量在毫瓦级，输出电压在 −5 ~ +5V。EVT 的信号处理与传输模式与 ECT 基本相同。

3）电子式互感器的优点。

① ECT 采用的罗氏线圈不含磁饱和元件，具备无磁饱和、响应频率范围宽、精度高、暂态特性好、绝缘结构简单等特点。EVT 由于采用串行分压感应原理，解决了可能出现铁磁谐振的问题。

② 由于不再使用传统端子排，也消除了电流互感器二次侧开路或电压互感器二次侧短路的隐患。

在 110kV 电压等级，由于 ECT/EVT 输出的都是光信号，所以在 110kV 控制柜内端子排上不再设置传统的电流和电压端子，取而代之的是用光缆终端盒将光信号转接至合并器。

在 10kV 电压等级，EVT 输出的小模拟信号经屏蔽电缆直接输出至调理单元，在 10kV 开关柜内端子排上也不再设置电流和电压端子。

11.3 智能化的电器设备

11.3.1 智能化的电器设备的介绍

1. 智能化开关设备的概念

近年来，随着电气技术、自动化技术、通信技术的不断发展，出现了将保护、监测和控制等功能集成为一体的开关设备，有些还能检测自身运行工况，进行运行状态自诊断和操作过程智能控制，实现智能操作。因此，把这些配有电子设备、数字化接口、传感器和执行器，不仅具有开关设备的基本功能，还在线监测和诊断方面具有较高性能的开关设备和控制设备称为智能化电器设备或智能化开关设备。

一般来说，智能化电器设备除满足常规电器设备的原有功能外，其功能主要表现为：①在线监视功能。监测电、磁、温度、开关机械和机构动作等状态并进行状态评估。②智能控制功能。能够完成最佳开断、定相位合闸、定相位分闸、顺序控制等控制。③数字化的接口。能通过数字化接口传输位置信息、其他状态信息、分合闸命令。④电子操作。具有电子控制的可控操动机构，动作可靠性和寿命高。

2. 智能化开关设备的现状

近年来，已有很多智能化开关面市。高压领域典型的有东芝公司的 C-GIS 和 ABB 公司的 EXK 型智能化 GIS，它们的特点都是采用先进的传感器技术和微计算机处理技术，使整个组合电器的在线监测与二次系统在一个计算机控制平台上，采用光电式电流传感器和电压传感器替代传统的电磁式电流互感器和电压互感器。在中压领域较典型的有 20 世纪 90 年代初的富士公司的智能式真空断路器及 VM1 型真空断路器。富士公司的智能式真空断路器包括了自动保护功能、早期维护功能和信息传递功能；VM1 型真空断路器除了新颖的一体化绝缘结构外，最显著的特色是采用了永磁操动机构和新型传感器。

11.3.2 智能化开关设备

1. PASS 组合式智能化开关

1）概述。PASS（Plug And Switch System）开关是一种组合式智能化电器设备，它由金属外壳封闭，把 SF_6 气体绝缘的断路器、隔离开关、接地开关、电流互感器及复合绝缘套管分相组合，并由传感器与传动结构处理接口进行数据采集、处理以及通过光纤与外部交互信息。PASS 集成了 GIS 的优点，具有结构简单紧凑、占地面积小、可靠性高、安装方便和免维护等特点。图 11-3 为 PASS 智能化开关系统和组合开关结构图。

从结构与性能上，它具有以下特点：

① 所有一次部分均在同一 SF_6 气室中，取消出线隔离开关及接地开关等，有 GIS 的优点，同时简化了设备，价格比 GIS 便宜。所有操作功能都融合在一个操作箱内，可动元件少，布置紧凑。

② 在一次设备中采用了智能化传感器技术和微处理技术，通过数字通信实现对设备的在线监测、诊断、过程监视和站内计算机监控。从 PASS 开关到继电保护、测量计量及监控系统均采用光缆连接，二次电缆少。

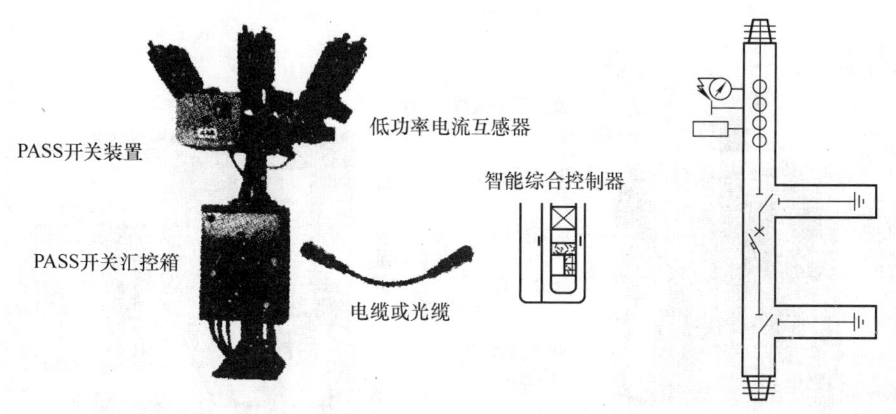

图 11-3　PASS 智能化开关系统和组合开关结构图

③ 用一次设备的在线监测、自动状态校核和缺陷报警等代替传统的定期检查试验和预防性试验，将定期检查改变为状态检修，运行人员可根据设备运行状况及趋势分析结果，安排检修和维护时间。这样既减少了设备停电检修的概率和时间，减少了运行成本，也减少了人为因素造成的设备损坏。

④ 检修时整体更换，无须拆装和调试，减少了停电时间。

2）PASS 的智能化设计。采用带铁心的低功率电流互感器来代替常规的电流互感器，将常规的保护，测控单元直接就地安装，将 PASS 开关装置、采集开关状态物理量的传感器和智能综合控制器组合起来，采用屏蔽电缆或者光纤连接，实现 PASS 开关智能化。

① 采用带铁心的低功率电流互感器（LPCT）。PASS 开关上采用带铁心的低功率电流互感器，可以为此实现体积很小但测量范围却很广的设计。

② 采用监控传感器。采用的传感器有：气体密度测量传感器，测量电压电流的传感器，用于监测断路器、隔离开关、接地开关的传感器和反映物理现象的传感器（如电弧放电、温度、湿度等）。这些传感器必须满足高可靠性和寿命要求。

③ PASS 开关智能综合控制器。PASS 智能控制系统主要由以下几部分组成：PASS 开关运行状态和运行参数信息采集系统，PASS 开关就地控制和保护单元，PASS 开关运行状态分析系统，光纤通信系统，信息记录、故障分析和定位单元。各个功能部分由独立的智能模块各自完成，并通过通信有机连成一体，同时通过互为热备用的双光纤以太网接口，与变电站的上一级监控系统连接，完成数据交换和控制功能。它可以完成断路器、隔离开关的一切在线监测功能，本间隔内所有综合自动化要求的保护、测控、“五防”、通信功能，显示人机界面等功能。

2. VM1 型永磁真空断路器

VM1 型永磁真空断路器是一种采用永磁操动机构的真空断路器，它将浇铸在环氧树脂中的免维护真空灭弧室、免维护电子控制器以及传感器结合起来，配以新的永磁操动机械，形成了一种智能化的新型断路器，VW1 型永磁真空断路器基本结构如图 11-4 所示。

3. 永磁机构的构成及动作原理

永磁机构由永久磁铁、合闸线圈和分闸线圈组成。VW1 型永磁真空断路器内部结构如图 11-5 所示。

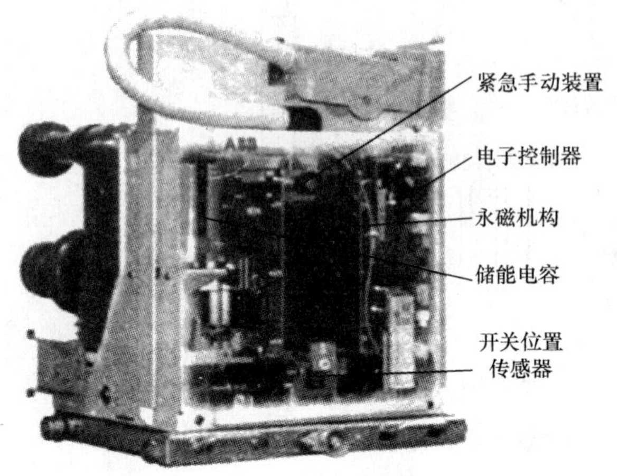

图 11-4　VM1 型永磁真空断路器基本结构

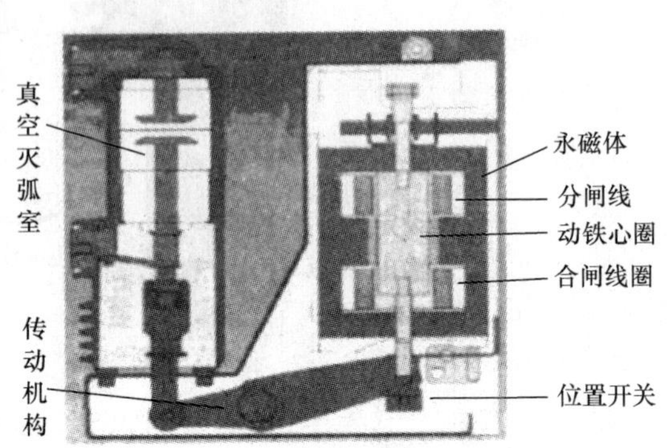

图 11-5　VM1 型永磁真空断路器内部结构

在 VM1 型永磁真空断路器中，永磁操动机构是其核心，通过永磁操动机构，可以实现断路器的分、合和保持，整个动作过程消耗的能量很小。

当断路器处于分闸位置时，动铁心处于上部，动铁心与上部的静铁心之间间隙较小，相对应的磁阻也较小，而动铁心与下部的静铁心之间间隙较大，相对应的磁阻也较大，故永久磁铁所形成的磁力线大部分集中在上部，从而产生很大的向上吸引力，将动铁心紧紧地吸附在上面。

当断路器要合闸时，合闸线圈通过合闸电流，产生感应磁场，该磁场对动铁心产生向下的吸引力，随着合闸电流的增大，该向下的吸引力由小变大，当合闸电流到达某一临界值时，动铁心受到的合力方向向下，开始向下运动。当动铁心到达下部时，永久磁铁和合闸线圈两者产生的磁场将动铁心牢牢地吸附在下部。几秒钟以后，合闸电流消失，此时永久磁铁产生的磁场将动铁心保持在下部位置。至此，断路器完成合闸操作。

基于同样的原理，当分闸线圈得电后，动铁心向上运动，同样由永久磁铁将它保持在分闸位置。

由以上动作原理可知，永久磁铁与分合闸线圈相配合，较好地解决了合闸时需要大功率能量的问题，因为永久磁铁可以提供磁场能量，作为合闸之用，合闸线圈所需提供的能量便相对可以减少，这就可以减小合闸线圈的尺寸和工作电流。

4. 永磁机构的控制部分

永磁操动机构控制器是永磁机构真空断路器的核心控制单元，用以采集信号和执行控制命令，包括电源模块、驱动模块、保护测量模块及其他功能模块，采用按钮和遥控装置进行断路器的分、合闸。具有防跳跃、三次重合、欠电压保护、过电流和速断等功能，并且可以智能识别，有效躲避合闸涌流。

5. 智能一体化开关柜

智能一体化开关柜是将永磁真空断路器、电子式互感器、间隔智能化单元和数字化电表集成在一起的智能化一次设备。其中智能化单元集成了保护、测量、控制和状态检测等功能，并具有网络通信接口，如支持 IEC61850，则可以直接接入智能化变电站中。

11.4 智能化变电站的实现

智能化变电站实现方案通常有 4 种形式。

1. 两层式数字化变电站

过程层采用常规的一次设备、一、二次设备间用电缆连接，间隔层和变电站层之间采用以太网实 IEC61850 协议，对时采用 SNTP 协议或 IRG-B。图 11-6 所示为两层式数字化变电站基本结构。

2. IEC 61850 + 非常规互感器

过程层采用非常规互感器和常规断路器，一、二次设备间采用电缆、网络混合连接，支持 IEC61850-9-1/IEC 61850-9-2 协议，间隔层和变电站层之间采用以太网实现 IEC 61850 协议。"IEC 61850 + 非常规互感器" 方案基本结构如图 11-7 所示。

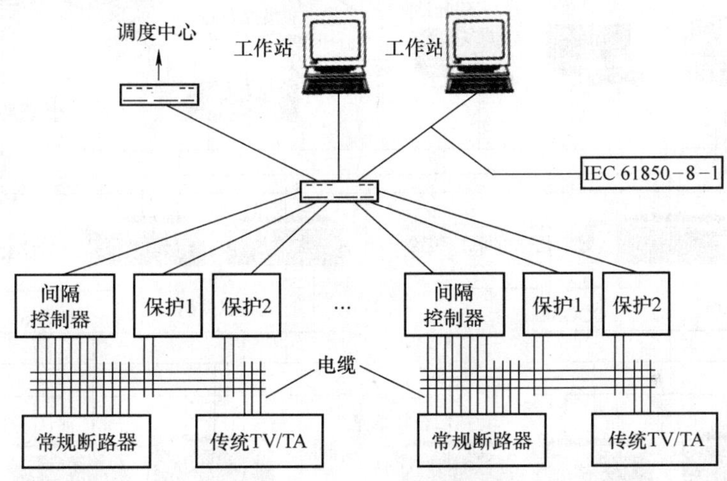

图 11-6　两层式数字化变电站

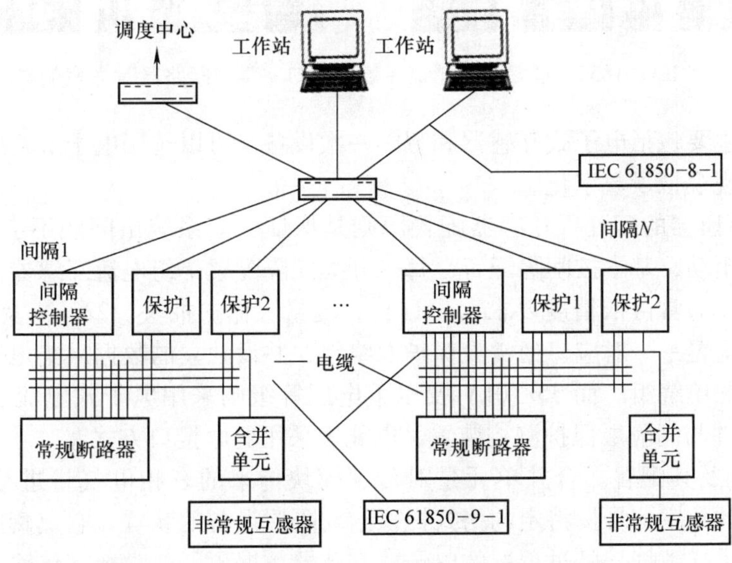

图 11-7　"IEC 61850 + 非常规互感器" 方案基本结构

3. IEC 61850 + 非常规互感器 + 智能接口 + 常规断路器

过程层采用非常规互感器 + 智能接口 + 常规断路器；一、二次设备间采用网络连接，支持 IEC61850 –9 –1/IEC 61850 –9 –2 标准协议、IEC 61850 GOOSE 协议：间隔层和变电站层之间采用以太网实现 IEC 61850 标准协议。“IEC 61850 + 非常规互感器 + 智能接口 + 常规断路器”方案的基本结构如图 11-8 所示。

4. IEC 61850 + 非常规互感器 + 智能断路器

过程层采用非常规互感器、智能断路器：一、二次设备间采用网络连接，支持 IEC 61850 –9 标准协议，IEC 61850 GOOSE 协议；间隔层和变电站层之间采用以太网实现 IEC 61850 标准协议。这种方案唯一与方案 3 不同的是一次设备的智能接口由智能断路器本身完成。

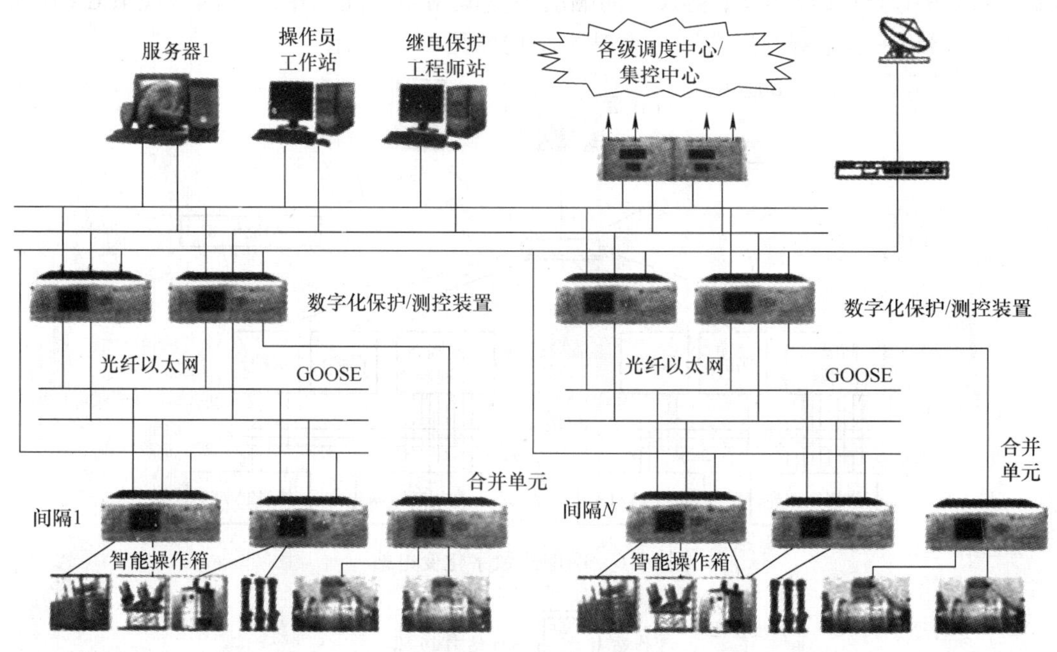

图 11-8 “IEC 61850 + 非常规互感器 + 智能接口 + 常规断路器”方案的基本结构

过程层设备主要包括电子式互感器和智能一次设备。可以选用电子式互感器或传统互感器加智能终端实现模拟量数字化。

1）电子式互感器的配置。互感器配置原则是保证一套系统出问题不会导致保护误动，也不会导致保护拒动，基本按间隔配置，每个开关间隔配置一组电流互感器。每段母线配置一组电压互感器。通常可依精度要求引出计量、测量、保护抽头。220kV 及以上电压等级，应与双重化保护配置一一对应，通常设保护双绕组，并设独立的数据采集电路。110kV 电压等级通常配置保护单绕组。而 35/10kV 及以下电压等级则采用电子式电流、电压组合式互感器（ECVT），并与间隔层保护测控装置、电能表采用弱电接口方式。

2）合并单元及其配置。合并单元是对传感模块传来的三相电气量进行合并和同步处理，并将处理后的数字信号按特定的格式提供给间隔层设备的装置。它负责向过程层和间隔层相关设备发送采样数据，是过程层的电子式互感器数据源。通常数字传输是采用一台合并单元（MU）汇集多达12路的二次转换器数据通道的采样值并由以太网输出，一个数据通道传送一台电子式电流互感器或一台电子式电压互感器采样测量值的数据流。多相或组合式互感器，多个数据通道可以通过一个物理接口从二次转换器传物到合并单元。合并单元对二次设备提供一组同步的电流、电压采样值，二次转换器也可以从常规电流、电压互感器获取信号，并汇集到合并单元。

通常其配置与一次间隔单元相对应，并根据保护双配置选择双配置，确保整间隔数字化系统局部故障时不扩大故障范围。为保证可靠性，电子式互感器的远端模块和合并单元还需要冗余配置，远端模块中电流也需要冗余采样，经冗余配置的合并单元分别连接冗余的电子式互感器远端模块，合并单元可安装在断路器附近或保护小室。

11.5 习题

1. 智能化变电站的结构如何组成？有什么特点？
2. 智能化变电站中各层的作用是什么？分别有什么特征？
3. 智能化变电站的主要技术特征是什么？
4. 什么是电子式互感器？和传统的互感器有何不同？
5. 电子式互感器有几类？各有何特点？
6. 简述电子式电流互感器的原理。
7. 为什么电子式互感器不再使用传统端子排？
8. 什么是智能化开关设备？
9. PASS是什么？在结构与性能上有何特点？
10. VM1型永磁真空断路器有何特点？
11. 智能一体化开关柜有何特点？
12. 智能化变电站实现方案有几种？各有何特点？
13. 在智能化变电站中电子式互感器的配置原则是什么？
14. 合并单元的作用是什么？

附　录

附录A　参　数　表

表 A-1　用电设备组的需要系数、二项式系数及功率因数值

用电设备组名称	需要系数 K_d	二项式系数		最大容量设备台数 x①	$\cos\varphi$	$\tan\varphi$
		b	c			
小批生产的金属冷加工机床电动机	0.16～0.2	0.14	0.4	5	0.5	1.73
大批生产的金属冷加工机床电动机	0.18～0.25	0.14	0.5	5	0.5	1.73
小批生产的金属热加工机床电动机	0.25～0.3	0.24	0.4	5	0.6	1.33
大批生产的金属热加工机床电动机	0.3～0.35	0.26	0.5	5	0.65	1.17
通风机、水泵、空压机及电动发电机组电动机	0.7～0.8	0.65	0.25	5	0.8	0.75
非连锁的连续运输机械及铸造车间整砂机械	0.5～0.6	0.4	0.4	5	0.75	0.88
连锁的连续运输机械及铸造车间整砂机械	0.65～0.7	0.6	0.2	5	0.75	0.88
锅炉房和机加机修装配等类车间的吊车（$\varepsilon=25\%$）	0.1～0.15	0.06	0.2	3	0.5	1.73
铸造车间的吊车（$\varepsilon=25\%$）	0.15～0.25	0.09	0.3	3	0.5	1.73
自动连续装料的电阻炉设备	0.75～0.8	0.7	0.3	2	0.95	0.33
实验室用的小型电热设备（电阻炉、干燥箱等）	0.7	0.7	0		1.0	0
工频感应电炉（未带无功补偿设备）	0.8				0.35	2.68
高频感应电炉（未带无功补偿设备）	0.8				0.6	1.33
电弧熔炉	0.9				0.87	0.57
点焊机、缝焊机	0.35				0.6	1.33
对焊机、铆钉加热机	0.35				0.7	1.02
自动弧焊变压器	0.5				0.4	2.29
单头手动弧焊变压器	0.35				0.35	2.68
多头手动弧焊变压器	0.4				0.35	2.68
单头弧焊电动发电机组	0.35				0.6	1.33
多头弧焊电动发电机组	0.7				0.75	0.88
生产厂房及办公室、阅览室、实验室照明②	0.8～1				1.0	0
变配电所、仓库照明②	0.5～0.7				1.0	0
宿舍或生活区照明②	0.6～0.8				1.0	0
室外、应急照明②	1				1.0	0

① 如果用电设备组的总台数 $n<2x$ 时，则最大容量设备的台数取 $x=n/2$，且按“四舍五入”的修约规则取其整数。

② 这里的 $\cos\varphi$、$\tan\varphi$ 值均为白炽灯照明的数值。如为荧光照明灯，则取 $\cos\varphi=0.9$、$\tan\varphi=0.48$；如为高压汞灯或钠灯则取 $\cos\varphi=0.5$，$\tan\varphi=1.73$。

表 A-2 10kV 级 S9 系列油浸式铜线电力变压器的主要技术数据

型　号	额定容量/kV·A	额定电压/kV		联结组标号	损耗/W		空载电流（%）	阻抗电压（%）
		一次	二次		空载	负载		
S9-30/10(6)	30	11，10.5，10，6.3，6	0.4	Yyn0	130	600	2.1	4
S9-50/10(6)	50	11，10.5，10，6.3，6	0.4	Yyn0	170	870	2.0	4
				Dyn11	175	870	4.5	4
S9-63/10(6)	63	11，10.5，10，6.3，6	0.4	Yyn0	200	1040	1.9	4
				Dyn11	210	1030	4.5	4
S9-80/10(6)	80	11，10.5，10，6.3，6	0.4	Yyn0	240	1250	1.8	4
				Dyn11	250	1240	4.5	4
S9-100/10(6)	100	11，10.5，10，6.3，6	0.4	Yyn0	290	1500	1.6	4
				Dyn11	300	1470	4.0	4
S9-125/10(6)	125	11，10.5，10，6.3，6	0.4	Yyn0	340	1800	1.5	4
				Dyn11	360	1720	4.0	4
S9-160/10(6)	160	11，10.5，10，6.3，6	0.4	Yyn0	400	2200	1.4	4
				Dyn11	430	2100	3.5	4
S9-200/10(6)	200	11，10.5，10，6.3，6	0.4	Yyn0	480	2600	1.3	4
				Dyn11	500	2500	3.5	4
S9-250/10(6)	250	11，10.5，10，6.3，6	0.4	Yyn0	560	3050	1.2	4
				Dyn11	600	2900	3.0	4
S9-315/10(6)	315	11，10.5，10，6.3，6	0.4	Yyn0	670	3650	1.1	4
				Dyn11	720	3450	3.0	4
S9-400/10(6)	400	11，10.5，10，6.3，6	0.4	Yyn0	800	4300	1.0	4
				Dyn11	870	4200	3.0	4
S9-500/10(6)	500	11，10.5，10，6.3，6	0.4	Yyn0	960	5100	1.0	4
				Dyn11	1030	4950	3.0	4
		11，10.5，10	6.3	Yd11	1030	4950	1.5	4.5
S9-630/10(6)	630	11，10.5，10，6.3，6	0.4	Yyn0	1200	6200	0.9	4.5
				Dyn11	1300	5800	3.0	5
		11，10.5，10	6.3	Yd11	1200	6200	1.5	4.5
S9-800/10(6)	800	11，10.5，10，6.3，6	0.4	Yyn0	1400	7500	0.8	4.5
				Dyn11	1400	7500	2.5	5
		11，10.5，10	6.3	Yd11	1400	7500	1.4	5.5
S9-1000/10(6)	1000	11，10.5，10，6.3，6	0.4	Yyn0	1700	10300	0.7	4.5
				Dyn11	1700	9200	1.7	5
		11，10.5，10	6.3	Yd11	1700	9200	1.4	5.5

（续）

<table>
<tr><th rowspan="2">型　　号</th><th rowspan="2">额定容量/kV·A</th><th colspan="2">额定电压/kV</th><th rowspan="2">联结组标号</th><th colspan="2">损耗/W</th><th rowspan="2">空载电流（%）</th><th rowspan="2">阻抗电压（%）</th></tr>
<tr><th>一次</th><th>二次</th><th>空载</th><th>负载</th></tr>
<tr><td rowspan="3">S9-1250/10(6)</td><td rowspan="3">1250</td><td rowspan="2">11，10.5，10，6.3，6</td><td rowspan="2">0.4</td><td>Yyn0</td><td>1950</td><td>12000</td><td>0.6</td><td>4.5</td></tr>
<tr><td>Dyn11</td><td>2000</td><td>11000</td><td>2.5</td><td>5</td></tr>
<tr><td>11，10.5，10</td><td>6.3</td><td>Yd11</td><td>1950</td><td>12000</td><td>1.3</td><td>5.5</td></tr>
<tr><td rowspan="3">S9-1600/10(6)</td><td rowspan="3">1600</td><td rowspan="2">11，10.5，10，6.3，6</td><td rowspan="2">0.4</td><td>Yyn0</td><td>2400</td><td>14500</td><td>0.6</td><td>4.5</td></tr>
<tr><td>Dyn11</td><td>2400</td><td>14000</td><td>2.5</td><td>6</td></tr>
<tr><td>11，10.5，10</td><td>6.3</td><td>Yd11</td><td>2400</td><td>14500</td><td>1.3</td><td>5.5</td></tr>
<tr><td rowspan="3">S9-2000/10(6)</td><td rowspan="3">2000</td><td rowspan="2">11，10.5，10，6.3，6</td><td rowspan="2">0.4</td><td>Yyn0</td><td>3000</td><td>18000</td><td>0.8</td><td>6</td></tr>
<tr><td>Dyn11</td><td>3000</td><td>18000</td><td>0.8</td><td>6</td></tr>
<tr><td>11，10.5，10</td><td>6.3</td><td>Yd11</td><td>3000</td><td>18000</td><td>1.2</td><td>6</td></tr>
<tr><td rowspan="3">S9-2500/10(6)</td><td rowspan="3">2500</td><td rowspan="2">11，10.5，10，6.3，6</td><td rowspan="2">0.4</td><td>Yyn0</td><td>3500</td><td>25000</td><td>0.8</td><td>6</td></tr>
<tr><td>Dyn11</td><td>3500</td><td>25000</td><td>0.8</td><td>6</td></tr>
<tr><td>11，10.5，10</td><td>6.3</td><td>Yd11</td><td>3500</td><td>19000</td><td>1.2</td><td>5.5</td></tr>
<tr><td>S9-3150/10(6)</td><td>3150</td><td>11，10.5，10</td><td>6.3</td><td>Yd11</td><td>4100</td><td>23000</td><td>1.0</td><td>5.5</td></tr>
<tr><td>S9-4000/10(6)</td><td>4000</td><td>11，10.5，10</td><td>6.3</td><td>Yd11</td><td>5000</td><td>26000</td><td>1.0</td><td>5.5</td></tr>
<tr><td>S9-5000/10(6)</td><td>5000</td><td>11，10.5，10</td><td>6.3</td><td>Yd11</td><td>6000</td><td>30000</td><td>0.9</td><td>5.5</td></tr>
<tr><td>S9-6300/10(6)</td><td>6300</td><td>11，10.5，10</td><td>6.3</td><td>Yd11</td><td>7000</td><td>35000</td><td>0.9</td><td>5.5</td></tr>
</table>

表 A-3　10kV 级 SC9 系列树脂浇注干式铜线电力变压器的主要技术数据

<table>
<tr><th rowspan="2">型　　号</th><th rowspan="2">额定容量/kV·A</th><th colspan="2">额定电压/kV</th><th rowspan="2">联结标号</th><th colspan="2">损耗/W</th><th rowspan="2">空载电流（%）</th><th rowspan="2">阻抗电压（%）</th></tr>
<tr><th>一次</th><th>二次</th><th>空载</th><th>负载</th></tr>
<tr><td>SC9-200/10</td><td>200</td><td rowspan="13">10</td><td rowspan="13">0.4</td><td rowspan="13">Yyn0
Dyn11</td><td>480</td><td>2670</td><td>1.2</td><td>4</td></tr>
<tr><td>SC9-250/10</td><td>250</td><td>550</td><td>2910</td><td>1.2</td><td>4</td></tr>
<tr><td>SC9-315/10</td><td>315</td><td>650</td><td>3200</td><td>1.2</td><td>4</td></tr>
<tr><td>SC9-400/10</td><td>400</td><td>750</td><td>3690</td><td>1.0</td><td>4</td></tr>
<tr><td>SC9-500/10</td><td>500</td><td>900</td><td>4500</td><td>1.0</td><td>4</td></tr>
<tr><td>SC9-630/10</td><td>630</td><td>1100</td><td>5420</td><td>0.9</td><td>4</td></tr>
<tr><td>SC9-630/10</td><td>630</td><td>1050</td><td>5500</td><td>0.9</td><td>6</td></tr>
<tr><td>SC9-800/10</td><td>800</td><td>1200</td><td>6430</td><td>0.9</td><td>6</td></tr>
<tr><td>SC9-1000/10</td><td>1000</td><td>1400</td><td>7510</td><td>0.8</td><td>6</td></tr>
<tr><td>SC9-1250/10</td><td>1250</td><td>1650</td><td>8960</td><td>0.8</td><td>6</td></tr>
<tr><td>SC9-1600/10</td><td>1600</td><td>1980</td><td>10850</td><td>0.7</td><td>6</td></tr>
<tr><td>SC9-2000/10</td><td>2000</td><td>2380</td><td>13360</td><td>0.6</td><td>6</td></tr>
<tr><td>SC9-2500/10</td><td>2500</td><td>2850</td><td>15880</td><td>0.6</td><td>6</td></tr>
</table>

表 A-4　部分高压断路器的主要技术数据

类别	型　　号	额定电压/kV	额定电流/A	开断电流/kA	断流容量/MV·A	动稳定电流峰值/kA	热稳定电流/kA	固有分闸时间/s≤	合闸时间/s≤	配用操动机构型号
少油户外	SW2-35/1000	35	1000	16.5	1000	45	16.5(4s)	0.06	0.4	CT2-XG
	SW2-35/1500		1500	24.8	1500	63.4	24.8(4s)			
少油户外	SN10-35Ⅰ	35	1000	16	1000	45	16(4s)	0.06	0.2	CT10
	SN10-35Ⅱ		1250	20		50	20(4s)		0.25	CT10Ⅳ
	SN10-10Ⅰ	10	630	16	300	40	16(4s)	0.06	0.15	CT7、8、
			1000	16	300	40	16(4s)		0.2	CD10Ⅰ
	SN10-10Ⅱ		1000	31.5	500	80	31.5(2s)	0.06	0.2	CD10Ⅰ、Ⅱ
	SN10-10Ⅲ		1250	40	750	125	40(2s)	0.07	0.2	CD10Ⅲ
			2000	40	750	125	40(4s)			
			3000	40	750	125	40(4s)			
真空户内	ZN23-35	35	1600	25		63	25(4s)	0.06	0.075	CT12
	ZN3-10Ⅰ	10	630	8		20	8(4s)	0.07	0.15	CD10 等
	ZN3-10Ⅱ		1000	20		50	20(4s)	0.05	0.10	
	ZN4-10/1000		1000	17.3		44	17.3(4s)	0.05	0.2	CD10 等
	ZN4-10/1250		1250	20		50	20(4s)			
	ZN5-10/630		630	20		50	20(2s)	0.05	0.1	专用 CD 型
	ZN5-10/1000		1000	20		50	20(2s)			
	ZN5-10/1250		1250	25		63	25(2s)			
	ZN12-10/1250(2000)-25		1250 2000	25		63	25(4s)	0.06	0.1	CT8 等
	ZN12-10/1250~3150-31.5(40)		1250 2000 2500 3150	31.5 40		80 100	31.5(4s) 40(4s)			
	ZN24-10/1250-20		1250	20		50	20(4s)	0.06	0.1	CT8 等
	ZN24-10/1250(2000)-31.5		1250 2000	31.5		80	31.5(4s)			
六氟化硫(SF_6)户内	LN2-35Ⅰ	35	1250	16		40	16(4s)	0.06	0.15	CT12Ⅱ
	LN2-35Ⅱ		1250	25		63	25(4s)			
	LN2-35Ⅲ		1600	25		63	25(4s)			
	LN2-10	10	1250	25		63	25(4s)	0.06	0.15	CT12Ⅰ CT8Ⅰ

表 A-5　绝缘导线和电缆的电阻和电抗值

室内明敷和穿管的绝缘导线的电阻和电抗值

标称截面积/mm²	电阻/(Ω/km)				电抗/(Ω/km)					
	导线温度				明敷线距/mm				导线穿管	
	50℃		60℃		100		150			
	铝芯	铜芯	铝芯	铜芯	铝芯	铜芯	铝芯	铜芯	铝芯	铜芯
1.5		14.00		14.50		0.342		0.368		0.138
2.5	13.33	8.40	13.80	8.70	0.327	0.327	0.353	0.353	0.127	0.127
4	8.25	5.20	8.55	5.38	0.312	0.312	0.338	0.338	0.119	0.119
6	5.53	3.48	5.75	3.61	0.300	0.300	0.325	0.325	0.112	0.112
10	3.33	2.05	3.45	2.12	0.280	0.280	0.306	0.306	0.108	0.108
16	2.08	1.25	2.16	1.30	0.265	0.265	0.290	0.290	0.102	0.102
25	1.31	0.81	1.36	0.84	0.251	0.251	0.277	0.277	0.099	0.099
35	0.94	0.58	0.97	0.60	0.241	0.241	0.266	0.266	0.095	0.095
50	0.65	0.40	0.67	0.41	0.229	0.229	0.251	0.251	0.091	0.091
70	0.47	0.29	0.49	0.30	0.219	0.219	0.242	0.242	0.088	0.088
95	0.35	0.22	0.36	0.23	0.206	0.206	0.231	0.231	0.085	0.085
120	0.28	0.17	0.29	0.18	0.119	0.119	0.223	0.223	0.083	0.083
150	0.22	0.14	0.23	0.14	0.191	0.191	0.216	0.216	0.082	0.082
185	0.18	0.11	0.19	0.12	0.184	0.184	0.209	0.209	0.081	0.081
240	0.14	0.09	0.14	0.09	0.178	0.178	0.200	0.200	0.080	0.080

电力电缆的电阻和电抗值

标称截面积/mm²	电阻/(Ω/km)								电抗/(Ω/km)					
	铝芯电缆				铜芯电缆				纸绝缘电缆			塑料电缆 *		
	缆芯工作温度/℃								额定电压/kV					
	55	60	75	80	55	60	75	80	1	6	10	1	6	10
2.5		14.38	15.13			8.54	8.98		0.098			0.100		
4		8.99	9.45			5.34	5.61		0.091			0.093		
6		6.00	6.31			3.56	3.75		0.087			0.091		
10		3.60	3.78			2.13	2.25		0.081			0.087		
16	2.21	2.25	2.36	2.40	1.31	1.33	1.40	1.43	0.077	0.099	0.110	0.082	0.124	0.133
25	1.41	1.44	1.51	1.54	0.84	0.85	0.90	0.91	0.067	0.088	0.098	0.075	0.111	0.120
35	1.01	1.03	1.08	1.10	0.60	0.61	0.64	0.65	0.065	0.083	0.092	0.073	0.105	0.113
50	0.71	0.72	0.76	0.77	0.42	0.43	0.45	0.46	0.063	0.079	0.087	0.071	0.099	0.107

（续）

电力电缆的电阻和电抗值														
标称截面积/mm^2	电阻/(Ω/km)								电抗/(Ω/km)					
	铝 芯 电 缆				铜 芯 电 缆				纸绝缘电缆			塑料电缆 *		
	缆芯工作温度/℃								额定电压/kV					
	55	60	75	80	55	60	75	80	1	6	10	1	6	10
70	0.51	0.52	0.54	0.56	0.30	0.31	0.32	0.33	0.062	0.076	0.083	0.070	0.093	0.101
95	0.37	0.38	0.40	0.41	0.22	0.23	0.24	0.24	0.062	0.074	0.080	0.070	0.089	0.096
120	0.29	0.30	0.31	0.32	0.17	0.18	0.19	0.19	0.062	0.072	0.078	0.070	0.087	0.095
150	0.24	0.24	0.25	0.26	0.14	0.14	0.15	0.15	0.062	0.071	0.077	0.070	0.085	0.093
185	0.20	0.20	0.21	0.21	0.12	0.12	0.12	0.13	0.062	0.070	0.075	0.070	0.082	0.090
240	0.15	0.16	0.16	0.17	0.09	0.09	0.10	0.11	0.062	0.069	0.073	0.070	0.080	0.087

注：1. * 表中塑料电缆包括聚氯乙烯绝缘电缆和交联电缆。

2. 1kV 级 4、5 芯电缆的电阻和电抗值可近似取用同级 3 芯电缆的电阻和电抗值（本表为三芯电缆值）。

表 A-6　LJ 型铝绞线的主要技术数据

标称截面积/mm^2	16	25	35	50	70	95	120	150	185	240
50℃的电阻 R_0/(Ω/km)	2.07	1.33	0.96	0.66	0.48	0.36	0.28	0.23	0.18	0.14
线间的几何均距/mm	线路电抗 X_0/(Ω/km)									
600	0.36	0.35	0.34	0.33	0.32	0.31	0.30	0.29	0.28	0.28
800	0.38	0.37	0.36	0.35	0.34	0.33	0.32	0.31	0.30	0.30
1000	0.40	0.38	0.37	0.36	0.35	0.34	0.33	0.32	0.31	0.31
1250	0.41	0.40	0.39	0.37	0.36	0.35	0.34	0.34	0.33	0.33
1500	0.42	0.41	0.40	0.38	0.37	0.36	0.35	0.35	0.34	0.33
2000	0.44	0.43	0.41	0.40	0.40	0.39	0.37	0.37	0.36	0.35

表 A-7　LGJ 型铝绞线的主要技术数据

标称截面积/mm^2	16	25	35	50	70	95	120	150	185	240
50℃的电阻 R_0/(Ω/km)			0.89	0.68	0.48	0.35	0.29	0.24	0.18	0.15
线间的几何均距/mm	线路电抗 X_0/(Ω/km)									
1500			0.39	0.38	0.37	0.36	0.35	0.34	0.33	0.33
2000			0.40	0.39	0.38	0.37	0.37	0.36	0.35	0.34
2500			0.41	0.41	0.40	0.39	0.38	0.37	0.37	0.36
3000			0.43	0.42	0.41	0.40	0.39	0.39	0.38	0.37
3500			0.44	0.43	0.42	0.41	0.40	0.40	0.39	0.38
4000			0.45	0.44	0.43	0.42	0.41	0.40	0.40	0.39

附录B 符 号 表

表 B-1 电气设备的国家标准文字符号和旧标准文字符号对照表

序号	国家标准	旧标准	中 文 含 义	序号	国家标准	旧标准	中 文 含 义
1	ARD	ZCH	自动重合闸装置	30	QS	GK	隔离开关
2	*C*	*C*	电容；电容器	31	*R*	*R*	电阻；电阻器；变阻器
3	FU	RD	熔断器	32	HR	HD	红色指示灯
4	HG	LD	绿色指示灯	33	RP	W	电位器
5	HA	JL	警铃	34	SA	KK	控制开关
6	HE	GP	光字牌	35	SA	XK	选择开关
7	KM	ZJ	中间继电器	36	SB	AN	按钮
8	KM	TBJ	跳跃闭锁继电器	37	T	B	变压器
9	KM	JSJ	加速继电器	38	TA	LH	电流互感器
10	KM	HWJ	合位继电器	39	TV	YH	电压互感器
11	KM	TWJ	跳位继电器	40	U	BL	变流器
12	KM	YZJ	复合电压中间继电器	41	U	ZL	整流器
13	KM	C；JC	接触器	42	VD	D	二极管
14	KO	HC	合闸接触器	43	V	T	晶体管
15	KR	GHJ	干簧继电器	44	WAS	SYM	事故音响信号小母线
16	KS	XJ	信号继电器	45	WB	M	母线
17	KT	SJ	时间继电器	46	WC	KM	控制小母线
18	KU	CJJ	冲击继电器	47	WF	SM	闪光信号小母线
19	KV	YJ	电压继电器	48	WFS	YBM	预告信号小母线
20	KA	LJ	电流继电器	49	WH	BD	白色指示灯
21	L	L	电感线圈	50	WL	l；XL	线路
22	*L*	*L*；DK	电抗器	51	WO	HM	合闸电源小母线
23	M	D	电动机	52	WS	XM	信号电源小母线
24	N	N	中性线	53	WV	YM	电压小母线
25	PA	A	电流表	54	XB	LP；QP	联接片；切换片
26	PV	V	电压表	55	HY	UD	黄色指示灯
27	Q	K	电力开关	56	YC	HQ	合闸线圈
28	QF	DL	断路器	57	YT	TQ	跳闸线圈，脱扣器
29	QF	ZK	低压断路器(自动开关)				

表 B-2　物理量下角标的文字符号

序号	国家标准	旧标准	中文含义	序号	国家标准	旧标准	中文含义
1	ac	j	交流	16	op	dz	动作
2	dc	zl	直流	17	p	j，b	保护
3	E	d；jd	地；接地	18	re	f，fh	返回，复归
4	e	S；SB	设备	19	rel	k	可靠
5	FU	RD	熔断器	20	S	XT	系统
6	I	I	电流	21	sh	cj，ch	冲击
7	k	d	短路	22	st	q，qd	起动
8	KA	J	继电器	23	T	B	变压器
9	L	L	电感	24	*t*	*t*	时间
10	L	H，fz	负荷，负载	25	*u*	*u*	电压
11	max	max	最大	26	w	gz	工作
12	min	min	最小	27	WL	l，XL	导线，线路
13	N	e	额定，标称	28	ϕ	ϕ，p	相
14	oc	dl	断路	29	0	0	零，无，空
15	OL	gh	过负荷				

参考文献

[1] 劳动和社会保障部培训司．工厂变配电技术［M］．北京：中国劳动出版社，1993.
[2] 杨香泽．变电检修［M］．北京：中国电力出版社，2006.
[3] 李义山．变配电实用技术［M］．2版．北京：机械工业出版社，2003.
[4] 刘介才．供配电技术［M］．2版．北京：机械工业出版社，2005.
[5] 关大陆，张晓娟．工厂供电［M］．北京：清华大学出版社，2006.
[6] 陈小虎．工厂供电技术［M］．北京：高等教育出版社，2001.
[7] 李火元．电力系统继电保护与自动装置［M］．北京：中国电力出版社，2002.
[8] 孟宪章，罗晓梅．10/0.4kV变配电实用技术［M］．北京：机械工业出版社，2007.
[9] 劳动和社会保障部企业供电系统及运行［M］．2版．北京：中国劳动出版社，1994.
[10] 常大军，常绪滨．高压电工上岗读本［M］．北京：人民邮电出版社，2006.
[11] 许晓峰．电机及拖动［M］．2版．北京：高等教育出版社，2001.
[12] 王显平．发电厂、变电站二次系统及继电保护测试技术［M］．北京：中国电力出版社，2006.
[13] 赵文中．高压电技术［M］．2版．北京：中国电力出版社，1985.
[14] 王远璋．变电站综合自动化现场技术与运行维护［M］．北京：中国电力出版社，2004.
[15] 付艳华．变电运行现场操作技术［M］．北京：中国电力出版社，2004.
[16] 国家电网公司．电力安全工作规程（变电站和发电厂电气部分）试行［S］．北京：中国电力出版社，2005.
[17] 阮友德．电工技能实训［M］．西安：西安电子科技大学出版社，2006.
[18] 袁维义．电工技能实训［M］．北京：电子工业出版社，2003.
[19] 国家电网公司人力资源部．变电运行［M］．北京：中国电力出版社，2010.
[20] 郑新才，蒋剑．怎样看110kV变电站典型二次回路图［M］．北京：中国电力出版社，2009.
[21] 王国光．变电站二次回路及运行维护［M］．北京：中国电力出版社，2011.